普通高等教育“十二五”规划教材

水利工程施工

主　编　姜国辉　王永明
副主编　李春生　黄理军　龚爱民　王艳艳
主　审　李　千

中国水利水电出版社
www.waterpub.com.cn

内 容 提 要

本书为普通高等教育“十二五”规划教材。全书除绪论外共分八章，包括施工导流、爆破工程、基础工程、土石坝工程、混凝土工程、地下洞室工程、施工总组织及施工招投标与施工管理等内容。

本书可作为高等院校水利水电工程和农业水利工程专业的教材，也可作为水利类其他专业的教材或教学参考书，并可作为从事治河防洪、发电供水、灌溉排涝、生态水利等工作技术人员的学习参考书。

图书在版编目（CIP）数据

水利工程施工 / 姜国辉，王永明主编. -- 北京 : 中国水利水电出版社，2013.1(2023.1重印)
普通高等教育“十二五”规划教材
ISBN 978-7-5170-0648-0

Ⅰ. ①水… Ⅱ. ①姜… ②王… Ⅲ. ①水利工程－工程施工－高等学校－教材 Ⅳ. ①TV5

中国版本图书馆CIP数据核字(2013)第026538号

书　　名	普通高等教育“十二五”规划教材 **水利工程施工**
作　　者	主　编　姜国辉　王永明 副主编　李春生　黄理军　龚爱民　王艳艳 主　审　李　千
出版发行	中国水利水电出版社 （北京市海淀区玉渊潭南路1号D座　100038） 网址：www.waterpub.com.cn E-mail：sales@mwr.gov.cn 电话：(010) 68545888（营销中心）
经　　售	北京科水图书销售有限公司 电话：(010) 68545874、63202643 全国各地新华书店和相关出版物销售网点
排　　版	中国水利水电出版社微机排版中心
印　　刷	天津嘉恒印务有限公司
规　　格	184mm×260mm　16开本　21印张　498千字
版　　次	2013年1月第1版　2023年1月第4次印刷
印　　数	8501—10500册
定　　价	**58.00**元

前言

本教材是根据普通高等教育“十二五”规划教材编审委员会的编写要求，并结合水利水电工程相关规范、规程进行编写的。

水利工程施工是研究水利工程建设施工方法、管理方法的学科，是为水利工程类专业开设的一门主要专业课。

本书以水利工程中有代表性的建筑物为对象，着重阐述其施工方法、施工技术、施工组织和施工管理等问题，对工程概预算、施工机械和设备，结合工程招投标和建筑物施工作了简要的叙述。同时本次编写对水利工程施工学科的新成就、新动态和新发展，结合各章内容分别加以介绍，编入了垂直铺塑防渗技术、土工合成材料施工技术、高压喷射灌浆技术、碾压混凝土施工技术、掘进机施工技术等内容。

全书除绪论外共分八章，包括施工导流、爆破工程、基础工程、土石坝工程、混凝土工程、地下洞室工程、施工总组织及施工招投标与施工管理等。本教材的编写分工是：绪论、第四章由沈阳农业大学姜国辉编写；第一章由黑龙江大学王永明和辽宁水利职业学院崔瑞编写；第二章由云南农业大学龚爱民编写；第三章由湖南农业大学黄理军编写；第五章由山东农业大学王艳艳编写；第六章由沈阳农业大学李玉清、孙仕军编写；第七章由沈阳农业大学李春生、胡志华编写；第八章由山东农业大学刘仲秋编写。全书由沈阳农业大学姜国辉、王永明主编、统稿，由辽宁省水利水电勘测设计研究院教授级高级工程师李千主审。

由于编者的水平有限，书中难免存在缺点和错误，敬请给予批评和指正。

编者

2012年12月

目　录

绪　论

《水利工程施工》是研究水利水电工程建设的施工技术、施工组织与施工管理的学科，是通过工程施工实践检验规划设计方案的合理性与先进性。在施工过程中，按照工程招标投标文件的技术要求及设计文件要求，既要实现规划设计的意图，又要根据施工条件和规程规范，综合运用与水利水电建设有关的技术和组织管理科学，使工程得以优质、高效、低成本地建成和投产。

一、水利工程施工的任务

（1）在项目建议书、可行性研究报告、初步设计、施工准备和施工阶段，根据其不同要求、工程结构的特点及工程所在地区的自然条件、社会经济状况、设备、材料、人力等资源供应情况，做切实可行的施工组织设计。

（2）按照施工组织设计，有计划地、科学地组织施工，按期完成工程建设，保证施工质量，降低工程成本，多快好省地全面完成施工任务。

（3）在施工过程中开展观测、试验和研究工作，推动水利水电建设科学技术的进步。

（4）在生产准备、竣工验收和后评价阶段，完善工程附属设施及施工缺陷部位，并完成相应的施工报告和验收文件。

二、水利工程施工的特点

（1）受自然条件影响大。工程均在露天进行，水文、气象、地形、工程地质和水文地质等自然条件在很大程度上影响着工程施工的难易程度和施工方案的取舍。在河床上修建水工建筑物，不可避免地要控制水流，进行施工导流，以保证工程施工的顺利进行。在冬季、夏季和雨天施工时，必须采取相应的措施，避免气候影响的干扰，保证施工质量及进度。

（2）工程量大，投资高，工期长。水利水电枢纽工程量一般都很大，有的甚至巨大，修建时需花费大量的资金，同时施工工期也很长。如三峡水利水电枢纽工程，仅混凝土浇筑总量就为 2820 万 m^3，工程静态投资 900 多亿元人民币，动态投资 2000 多亿元人民币，施工总工期 16 年；又如黄河小浪底水利枢纽工程，土石方填筑 5570 万 m^3，土石方开挖 3905 万 m^3；再如前苏联的努列克心墙坝的填筑方量 5600 万 m^3，总工期 20 年。因此，降低工程造价，加快施工进度，缩短建设周期，对水利水电工程建设具有重大意义。

（3）施工质量要求高。水利工程多为挡水和泄水建筑物，要求防渗、防冲、防气蚀、稳定、安全等。一旦失事，对下游国民经济和生命财产会带来很大的影响。

（4）施工干扰多。水利工程一般由许多单项工程组成，布置比较集中，工种多，工程量大，施工强度高，再加上地形条件的限制，施工干扰比较大，需要统筹规划，重视现场施工与管理。

（5）综合利用制约因素多。在河道上修建水利水电枢纽时，会涉及到许多部门的利益，如在施工的同时，往往需要满足通航、发电、下游灌溉、工业及城市用水等的需要，使施工组织和管理变得复杂化。

(6) 施工风险度较高。在水利水电工程施工中有爆破作业、地下作业、水上水下作业和高空作业等，这些作业常常平行交叉进行，对施工安全非常不利。

(7) 需要修建许多临时性工程。水利水电枢纽工程多建在荒山峡谷河道，加上交通不便，人烟稀少，常需要修建一些临时性建筑，如施工导流建筑物、辅助工厂、道路、房屋和生活福利设施，这些都使工程投资大大增加。

(8) 施工组织和管理难度较大。水利工程施工中不仅涉及到许多部门的利益，而且会影响社会、经济、生态、甚至气候等因素，施工组织和管理所面临的是一个复杂的系统。因此，必须采取系统分析的方法，统筹兼顾，全局择优。

三、水利工程施工应遵循的基本原则

(1) 严格按照基本建设程序办事。水利工程施工应遵循基本建设程序，按照经过批准的施工组织设计与设计图纸，在做好施工准备的基础上进行施工。施工过程中，如果需要变动工程规模、工程结构和技术标准，应事先取得有关部门的书面同意和批准。坚决杜绝边勘测，边设计，边施工现象。

(2) 坚持信守合同的原则。严格遵守承包合同中的各项约定，提高信誉度，按承包合同中规定的工期、资金额、施工技术标准等施工，保证按期或提前完成建设任务，尽早发挥工程效益。

(3) 全面贯彻多快好省的施工原则。施工过程中尽可能做到优质、高速、低消耗。工程建设是百年大计，应坚持质量第一的原则。以人为本，应注重安全与劳保。

(4) 实行科学管理。建立强有力的现代生产指挥系统，按经济规律办事，建立健全各种规章制度，明确岗位责任，做好人力、物力和财力的综合平衡，实现均衡、连续、有节奏的施工。

(5) 遵循水利工程施工的科学规律。一切施工活动必须根据当时当地的实际条件，按照施工的科学规律，因地制宜地采取措施，同时应不断进行技术革新，提高机械化、自动化、工厂化水平，提高劳动生产率和减轻劳动强度，注重学习和推广先进技术，不断提高施工技术水平。

(6) 按系统工程的原理组织施工。由于水利工程施工的复杂性，因此，可把施工看作是一个大系统，在这个系统中，施工与通航、发电、下游灌溉、供水、渔业及环境保护之间，主体工程施工与附属、配套工程施工之间，主体工程各单项工程、单位工程、分部工程、分项工程之间，建筑工程与安装工程之间，前方现场施工与后方辅助生产、后勤供应之间等构成了一个有机整体，围绕着同一目标进行活动。按系统工程原理组织工程施工就是要使上述各项活动在总体上达到最优化，做到相互协调、紧密配合。

四、我国筑坝技术的成就与发展

水是人类及万物赖以生存的最基本的条件之一，同时也是洁净的，可再生的能源。为此，全世界各国都在争相开发、利用和保护自己的水资源，水利水电建设水平也在不断提高。在我国，1973 年 30m 以上大坝共 1644 座，其中 100m 以上 14 座，分别占世界的 25%和 3.5%；1988 年 30m 以上大坝共 3768 座，其中 100m 以上大坝 54 座，分别占世界

41%和7.2%；2005年年底30m以上的大坝共有4839座，其中100m以上129座，分别占世界的37.8%和15%；2008年30m以上的已建在建大坝共有5191座，其中100m以上142座；2008年坝高超过100m以上的坝按坝型分，面板堆石坝45座，碾压混凝土坝29座，一般重力坝20座，一般拱坝24座，一般土石坝24座。截至2008年世界已建最高的混凝土重力坝是瑞士的大狄克逊坝，坝高285m；已建最高的混凝土拱坝为前苏联的英古里双曲拱坝，坝高271.5m；已建最高的土石坝是前苏联的列克心墙土石坝，坝高300m；已建最高的混凝土重力拱坝是前苏联的萨扬—舒申斯克，坝高245m；已建最高混凝土支墩坝是加拿大的丹尼尔约翰逊，坝高214m；我国目前最高土石坝是双江口水电站，坝址位于大渡河上，砾石土心墙堆石坝，坝高314m；2011年竣工的湖北省水布垭混凝土面板堆石坝，坝高233m，最高的混凝土坝是云南省的小湾电站，坝型为混凝土双曲拱坝，最大坝高为292m；最高的碾压混凝土坝是广西境内的龙滩水电站，最大坝高216.5m，这些都是同类坝型中的世界之最。由上可见，我国水利水电工程建设水平已跨入世界前列。

碾压混凝土坝、面板坝、拱坝和沥青混凝土防渗坝是国内外发展比较快的大坝类型，我国在碾压混凝土坝、面板坝和拱坝的关键技术研究和高坝建设等方面已居世界先进水平，在沥青混凝土防渗坝方面也取得了一定进展。

（一）混凝土坝

混凝土坝是中国高坝建设中的主要坝型。1949年以前，我国未自行建造过混凝土坝，1949年以后，由于水利水电事业的蓬勃发展，我国建造了大量混凝土坝。特别是1980年以后，我国建坝规模之大，在全世界是史无前例的。因此，混凝土坝的发展大致可以分为以下两个阶段。

1. 初期发展阶段（20世纪50～80年代）

这一时期，水电开发处于起步阶段，在具有丰富水力资源的中国，有很多非常好的开发坝址。在开发方式、坝址坝型和建设规模上有充分的选择余地，因而坝工建设呈现出坝型新颖、结构多样化的局面。

在新中国成立初期，由于经济水平不高，施工机械化水平低，因此花费人力较多，但能够节省材料的坝型，如支墩坝、空腹重力坝、宽缝重力坝等，选用较多。随着我国技术经济水平的提高，支墩坝、宽缝重力坝等施工较复杂的坝型逐渐衰落。

混凝土重力坝在20世纪80年代前因其横截面积大，水泥消耗多，不能充分利用混凝土材料强度，对混凝土温控要求较高等因素，应用的比例不高。但混凝土重力坝因其结构简单、施工方便，对地形、地质条件的适应性较好，便于坝体溢洪泄水、引水，容易解决施工导流问题等优点，得到了普遍认可。

拱坝是一个空间壳体，向上游呈凸状，竖直方向的剖面为悬臂梁形，两边紧贴河床或两岸，在平面上呈现拱形，与重力坝依靠本身的重量来保持稳定不同，拱坝还利用基岩的反作用力支承坝体。拱坝的形状特点有利于发挥混凝土材料的抗压强度，拱梁承受荷载能够相互调整，可以承受超载，两旁岩基呈梁状支撑荷载，因此横截面较小，成本较低，坝身可以泄水，抗震性能好等优点得到广泛应用。

据1986年统计，我国土坝有16853座，占90%；拱坝763座，占4%；堆石坝564座，占3%；混凝土重力坝539座，占2.8%。100m以上的坝只有15座，其中，混凝土

重力坝8座，支墩坝3座，拱坝和土石坝各2座。

2. 引进创新发展阶段（20世纪80年代至今）

20世纪80年代中期到现在我国的混凝土坝建设进入了快速发展时期，这一时期，创新了拱坝设计理论和引进了碾压混凝土筑坝技术。

20世纪80年代后拱坝体形优化方法在我国得到很大发展，可同时对单心圆、三心圆、抛物线、椭圆、双曲线、统一二次曲线、对数螺旋线等各种体形进行优化，求出各自最优体形。然后优中选优，从中选用一个最佳体形，选择范围比手工设计大很多，效果也更好。瑞洋拱坝是世界上建成的第一座用优化方法设计的拱坝，节约投资30.6%，建成20余年，运行良好；江口拱坝（高140m），原设计为抛物线拱坝，经优化后改用椭圆拱坝，节省投资1.5亿元，建成后运行良好。混凝土高拱坝已成为大型水利枢纽的主要坝型之一。1998年240m高的二滩拱坝投入运行后，为特高拱坝的建设积累了经验。代表性工程还有305m高的锦屏一级拱坝、292m高的小湾拱坝、278m高的溪洛渡拱坝、250m高的拉西瓦拱坝等一批工程。围绕这些高拱坝的抗震技术、结构设计以及枢纽布置等问题，国家组织开展了关键技术研究，并取得了丰富成果。

混凝土重力坝，不能充分利用混凝土的材料强度，并且老式的施工方法工期长，造价高，相对于土石坝的优势并不显著。直到20世纪70年代，重力坝的建设引入了大型土石方运输设备和压实机械，出现了超干硬性混凝土和振动碾压实等新技术，世界筑坝技术研究与改革实现了一个重大成就，即碾压混凝土坝。1982年美国建成了第一座。

我国在碾压混凝土坝的研究与实践当中起步较晚，从20世纪80年代初才开始对此技术的摸索，于1986年建成第一座碾压混凝土重力坝——坑口重力坝，但经过近30年的探索和创新我国对碾压混凝土坝的科研、设计、施工水平也将进入世界先进行列，在设计理论、结构型式、计算方法、泄洪消能地基处理、施工导流及枢纽布置等方面都有很大进展，积累了丰富的经验。2007年已建在建碾压混凝土坝有126座，最高的为龙滩碾压混凝土重力坝，坝高216.5m。2004年以来相继开工的光照（坝高200.5m）、大花水（坝高134m）、武都（坝高119m）、景洪（坝高110m）、金安桥（坝高156m）等，标志着中国碾压混凝土坝建设达到新的水平。重力坝坝体高度由50m级发展至200m级，碾压混凝土方量由4万余m^3发展到500万余m^3；拱坝高由75m发展到130m级，碾压混凝土方量由10万余m^3发展到50万余m^3。这些数据充分说明，我国碾压混凝土筑坝技术已达到世界先进水平，在有些领域已达世界领先水平。

（二）土石坝

土石坝是最古老的坝型之一，在我国有着悠久的建造历史。但用现代技术筑坝基本起步于20世纪50年代。60年来，我国土石坝施工技术的发展主要以振动碾压实坝料技术的应用、筑坝高度的提升和岩土施工技术的发展为重要标志，大致可以分为以下几个阶段。

1. 初期建设阶段（20世纪50～70年代）

从1950年治理淮河工程开始，在七八年时间里，先后修建了一批土坝，坝高一般都在50m以下，坝型绝大多数为均质土坝或土质心墙砂砾坝，地基处理主要采用黏土截水槽或上游铺盖方案，基本上依靠人力配合少量轻型机械施工。受施工机械的限制，这一时

期土石坝的施工技术没有得到发展，只有狮子滩混凝土重力墙式堆石坝，采用当时流行的抛填式堆筑。进入1958年，各地建坝数量直线上升。坝型以均质土坝、土质心墙或斜墙砂砾石坝为主，施工方法除碾压方式以外，需用机械设备较少的、适宜于群众修建的水力冲填、水中填土、定向爆破等筑坝技术有一定发展，并成功地修建了一批中小型土石坝；沥青混凝土心（斜）墙坝的修筑在我国开始起步。1958年试用成功的柱列式混凝土防渗墙技术，1959年试用成功的槽段式混凝土防渗墙技术，对土石坝深厚砂砾层地基防渗处理是一大突破。70年代中期修建的碧口心墙土石坝，坝高101m，工程后期引进并仿制了13.5t牵引式振动平碾碾压坝壳砂砾料和堆石，这在当时是一项开创性工作。

2. 新时期发展阶段（20世纪80～90年代）

随着大型高效配套的施工机械和施工技术的进步，岩土力学和试验技术的提高，高土石坝得到较快发展。进入70年代中期，我国在学习国外先进经验的基础上，重视了大型施工机械的引进、开发以及科学研究工作。随着综合国力的增强，重型土石方机械及其配套设备装备了众多施工企业，随之开始了土石坝发展的新时期。

新时期土石坝施工技术的发展以重型土石方机械及振动碾等大型施工设备的成功实践为主要标志，使土质心墙堆石坝和混凝土面板堆石坝成为现代高土石坝的两种主导坝型。用振动碾薄层碾压可以得到密实而变形较少的堆石体，解决了传统的混凝土面板堆石坝因抛填堆石的大量变形而导致的面板断裂、接缝张开和大量渗漏的问题，从而使这种坝型重新兴起。同时，振动压实可使爆破开采的堆石料全部上坝，也使大粒径的砂砾（卵）石填筑大坝成为可能，对软岩料也可用提高压实密度的方法弥补岩块强度的不足。振动凸块碾、平板振动器等压实工具也逐步得到应用，不断拓宽着适用防渗料的范围，振动碾的使用提高了土石坝的安全性、经济性和适用性。这种进步在1976年竣工的碧口土石坝上初现端倪。70年代、80年代之交建设的石头河土石坝标志着我国土石坝施工技术进入到一个全新的阶段，振动碾压工艺全面实施，施工机械化水平跨入到一个新高度。80年代中后期施工的鲁布革心墙坝在土石坝施工技术的发展中起着承前启后的作用。20世纪最后几年建设的小浪底斜心墙堆石坝、黑河金盆土心墙砂砾坝，极大地丰富了土石坝施工的实践经验，全面地提高了我国的土石坝施工技术水平。

3. 高土石坝建设阶段（2001年至今）

进入21世纪以来，中国的土石坝建设成就举世瞩目。一批高土石坝、超高土石坝的相继建成和动工修建，标志着中国的土石坝施工技术已经进入世界先进水平的行列。这10年间，建成高于100m的土石坝超过30座。其中高于150m的土石坝为9座，计入此前竣工和当今在建的150m以上的高土石坝共21座。

高土石坝施工所使用的运输车吨位和挖掘机、装载机斗容随填筑规模而增大，碾压设备大都采用了较大激振力的重型振动碾，冲击式压实设备也开始应用。施工设备的配套选用更加理性、规范，坝料使用规划、坝体填筑分区趋于科学合理，坝料加工技术水平有了明显的提高，对砾石土性能有了更深入的认识。测试手段和观测设备的埋设技术都有同步发展，重视了施工阶段基础数据的采集工作，取得了一定成果。混凝土面板堆石坝上游填筑护坡技术不断改进，陆续出现了几种不同的护坡形式。面板混凝土防裂研究不断深入并取得良好效果。施工面板前对坝体的沉降把握趋于理性。由于施工技术的进步，土石坝施工期的水流控制手段、深覆盖层地基处理施工水平都达到了一个新的高度。

由于沥青混凝土具有防渗性能好、适应变形能力强、工作量较少等特点，加上实践的经验积累，10多年来，以沥青混凝土作为防渗体的堆石坝在我国也得到长足的发展，2005年以沥青混凝土防渗技术建成的天荒坪、冶勒、尼尔基、茅坪溪、张河湾、西龙池、宝泉等一批工程，沥青混凝土防渗坝共有31座。这一数据表明，沥青混凝土防渗体堆石坝已经成为有竞争力的一种坝型。

五、我国水利水电工程施工技术的成就与发展

近些年来，随着水利水电工程建设的发展，我国施工机械的装备能力迅速增长，已具有高强度快速施工的能力。例如，黄河小浪底水利枢纽工程大坝为黏土心墙堆石坝，最大坝高为154m，土石填筑方量为5570万m^3，施工中堆石料填筑选用10.3m^3挖掘机装料，65t自卸汽车运料，17t光面振动碾压实，心墙料填筑选用10.7m^3装载机装料，65t或36t自卸汽车运料，17t凸块碾压实，创造出月最高上坝强度达101.03万m^3，日最高上坝强度达4.19万m^3的记录；天生桥二级引水洞、引大入秦和引黄入晋工程的长隧洞开挖，均采用了全断面掘进机和双护盾掘进机等设备，最大开挖断面直径为10.8m，创造了日最高进尺113m的记录；小浪底、三峡水利枢纽工程在混凝土防渗墙施工中采用了对地层适应性较强的冲击式正、反循环钻机及双轮铣槽钻机，一台BC30型铣槽钻机一个枯水期就完成了8万m^3的防渗墙造孔任务；三峡、二滩和小浪底工程的混凝土运输都采用了带式输送机，其中小浪底工程混凝土消力塘浇筑中月强度高达5万m^3。

我国的施工技术水平也在不断提高。在施工导截流方面，三峡工程大江截流最大流量为11600m^3/s，抛投水深60m，截流落差5.3m，施工中采用了77t自卸汽车运料，抛投最大块石达10t，克服了堤头坍塌、深水龙口预平抛垫底、截流期航运和跟踪预报等技术难题。

在地基加固与处理方面，三峡工程首次大规模采用了对拉端头锚索技术加固船闸隔墙岩体，解决了最大开挖高度170m的高边坡稳定问题，小浪底工程首次应用的GIN法新型帷幕灌浆技术，具有优质、高效和低耗的显著特点，同时，垂直防渗墙施工技术也达到新水平，如薄墙抓斗、射水法、锯槽法造孔新技术和多头小直径搅拌机搅拌水泥土成墙、垂直铺塑成墙和振动切槽、振动沉摸挤压注浆成墙新技术等都具有工效高、设备简单、质量好的优点，已在部分工程中应用。

在地下工程施工方面，小浪底工程排砂洞采用的无粘结钢绞线双圈环绕预应力混凝土衬砌技术及泄洪洞内三级空板消能工施工技术，其规模和技术难度都属世界前列。

在大坝施工方面，除前面介绍的小浪底黏土心墙堆石坝外，碾压混凝土坝施工技术也有很大的进展。我国的碾压混凝土筑坝技术，在吸收国外先进技术的基础上，有所进步、有所发展、有所创新，形成了具有中国特色的碾压混凝土筑坝技术。具体体现在：从枢纽布置和坝体结构设计上尽量扩大坝体采用碾压混凝土的范围；选择适合坝址地形、地质条件的坝型，将碾压混凝土筑坝技术不仅应用到重力坝和重力拱坝，而且应用到拱坝和薄拱坝，并有所改进和发展；坝体碾压混凝土配合比采用少水泥、高掺合料和复合型外加剂，改善了碾压混凝土工作性能和耐久性；用改性混凝土替代坝体中部分常态混凝土，避免了两类混凝土施工上的矛盾，使结合部位的质量更有保证；碾压混凝土采用大仓面、短间歇、薄层连续浇筑工艺，层面处理工艺成熟，加快了施工速度。除此之外，碾压混凝土坝中分缝和设孔技术，斜层平摊铺筑技术，施工质量控制技术等在工程实践中均得到成功应用。

我国在施工组织与管理方面也取得了一些新的科研成果。采用系统分析理论与算法，提出了土石坝、碾压混凝土坝、拱坝、隧洞工程施工过程仿真程序，将数字模拟技术运用于施工规划与控制。采用深度缓冲区消隐技术，开发了大坝施工过程三维仿真模拟图形，实现坝体施工过程的三维动画。采用模糊网络计划理论，分析大坝的发电工期和总工期的可行性、关键工序和线路，实现科学的施工组织管理。

六、本课程的主要内容及学习要点

本课程是一门实践性和综合性很强的专业课。本教材着重阐述水利水电枢纽工程及其有代表性的水工建筑物的施工程序、施工方案、施工方法和施工组织管理等方面的基本原理。

本教材内容主要包括：施工导流、爆破工程、地基处理与基础工程施工、土石坝施工、混凝土坝施工、水闸和渡槽施工、地下建筑工程施工、施工总组织、施工招标与管理等。

施工科学技术与工程实践有着密切的关系，学习水利工程施工，必须把理论学习与工程实践结合起来，某些内容应结合电教、多媒体、教学模型或施工现场学习。

施工条件不同的水利工程，必须采用不同的施工方法。因此，学习水利工程施工时，必须掌握各种施工机械和施工技术的特点、优缺点及适用条件，以便在解决实际工程问题时，能采取合理可行的施工方法。

同一个水利工程施工，可能有几种施工机械和施工方法可以采用，因此，学习水利工程施工时，必须掌握组织施工的原则和在具体条件下进行技术经济比较和方案优选的方法，以便选择最合理的施工方案。

总之，根据本课程的内容和特点，学习时应着眼于掌握基本概念、基本原理、基本方法。除课堂讲授外，还应配合施工工地现场实习、课堂作业、课程设计和毕业设计等教学环节来学习和运用所学知识，这样才能有效地掌握本课程的内容。

第一章 施 工 导 流

水利水电枢纽工程的主体建筑物，如大坝、电站和水闸等，一般都在河流中修建。因此，在这些建筑物的施工过程中，必须为原来河道的水流安排好出路，以保证工程在干地上施工。例如，可先在河床外修建一条隧洞或明渠，这种隧洞或明渠在施工中称作导流隧洞或导流明渠。然后用堤坝把建筑物施工范围的河道围起来，使原河流经过导流隧洞或明渠安全泄向下游，这种堤坝在施工中称作围堰。围堰所围河道的范围称作基坑。排出基坑中的水后就形成干地，即可进行主体建筑物的施工。由此可见，为了使河道上修建的水工建筑物能在干地上施工，需要用围堰维护基坑，并将河水引向预定的泄水通道往下游宣泄，这就是施工导流。然而，在主体建筑物的施工过程中，还需解决另一类问题，如航运、灌溉、渔业、下游工业与民用供水、河道上已建梯级电站的发电和主体建筑物提前运行等，这是一对矛盾，并且贯穿于整个主体建筑物施工过程中，而施工导流的目的就是为了处理好这种矛盾，即建筑物在干地施工和水资源综合利用的矛盾，解决施工过程中的水流控制问题。

施工导流贯穿于工程施工的全过程，导流设计要妥善解决从初期导流到后期导流（包括围堰挡水、坝体临时挡水、封堵导流泄水建筑物和水库蓄水）施工全过程中的挡、泄水问题，以保证在干地施工和施工期不影响或尽可能少影响水资源的合理利用。

施工过程中导流设计的主要任务是：周密的分析研究水文、地形、地质、水文地质、枢纽布置及施工条件等基本资料，在保证上述要求的前提下，选定导流标准、划分导流时段，确定导流设计流量；选定导流方案及导流建筑物的型式，确定导流建筑物的布置、构造及尺寸；拟定导流建筑物的修建、拆除、堵塞的施工方法以及截断河床水流、拦洪度汛及基坑排水措施等。

第一节 施工导流的基本方法

施工导流的方法大体上分为两类：一类是全段围堰法，适用于河床狭窄、基坑工作量不大、水深、流急难于实现分期导流的地方；另一类是分段围堰法导流，适用于河床宽阔、流量大、施工期较长的工程，尤其在通航河流和冰凌严重的河流上。

一、全段围堰法导流

全段围堰法导流（即一次拦断法或河床外导流）是在河床主体工程的上下游各建一道拦河围堰，使上游来水通过预先修筑的临时或永久泄水建筑物（如明渠、隧洞、涵管等）泄向下游，主体建筑物在排干的基坑中进行施工，主体工程建成或接近建成时再封堵临时泄水建筑物。这种方法的优点是主体工程施工受水流干扰小，工作面大，河床内的建筑物在一次性围堰的围护下建造，有利于高速安全施工，并可利用围堰作两岸交通。但此法通常需要专门修建临时泄水建筑物（当有隧洞或涵管可利用时例外），上游围堰断面较大，从而增加导流工程费用。如能利用水利枢纽中的永久泄水建筑物导流，则可大大节约工程投资。

全段围堰法按泄水建筑物的类型不同可分为：明渠导流、隧洞导流、涵管导流、渡槽导流等。由于这些泄水建筑物一般不占据主河道位置，而且多半位于河床旁侧或河床外，所以也有人称其为河床外导流。

（一）明渠导流

上下游围堰一次拦断河床形成基坑，保护主体建筑物干地施工，天然河道水流经河岸或滩地上开挖的导流明渠泄向下游的导流方式称为明渠导流。

1. 明渠导流的适用条件

明渠导流一般适用于岸坡平缓或有宽阔滩地的平原河道。如坝址河床较窄，或河床覆盖层很深，分期导流困难，且具备下列条件之一者，可考虑采用明渠导流。

（1）河床一岸有较宽的台地、垭口或古河道。

（2）导流流量大，地质条件不适于开挖导流隧洞。

（3）施工期有通航、排冰、过木要求。

国内外工程实践证明，在导流方案比较过程中，如明渠导流和隧洞导流均可采用时，一般是倾向于明渠导流，这是因为明渠开挖可采用大型设备，加快施工进度，对主体工程提前开工有利。对于施工期间河道有通航、过木和排冰要求时，更应采用明渠导流的形式。

2. 明渠布置

（1）布置形式。导流明渠布置分在岸坡上和滩地上两种布置形式，如图 1－1 所示。

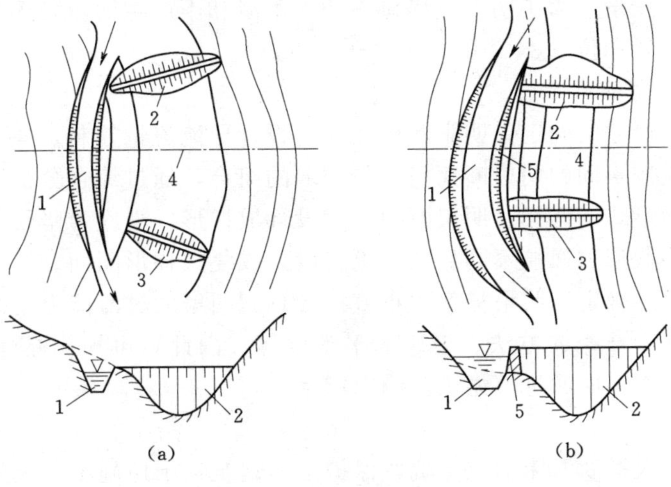

图 1－1　明渠导流示意图

(a) 在岸坡上开挖的明渠；(b) 在滩地上开挖并设有导墙的明渠

1—导流明渠；2—上游围堰；3—下游围堰；4—坝轴线；5—明渠外导水墙

（2）布置要求。

1）尽量利用有利地形，布置在较宽台地、垭口或古河道一岸，使明渠工程量最小，但伸出上下游围堰外坡脚的水平距离要满足防冲要求，一般 50～100m；尽量避免渠线通过不良地质区段，特别应注意滑坡崩塌体，保证边坡稳定，避免高边坡开挖。在河滩上开挖的明渠，一般需设置外侧墙，其作用与纵向围堰相似。外侧墙必须布置在可靠的地基上，并尽量能使其直接在干地上施工。

2）明渠轴线应顺直，以使渠内水流顺畅平稳。应避免采用 S 形弯道。明渠进、出口应分别与上、下游水流相衔接，与河道主流的交角以 30°为宜。为保证水流畅通，明渠转弯半径应大于 5 倍渠底宽。对于软基上的明渠，渠内水面与基坑水面之间最短距离，应大于两水面高差的 2.5～3.0 倍，以免发生渗透破坏。

3）导流明渠应尽量与永久明渠相结合。当枢纽中的混凝土建筑物采用岸边式布置时，导流明渠常与电站引水渠和尾水渠相结合。

4）必须考虑明渠挖方的利用。国外有些大型导流明渠，出渣料均用于填筑土石坝。例如巴基斯坦的塔贝拉导流明渠，印度的犹凯坝明渠等。

5）防冲问题。在良好岩石中开挖出的明渠，可能无需衬砌，但应尽量减小糙率。软基上的明渠，应有可靠的衬砌防冲措施。有时，为了尽量增大较小过水断面的泄流能力，即使是岩基上的明渠，也用混凝土衬砌。出口消能问题也应受到特别重视。

6）在明渠设计中，应考虑封堵措施。因明渠施工时是在干地上的，同时布置闸墩，方便导流结束时采用下闸封堵方式。国内个别工程对此考虑不周，不仅增加了封堵的难度，而且拖延了工期，影响整个枢纽按时发挥效益，应引以为戒。

3. 明渠进出口位置和高程的确定

明渠进口高程按截流设计选择；出口高程一般由下游消能控制；进出口高程和渠道水流流态应满足施工期通航、过木和排冰要求。在满足上述条件下，尽可能抬高进出口高程，以减少水下开挖量。为了明渠进出口不冲、不淤和不产生回流，还可通过水力学模型试验调整进出口形状和位置。

4. 导流明渠断面设计

（1）明渠断面尺寸的确定。明渠断面尺寸由设计导流流量控制，并受地形地质和允许抗冲流速影响，应按不同的明渠断面尺寸与围堰的组合，通过综合分析确定。

（2）明渠断面形式的选择。明渠断面一般设计成梯形，渠底为坚硬基岩时，可设计成矩形。有时为满足截流和通航不同目的，也有设计成复式梯形断面。

（3）明渠糙率的确定。明渠糙率大小直接影响到明渠的过流能力，而影响糙率大小的因素有衬砌的材料、开挖的方法、渠底的平整度等。因此，可根据具体情况查阅相关文献，对大型明渠工程，应通过模型试验确定糙率。

（二）隧洞导流

上下游围堰一次拦断河床形成基坑，保护主体建筑物干地施工，天然河道水流全部由导流隧洞宣泄的导流方式称为隧洞导流。

1. 隧洞导流适用条件

导流流量不大，坝址河床狭窄，两岸地形陡峻，如一岸或两岸地形、地质条件良好，可考虑采用隧洞导流。由于每条隧洞的泄水能力有限，加之隧洞造价比较昂贵，所以隧洞导流常用于流量不太大的情况。按照当前水平，每条隧洞可宣泄流量一般不超过 2000～

2500m³/s。大多数工程仅采用 1～2 条导流洞。

为了节约导流费用，导流洞常与永久隧洞相结合。在山区河流上兴建的土石坝枢纽，常布置永久性泄水隧洞或放空隧洞。因此，土石坝枢纽采用隧洞导流更为普遍。在山区河流上修建混凝土坝，特别是拱坝枢纽时，也常采用隧洞导流。

2. 导流隧洞的布置

隧洞的平面布置，主要指隧洞路线选择。影响隧洞布置的因素很多，选线时，应特别注意地质条件和水力条件，一般可参照以下原则布置，如图 1-2、图 1-3 所示。

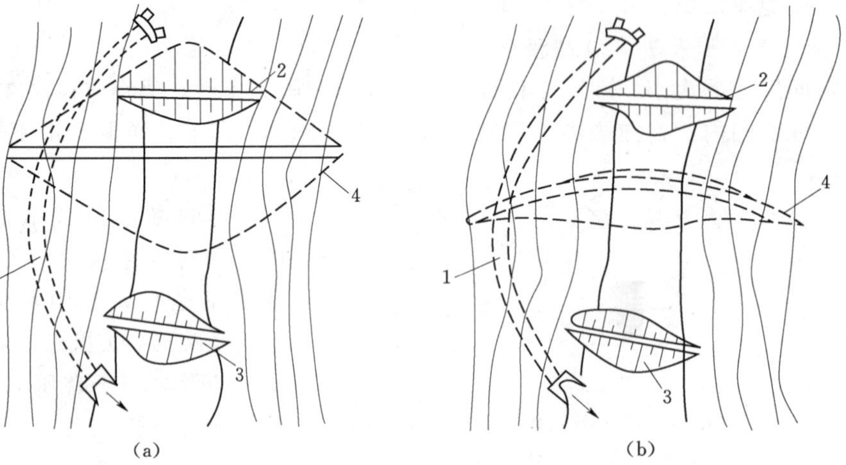

图 1-2　隧洞导流示意图

(a) 土石坝枢纽；(b) 混凝土坝枢纽

1—导流隧洞；2—上游围堰；3—下游围堰；4—主坝

(1) 隧洞轴线沿线地质条件良好，足以保证隧洞施工和运行的安全。应将隧洞布置在完整、新鲜的岩石中，为了防止隧洞沿线可能产生的大规模塌方，应避免隧洞轴线与岩层、断层、破碎带平行，隧洞轴线与岩石层面的交角最好在 45°以上。

(2) 当河岸弯曲时，隧洞宜布置在凸岸，不仅可以缩短隧洞长度，而且水力条件较好。国内外许多工程均采用这种布置。但是也有个别工程的隧洞位于凹岸，使隧洞进口方向与天然水流方向一致。

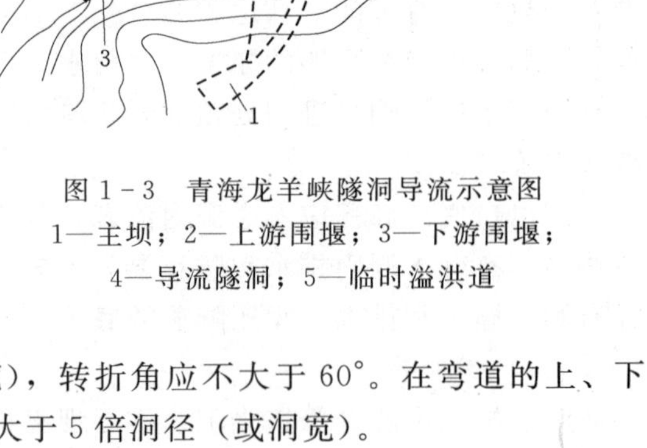

图 1-3　青海龙羊峡隧洞导流示意图

1—主坝；2—上游围堰；3—下游围堰；4—导流隧洞；5—临时溢洪道

(3) 对于高流速无压隧洞，应尽量避免转弯。有压隧洞和低流速无压隧洞，如果必须转弯，则转弯半径应大于 5 倍洞径（或洞宽），转折角应不大于 60°。在弯道的上、下游，应设置直线段过渡，直线段长度一般也应大于 5 倍洞径（或洞宽）。

(4) 进出口与河床主流流向的交角不宜太大，否则会造成上游进水条件不良，下游河道会产生有害的折冲水流与涌浪。进出口引渠轴线与河流主流方向夹角宜小于30°。上游进口处的要求可酌情放宽。

(5) 当需要采用两条以上的导流隧洞时，可将它们布置在一岸或两岸。一岸双线隧洞间的岩壁厚度，一般不应小于开挖洞径的2倍。

(6) 隧洞进出口距上、下游围堰坡脚应有足够的距离，一般要求50m以上，以满足围堰防冲要求。进口高程多由截流控制，出口高程由下游消能控制，洞底按需要设计成缓坡或急坡，避免成反坡。

3. 导流隧洞断面及进出口高程设计

隧洞断面尺寸的大小，取决于设计流量、地质和施工条件，洞径应控制在施工技术和结构安全允许范围内，目前国内单洞断面尺寸多在200m^{2}以下，单洞泄量不超过2000～2500m^3/s。

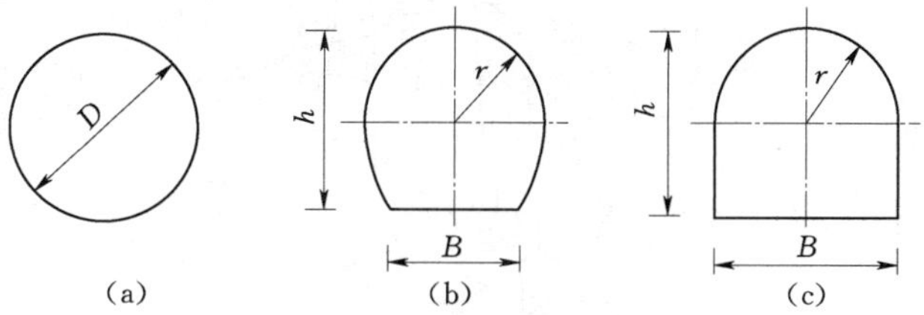

图1-4　隧洞断面形式
(a) 圆形；(b) 马蹄形；(c) 方圆形

隧洞断面形式取决于地质条件、隧洞工作状况（有压或无压）及施工条件，常用断面形式有圆形、马蹄形、方圆形，如图1-4所示。圆形多用于有压洞；马蹄形多用于地质条件不良的无压洞；方圆形有利于截流和施工。

洞身设计中，糙率值的选择是十分重要的问题，糙率的大小直接影响到断面的大小，而衬砌与否、衬砌的材料和施工质量、开挖的方法和质量则是影响糙率大小的因素。一般混凝土衬砌糙率值为0.014～0.025；不衬砌隧洞的糙率变化较大，光面爆破时为0.025～0.032，一般炮眼爆破时为0.035～0.044。设计时根据具体条件，查阅有关手册，选取设计的糙率值。对重要的导流隧洞工程，应通过水工模型试验验证其糙率的合理性。

导流隧洞设计应考虑后期封堵要求，布置封堵闸门门槽及启闭平台设施。有条件者，导流隧洞应与永久隧洞结合，以节省投资（如小浪底工程的三条导流隧洞，后期改建为三条孔板消能泄洪洞）。一般高水头枢纽，导流隧洞只可能部分地与永久隧洞相结合，而中低水头枢纽则有可能全部地相结合。

隧洞围岩应有足够的厚度，并与永久建筑物有足够的施工间距，以避免受到基坑渗水和爆破开挖的影响。进洞处顶部岩层厚度通常在1～3倍洞径之间。进洞位置也可通过经济比较确定。

进出口底部高程应考虑洞内流态、截流、放木等要求。一般出口底部高程与河底齐平或略高，有利于洞内排水和防止淤积影响。对于有压隧洞，底坡在1‰～3‰者居多，这样有利于施工和排水。无压隧洞的底坡，主要取决于过流要求。

（三）涵管导流

涵管导流一般在修筑土坝、堆石坝工程中采用。涵管通常布置在河岸浅滩上，其位置高程在枯水位以上，这样可在枯水期不修围堰或只修一小围堰而先将涵管筑好，然后再修

上下游拦河围堰，将河水引经涵管导流，如图 1－5 所示。

涵管一般是钢筋混凝土结构。当有永久涵管可以利用或修建隧洞有困难时，采用涵管导流是合理的。在某些情况下，可在建筑物基岩中开挖沟槽，必要时予以衬砌，然后封上混凝土或钢筋混凝土顶盖，形成涵管。利用这种涵管导流往往可以获得经济可靠的效果。由于涵管的泄水能力较低，所以一般用于导流流量较小的河流上或只用来担负枯水期的导流任务。

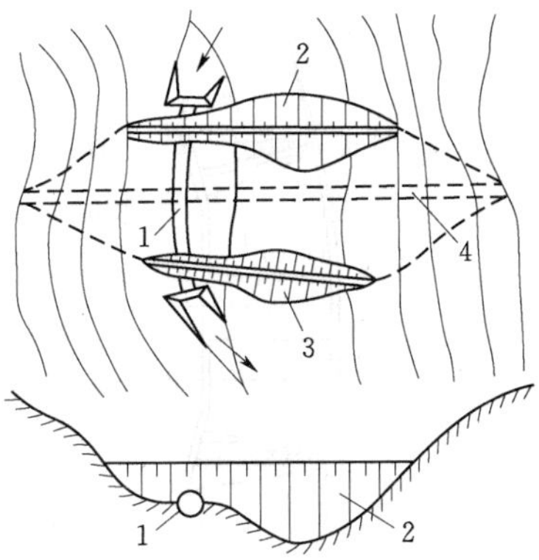

图 1－5　涵管导流示意图
1—导流涵管；2—上游围堰；3—下游围堰；4—土石坝

为了防止涵管外壁与坝身防渗体之间的渗流，通常均质土坝在涵管外壁每隔一定距离设置截流环，以延长渗径，降低渗透坡降，减少渗流的破坏作用。此外，必须严格控制涵管外壁防渗体的压实质量。涵管管身的温度缝或沉陷缝中的止水必须认真施工。

涵管导流的水力学问题，管线布置、进口体形、出口消能等问题均与导流底孔和隧洞相似。但是，涵管与底孔也有很大的不同，涵管被压在土石坝体下面，如因布置不妥或结构处理不善，可能造成管道开裂、渗漏，招致土石坝失事。因此，在布置涵管时，还应注意以下几个问题。

（1）涵管尽可能坐落在基岩上。如有可能，宜将涵管嵌入新鲜基岩中。大、中型涵管应有一半高度埋入为宜。有些中小型工程，先在基岩中开挖明渠，顶部加上盖板形成涵管。前苏联的谢列布良电站，其涵管是在岩基中开挖出来的。枯水流量通过涵管下泄，施工中第一次洪水则同时利用涵管和管顶明渠下泄，当管顶明渠用土石坝拦堵后，下一次洪水则仅由涵管宣泄。

（2）涵管外壁与大坝防渗土料接触部位，应设置截流环以延长渗径，防止接触渗透破坏。环间距一般可取 10～20m，环高 1～2m，厚度 0.5～0.8m。

（3）大型涵管断面也常用方圆形，如上部土荷载较大，顶拱宜采用抛物线形。

（四）渡槽导流

渡槽一般只用于小型工程的枯水期导流。导流流量通常不超过 20～30m^3/s，个别工程也有达 100m^3/s 的。湖南金江水库采用了木渡槽导流，槽宽 70m，槽高 4.4m，设计流量达 146m^3/s。

二、分段围堰法导流

分段围堰法，也称分期围堰法或河床内导流，就是用围堰将建筑物分段分期围护起来进行施工的方法。图 1－6 是一种常见的两段两期导流示意图。

所谓分段就是从平面上将河床围护成若干个干地施工的基坑段进行施工。所谓分期，就是从时间上将导流过程划分成几个阶段。图 1－7 为导流分期和围堰分段的几种情况，从图 1－7 中可以看出导流的分期数和围堰的分段数并不一定相同，因为在同一导流分期中，建筑物可以在一段围堰内施工，也可以同时在不同段内施工。必须指出，段数分的越多，围堰工程量愈大，施工也愈复杂；同样，期数分的愈多，工期有可能拖得愈长。因此

（三）坝体缺口导流

混凝土坝施工过程中，当汛期河水暴涨暴落，其他导流建筑物不足以宣泄全部流量时，为了不影响坝体施工进度，使坝体在涨水时仍能继续施工，可以在未建成的坝体上预留缺口，如图1－8所示，以便配合其他建筑物宣泄洪峰流量，待洪峰过后，上游水位回落，再继续修筑缺口。这种导流方法的优点是泄流量大，简单经济，但坝体本身须允许过水。在修建混凝土坝，特别是大体积混凝土坝时，由于这种导流方法比较简单，常被采用。

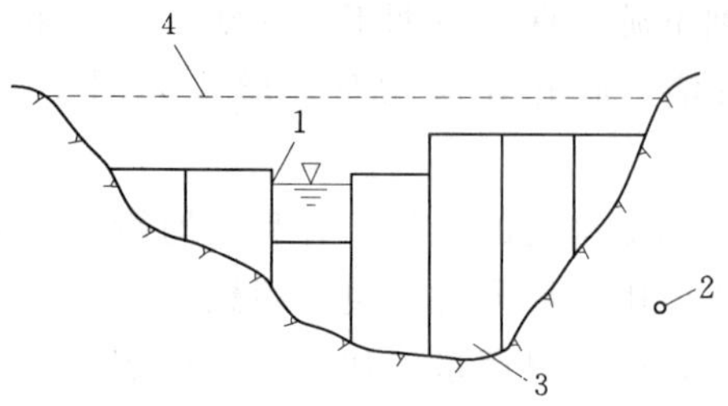

图1－8 坝体缺口过水示意图
1—过水缺口；2—导流隧洞；
3—坝体；4—坝顶

所留缺口的宽度和高度取决于导流设计流量、其他建筑物的泄水能力、建筑物的结构特点和施工条件，由水力计算确定。采用底坎高程不同的缺口时，为避免高低缺口单宽流量相差过大，产生高缺口向低缺口的侧向泄流，引起压力分布不均匀，需要适当控制高低缺口间的高差。根据湖南省柘溪工程的经验，其高差以不超过4～6m为宜。当坝体采用纵缝分块浇筑法，未进行接缝灌浆时过水，如果流量大、水头高，应校核单个坝块的稳定。在轻型坝上采用缺口泄洪时，应校核支墩的侧向稳定。如果缺口位于底孔之上，孔顶板厚度应大于3m。

底孔和坝体缺口导流方式，一般只适用于混凝土坝，特别是重力式混凝土坝枢纽，至于土石坝或非重力式混凝土坝枢纽，采用分段围堰法导流，常与隧洞导流、明渠导流等河床外导流方式相结合。

三、其他导流方法简介

（1）淹没基坑导流。这种方法多用于全段围堰法导流。由于汛期河道流量大，修建挡水围堰保证基坑全年施工不合算甚至不可能，这时往往可做过水围堰，洪峰来时围堰过水，让基坑淹没，洪峰过后围堰继续挡水，并抽完基坑的水再继续施工。这在山区河道，水位暴涨暴落的条件下较经济合理。

（2）渡槽导流。这种方法也多用于全段围堰法导流。渡槽一般为木质或装配式钢筋混凝土的矩形槽，用支架架设在上下游围堰之间，结构简单，建造迅速，适用于导流量小的情况。

（3）电站厂房导流。这种方法多用于分段围堰法导流。由于厂房的种类繁多，结构复杂，因此，厂房导流布置方式是多种多样的。例如，通过临时底孔与尾水管导流；利用未完建的蜗壳和尾水管导流；利用混合式厂房的永久性泄洪排砂孔导流；将尾水管的肘管加盖密封，在尾水管顶板以上利用机组跨间闸孔导流。

（4）船闸闸室导流。这种方法也多用于分段围堰法导流。在有船闸的枢纽工程中，利用船闸闸室导流往往是经济合理的。

第二节 围 堰 工 程

为了保证建筑物能在干地施工，用来围护施工基坑，把施工期间的径流挡在基坑外的导流挡水建筑物通常称为围堰，是导流工程中的临时建筑物。在导流任务完成以后，如果围堰对永久建筑物的运行有妨碍或没有考虑作为永久建筑物的组成部分时，应予拆除。

一、围堰分类

按其所使用的材料，最常见的围堰有土石围堰、钢板桩格型围堰、混凝土围堰、草土围堰等。

按围堰与水流方向的相对位置，可以分为大致与水流方向垂直的横向围堰和大致与水流方向平行的纵向围堰。

按围堰与坝轴线的相对位置，可分为上游围堰和下游围堰。

按导流期间基坑淹没条件，可以分为过水围堰和不过水围堰。过水围堰除需要满足一般围堰的基本要求外，还要满足堰顶过水的专门要求。

按施工分期可以分为一期围堰和二期围堰等。

为了能充分反映某一围堰的基本特点，实践中常以组合方式对围堰命名，如一期下游横向土石围堰、二期混凝土纵向围堰等。

二、围堰的基本型式及构造

（一）不过水土石围堰

不过水土石围堰是水利水电工程中应用最广泛的一种围堰型式，其断面与土石坝相仿。通常用土和石渣（或砾石）填筑而成。常见的几种型式如图 1－9 所示。它能充分利用当地材料或废弃的土石方，构造简单，施工方便，对地形地质条件要求低，可以在动水中、深水中、岩基上或有覆盖层的河床上修建。

但其工程量大，堰身沉陷变形也较大，若当地有足够数量的渗透系数小于 10^{-4}cm/s 的防渗料（如砂壤土）时，土石围堰可以采用图 1－9（a）、（b）两种型式。其中图 1－9（a）适用于基岩河床，覆盖层厚度不大的场合。若当地没有足够数量的防渗料或覆盖层较厚时，土石围堰可以采用图 1－9（c）、（d）两种型式，用混凝土防渗墙、高压喷射灌浆墙、自凝灰浆墙或帷幕灌浆来解决地基防渗问题。

（二）过水土石围堰

土石围堰是散粒体结构，在一般条件下是不允许过水的。近些年来，土石过水围堰发展很快，成功地解决了一些导流难题。土石围堰堰顶过水的关键在于对堰面及堰脚附近地基能否采取简易可靠的加固保护措施。目前采用的措施有三类：混凝土板护面、大块石护面、加筋钢丝网护面。应用较普遍的是混凝土板护面。

1. 混凝土板护面过水土石围堰

混凝土护面板多用于一般的土石围堰。因采用的消能方式不同，这种围堰又可进一步分为以下三类。

（1）混凝土溢流面板与岩基上的混凝土挡墙相接的陡槽式。这种形式的溢流面结构可靠，整体性好，能宣泄较大的单宽流量。尤其在堰后水深较小，不可能形成面流式水跃衔接时，可考虑采用。在这种形式中，混凝土挡墙（也称镇墩）可做成挑流鼻坎。这种溢流面形式在过水土坝中也被广泛采用。上犹江工程的过水围堰，高 14m 以上，包括覆盖层在内则超过 20m，堰顶曾通过流量为 1820m^3/s 的洪水，单宽流量约 40m^3/(s·m)。围堰断面如图 1－10 所示，实践证明是比较成功的。

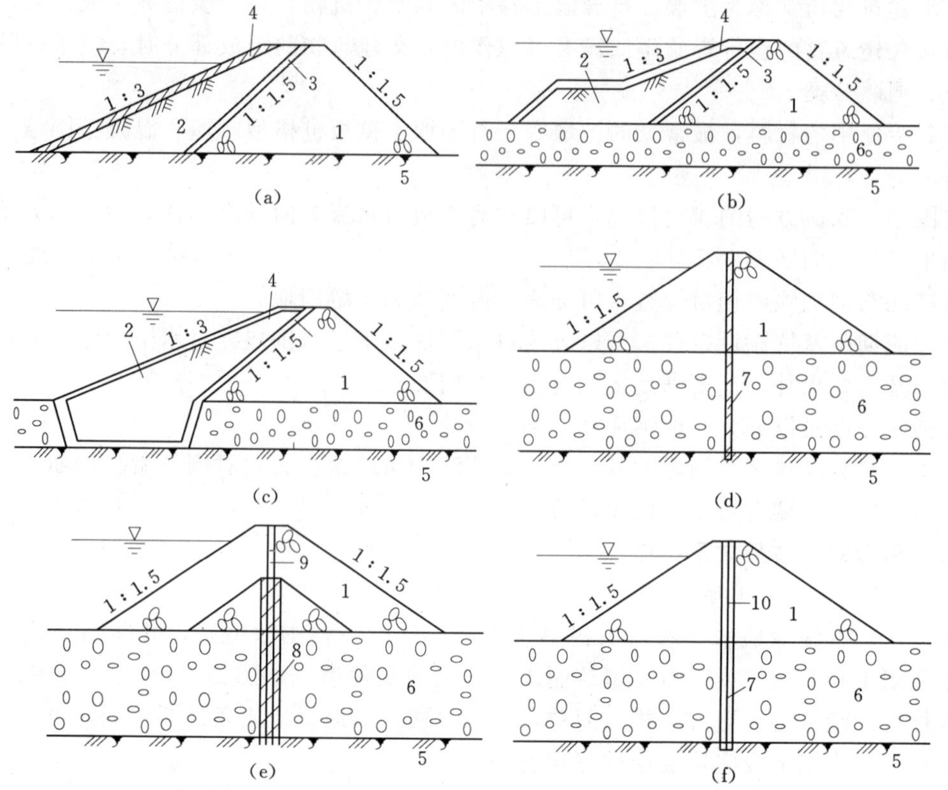

图 1-9 不过水土石围堰

(a) 斜墙式；(b) 斜墙带水平铺盖式；(c) 斜墙带齿墙式；(d) 垂直防渗墙式；

(e) 灌浆帷幕式；(f) 土工膜防渗式

1—堆石体；2—黏土斜墙、铺盖；3—反滤层；4—护面；5—隔水层；6—覆盖层；

7—垂直防渗墙；8—灌浆帷幕；9—黏土心墙；10—土工膜

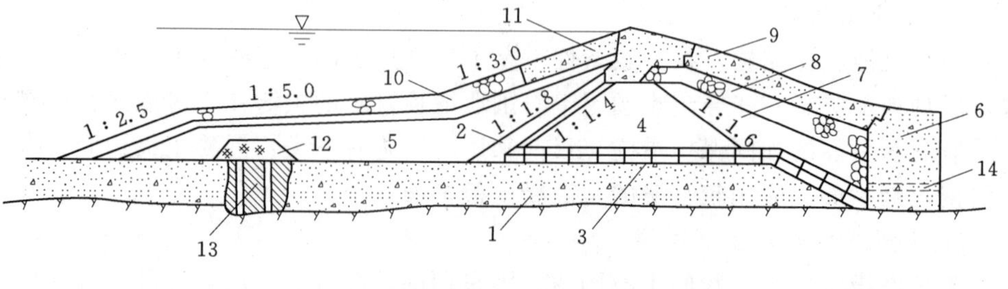

图 1-10 江西上犹江水电站的过水围堰

1—砂砾地基；2—反滤层；3—柴排护底；4—堆石体；5—黏土防渗斜墙；6—毛石混凝土挡墙；

7—回填块石；8—干砌块石；9—混凝土溢流面板；10—块石护面；11—混凝土护面；

12—黏土顶盖；13—水泥灌浆；14—排水孔

作为过水围堰来说，这种形式的主要缺点是施工进度干扰大，特别是在覆盖层较厚的河床上。为了将混凝土挡墙修在岩基上，首先需利用围堰临时断面挡水，然后进行基坑排水，开挖覆盖层，再浇筑挡墙。当挡墙达到要求强度后，才允许回填堰身块石，最后进行溢流面板的施工。这种施工方法，很难满足导流进度要求。

(2) 堰后用护底的顺坡式。这种形式的特点是堰后不做挡墙，采用大型竹笼、铅丝笼、梢捆或柴排护底。这种形式简化了施工，可以争取工期。溢流面结构不必等基坑抽完水，即可基本完成。当覆盖层很厚时，这种形式更有利。如果堰后水深较大，有可能形成面流式水跃衔接，则对防冲护底有利。柘溪工程采用过这种形式的过水围堰，断面如图 1-11 所示。

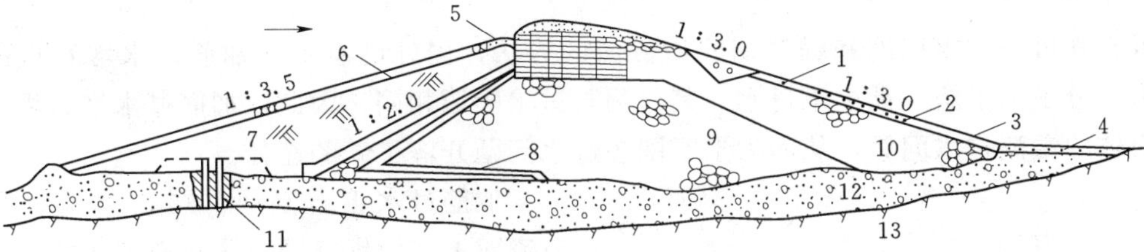

图 1-11 柘溪工程过水围堰

1—混凝土溢流面板；2—钢筋骨架铅丝笼护面；3—竹笼护面；4—竹笼护底；5—木笼；6—块石护面；7—黏土斜墙；8—过渡带；9—水下抛石；10—回填块石；11—帷幕灌浆；12—覆盖层；13—基岩

柘溪围堰的下游坡面，有约 5m 高的范围处于水跃区，原设计用混凝土溢流面板，施工中临时改为钢筋骨架铅丝笼护面，经过 5 次溢流（最大单宽流量约为 $10m^3/s$），部分铅丝笼内块石全被冲走，钢筋和铅丝已扭在一起，坡面遭到局部破坏。在两岸接头的溢流面上，因水流集中，冲刷更为严重，个别冲深处达 2.0～2.5m。实践证明，在水跃区若流速大于 6m/s 时，坡面结构仍以混凝土溢流面板为宜。

(3) 坡面挑流平台式。这种形式借助平台挑流形成面流式水跃衔接，使平台以下护面结构大为简化。由于坡面平台可高出合龙后的基坑水位，所以不须等待基坑排水，溢流面结构即可形成。我国七里泷、大化和莫桑比克的卡博拉巴萨工程（见图 1-12）就曾采用这种过水围堰形式。

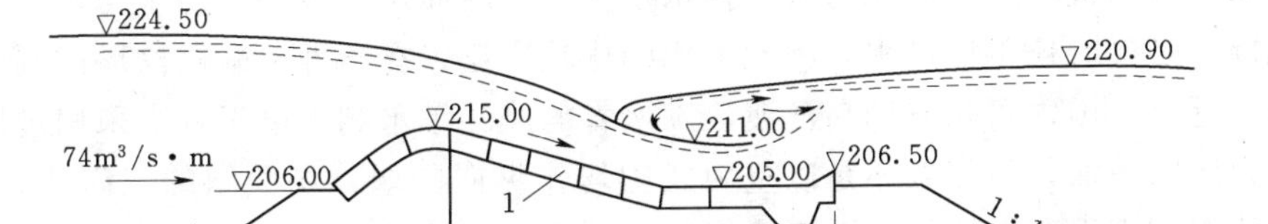

图 1-12 卡博拉巴萨工程过水围堰形式

1—混凝土溢流面板；2—钢板桩；3—灌浆；4—抛石体；5—覆盖层

由于面流式衔接条件受堰后水深影响较大，因此在堰后水深较大，且水位上升较快时，采用这种围堰形式较为适宜。卡博拉巴萨下游过水围堰的混凝土护面板为 7m×7m×2.5 m，施工期曾通过流量为 $7000m^3/s$ 的洪水，单宽流量约 $74m^3/(s·m)$，过水时堰体稳定性良好。

2. 大块石护面过水土石围堰

大块石护面过水土石围堰是一种比较古老的堰型，我国在小型工程中采用较为普遍。作为大型水利工程的过水围堰，国内尚很少采用。近些年来，国外有些堆石围堰施工期过水，是因为堆石围堰高度太大，需分两年施工，未完建的堆石围堰汛期不得不过水，曾采用大块石护面方法。

3. 加筋过水土石围堰

堆石坝可采用钢筋网和锚筋加固溢流面的方法，国外已有不少加筋过水堆石坝的实例。大部分是为了施工期度汛过水，其作用与过水围堰相同。因此，加筋过水堆石坝解决了堆石体的溢流过水问题，从而为土石围堰过水问题开辟了新的途径。

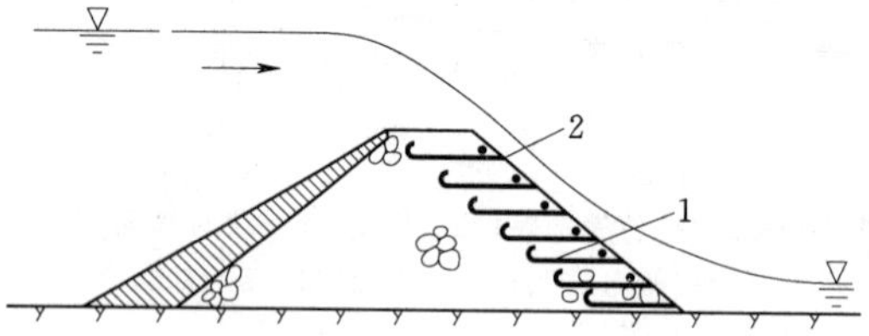

图 1－13 加筋过水土石围堰
1—水平主锚筋；2—钢筋网

加筋过水土石围堰（图 1－13），是在溢流面上铺设钢筋网，防止溢流面的块石被水冲走。为了防止溢流面连同堰顶一起滑动，在下游部位的堰体内埋设水平向主锚筋，将钢筋网拉住。钢筋网和水平向主锚筋的构造、施工方法、受力分析等，可参照有关资料，此处不再详述。

溢流面采用钢筋网护面可以使护面块石尺寸减小，下游坡角加大，其造价低于混凝土板护面过水土石围堰。

应当注意的是，加筋过水土石围堰的钢筋网应保证质量，不然过水时随水挟带的石块会切断钢筋网，使土石料被水流淘刷成坑，造成塌陷，导致溃口等严重事故；过水时堰身与两岸接头处的水流比较集中，钢筋网与两岸的连接应十分牢固，一般需回填混凝土至堰脚处，以利钢筋网的连接生根；过水以后要及时进行检修和加固。

（三）混凝土围堰

混凝土围堰的抗冲与抗渗能力强，挡水水头高，断面尺寸较小，易于与永久混凝土建筑物相连接，必要时还可以过水，因此采用的比较广泛。在国外，采用拱形混凝土围堰的工程较多。近年，国内贵州省的乌江渡、湖南省的凤滩等水利水电工程也采用过拱型混凝土围堰作为横向围堰，但多数还是以重力式围堰作纵向围堰，如我国的三门峡、丹江口、三峡工程的混凝土纵向围堰均为重力式混凝土围堰。

1. 拱型混凝土围堰

拱型混凝土围堰（图 1－14）由于利用了混凝土抗压强度高的特点，与重力式相比，断面较小，可节省混凝土工程量。一般适用于两岸陡峻、岩石坚实的山区河流，常采用隧洞及允许基坑淹没的导流方案。通常围堰的拱座是在枯水期的水面以上施工的。对围堰的基础处理，当河床的覆盖层较薄时，需进行水下清基，若覆盖层较厚，则可灌注水泥浆防渗加固。堰身的混凝土浇筑则要进行水下施工，在拱基两侧要回填部分砂砾料以便灌浆，形成阻水帷幕，因此难度较高。

2. 重力式混凝土围堰

采用分段围堰法导流时，重力式混凝土围堰往往可兼作第一期和第二期纵向围堰，两

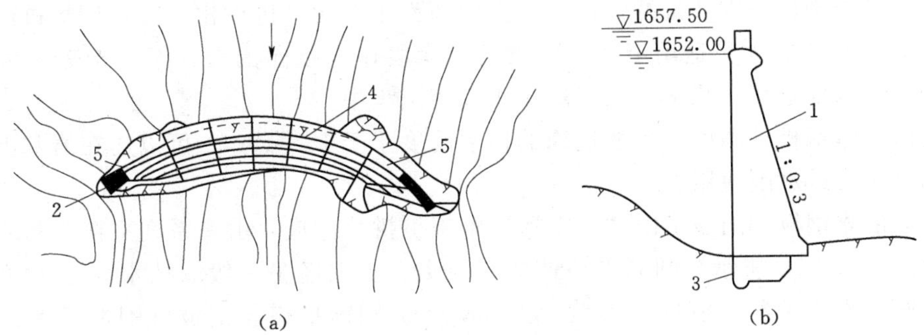

图1-14　拱型混凝土围堰

(a) 平面图；(b) 横断面图

1—拱身；2—拱座；3—灌浆帷幕；4—溢流段；5—非溢流段

侧均能挡水，还能作为永久建筑物的一部分，如隔墙、导墙等。纵向围堰需抗御高速水流的冲刷，所以一般均修建在岩基上。为保证混凝土的施工质量，一般可将围堰布置在枯水期出露的岩滩上。如果这样还不能保证干地施工，则通常需另修土石低水围堰加以围护。重力式混凝土围堰现在有普遍采用碾压混凝土浇筑的趋势，如三峡工程三期上游横向围堰及纵向围堰均采用碾压混凝土。

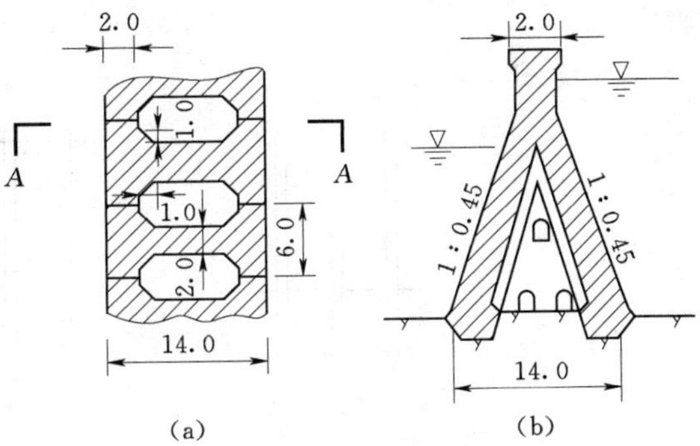

图1-15　三门峡工程的纵向围堰（单位：m）

(a) 平面图；(b) A—A 剖面

重力式围堰可作成普通的实心式，与非溢流重力坝类似。也可作成空心式，如三门峡工程的纵向围堰，如图1-15所示。

（四）钢板桩格型围堰

钢板桩格型围堰是由一系列彼此相接的格体构成。按照格体的平面形状，可分为筒形格体、扇形格体和花瓣形格体。这些形式适用于不同的挡水高度，应用较多的是圆筒形格体。图1-16为钢板桩格型围堰的平面示意图。它是由许多钢板桩通过锁口互相连接而成为格形整体。格体内填充透水性强的填料，如砂、砂卵石或石渣等。在向格体内进行填料时，必须保持各格体内的填料表面大致均衡上升，因高差太大会使格体变形。

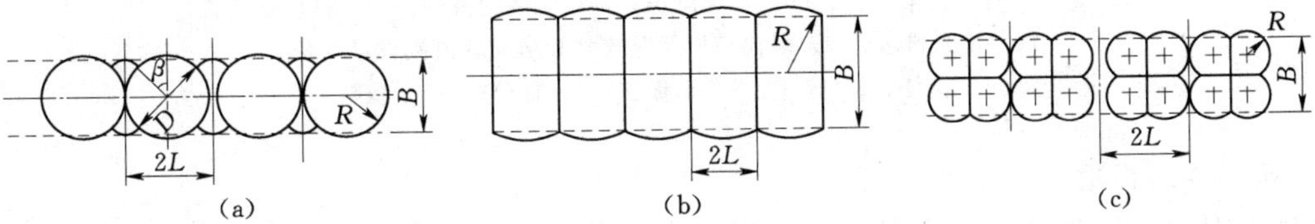

图1-16　钢板桩格型围堰平面形式

(a) 圆筒形格体；(b) 扇形格体；(c) 花瓣形格体

钢板桩格型围堰坚固、抗冲、抗渗、围堰断面小，便于机械化施工；钢板桩的回收率高，可达70%以上；尤其适用于束窄度大的河床段作为纵向围堰，但由于需要大量的钢材，且施工技术要求高，我国目前仅应用于大型工程中。

圆筒形格体钢板桩围堰，一般适用的挡水高度小于15～18m，可以建在岩基上或非岩基上，也可作为过水围堰用。

圆筒形格体钢板桩围堰是由“一字形”钢板桩拼装而成，由一系列主格体和联弧段所构成如图1-16（a）所示。圆筒形格体的直径D，根据经验一般取挡水高度H的0.9～1.4倍，平均宽度B为$0.85D$，$2L$为$1.2～1.3D$。圆筒形格体钢板桩围堰不是一个刚性体，而是一个柔性结构，格体挡水时允许产生一定幅度的变位，以提高圆筒内填料本身的抗剪强度及填料与钢板间的抗滑能力，有助于提高抗剪稳定性。

圆筒形格体钢板桩围堰的修建由定位、打设模架支柱、模架就位、安插钢板桩、打设钢板桩、填充料渣、取出模架及其支柱和填充料渣到设计高程等工序组成（图1-17）。圆筒形格体钢板桩围堰一般需在流水中修筑，受水位变化和水面波动的影响较大，施工难度较大。

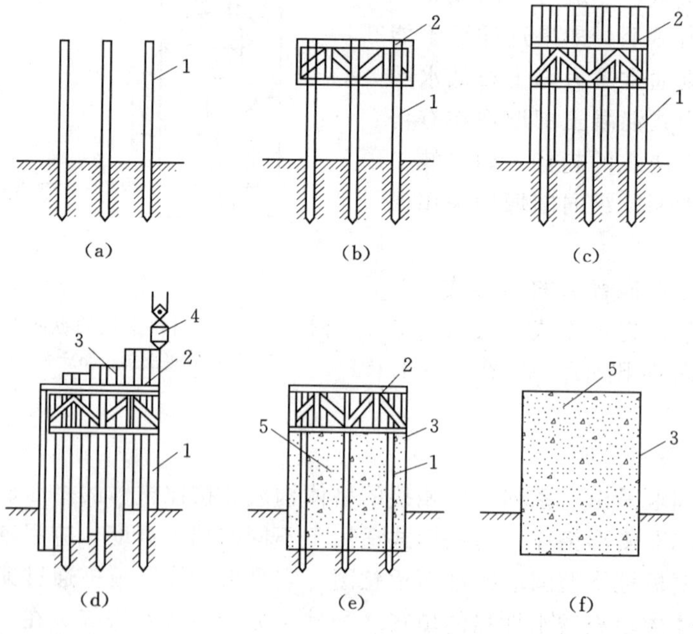

图1-17 圆筒形格体钢板桩围堰施工程序图

（a）定位、打设模架支柱；（b）模架就位；（c）安插钢板桩；（d）打设钢板桩；（e）填充料渣；（f）取出模架及其支柱和填充料渣到设计高程

1—支柱；2—模架；3—钢板桩；4—打桩机；5—填料

（五）草土围堰

草土围堰是一种草土混合结构，多种捆草法修筑，是我国人民长期与洪水作斗争的智慧结晶，至今仍用于黄河流域的水利水电工程中。例如黄河的青铜峡、盐锅峡、八盘峡水电站和汉江的石泉水电站都成功地应用过草土围堰。

草土围堰施工简单，施工速度快，可就地取材，成本低，还具有一定的抗冲、防渗能力，能适应沉陷变形，可用于软弱地基；但草土围堰不能承受较大水头，施工水深及流速也受到限制，草料还易于腐烂，一般水深不宜超过 6m，流速不超过 3.5m/s。草土围堰使用期约为两年。八盘峡工程修建的草土围堰最大高度达 17m，施工水深达 11m，最大流速 1.7m/s，堰高及水深突破了上述范围。

草土围堰适用于岩基或砂砾石基础。如河床大孤石过多，草土体易被架空，形成漏水通道，使用草土围堰时应有相应的防渗措施。细砂或淤泥基础因易被冲刷，稳定性差，不适宜采用。

草土围堰断面一般为梯形，坡比为 1：0.2～1：0.3。堰顶宽度一般为水深的 2～5 倍，如为岩基可取小值，如为软基可取大值。堰顶超高通常采用 1.5～2.0m。

三、围堰的平面布置与堰顶高程

（一）围堰平面布置

围堰的平面布置是一个很重要的问题（图 1－18）。如果平面布置不当，围护基坑的范围过大，不仅围堰工程量大，而且会增加排水设备容量和排水费用；范围过小，会妨碍主体工程施工，影响工期；如果分期导流的围堰外形轮廓不当，还会造成导流不畅，冲刷围堰及其基础，影响主体工程安全施工。

围堰的平面布置主要包括堰内基坑范围确定和围堰轮廓布置两个问题。

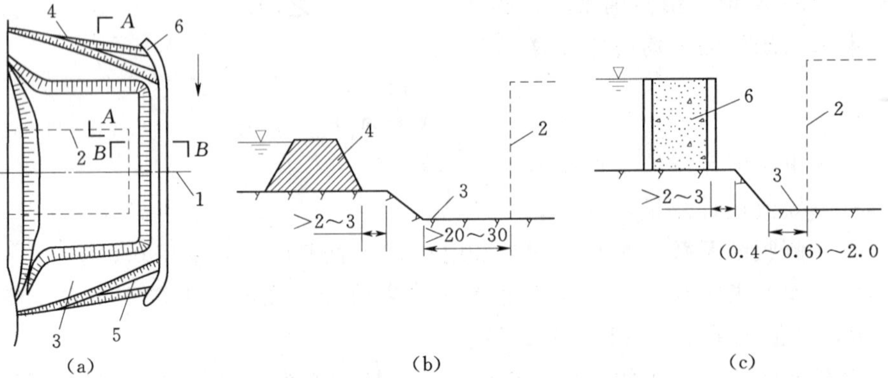

图 1－18　围堰布置与基坑范围示意图（单位：m）
(a) 平面图；(b) A—A 剖面；(c) B—B 剖面
1—主体工程轴线；2—主体工程轮廓；3—基坑；4—上游横向围堰；
5—下带横向围堰；6—纵向围堰

1. 围堰内基坑范围确定

堰内基坑范围大小，主要取决于主体工程的轮廓及其施工方法。当采用一次拦断的不分期导流时，基坑是由上、下游围堰和河床两岸围成的。当采用分期导流时，基坑是由纵向围堰与上、下游横向围堰围成。在上述两种情况下，上、下游横向围堰的布置，都取决于主体工程的轮廓。通常围堰坡趾距离主体工程轮廓的距离，不应小于 20～30m，以便布置排水设施、交通运输道路、堆放材料和模板等，如图 1－18（b）所示。至于基坑开挖边坡的大小，则与地质条件有关。

当纵向围堰不作为永久建筑物的一部分时，围堰坡趾距主体工程轮廓的距离通常考虑围堰拆除爆破安全距离和排水导流系统、模板支立等因素，一般不小于2.0m。如果无此要求，只需留0.4～0.6m，如图1-18（c）所示。

实际工程中基坑形状和大小往往是很不相同的。有时可以利用地形以减少围堰的高度和长度；有时为照顾个别建筑物施工的需要，将围堰轴线布置成折线形；有时为了避开岸边较大的溪沟，也采用折线布置。为了保证基坑开挖和主体建筑物的正常施工，布置基坑范围应当留有一定富余。

2. 分期导流纵向围堰布置

在分期导流方式中，纵向围堰布置与施工是关键问题。选择纵向围堰位置，实际上就是要确定适宜的河床束窄度。束窄度就是天然河流过水面积被围堰束窄的程度，其计算式为

$$K=\frac{A_2}{A_1}\times 100\% \tag{1-1}$$

式中 K——河床的束窄程度，%；

A_1——原河床的过水断面面积，m^2；

A_2——围堰和基坑所占据的过水断面面积，m^2。

按现行规范要求，一期围堰对河床的束窄程度可控制在40%～60%之间，从国内外一些实际工程的K值取值范围来看，约在40%～70%之间。

（1）束窄河床段的平均流速计算。

$$V_c=\frac{Q}{\varepsilon(A_1-A_2)} \tag{1-2}$$

式中 V_c——束窄河床段的平均流速，m/s；

Q——导流设计流量，m^3/s；

ε——侧收缩系数，一侧收缩时采用0.95，两侧收缩时采用0.90。

分期导流围堰束窄河床后，使天然水流发生改变，在围堰上游产生水位壅高，如图1-20所示，其值可采用式（1-3）试算。

（2）束窄河床段前产生的水位壅高计算。一期围堰将河床束窄后，破坏了河流原来的水流状态，部分动能转化为势能，在束窄段前产生了水位壅高，其计算式为

$$Z=\frac{1}{\varphi^2}\frac{v_c^2}{2g}-\frac{v_0^2}{2g} \tag{1-3}$$

式中 Z——水位壅高，m；

v_0——行近流速，m/s；

g——重力加速度，取9.80m/s^2；

φ——流速系数，与围堰布置形式有关，见表1-2；

v_c——束窄河床平均流速，m/s。

适宜的纵向围堰位置，与以下主要因素有关。

（1）地形地质条件。河心洲、浅滩、小岛、基岩露头等，都是可供布置纵向围堰的有利条件，这些部位便于施工，并有利于防冲保护。例如，三门峡工程曾巧妙地利

用了河心的几个礁岛布置纵、横围堰，如图 1－19 所示。葛洲坝工程施工初期，也曾利用江心洲（葛洲坝）作为天然的纵向围堰。三峡工程利用江心洲（三斗坪）作为纵向围堰的一部分。

表 1－2　　不同围堰布置的 φ 值

布置形式	矩形	梯形	梯形且有导水墙	梯形且有上导水坝	梯形且有顺流丁坝
布置简图	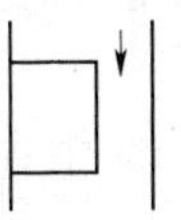	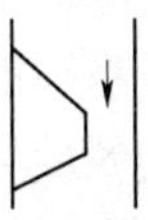	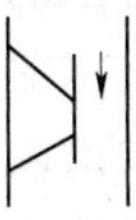	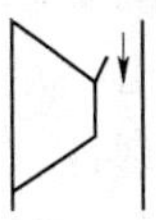	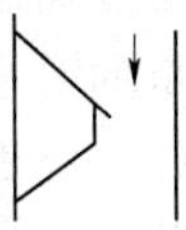
φ	0.75～0.85	0.80～0.85	0.85～0.90	0.70～0.80	0.80～0.85

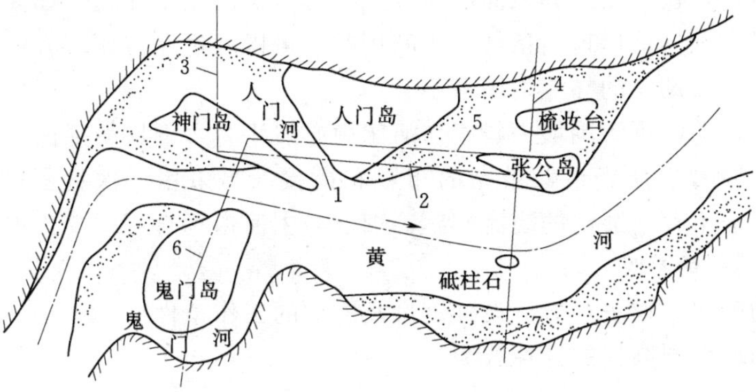

图 1－19　三门峡工程的围堰布置

1、2——一期纵向低水围堰；3——一期上游横向高水围堰；4——一期下游横向高水围堰；5—纵向混凝土围堰；6—二期上游横向围堰；7—二期下游横向围堰

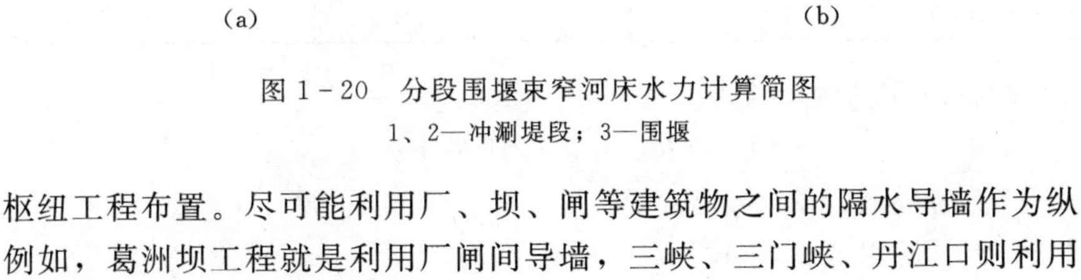

图 1－20　分段围堰束窄河床水力计算简图

1、2—冲涮堤段；3—围堰

（2）枢纽工程布置。尽可能利用厂、坝、闸等建筑物之间的隔水导墙作为纵向围堰的一部分。例如，葛洲坝工程就是利用厂闸间导墙，三峡、三门峡、丹江口则利用厂坝间导墙，作为二期纵向围堰的一部分。

（3）河床允许束窄度。允许束窄度主要与河床地质条件和通航要求有关。对于非通航河道，如河床易冲刷，一般均允许河床产生一定程度的变形，只要能保证河岸、围堰堰体和基础免受淘刷即可。束窄流速常可允许达到 3m/s 左右。岩石河床允许束窄度主要视岩石的抗冲流速而定。

对于一般性河流和小型船舶，当缺乏具体研究资料时，可参考以下数据：当流速小于2.0m/s时，机动木船可以自航；当流速小于3.0～3.5m/s，且局部水面集中落差不大于0.5m时，拖轮可自航；木材流放最大流速可考虑为3.5～4.0m/s。

（4）导流过水要求。进行一期导流布置时，不但要考虑束窄河道的过水条件，而且还要考虑二期截流与导流的要求。主要应考虑的问题是：一期基坑中要能布置出宣泄二期导流流量的泄水建筑物；由一期转入二期施工时的截流落差不能太大。

（5）施工布局的合理性。各期基坑中的施工强度应尽量均衡。一期工程施工强度可以比二期低些，但不宜相差太悬殊。如有可能，分期分段数应尽量少一些。导流布置应满足总工期的要求。

以上五个方面，仅仅是选择纵向围堰位置时应考虑的主要问题。如果天然河槽呈对称形状，没有明显有利的地形地质条件可供利用时，可以通过经济比较方法选定纵向围堰的适宜位置，使一、二期总的导流费用最小。

分期导流时，上、下游围堰一般不与河床中心线垂直，围堰的平面布置常呈梯形，既可使水流顺畅，同时也便于运输道路的布置和衔接。当采用一次拦断的不分期导流时，上、下游围堰一般不存在突出的绕流问题，围堰与主河道垂直可减少工程量。

（二）堰顶高程的确定

堰顶高程的确定，取决于导流设计流量及围堰的工作条件。

下游横向围堰堰顶高程的计算式为

$$H_d = h_d + \delta \tag{1-4}$$

式中 H_d——下游围堰的顶部高程，m；

h_d——下游水位高程，m，可直接由天然河道水位—流量关系曲线查得；

δ——围堰的安全超高，不过水围堰的可按表1-3查得，过水围堰的为0.2～0.5m。

表1-3　不过水围堰堰顶安全超高下限值　　单位：m

围堰形式	围堰级别	
	Ⅲ	Ⅳ～Ⅴ
土石围堰	0.7	0.5
混凝土围堰	0.4	0.3

上游围堰的堰顶高程的计算式为

$$H_u = h_d + Z + h_a + \delta \tag{1-5}$$

式中 H_u——上游围堰的顶部高程，m；

Z——上下游水位差，m；

h_a——波浪高度，可参照永久建筑物的有关规定和有关专业规范计算，一般情况可以不计，但应适当增加超高。

纵向围堰的堰顶高程，应与堰侧水面曲线相适应。通常纵向围堰顶面往往作成阶梯形或倾斜状，其上、下游高程分别与所衔接的横向围堰同高程连接。

四、围堰的防冲措施

一次拦断的不分段围堰法的上、下游横向围堰，应与泄水建筑物进出口保持足够的距离。分段围堰法导流，围堰附近的流速流态与围堰的平面布置密切相关。

当河床是由可冲性覆盖层或软弱破碎岩石所组成，必须对围堰坡脚及其附近河床进行防护。工程实践中采用的护脚措施，主要有抛石、沉排及混凝土块柔性排三种。

1. 抛石护脚

抛石护脚施工简便，但当使用期较长时，抛石会随着堰脚及其基础的刷深而下沉，每年必须补充抛石，因此所需养护费较大。围堰护脚的范围及抛石尺寸的计算方法至今还不成熟，主要应通过水工模型试验确定。

抛石护脚的范围取决于可能产生的冲刷坑的大小，护脚长度大约为围堰纵向段长度的一半即可。纵向围堰外侧防冲护底的长度，根据新安江、富春江等工程的经验，可取为局部冲刷计算深度的2～3倍左右。经初步估算后，对于较重要的工程，仍应通过模型试验校核。

2. 柴排护脚

柴排护脚的整体性、柔韧性、抗冲性都较好。丹江口工程一期土石纵向围堰的基础防冲采用柴排保护，经受了近5m/s流速的考验，效果较好。但是，柴排需要大量柴筋，拆除较困难。沉排流速要求不超过1 m/s，并需由人工配合专用船施工，多用于中小型工程。

3. 钢筋混凝土柔性排护脚

由于单块混凝土板易失稳而使整个护脚遭受破坏，故可将混凝土板块用钢筋串接成柔性排。当堰脚范围外侧的基础覆盖层被冲刷后，混凝土板块组成的柔性排可逐步随覆盖层冲刷而下沉，进而将堰脚覆盖层封闭，防止堰基进一步淘刷。葛洲坝工程一期土石纵向围堰曾采用过这种钢筋混凝土柔性排。

五、围堰的拆除

围堰是临时建筑物，导流任务完成后，应按设计要求拆除，以免影响永久建筑物的施工及运转。例如，在采用分段围堰法导流时，第一期横向围堰的拆除，如果不合要求，势必会增加上、下游水位差，从而增加截流工作的难度，增大截流物料的重量及数量。土石围堰相对说来断面较大，拆除工作一般是在运行期限的最后一个汛期过后，随上游水位的下降，逐层拆除围堰的背水坡和水上部分（图1-21），但必须保证依次拆除后所残留的断面，能继续挡水和维持稳定，以免发生安全事故，使基坑过早淹没，影响施工。土石围堰的拆除一般可用挖土机或爆破开挖等方法。

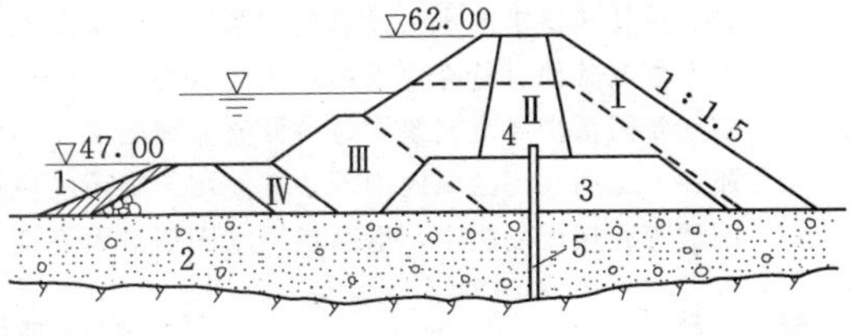

图1-21 葛洲坝一期土石围堰的拆除程序图

1—黏土斜墙；2—覆盖层；3—堆渣；4—心墙；5—防渗墙

钢板桩格型围堰的拆除，首先要用抓斗或吸石器将填料清除，然后用拔桩机起拔钢板桩。混凝土围堰的拆除，一般只能用爆破法炸除，但应注意，必须使主体建筑物或其他设施不受爆破危害。

第三节 导流设计流量的确定

一、导流标准

导流设计流量的大小，决定着前述各项工作的难易，但取决于导流设计的洪水频率标准，通常简称为导流标准。

施工期可能遭遇的洪水是一个随机事件。如果导流设计标准太低，不能保证工程的施工安全；反之则会使导流工程设计规模过大，不仅导流费用增加，而且可能因其规模太大而无法按期完工，造成工程施工的被动局面。因此，导流设计标准的确定，实际是要在经济性与风险性之间加以抉择。

根据现行规范《水利水电工程施工组织设计规范》（SL 303—2004），在确定导流设计标准时，首先根据导流建筑物（指枢纽工程施工期所使用的临时性挡水建筑物和泄水建筑物）的保护对象、失事后果、使用年限和工程规模等因素，将导流建筑物确定为3～5级，具体按表1-4确定。然后再根据导流建筑物级别及导流建筑物类型确定导流标准（表1-5）。

表1-4　导流建筑物级别划分

级别	保护对象	失事后果	使用年限（年）	围堰工程规模	
				堰高（m）	库容（亿 m^3）
Ⅲ	有特殊要求的1级永久建筑物	淹没重要城镇、工矿企业、交通干线或推迟工程总工期及第一台（批）机组发电，造成重大灾害和损失	>3	>50	>1.0
Ⅳ	1、2级永久建筑物	淹没一般城镇、工矿企业、或推迟工程总工期及第一台（批）机组发电而造成较大灾害和损失	1.5～3	15～50	0.1～1.0
Ⅴ	3、4级永久建筑物	淹没基坑，但对总工期及第一台（批）机组发电影响不大，经济损失较小	<1.5	<15	<0.1

注 1. 导流建筑物包括挡水和泄水建筑物，两者级别相同。
2. 表中所列四项指标均按导流分期划分，保护对象一栏中所列永久性水工建筑物级别系按《水利水电工程等级划分及洪水标准》（SL 252—2000）划分。
3. 有、无特殊要求的永久建筑物均系针对施工期而言，有特殊要求的Ⅰ级永久建筑物系指施工期不允许过水的土石坝及其他有特殊要求的永久建筑物。
4. 使用年限系指导流建筑物每一导流分期的工作年限，两个或两个以上导流分期共用的导流建筑物，如分期导流一、二期共用的纵向围堰，其使用年限不能叠加计算。
5. 围堰工程规模一栏中，堰高指挡水围堰最大高度，库容指堰前设计水位所拦蓄的水量，两者应同时满足。

表1-5　导流建筑物洪水标准划分

导流建筑物类型	导流建筑物级别		
	Ⅲ	Ⅳ	Ⅴ
	洪水重现期（年）		
土石	50～20	20～10	10～5
混凝土	20～10	10～5	5～3

在确定导流建筑物的级别时，当导流建筑物根据表1-4指标分属不同级别时，应以其中最高级别为准。但列为Ⅲ级导流建筑物时，至少应有两项指标符合要求；不同级别的导流建筑物或同级导流建筑物的结构型式不同时，应分别确定洪水标准、堰顶超高值和结构设计安全系数；导流建筑物级别应根据不同的导流分期按表1-4划分，同一导流分期中的各导流建筑物的级别，应根据其不同作用划分；各导流建筑物的洪水标准必须相同，一般以主要挡水建筑物的洪水标准为准；利用围堰挡水发电时，围堰级别可提高一级，但必须经过技术经济论证；导流建筑物与永久建筑物结合时，结合部分结构设计应采用永久建筑物级别标准，但导流设计级别与洪水标准仍按表1-4及表1-5规定执行。

当Ⅳ～Ⅴ级导流建筑物地基的地质条件非常复杂，或工程具有特殊要求必须采用新型结构，或失事后淹没重要厂矿、城镇时，其结构设计级别可以提高一级，但设计洪水标准不相应提高。

确定导流建筑物级别的因素复杂，当按表1-4和上述各条件确定的级别不合理时，可根据工程具体条件和施工导流阶段的不同要求，经过充分论证，予以提高或降低。

导流建筑物设计洪水标准，应根据建筑物的类型和级别在表1-5规定幅度内选择，并结合风险度综合分析，使所选择标准经济合理，对失事后果严重的工程，要考虑对超标准洪水的应急措施。导流建筑物洪水标准，在下述情况下可用表1-5中的上限值。

(1) 河流水文实测资料系列较短（小于20年），或工程处于暴雨中心区。

(2) 采用新型围堰结构型式。

(3) 处于关键施工阶段，失事后可能导致严重后果。

(4) 工程规模、投资和技术难度用上限值与下限值相差不大。

枢纽所在河段上游建有水库时，导流设计采用的洪水标准，应考虑上游梯级水库的影响及调蓄作用。

过水围堰的挡水标准，应结合水文特点、施工工期、挡水时段，经技术经济比较后，在重现期3～20年范围内选定。当水文序列较长（不小于30年）时，也可按实测流量资料分析选用。过水围堰级别，按表1-4确定的各项指标系以过水围堰挡水期情况作为衡量依据。围堰过水时的设计洪水标准，应根据过水围堰的级别和表1-5选定。当水文系列较长（不小于30年）时，也可按实测典型年资料分析并通过水力学计算或水工模型试验选用。

二、导流时段划分

导流时段就是按照导流程序划分的各施工阶段的延续时间。我国一般河流全年的流量变化过程，按其水文特征可分为枯水期、中水期、洪水期。在不影响主体工程施工的条件下，若导流建筑物只担负非洪水期的挡水泄水任务，显然可以大大减少导流建筑物的工程量，改善导流建筑物的工作条件，具有明显的技术经济效益。因此，合理划分导流时段，明确不同导流时段建筑物的工作条件，是既安全又经济地完成导流任务的基本要求。

导流时段的划分与河流的水文特征、水工建筑物的型式、导流方案、施工进度有关。土坝、堆石坝和支墩坝一般不允许过水，因此当施工期较长，而洪水来临前又不能完建时，导流时段就要考虑以全年为标准，其导流设计流量，就应以导流设计标准确定的相应洪水期的年最大流量。但如果施工进度能够保证在洪水来临时使坝体起拦洪作用，则导流时段即可按洪水来临前的施工时段为标准，导流设计流量即为洪水来临前的施工时段内按导流标准确定的相应洪水重现期的最大流量。当采用分段围堰法导流时，后期用临时底孔导流来修建混凝土坝时，一般宜划分为三个导流时段：第一时段，河水由束窄的河流通过，进行第一期基坑内的工程施工；第二时段，河水由导流底孔下泄，进行第二期基坑内的工程施工；第三时段，进行底孔封堵，坝体全面升高，河水由永久建筑物下泄；也可部分或完全拦蓄在水库中，直到工程完建。在各时段中，围堰和坝体的挡水高程和泄水建筑物的泄水能力，均应按相应时段内相应洪水重现期的最大流量作为导流设计流量进行设计。

山区型河流，其特点是洪水期流量特别大，历时短，而枯水期流量特别小，因此水位变幅很大。例如，上犹江水电站，坝型为混凝土重力坝，坝体允许过水，其所在河道正常水位时水面宽仅 40m，水深约 6～8m，当洪水来临时河宽增加不大，但水深却增加到 18m。若按一般导流标准要求设计导流建筑物，不是挡水围堰修得很高，就是泄水建筑物的尺寸很大，而使用期又不长，这显然是不经济的。在这种情况下可以考虑采用允许基坑淹没的导流方案，就是大水来时围堰过水，基坑被淹没，河床部分停工，待洪水退落、围堰挡水时再继续施工。这种方案，由于基坑淹没引起的停工天数不长，施工进度能够保证，而导流总费用（导流建筑物费用与淹没基坑费用之和）却较省，所以是合理的。

三、允许基坑淹没时导流设计流量的确定

采用允许基坑淹没的导流方案时，导流费用最低的导流设计流量，必须经过技术经济比较才能确定。过水围堰的特点是既挡水又过水，因此，其导流设计流量也可分为挡水设计流量和过水设计流量。

现行规范规定按表 1-4 确定过水围堰的级别，表中各项指标系以过水围堰挡水期情况作为衡量依据。因一般情况下挡水期围堰较低，库容较小，所定级别不会高于 Ⅳ 级，这是符合我国设计施工实际情况的。

过水围堰挡水标准的选择一般以枯水期不过水为原则，但选用多大却很关键，如果挡水标准定得不合理，很难保证有较好的基坑施工条件和取得较大的经济效益。事实上选择不同的挡水标准，就对应不同的挡水设计流量，每年过水淹没基坑的次数就不同。挡水标准太高，导流建筑工程费用就会增大，但由于过水次数减少，有效施工时间增长，而淹没基坑损失的费用（包括淹没前器材设备的撤迁，淹没后围堰检修，清淤排水，机械设备重新进场以及在此时间机械设备闲置、窝工损失等）就会减少。反之，挡水标准太低，导流工程建筑的费用固然低，但由于过水次数增加，有效施工时间减少，而淹没基坑损失的费用势必增大。因此，正确选择过水围堰的挡水标准，是一个全面的技术经济比较问题。在传统的技术经济分析中，一般是拟定几个技术上基本可行的方案，再进行经济分析比较。这种方法也是按照优化设计的概念，寻求总费用的最小值，与现代系统分析方法相比，概念是相同的，只是采用的方法简单些，如图 1-22 所示。

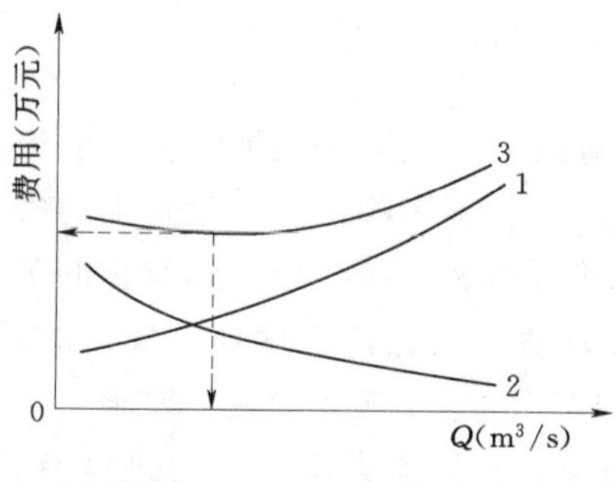

图 1-22　导流费用与设计流量的关系
1—导流建筑物费用曲线；2—基坑淹没损失费用曲线；3—导流总费用曲线

围堰过水时的设计标准，显然与不过水围堰挡

全年洪水时的标准相同，可用频率法和实测资料法确定。前者是按选定的围堰级别和表1-5确定过水流量标准，后者是分析实测洪水后选定过水流量标准。此标准主要用于堰体稳定分析和结构计算，也用于所有导流泄水道的过水能力校核。但是，应当强调，对于堰体稳定分析和结构计算而言，最危险的围堰过水状况不一定发生在最大洪水期，因此，在过水围堰设计过程中，应找出围堰过水时控制稳定的流量作为设计依据。这种控制流量一般是通过水力学计算或水工模型试验确定的。近年来也有学者指出，可以把围堰过流时上下游水位差与单宽流量的乘积所形成的最大溢流功率所对应的流量作为此控制流量。下面举一例子进一步说明导流时段划分的目的和导流设计流量的确定方法。

【例】 某水利枢纽工程拦河坝为Ⅰ级建筑物，坝型为混凝土重力坝，修建时采用土石围堰挡水，堰高25m，围堰使用期在1.5年以内，相应库容为$0.82\times10^8m^3$，围堰失事后会淹没下游一个重要城镇，对总工期及第一台机组发电也会造成很大的影响。所收集的该河流洪水重现期20年一遇的水文资料见表1-6。试选择导流标准划分导流时段和确定导流设计流量。

表1-6　　某坝所在河流20年一遇的各月最大流量统计

月份	1	2	3	4	5	6	7	8	9	10	11	12
流量（m^3/s）	30	60	90	150	400	750	900	800	500	250	100	70
水文特征	枯水期		中水期			洪水期			中水期		枯水期	

解： 根据已知条件，并由规范表1-4查得，该工程导流建筑物的级别为Ⅳ级，因为从表1-4的注解中看出，列为Ⅲ级的导流建筑物至少应有两相指标符合要求。但选择导流标准时，考虑到库容已接近1.0亿m^3，同时失事后果指标已符合Ⅲ级导流建筑物级别的要求，故导流设计标准从表1-5中选择了上限值，即20年一遇。从表1-6中可以看出，对应于此导流标准的各月最大流量有12个，选哪一个好，这就与所划分的导流时段有关。例如，若围堰使用期为一年以上，则导流设计流量就可确定为$900m^3/s$；若围堰从9月初开始投入运用，到第2年5月底（洪水期以前）大坝就能筑起挡水，同时放弃围堰，这时导流设计流量就可确定为$500m^3/s$，由于导流设计流量减小，在这个时段内导流建筑物的规模也可减少，从而节省导流工程投资。

由上例可知，划分导流时段的目的是为了确定不同导流时段的导流标准和导流设计流量。导流设计流量的确定方法就是选取某一导流时段内一定洪水重现期所对应的最大流量。

第四节 导流方案的选择

水利水电枢纽工程施工，从开工到完建往往不是采用单一的导流方法，而是几种导流方式组合起来配合运用，以取得最佳的技术经济目的。这种不同导流时段、不同导流方式的组合，通常称为导流方案。

导流方案的选择受多种因素的影响。一个合理的导流方案，必须在周密研究各种影响因素的基础上，拟定几个可能的方案，进行技术经济比较，从中选择技术经济指标优越的方案。

一、选择导流方案时应考虑的主要因素

（一）适应水利枢纽类型及布置

分期导流主要适用于混凝土坝枢纽。因土坝不宜分段修建，且坝体一般不允许过水，故土坝枢纽几乎不用分期导流，而多采用一次拦断法。高水头水利枢纽的后期导流常需多种导流方式的组合，导流程序比较复杂。例如，峡谷处的混凝土坝，前期导流可用隧洞，但后期（完建期）导流往往利用布置在坝体不同高程上的泄水孔。高水头土石坝的前后期导流，一般是在两岸不同高程上布置多层导流隧洞。如果枢纽中有永久性泄水建筑物，如隧洞、涵管、底孔、引水渠、泄水闸等，应尽量加以利用。

（二）适应河流水文特性和地形地质条件

河流的水文特性，在很大程度上影响着导流方式的选择。每种导流方式均有适用的流量范围。除了流量大小外，流量过程线的特征、冰情和泥沙也影响着导流方式的选择。例如，洪峰历时短而峰形尖瘦的河流，有可能采用汛期淹没基坑方式；含沙量很大的河流，一般不允许淹没基坑。束窄河床和明渠有利于排冰；隧洞、涵管和底孔不利于排冰，如用于排冰，则在流冰期应为明流，而且应有足够的净空，孔口尺寸也不能过小。

宽阔的平原河道，宜采用分期导流或明渠导流。河谷狭窄的山区河道，常用隧洞导流。每种导流方式适用的地形地质条件，前面已经谈过，不再重复。

（三）尽可能满足施工期国民经济各部门的综合要求

分期导流和明渠导流较易满足通航、过木、排冰、过鱼、供水等要求。采用分期导流方式时，为了满足通航要求，有些河流不能只分两期束窄，而要分成三期或四期，甚至有分成八期的。我国某些峡谷地区的工程，原设计为隧洞导流，但为了满足过木要求，用明渠导流取代了隧洞导流。这样一来，不仅遇到了高边坡深挖方问题，而且导流程序复杂，工期也大大延长。由此可见，在选择导流方式时，要解决好河流综合利用要求问题，并不是一件容易的事。

（四）尽量利用永久建筑物，减少工程量和投资

导流方式的选择一直依赖于定性分析。在这种分析中，经验常起主导作用。成功的实例固然不少，但选择不当的也不在少数。1977 年，苏联的别钦系统研究了影响混凝土坝建设速度的一系列因素，其中包括导流方式。他统计了美、苏等国几十个混凝土坝的有关资料。这些工程所采用的导流方式仅包括分期导流和隧洞导流两种方式。他提出了将河谷形状系数作为地形条件的定量指标，其定义为坝体周边长度与最大坝高之比。根据分析，他提出了选择导流方式的具体建议：对于混凝土坝枢纽，当河谷形状系数小于 6.5，导流流量小于 $5000m^3/s$ 时，宜采用隧洞导流；否则，宜采用分期导流。

影响导流方式选择的因素很多，但坝型、水文及地形条件是主要因素。河谷形状系数在一定程度上综合反映了地形、地质等因素。若该系数小，表明河谷为窄深型，岸坡陡峻。一般来说，岩石是坚硬的。水文条件也在一定程度上与河谷形状系数有关。

二、施工导流方案比较与选择的步骤

（一）初拟基本可行方案

进行施工导流方案的比较与选择之前，应先拟订几种基本可行的导流方案。拟订方案

时，首先考虑可能采用的导流方式是分期导流还是一次拦断。分期导流应研究分多少期，分多少段，先围哪一岸，还要研究后期导流完建方式，是采用底孔、梳齿、缺口或未完建厂房。一次拦断方式是采用隧洞、明渠、涵管还是渡槽，隧洞或明渠布置在哪一岸。另外，无论是分期，还是一次拦断，基坑是否允许被淹没，是否要采用过水围堰等。在全面分析的基础上，排除明显不合理的方案，保留几种可行方案或可能的组合方案。当导流方式或基本方案基本确定后，还要将基本方案进一步细化。例如，某工程只可能采用一次拦断隧洞导流方式，但究竟是采用高围堰、小隧洞，还是低围堰、大隧洞，是采用一条大直径隧洞，还是采用几条较小直径的隧洞；当有两条以上隧洞时，是采用多线一岸集中布置，还是采用两岸分开布置；在高程上是采用多层布置，还是同层布置等。总之，方案可以很多，拟订方案时，思路要放开，但必须仔细分析工程的具体条件，因地制宜，不能凭空构想。只有这样，才能初步拟订出基本可行方案，以供进一步比较选择。

（二）方案技术经济指标的分析计算

在进行方案比较时，应着重从以下几个方面进行论证：导流工程费用及其经济性；施工强度的合理性；劳动力、设备、施工负荷的均衡性；施工工期，特别是截流、安装、蓄水、发电或其他受益时间的保证性；施工过程中河道综合利用的可行性；施工导流方案实施的可靠性等。为此，在方案比较时，还应进行以下工作。

1. 水力计算

通过水力计算确定导流建筑物尺寸，大、中型工程尚需进行导流模型试验。对主要比较方案，通过试验对其流态、流速、水位、压力和泄水能力等进行比较，并对可能出现的水流脉动、气蚀、冲刷等问题，重点进行论证。

2. 工程量计算与费用计算

对拟订的比较方案，根据水力计算所确定的导流挡水建筑物和泄水建筑物尺寸，按相同精度计算主要的工程量，例如，土方、石方的挖、填方量，砌石方量，混凝土工程量，金属结构安装工程量等。在方案比较阶段，费用计算方法可适当简化，例如可采用折算混凝土工程量方法。这样求出的费用等经济指标虽然难以完全准确，但只要能保证各方案在同一基础上比较即可。

3. 拟定施工进度计划

不同的导流方案，施工进度安排是不一样的。首先，应分析研究施工进度的各控制时点，如开工、截流、拦洪、封孔、第一台机组发电时间或其他工程受益时间等。抓住这些控制时点，就可以安排出施工控制性进度计划。然后，根据控制性进度计划和各单项工程进度计划，编制或调整枢纽工程总进度计划，据此论证各方案所确定的工程受益时间和完建时间。

4. 施工强度指标计算与分析

根据施工进度计划，可绘制出各种施工强度曲线。首先，应分析各施工阶段的有效工日。计算有效工日时，主要是扣除法定节假日和其他停工日。停工日因工种而异。例如，土坝施工过程中，降雨强度超过一定值则需停工；冬季气温过低，也可能需要停工；混凝土坝浇筑过程中，因气温过高、过低或降雨强度过大，也可能需要停工。当采用过水围堰淹没基坑导流方案时，还要扣除基坑过水所影响的工作日。

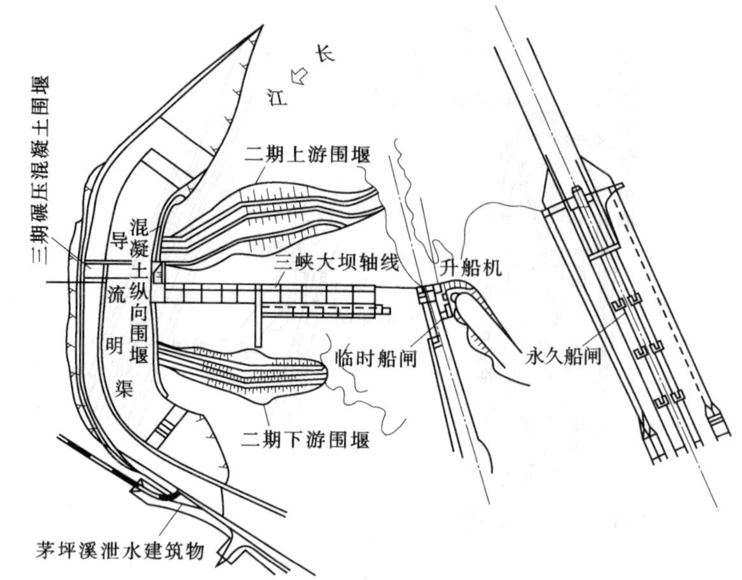

图 1-24　二期导流平面图

6.5m×8.5m 的导流底孔中宣泄，截流最大落差达 3.5m，龙口最大流速 6.13m/s，技术难度与葛洲坝大江截流相当。碾压混凝土围堰要求在截流以后的 120d 内，从高程 50.00m 浇筑到 140.00m，最大月浇筑强度达 39.8 万 m^3/月，最大日上升高度达 1.18m，且很快挡水并确保在近 90m 水头下安全运行。

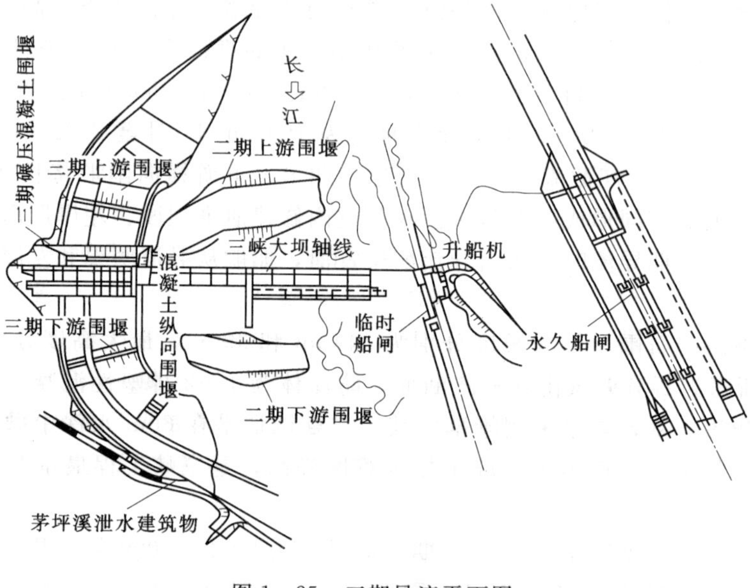

图 1-25　三期导流平面图

三期截流后到水库蓄水前，船只从临时船闸航行，当流量超过 12000m^3/s、上下游水位差超过 6.00m 时，临时船闸不能运行，长江停航。经测算停航时间发生在 5 月下半月至 6 月上半月内，共计 33d。停航期间设转运码头，用水陆联运解决客货运输问题。

三期碾压混凝土围堰建成后，即关闭导流底孔和泄洪深孔，水库蓄水至 135m，第一批机组开始发电，永久船闸开始通航。

水库蓄水以后，由三期碾压混凝土围堰与左岸大坝共同挡水（下游仍由三期土石围堰挡水），长江洪水由导流底孔及泄洪深孔宣泄。继续在右岸基坑内建造大坝和电站厂房，左岸各主体建筑物上部结构同时施工，直至工程全部完建。

第五节　截　流　工　程

在施工导流中，只有截断原河床水流（简称截流），把河水引向导流泄水建筑物下泄，才能在河床中全面开展主体建筑物的施工。在大江大河中截流是一项难度比较大的工作。

如图 1-26 所示截流过程一般是：先在河床的一侧或两侧向河床中填筑截流戗堤，逐步缩窄河床，称为进占。戗堤进占到一定程度，河床束窄，形成流速较大的过水缺口叫龙口。为了保证龙口两侧堤端和底部的抗冲稳定，通常采取工程防护措施，如抛投大块石、铅丝笼等，这种防护堤端叫裹头。封堵龙口的工作叫合龙。合龙以后，龙口段及戗堤本身仍然漏水，必须在戗堤全线设置防渗措施，这一工作叫闭气。所以整个截流过程包括戗堤进占、龙口裹头及护底、合龙、闭气等四项工作。截流后，对戗堤进一步加高培厚，修筑成设计围堰。

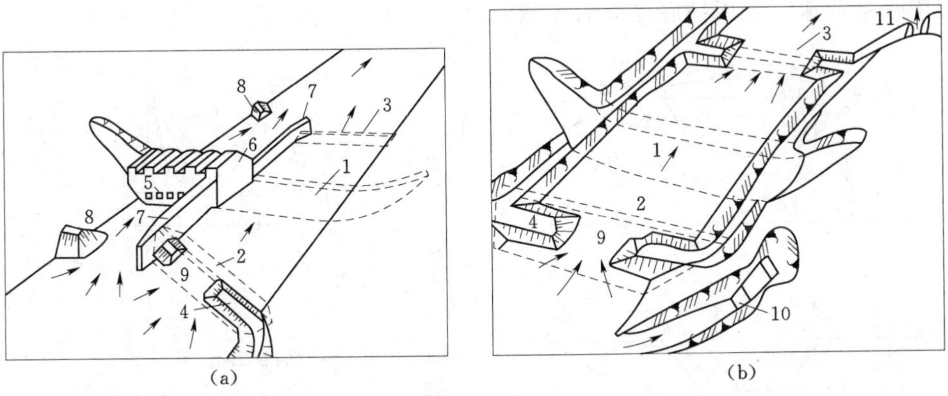

图 1-26　截流布置示意图

(a) 采用分段围堰法底孔导流时的布置；(b) 采用全段围堰法隧洞导流时的布置

1—大坝基坑；2—上游围堰；3—下游围堰；4—戗堤；5—底孔；6—已浇筑混凝土坝体；7—二期纵向围堰；8—一期围堰残留部分；9—龙口；10—导流隧洞进口；11—导流隧洞出口

截流在施工导流中占有重要的地位，如果截流不能按时完成，就会延误相关建筑物的开工日期；如果截流失败，失去了以水文年计算的良好截流时机，就会延误整个建筑物施工，河槽内的主体建筑物就无法施工，甚至可能拖延工期一年，在通航河流上甚至严重影响航运。由此可见，截流在施工中占有重要地位。所以在施工导流中，常把截流看作一个关键性工作，它是影响施工进度的一个控制项目。

截流之所以被重视，还因为截流本身无论在技术上和施工组织上都具有相当的艰巨性和复杂性。为了截流成功，必须充分掌握河流的水文、地形、地质等条件，掌握截流过程中水流的变化规律及其影响。做好周密的施工组织，在狭小的工作面上用较大的施工强度，在较短的时间内完成截流。

长江葛洲坝工程于 1981 年 1 月仅用 35.6h 时间，在 4720m^3/s 流量情况下胜利截流，为在大江大河上进行截流，积累了宝贵的经验。而 1997 年 11 月三峡工程大江截流和 2002 年 11 月三峡工程三期导流明渠截流的成功，标志着我国截流工程的实践已经处于世界先进水平。

一、截流的基本方法

河道截流有立堵法、平堵法、立平堵法、平立堵法、下闸截流以及定向爆破截流等多种方法，但基本方法为立堵法和平堵法两种。

（一）立堵法

立堵法截流是将截流材料从一侧戗堤或两侧戗堤向中间抛投进占，逐渐束窄河床，直至全部拦断（图 1-27）。

立堵法截流不需架设浮桥，准备工作比较简单，造价较低。但截流时水力条件较为不利，龙口单宽流量较大，流速也较大，同时水流绕截流戗堤端部产生强烈的立轴漩涡，造成紊流且流速分布很不均匀，易造成河床冲刷，需抛投单个重量较大的截流材料。由于工作前线狭窄，抛投强度受到限制。立堵法截流适用于大流量、岩基或覆盖层较薄的岩基河床，对于软基河床应采用护底措施后才能使用。

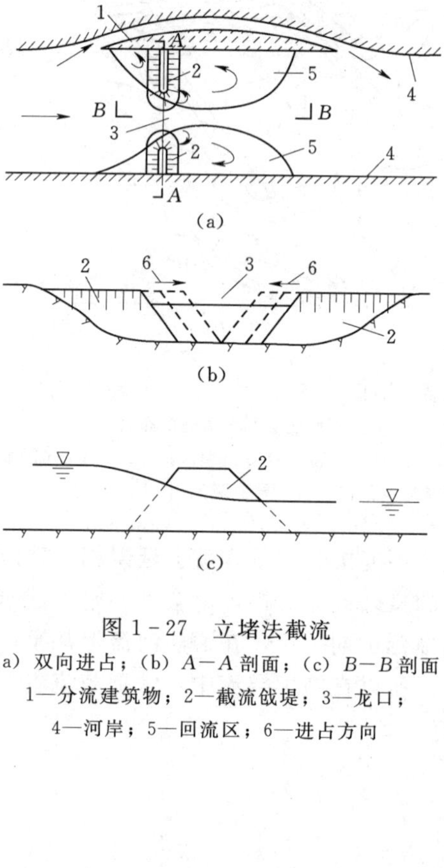

图 1-27　立堵法截流

(a) 双向进占；(b) $A-A$ 剖面；(c) $B-B$ 剖面

1—分流建筑物；2—截流戗堤；3—龙口；4—河岸；5—回流区；6—进占方向

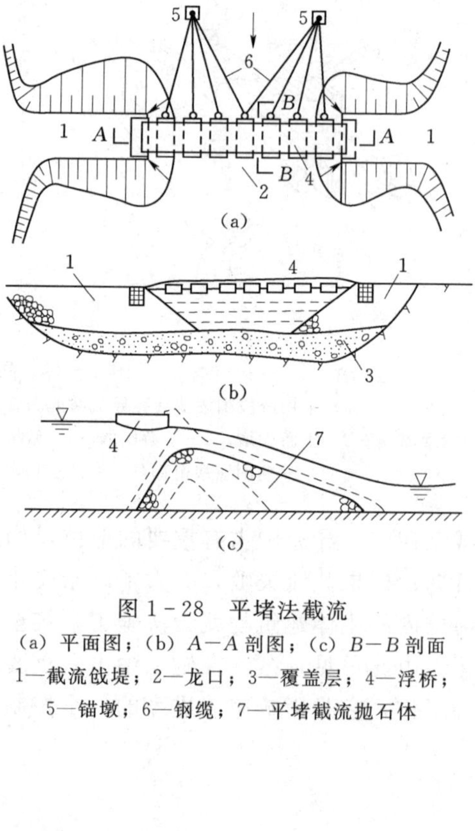

图 1-28　平堵法截流

(a) 平面图；(b) $A-A$ 剖图；(c) $B-B$ 剖面

1—截流戗堤；2—龙口；3—覆盖层；4—浮桥；5—锚墩；6—钢缆；7—平堵截流抛石体

立堵法截流又分为单戗、双戗和多戗立堵截流，单戗适用于截流落差不超过 3m 的情况。

（二）平堵法

平堵法截流是沿整个龙口宽度全线抛投截流材料，抛投料堆筑体全面上升，直至露出水面（图 1-28）。因此，合龙前必须在龙口架设浮桥，由于它是沿龙口全宽均匀地抛投，所以其单宽流量小，流速也较小，需要的单个材料的重量也较轻。沿龙口全宽同时抛投强度较大，施工速度快，但有碍于通航，适用于软基河床，河流架桥方便且对通航影响不大的河流。

（三）综合法

1. 立平堵

为了既发挥平堵水力条件较好的优点，又降低架桥的费用，有的工程采用先立堵，后在栈桥上平堵的方法。苏联布拉茨克水电站，在截流流量3600m^3/s，最大落差3.5m 的条件下，采用先立堵进占，缩窄龙口至100m，然后利用管柱栈桥全面平堵合龙。

多瑙河上的铁门工程，经过方案比较，也采取了立平堵方法。立堵进占结合管柱栈桥平堵。立堵段首先进占，完成长度 149.5m，平堵段龙口 100m，由栈桥上抛投完成截流，最终落差达 3.72m。

2. 平立堵

对于软基河床，单纯立堵易造成河床冲刷，可采用先平抛护底，再立堵合龙。平抛多利用驳船进行。我国青铜峡、丹江口、大化及葛洲坝等工程均采用此法，三峡工程在二期大江截流时也采用了该方法，取得了满意的效果。由于护底均为局部性，故这类工程本质上属于立堵法截流。

二、截流日期及截流设计流量

截流年份应结合施工进度的安排来确定。截流年份内截流时段的选择，既要把握截流时机，选择在枯水流量、风险较小的时段进行；又要为后续的基坑工作和主体建筑物施工留有余地，不致影响整个工程的施工进度。在确定截流时段时，应考虑以下要求：

(1) 截流以后，需要继续加高围堰，完成排水、清基、基础处理等大量基坑工作，并应把围堰或永久建筑物在汛期前抢修到一定高程以上。为了保证这些工作的完成，截流时段应尽量提前。

(2) 在通航的河流上进行截流，截流时段最好选择在对航运影响较小的时段内。因为截流过程中，航运必须停止，即使船闸已经修好，但因截流时水位变化较大，亦须停航。

(3) 在北方有冰凌的河流上，截流不应在流冰期进行。因为冰凌很容易堵塞河道或导流泄水建筑物，壅高上游水位，给截流带来极大困难。

综上所述，截流时间应根据河流水文特征、气候条件、围堰施工及通航过木等因素综合分析确定。一般多选在枯水期初，流量已有显著下降的时候。严寒地区应尽量避开河道流冰及封冻期。

截流设计流量是指某一确定的截流时间的截流设计流量。一般按频率法确定，根据已选定截流时段，采用该时段内一定频率的流量作为设计流量，截流设计标准一般可采用截流时段重现期5～10年的月或旬平均流量。

除了频率法以外，也有不少工程采用实测资料分析法。当水文资料系列较长，河道水文特性稳定时，这种方法也可应用。至于预报法，因当前的可靠预报期较短，一般不能在初设中应用，但在截流前夕有可能根据预报流量适当修改设计。

在大型工程截流设计中，通常多以选取一个流量为主，再考虑较大、较小流量出现的可能性，用几个流量进行截流计算和模型试验研究。对于有深槽和浅滩的河道，如分流建筑物布置在浅滩上，对截流的不利条件，要特别进行研究。

三、龙口位置和宽度

龙口位置的选择，对截流工作顺利与否有密切关系。选择龙口位置时要考虑下述技术要求：

(1) 一般说来，龙口应设置在河床主流部位，方向力求与主流顺直。

(2) 龙口应选择在耐冲河床上，以免截流时因流速增大，引起过分冲刷。

(3) 龙口附近应有较宽阔的场地，以便布置截流运输线路和制作、堆放截流材料。

原则上龙口宽度应尽可能窄些，这样可以减少合龙工程量，缩短截流延续时间，但应以不引起龙口及其下游河床的冲刷为限。

四、截流戗堤位置和参数

截流戗堤是土石围堰的一部分，有的又是永久土石坝的一部分，因此戗堤位置不完全取决于它自身，主要由整个枢纽布置和导流建筑物总体布置确定。就戗堤自身而言，主要应考虑设在围堰防渗体的下游，以避免截流过程中的粗粒和块石冲至防渗体部位，造成防渗体施工困难或形成集中渗漏通道。长江三峡工程二期上游围堰设计时，戗堤布置在防渗墙轴线以下，并且要求戗堤水下稳定边坡坡脚与混凝土防渗墙间最小距离按20m控制。另外戗堤应与工区截流道路顺畅相连，有足够宽敞的施工场地，以保证高强度截流施工。

戗堤位置选择的另一重要因素是龙口位置。龙口是截流中最困难的地段，它不但要考虑截流戗堤两岸的施工资源配置情况，还应考虑河床地质条件，尽量选择地形较高（避开河床深槽）、覆盖层较薄、基岩较坚硬的部位。但龙口若过分偏离主河槽，进占过程中将使河势过早发生改变，对通航河流将产生不利影响。

截流戗堤可分为预进占段、非龙口段和龙口段三部分。预进占段主要指在不影响行洪、通航及河道的其他功能前提下先期填筑的地段，顶部高程都在洪水位以上，面积宽阔，一般用作截流施工场地和试验基地等。真正的截流是从非龙口段进占开始直至合龙完成，在大的江河上，大约需要延续几十天。以三峡工程为例，1997年汛前完成了预进占段，江面宽480m，汛末从9月中旬非龙口段开始进占至11月8日截流合龙共历时55d。三峡工程截流戗堤的主要参数是按以下原则确定的。

(1) 戗堤顶高程。确定戗堤顶高程，必须考虑整个进占过程中不受洪水的漫溢和冲刷，通常按当旬20年一遇最大日平均流量控制，由于汛后流量控旬逐渐减小，故所有的截流戗堤几乎都是两端高、中间低，地面纵坡一般不大于5%，局部不大于8%，以利车辆行驶。实际施工过程中，大多数工程都充分利用水情预报，不同程度地降低了堤顶高程，以节省进占工程量。

(2) 戗堤顶宽度。戗堤顶宽度主要与抛填强度、行车密度和抛投方式有关。截流是与水流搏斗的关键时刻。抛投强度应尽量大，但受堤身宽度限制，不可能无限加大抛投强度。我国大中型工程截流，戗堤顶宽度通常在 20～30m 范围内选择。截流车辆从 20 世纪 80 年代的 20～30t 级发展到现在的 45～77t 级。20～30m 堤顶宽度相当于 4～5 个车道及 3～4 个卸车点的宽度，可以保证每 1～1.5min 抛投一车。1997 年 10 月 14～15 日三峡大江截流期间，创造了日抛投 19.4 万 m^3 的世界最大抛投强度，其中戗堤 11 万 m^3。1997 年 10 月 26～27 日截流戗堤两端 24h 进占，共抛投 12.09 万 m^3，5643 车·次。在堤顶宽度 30m 条件下，平均每个堤头每分钟抛投 2 车·次。

(3) 戗堤边坡。截流戗堤系水中抛投进占形成，它的边坡取决于抛投料的自然休止角。设计时则根据土工试验成果确定，如石渣料一般采用 1∶1.5，实测结果为 1∶1.3 左右。但堤身的稳定边坡不是进占过程中瞬时完成的，长江三峡大江截流模型试验发现，由于截流水深达 60m，戗堤进占过程中有多次较大面积的堤头塌滑现象发生。设计与施工单位事先研究了塌滑机理，并采取了充分的对策措施，在实际施工中尽管也有塌滑，但没有给截流造成障碍。克服大面积塌滑的主要措施之一是预先平抛垫底，抬高河床，减小水深。

五、截流水力计算

截流水力计算的目的是确定龙口诸水力参数的变化规律。它主要解决两个问题：一是确定截流过程中龙口各水力参数，如单宽流量 q、落差 z 及流速 v 等的变化规律；二是由此确定截流材料的尺寸或重量及相应的数量等。这样，在截流前，可以有计划、有目的地准备各种尺寸或重量的截流材料及其数量，规划截流现场的场地布置，选择起重、运输设备；在截流时，能预先估计不同龙口宽度的截流参数，何时何处应抛投何种尺寸或重量的截流材料及其方量等。

截流时的水量平衡方程为

$$Q_0 = Q_1 + Q_2 \tag{1-6}$$

式中 Q_0——截流设计流量，m^3/s；

Q_1——分流建筑物的泄流量，m^3/s；

Q_2——龙口泄流量，可按宽顶堰计算，m^3/s。

随着截流戗堤的进占，龙口逐渐被束窄，因此经分流建筑物和龙口的泄流量是变化的，但二者之和恒等于截流设计流量。变化规律为：开始时，大部分截流设计流量经龙口下泄，随着龙口断面不断被进占的戗堤所束窄，龙口上游水位不断上升，当上游水位高出泄水建筑物以后，经龙口的泄流量就越来越小，经分流建筑物的泄流量则越来越大，龙口合龙闭气后，截流设计流量全部经由泄水建筑物下泄。

截流水力计算可采用图解法。先绘制上游水位 H_u 与分流建筑物泄流量的关系曲线和上游水位与不同龙口宽度 B 的泄流量曲线簇（见图 1-29）。在绘制曲线时，下游水位可以视为常量，可根据截流设计流量在下游水位流量关系曲线上查得。这样，同一上游水位的情况下，当分流建筑物泄流量与某龙口宽度泄流量之和为 Q_0 时，即可分别得到 Q_1 和 Q_2。

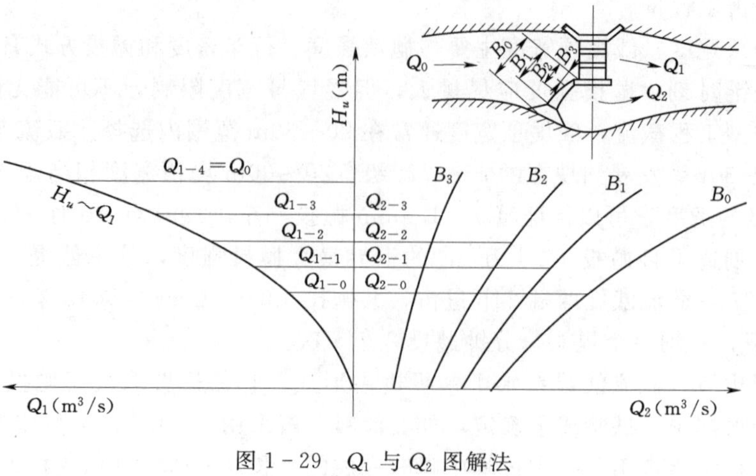

图 1-29 Q_1 与 Q_2 图解法

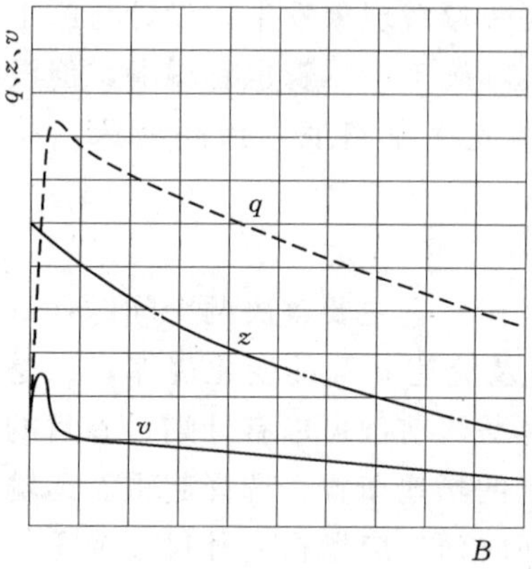

图 1-30 龙口诸水力参数变化规律

根据图解法，可同时求得不同龙口宽度下的上游水位 H_u、Q_1 和 Q_2 值，由此再通过水力学计算即可求得截流过程中龙口诸水力参数（图 1-30）。

六、截流材料及备料量

（一）截流材料尺寸

在截流中，合理选择截流材料的尺寸或重量，对于截流的成败和截流费用的节省具有重大意义。截流材料的尺寸或重量取决于龙口的流速。各种不同材料的适用流速，可参照表 1-7 进行选择。

立堵截流时截流材料抵抗水流冲动的流速，可按下式估算。

表 1-7　　截流材料的适用流速

截流材料	适用流速（m/s）	截流材料	适用流速（m/s）
土料	0.5～0.7	3t 重大块石或钢筋石笼	3.5
20～30kg 重石块	0.8～1.0	4.5t 重混凝土六面体	4.5
50～70kg 重石块	1.2～1.3	5t 重大块石，大石串或钢筋石笼	4.5～5.5
麻袋装土（0.7m×0.4m×0.2m）	1.5		
ϕ0.5m×2m 装石竹笼	2.0	12～15t 重混凝土四面体	7.2
ϕ0.6m×4m 装石竹笼	2.0～3.0	20t 重混凝土四面体	7.5
ϕ0.8m×6m 装石竹笼	3.5～4.0	ϕ1.0m×15m 柴石枕	约 7～8

$$v=K\sqrt{2g\frac{\gamma_1-\gamma}{\gamma}D} \tag{1-7}$$

式中 v——水流流速，m/s；

K——综合稳定系数；

g——重力加速度，m/s²；

γ_1——石块容重，t/m^3；

γ——水容重，t/m^3；

D——石块折算成球体的化引直径，m。

对立堵法截流，不同的抛投位置及抛投材料，其稳定系数的选取是不同的。在平底上，块石 $K=0.9$，混凝土六面体 $K=0.57\sim0.59$（河床糙率小于 0.33），混凝土四面体 $K=0.53$（河床糙率小于 0.03）和 $K=0.68\sim0.70$（河床糙率小于 0.035）；在边坡上，以上块体的 $K=1.02\sim1.08$。一般选用平底 K 值计算，计算得出的块体质量再乘以安全系数 1.5 为设计采用的块体质量。

由上式，根据图 1-29 和图 1-30 某一龙口宽度的 v 值，再根据材料类型查阅相关资料确定 K 值，就可求得抛投体的化引直径 D。

（二）截流材料类型

截流材料类型的选择，主要取决于截流时可能发生的流速及开挖、起重、运输设备的能力，一般应尽可能就地取材。国内外大江大河截流的实践证明，块石是截流的最基本材料。此外，当截流水力条件较差时，还必须使用人工块体，如混凝土六面体、四面体、四脚体及钢筋混凝土构架等（见图 1-31）。

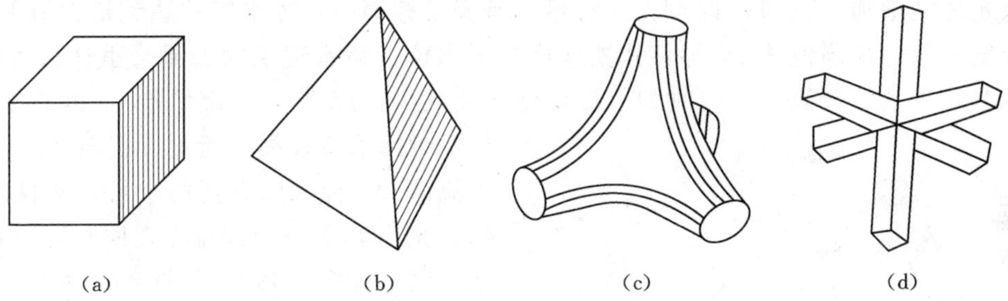

图 1-31　人工块体截流材料

（a）混凝土六面体；（b）混凝土四面体；（c）混凝土四脚体；（d）钢筋混凝土构架

（三）备料量

为确保截流既安全顺利，又经济合理，正确计算截流材料的备料量是十分必要的。备料量通常按设计的戗堤体积再增加一定裕度。主要是要考虑堆存、运输中的损失，水流冲失，戗堤沉陷以及可能发生比设计更坏的水力条件而预留的备用量等。

第六节　拦　洪　度　汛

水利水电枢纽施工过程中，中后期的施工导流，往往需要由坝体挡水或拦洪。坝体能否可靠拦洪与安全度汛，将涉及工程的进度与成败。

一、坝体拦洪标准

施工期坝体拦洪度汛包括两种情况：一种是坝体高程修筑到无需围堰保护或围堰已失效时的临时挡水度汛；另一种是导流泄水建筑物封堵后，永久泄洪建筑物已初具规模，但尚未具备设计的最大泄洪能力，坝体尚未完建的度汛。这一施工阶段，通常称为水库蓄水阶段或大坝施工期运用阶段。此时，坝体拦洪度汛的洪水重现期标准取决于坝型及坝前拦洪库容（表1-8）。

表1-8 坝体施工期临时度汛洪水标准

坝型	拦洪库容（亿 m^3）		
	>1.0	1.0～0.1	<0.1
	洪水重现期（年）		
土石	>100	100～50	50～20
混凝土	>50	50～20	20～10

二、拦洪高程的确定

一般导流泄水建筑物的泄水能力远不及原河道。洪水来临时的泄洪过程如图1-32所示。t_1～t_2 时段，进入施工河段的洪水流量大于泄水建筑物的泄量，使部分洪水暂时存蓄在水库中，抬高上游水位，形成一定容积的水库，此时泄水建筑物的泄量随着上游水位的升高而增大，t_2 时刻入库洪水达到洪峰流量 Q_m。到了入库的洪峰流量 Q_m 过后（即 t_2～t_3 时段），入库流量逐渐减少，但入库流量仍大于泄量，蓄水量继续增大，库水位继续上升，泄量 q 也随之增加，直到 t_3 时刻，入流量与泄流量相等时，蓄水容积达到最大值 V_m，相应的上游水位达最高值 H_m，即坝体挡水或拦洪水位，泄水建筑物的泄量也达最大值 q_m，即泄水建筑物的设计流量。t_3 时刻以后，Q 继续减少，库水位逐渐下降，q 也开始减少，但此时库水位较高，泄量 q 仍较大，且大于入流量 Q，使水库存蓄的水量逐渐排出，直到 t_4 时刻，蓄水全部排完，回复到原来的状态。以上便是水库调节洪水的过程。显然，由于水库的这种调节作用，削减了通过泄水建筑物的最大泄量（如图1-32中，由 Q_m 削减为 q_m），但却抬高了坝体上游的水位，因此要确定坝体的挡水或拦洪高程，可以通过调洪计算，求得相应的最大泄量 q_m 与上游最高水位 H_m。

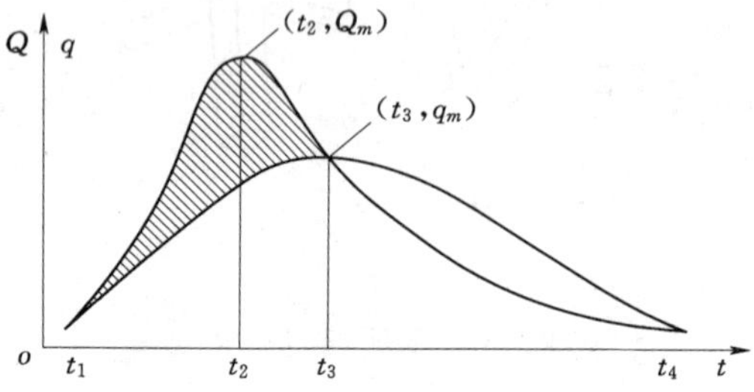

图1-32 入流和泄流洪水过程线

上游最高水位 H_m 再加上安全超高便是坝体的挡水或拦洪高程，其计算式为

$$H_f = H_m + \delta \tag{1-8}$$

式中 H_m——拦洪水位，m；

δ——安全超高，m；依据坝的级别而定，1级：$\delta \geqslant 1.5$；2级：$\delta \geqslant 1.0$；3级：$\delta \geqslant 0.75$；4级：$\delta \geqslant 0.5$。

三、拦洪度汛措施

如果施工进度表明，汛期到来之前若坝体不可能修筑到拦洪高程时，必须考虑其他拦洪度汛措施。尤其当主体建筑物为土坝或堆石坝且坝体填筑又相当高时，更应给予足够的重视，因为一旦坝身过水，就会造成严重的溃坝后果。其他拦洪度汛措施因坝型不同而不同。

混凝土坝体是允许漫洪的，若坝身在汛期前不可能浇筑到拦洪高程，为了避免坝身过水时造成停工，可以在坝面上预留缺口以度汛，待洪水过后再封填缺口，全面上升坝体。另外，如果根据混凝土浇筑进度安排，虽然在汛前坝身可以浇筑到拦洪高程，但一些纵向施工缝尚未灌浆封闭时，可考虑用临时断面挡水。在这种情况下，必须提出充分论证，采取相应措施，以消除应力恶化的影响。如湖南拓溪工程的大头坝（图 1-33），为提前挡水就采用了调整纵缝位置、提高初期灌浆高程和改变纵缝形式等措施，以改善坝体的应力状态。

土坝、堆石坝一般是不允许过水的。若坝身在汛期前不可能填筑到拦洪高程时，一般可以考虑采用降低溢洪道高程、设置临时溢洪道并用临时断面挡水，或经过论证采用临时坝体保护过水等措施。

1. 临时断面挡水

采用临时断面挡水时（图 1-34），应注意以下几点。

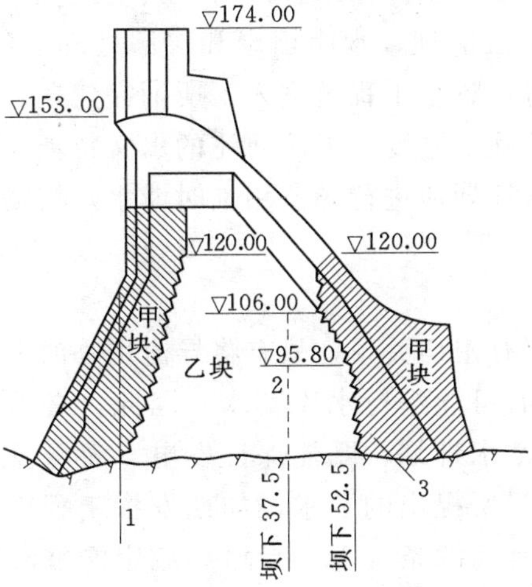

图 1-33 混凝土坝拦洪的临时断面（高程单位：m）
1—坝轴线；2—原设计纵缝；3—修改后的纵缝

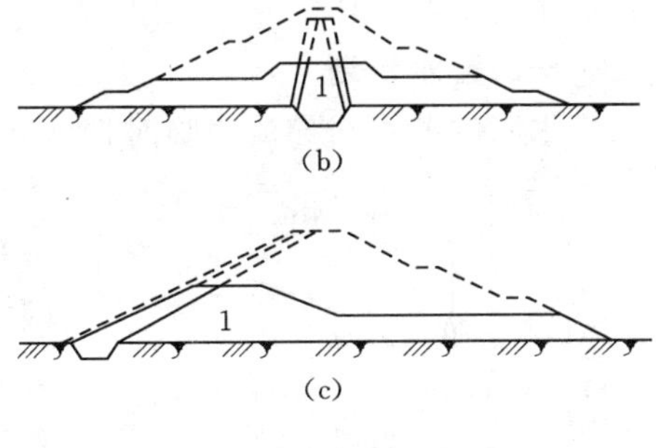

图 1-34 土坝拦洪的临时断面
1—临时断面

（1）临时挡水断面顶部应有足够的宽度，以便在紧急情况下仍有余地抢筑子堰，确保度汛安全。

（2）临时挡水断面的边坡应保证稳定，其安全系数一般应不低于正常设计标准。为防止施工期间由于暴雨冲刷和其他原因而坍坡，必要时应采取简单的防护措施和排水措施。

（3）心墙坝的防渗体一般不允许单独作为临时挡水断面。

（4）上游垫层和块石护坡应按设计要求筑到拦洪高程，否则应考虑临时的防护措施。下游坝体部位，为满足临时挡水断面的安全要求，在基础清理完毕后，应按全断面填筑几米后再收坡，必要时应结合设计的反滤排水设施统一安排考虑。

2. 临时坝面过水

采用临时坝面过水时，应注意以下几点。

（1）为保证过水坝面下游边坡的抗冲稳定，应加强保护或作成专门的溢流堰，例如利用反滤体加固后作为过水坝面溢流堰体等，并应注意堰体下游的防冲保护。

（2）靠近岸边的溢流体的堰顶高程应适当抬高，以减小坝面单宽流量，减轻水流对岸坡的冲刷。

（3）过水坝面的顶高程一般应低于溢流堰体顶高程0.5～2.0m或做成反坡式，以避免过水坝面的冲淤。

（4）根据坝面过流条件，合理选择坝面保护型式，防止淤积物渗入坝体，特别要注意防渗体、反滤层等的保护。必要时上游设置拦污设施，防止漂木、杂物淤积坝面，撞击下游边坡。

第七节 蓄水计划与封堵技术

施工后期，当坝体已修筑到拦洪高程以上，能够发挥挡水作用时，其他工程项目，如混凝土坝已完成了基础灌浆和坝体纵缝灌浆、库区清理、水库坍岸和渗漏处理已经完成，建筑物质量和闸门设施等也均经检查合格，这时，整个工程就进入了所谓完建期。应根据施工的总进度计划、主体工程或控制性建筑物的施工进度、天然河流的水文特征、下游的用水要求、受益时间及是否具备封堵条件等，有计划地进行导流用临时泄水建筑物的封堵和水库的蓄水工作。

一、蓄水计划

水库的蓄水与导流用临时挡水建筑物的封堵有密切关系，只有将导流用临时泄水建筑物封堵后，才有可能进行水库蓄水。因此，必须制订一个积极可靠的蓄水计划，既能保证发电、灌溉及航运等国民经济各部门所提出的要求，如期发挥工程效益，又要力争在比较有利的条件下，封堵导流用的临时泄水建筑物，使封堵工作得以顺利进行。

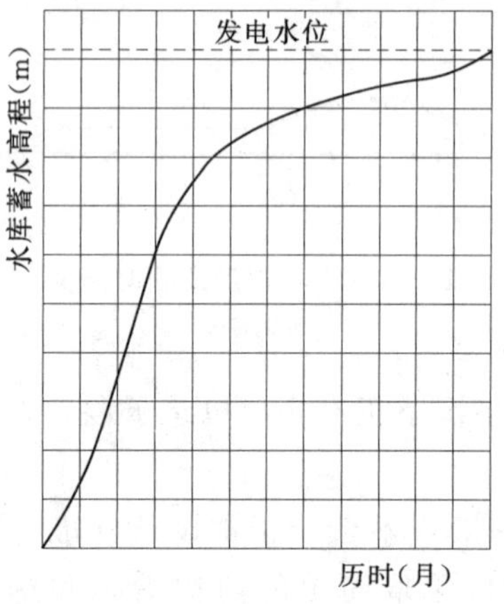

图1-35 水库蓄水过程与历时曲线

水库蓄水一般按保证率为75%～85%的年流量过程线来制订。可以从发电、灌溉及航运等国民经济各部门提出的运用期限和水位的要求，反推出水库开始蓄水的日期，即根据各时段的来水量减去下泄量和用水量得出各时段留在水库的水量，将这些水量依次累计，对照水库容积与水位关系曲线，就可制订出水库蓄水计划，也就是水库蓄水高程与历时关系曲线（图1-35）。蓄水计划是施工后期进行水流控制、安排施工进度的主要依据。

二、封堵技术

导流泄水建筑物在完成导流任务后，为了及时蓄水，按期受益，必须有计划地进行封堵（或关闭）。对于与永久性泄水建筑物结合的临时导流泄水建筑物，非结合部位应封堵一段；对于穿过坝体的专用导流底孔，则需全段封堵，以不削弱坝体的结构；而对于与永久性建筑全部结合者，则只下闸关闭而不封堵，关闭只是为了蓄水的需要，当投入运行后，有必要时还可重新开启。

(一) 封堵下闸设计流量的确定

导流用临时泄水建筑物封堵时的设计流量，应根据河流水文特征及封堵条件进行选择，一般可选用封堵期10～20年一遇月或旬的平均流量，也可根据实测水文资料分析确定。封孔日期与初期蓄水计划有关，一般均在枯水期进行。

(二) 封堵方式及措施

1. 下闸封孔

常见的闸门封孔有钢筋混凝土整体闸门、钢筋混凝土叠梁闸门、钢闸门和组合闸门等。

(1) 钢筋混凝土整体闸门封孔。这种闸门有平板形和拱形两种，前者制作简便，沉放较容易，国内外均多采用。用钢筋混凝土整体闸门封孔时，应先在孔顶上方的坝面上焊接支撑闸门的钢支架，闸门在工作平台上预制，坝面预埋有固定转向滑轮组的锚固装置（图1-36）。

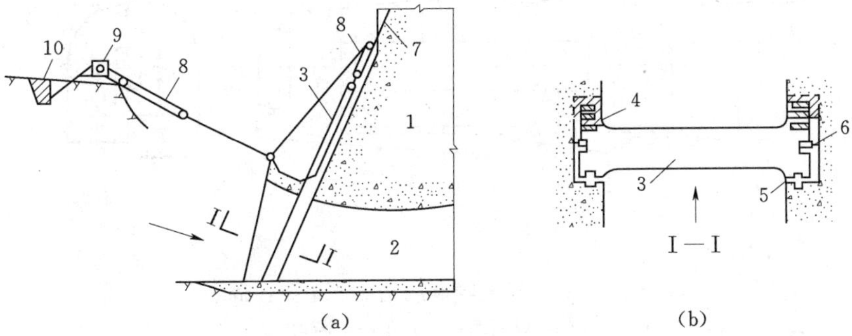

图1-36　新安江水电站导流底孔封堵示意图

(a) 底孔纵断面；(b) 闸门横断面

1—坝体；2—底孔；3—闸门；4—坝体承压板；5—止水槽；6—侧向导轮；7—预埋铁吊环；8—滑车组；9—手摇绞车；10—锚锭

(2) 钢筋混凝土叠梁闸门封孔。这种封孔方法是将预制好的钢筋混凝土叠梁沉放入预留的门槽内。叠梁断面多为矩形。采用钢筋混凝土叠梁封孔时，一般应在导流泄水建筑物进口设工作平台，工作平台顶部高程按封孔施工设计流量演算，保证叠梁沉放结束并闭气后，操作人员和设备能全部撤离不受影响。平台上架设起重设备以安放叠梁。叠梁可在岸边预制，也可在工作平台上预制，就地起吊。在岸边预制叠梁须运至封孔平台，在工作平台上预制叠梁其面积应满足堆放叠梁的要求。

(3) 钢闸门封孔。这种封孔方法通常与永久性水工闸门结合使用。对临时性导流泄水建筑物，当全段或部分封堵完毕后，再把钢闸门提出来作为其他永久性闸门使用；对全部与永久性泄水建筑物结合的导流泄水建筑物，一般直接利用永久性钢闸门关闭蓄水，待水库投入运行后，为了排砂、泄洪或放空，随时都可以将这些闸门重新开启。当然，如果客观条件不允许封孔闸门与永久性水工闸门结合使用，或因封孔后填塞工作量大，重新启用闸门反而影响闸体施工进度或质量者，也可不结合，即永远埋入坝内。

（4）组合闸门封孔。当导流泄水建筑物孔口尺寸较大，或高宽比较大时，也可用组合闸门封孔，如孔的底部用钢闸门封孔，中部用钢筋混凝土叠梁封孔，上部用钢筋混凝土整体闸门封孔。

2. 浇筑混凝土塞

导流用底孔一般为坝体的一部分，因此封堵时需要全孔堵死，而导流用的隧洞或涵管则并不需要全洞堵死，常浇筑一定长度的混凝土塞，就足以起永久挡水作用。混凝土塞的最小长度可根据极限平衡条件确定。

当导流隧洞的断面积较大时，混凝土塞的浇筑必须考虑降温措施，不然产生的温度裂缝会影响其止水质量。例如美国新伯拉斯巴坝的导流隧洞封堵，在混凝土塞中央部位设有冷却和灌浆用坑道，底部埋有冷却水管，待混凝土塞的平均温度降至12.8℃时，进行接触灌浆，以保证混凝土塞与围岩的连接，如图1-37所示。

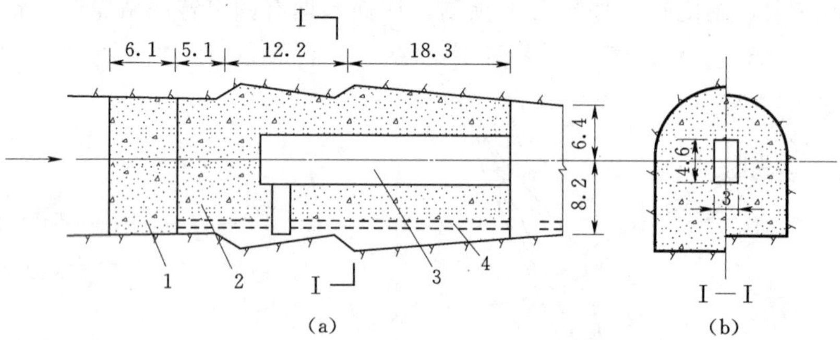

图1-37　导流隧洞的堵头（单位：m）

（a）纵断面；（b）Ⅰ—Ⅰ断面

1—混凝土墙；2—混凝土塞；3—冷却和灌浆用坑道；4—冷却水管

当临时泄水建筑物封堵以后，在一段时间内还有两个问题值得注意，一是下游工农业生产用水和居民生活用水如何解决；二是虽然封堵工程多选在洪水期后，但封堵以后万一发生意外大水，而溢洪道工程又未完成，则将出现紧张被动局面。故在提出封堵措施的同时，应对下游供水和预防意外大水作出相应的考虑和安排。

混凝土塞的最小长度，可按极限平衡条件求得，其计算式为

$$l_m=\frac{KP}{\omega\gamma gf+\lambda c} \tag{1-9}$$

式中　l_m——混凝土塞最小长度，m；

K——安全系数，一般取1.1～1.3；

P——作用水头之推力，N；

ω——导流隧洞或涵管的断面积，m^2；

γ——混凝土容重，kg/m^3；

f——混凝土与岩石（或混凝土）的摩阻系数，一般取0.60～0.65；

g——重力加速度，m/s^2；

λ——导流隧洞或涵管的周长，m；

c——混凝土与岩石（或混凝土）的凝聚力，一般取 $(5\sim20)\times10^4$Pa。

常用的混凝土塞为楔形，也有采用拱形和球壳形的。为了保证混凝土塞与洞壁之间有足够的抗剪力，通常均采用键槽结合。当混凝土塞体积较大时，为防止因温度变化而引起开裂，应分段浇筑。必要时还需埋设冷却水管降温，待混凝土塞达到稳定温度时，再进行接缝灌浆。

第八节　基　坑　排　水

修建水利水电工程时，在截流戗堤合龙、闭气以后，就要排除基坑内的积水和渗水，以保持基坑基本干燥状态，以利于基坑开挖、地基处理及建筑物的正常施工。

基坑排水工作按排水时间及性质，一般可分为：①基坑开挖前的初期排水，包括基坑积水、基坑积水排除过程中的围堰堰体与基础渗水和堰体及基坑覆盖层中的含水量、可能出现的降水的排除；②基坑开挖及建筑物施工过程中的日常排水，包括围堰和基坑渗水、降水以及施工弃水量的排除。按排水方法分，有明式排水和人工降低地下水位两种。

一、明式排水

（一）初期排水的设计计算

初期排水主要包括基坑积水、围堰与基坑渗水两大部分。对于降雨，因为初期排水是在围堰或截流戗堤合龙、闭气后立即进行的，通常是在枯水期内，而枯水期降雨很少，所以一般可不予考虑。除了积水和渗水外，有时还需考虑填方和基础中的饱和水。

初期排水渗透流量原则上可按有关公式计算。但是，初期排水时的渗流量估算往往很难符合实际，因为此时还缺乏必要的资料。通常不单独估算渗流量 Q_s，而将其与积水排除流量合并在一起，依靠经验估算初期排水总流量 Q，其计算式为

$$Q=Q_1+Q_s=k\frac{V}{T} \tag{1-10}$$

式中　Q_1——积水排除的流量，m^3/s；

Q_s——渗水排除的流量，m^3/s；

V——基坑积水体积，m^3；

T——初期排水时间，s；

k——经验系数，主要与围堰种类、防渗措施、地基情况、排水时间等因素有关，根据国外一些工程的统计，$k=2\sim3$。

基坑积水体积 V 可按基坑积水面积和积水水深计算，这是比较容易的。但是排水时间 T 的确定就比较复杂，排水时间 T 主要受基坑水位下降速度的限制，基坑水位的允许下降速度视围堰种类、地基特性和基坑内水深而定。水位下降太快，则围堰或基坑边坡中动水压力变化过大，容易引起坍坡。下降太慢，则影响基坑开挖时间。一般认为，土围堰的基坑水位下降速度应限制在0.5～0.7m/昼夜；木笼及板桩围堰等应小于1.0～1.5m/昼夜。初期排水时间，大型基坑一般可采用5～7d，中型基坑一般不超过3～5d。

通常，当填方和覆盖层体积不太大时，在初期排水且基础覆盖层尚未开挖时，可以不

必计算饱和水的排除。如需计算，可按基坑内覆盖层总体积和孔隙率估算饱和水总水量。

按以上方法估算初期排水流量 Q，选择抽水设备后，往往很难符合实际。在初期排水过程中，可以通过试抽法进行校核和调整，并为经常性排水计算积累一些必要资料。试抽时如果水位下降很快，则显然是所选择的排水设备容量过大，此时应关闭一部分排水设备，使水位下降速度符合设计规定。试抽时若水位不变，则显然是设备容量过小或有较大渗漏通道存在。此时，应增加排水设备容量或找出渗漏通道予以堵塞，然后再进行抽水。还有一种情况是水位降至一定深度后就不再下降，这说明此时排水流量与渗流量相等，只有增大排水设备容量或堵塞渗漏通道，才能将积水排除。据此可估算出需增加的设备容量。

确定排水设备容量后，要妥善布置排水泵站。如果泵站布置不当，不仅会降低排水效率，影响其他工作，甚至泵站运转时间不长，又被迫转移，造成人力、物力及时间上的浪费。图 1-38 为几种排水泵站的布置形式。在布置泵站时，应当注意几个问题，泵站和管路的基础应能抵挡一定的漏水冲刷；水泵的出水管口最好在水面以下，可以依靠虹吸作用减轻水泵的工作负担；在水泵排水管上应设置止回阀，以防水泵突然停止工作时，基坑外的水倒灌入基坑。

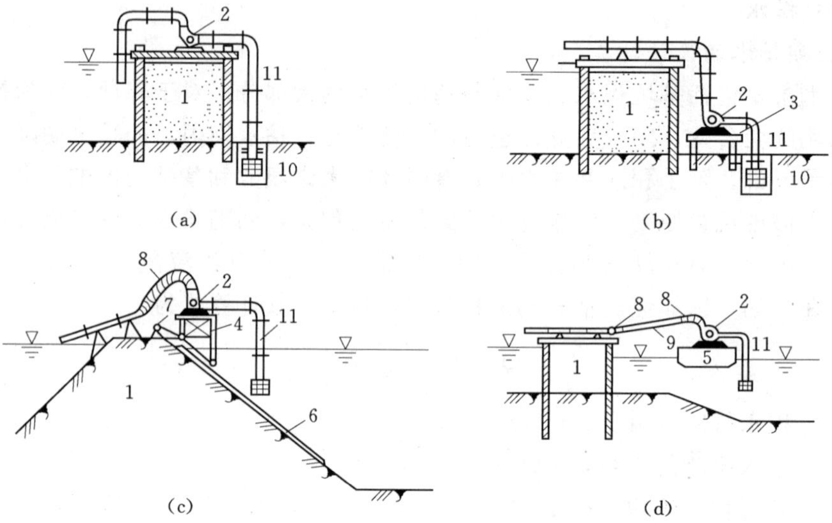

图 1-38　排水泵站的布置

(a) 设在围堰上；(b) 设在固定平台上；(c) 设在移动平台上；(d) 设在浮船上

1—围堰；2—水泵；3—固定平台；4—移动平台；5—浮船；6—滑道；

7—绞车；8—橡胶水管；9—铰接桥；10—集水井；11—吸水管

（二）日常排水的设计计算

日常排水的排水量，主要包括围堰和基坑的渗水、降雨、地基岩石冲洗及混凝土养护用废水等。设计中一般考虑两种不同的组合，从中择其大者，以选择排水设备。一种组合是渗水加降雨；另一种组合是渗水加施工废水。降雨和施工废水不必组合在一起，这是因为二者不会同时出现。如果全部迭加在一起，显然太保守。

1. 降雨量

在基坑排水设计中，对降雨量的确定尚无统一的标准。大型工程可采用 20 年一遇 3d 降雨中最大的连续 6h 雨量，再减去估计的径流损失值（每小时 1mm），作为降雨强度；也有的工程采用日最大降雨强度。基坑内的降雨量可根据上述计算降雨强度和基坑集雨面积求得。

2. 施工废水

施工废水主要考虑混凝土养护用水，其用水量估算，应根据气温条件和混凝土养护的要求而定。一般初估时可按每立方米混凝土每次用水 5L，每天养护 8 次计算。

3. 渗流量

通常，基坑渗流总量包括围堰渗流量和地基渗流量两部分。关于渗流量的详细计算方法，在水力学、水文地质和水工结构等论著中均有介绍，这里仅介绍估算渗流量常用方法。

按照基坑条件和所采用的计算方法，有以下几种计算情况。

（1）基坑远离河岸不必设围堰时，渗入基坑的全部流量 Q 的计算：首先按基坑宽长比 B/L 将基坑区分为窄长形基坑（$B/L \leqslant 0.1$）和宽阔形基坑（$B/L > 0.1$）。前者按沟槽公式计算；后者则简化为等效的圆井，按井的渗流公式计算。此时还可区分为无压完全井、无压不完全井、承压完全井、承压不完全井等情况，可参考有关水力学手册计算。

（2）筑有围堰时，基坑渗透量的简化计算与前一种情况相仿，也将基坑简化为等效圆井计算。常遇到的情况有以下两种。

1）无压完整形基坑，如图 1－39 所示。首先分别计算出上、下游面基坑的渗流量 Q_{1S} 和 Q_{2S}。然后相加，则得基坑总渗透量 $Q_S = Q_{1S} + Q_{2S}$。

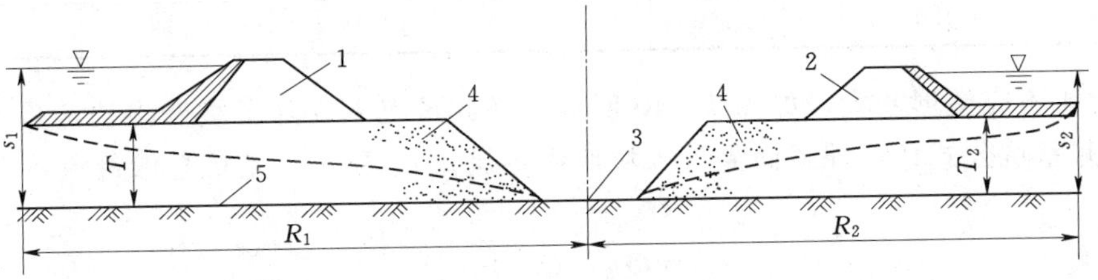

图 1－39　有围堰的无压完整形基坑

1—上游围堰；2—下游围堰；3—基坑；4—基坑覆盖层；5—隔水层

$$Q_{1S} = \frac{1.365}{2} \frac{K_S(2s_1 - T_1)T_1}{\lg \dfrac{R_1}{r_0}} \tag{1-11}$$

$$Q_{2S} = \frac{1.365}{2} \frac{K_S(2s_2 - T_2)T_2}{\lg \dfrac{R_2}{r_0}} \tag{1-12}$$

式中　　K_S——地基的渗透系数；

s_1、T_1、s_2、T_2——含义见图 1－31；

R_1、R_2——降水曲线的影响半径。

式（1-10）和式（1-11）分别适用于$R_1>2s_1\sqrt{s_1K_S}$和$R_2>2s_2\sqrt{s_2K_S}$。R_1、R_2取值主要与土质有关。根据经验，细砂的$R=100\sim200$m；中砂的$R=250\sim500$m，粗砂的$R=700\sim1000$m。R值也可按照各种经验公式估算，例如按库萨金公式为

$$R=575s\sqrt{HK_S} \tag{1-13}$$

式中 H——含水层厚度，m；

s——水面降落深度，m；

K_S——渗透系数，m/h，与土的种类、结构、孔隙率等因素有关，一般应通过现场试验确定。当缺乏资料时，各类手册中所提供的数据也可供初估时参考。

r_0是将实际基坑简化为等效圆井时的化引半径。

对于不规则形状的基坑，其计算式为

$$r_0=\sqrt{\frac{F}{\pi}} \tag{1-14}$$

式中 F——基坑面积，m^2。

对于矩形基坑，其计算式为

$$r_0=\eta\frac{L+B}{4} \tag{1-15}$$

式中 B——基坑宽度，m；

L——基坑长度，m；

η——基坑形状系数，与B/L值有关（表1-9）。

表1-9 基坑形状系数η值

B/L	0	0.2	0.4	0.6	0.8	1.0
η	1.0	1.12	1.16	1.18	1.18	1.18

2）无压不完整形基坑，如图1-40所示。在此情况下，除了坑壁渗透流量Q_{1S}和Q_{2S}仍按完整井基坑公式计算外，尚需计入坑底渗透流量q_1和q_2。基坑总渗透流量Q_S的计算公式为

$$Q_S=Q_{1S}+Q_{2S}+q_1+q_2 \tag{1-16}$$

其中，Q_{1S}和Q_{2S}仍按式（1-11）和式（1-12）计算。q_1和q_2的计算公式为

$$q_1=\frac{K_STs_1}{\frac{R_1-l}{T}-1.47\lg\left(sh\,\frac{\pi l}{2T}\right)} \tag{1-17}$$

$$q_2=\frac{K_STs_2}{\frac{R_2-l}{T}-1.47\lg\left(sh\,\frac{\pi l}{2T}\right)} \tag{1-18}$$

此二式分别适用于$R_1\geqslant l+T$和$R_2\geqslant l+T$的情况。式中l为基坑顺水流向长度之半，T为坑底以下覆盖层厚度，如图1-40所示。其他参数确定参考有关资料。

（3）考虑围堰结构特点的渗透计算。以上两种简化方法，是把宽阔基坑，甚至连同围堰在内，化为等效圆形直井计算，这显然是十分粗略的。当基坑为窄长形，且需考虑围堰结构特点时，渗水量的计算可分为围堰和地基两部分，分别计算后再叠加。

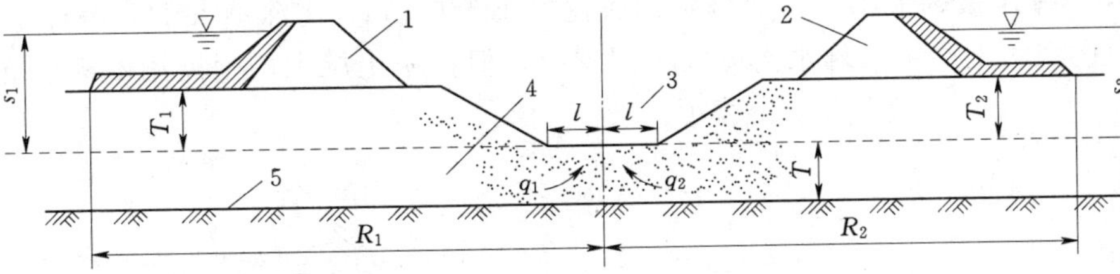

图 1-40 有围堰的无压不完整形基坑

1—上游围堰；2—下游围堰；3—基坑；4—基坑覆盖层；5—隔水层

按这种方法计算时，采用以下简化假定：计算围堰渗流时，假定地基是不透水的、计算地基渗流时，则认为围堰是不透水的。也可将围堰和地基一并考虑，选用相应的计算公式。由于围堰的种类很多，各种围堰的渗透计算公式，可查阅有关水工手册和水力计算手册。

应当指出，应用各种公式估算渗流量的可靠性，不仅取决于公式本身的精度，而且还取决于计算参数的正确选择。特别是像渗透系数这类物理常数，对计算结果的影响很大。但是，在初步估算时，往往不可能获得较详尽而可靠的渗透系数资料。此时，也可采用以下的简便方法估算。

当基坑在透水地基上时，可按照表 1-10 所列的参考指标来估算整个基坑的渗透流量。

表 1-10　　1m 水头下 $1m^2$ 基坑面积的渗透流量

土　类	细砂	中砂	粗砂	砂砾石	有裂缝的岩石
渗透流量（m^3/h）	0.16	0.24	0.30	0.35	0.05～0.10

（三）基坑排水系统的布置

排水系统的布置通常应考虑两种不同情况：一种是基坑开挖过程中的排水系统布置；另一种是基坑开挖完成后修建建筑物时的排水系统布置。布置时，应尽量同时兼顾这两种情况，并且使排水系统尽可能不影响施工。

基坑排水设置原则是在基坑四周建筑物轮廓线外侧布置排水沟，并沿排水沟在裂隙发育、岩石破碎位置设集水井，用以排除围堰及地表渗水；基坑内部裂隙承压水通常在承压水溢出点设置排水井，排水井与设置在基坑中部的排水沟相连，或直接排入基坑四周的排水沟内。

基坑开挖过程中的排水系统布置，应以不妨碍开挖和运输工作为原则。一般常将排水干沟布置在基坑中部，以利两侧出土，如图 1-41 所示。随基坑开挖工作的进展，逐渐加深排水干沟和支沟。通常保持干沟深度为 1～1.5m，支沟深度为 0.3～0.5m。集水井多布置在建筑物轮廓线外侧，井底应低于干沟沟底。但是，由于基坑坑底高程不一，有的工程就采用层层设截流沟、分级抽水的办法，即在不同高程上分别布置截水沟、集水井和水泵站，进行分级抽水。

建筑物施工时的排水系统，通常都布置在基坑四周，如图 1-42 所示。排水沟应布置在建筑物轮廓线外侧，且距离基坑边坡坡脚不少于 0.3～0.5m。排水沟的断面尺寸和底坡大小，取决于排水量的大小。一般排水沟底宽不小于0.3m，沟深不大于1.0m，底坡不小于0.002。在密实土层中，排水沟可以不用支撑，但在松土层中，则需用木板或麻袋装石来加固。

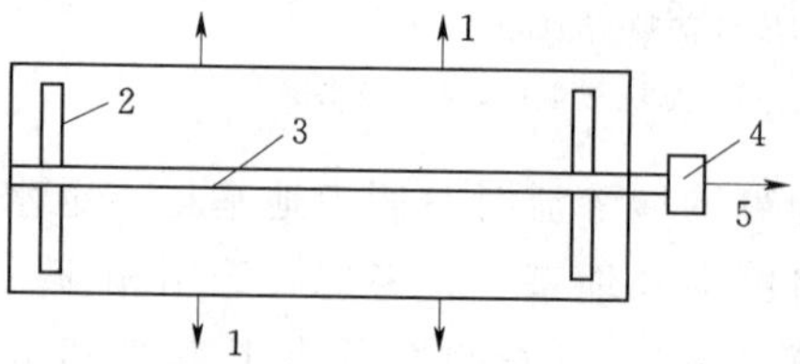

图1-41　基坑开挖过程中排水系统的布置图
1—运土方向；2—支沟；3—干沟；
4—集水井；5—水泵抽水

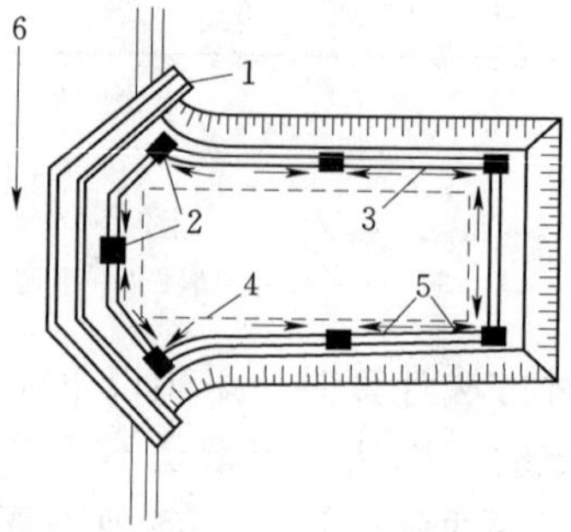

图1-42　修建建筑物时基坑排水系统布置
1—围堰；2—集水井；3—排水沟；4—建筑物
轮廓线；5—水流方向；6—河流

基坑水经排水沟流入集水井后，利用在井边设置的水泵站抽排出坑外。集水井布置在建筑物轮廓线以外较低的地方，它与建筑物外缘的距离必须大于井的深度。井的容积至少要能保证水泵停止抽水10～15min，井水不致漫溢。集水井可为长方形，边长1.5～2.0m，井底高程应低于排水沟底1.0～2.0m。在土中挖井，其底面应铺填反滤料；在密实土中，井壁用框架支撑；在松软土中，利用板桩加固。如板桩接缝漏土，尚需在井壁外设置反滤层。集水井不仅可用来集聚排水沟的水量，而且还应有澄清水的作用，因为水泵的使用年限与水中含沙量的多少有关。为了保护水泵，集水井宜稍为偏大偏深一些。

为防止降雨时地面径流进入基坑而增加抽水量，通常在基坑外缘边坡上挖截水沟，以拦截地面水。截水沟的断面及底坡应根据流量和土质而定，一般沟宽和沟深不小于0.5m，底坡不小于0.002，基坑外地面排水系统最好与道路排水系统相结合，以便自流排水。为了降低排水费用，当基坑渗水水质符合饮用水或其他施工用水要求时，可将基坑排水与生活、施工供水相结合。丹江口工程的基坑排水就直接引入供水池，供水池上设有溢流闸门，多余的水则溢入江中。

明式排水系统最适用于岩基开挖。对砂砾石或粗砂覆盖层，当渗透系数$K_S>172.8$m/d时，且围堰内外水位差不大的情况也可用。在实际工程中也有超出上述界限的，例如丹江口的细砂地基，渗透系数约为2×10^{-2}cm/s，采用适当措施后，明式排水也取得了成功。不过，一般认为，当$K_S<17.3$m/d时，以采用人工降低水位法为宜。

二、暗式排水

日常排水过程中，为了保持基坑开挖工作始终在干地进行，常常要多次降低排水沟和集水井的高程，变换水泵站的位置，影响开挖工作的正常进行。此外，在开挖细砂土、砂壤土一类地基时，随着基坑底面的下降，坑底与地下水位的高差愈来愈大，在地下水渗透压力作用下，容易产生边坡塌滑、坑底隆起等事故，甚至危及临近建筑物的安全，对开挖工作带来不良影响。

而采用人工降低地下水位，可以改变基坑内的施工条件，防止流砂现象的发生，基坑边坡可以陡些，从而可以大大减少挖方量。人工降低地下水位的基本做法是：在基坑周围钻设一些井，地下水渗入井中后，随即被抽走，使地下水位线降到开挖的基坑底面以下，一般应使地下水位降到基坑底部 0.5～1.0m。人工降低地下水位的方法，按排水工作原理可分为管井法和井点法两种。管井法是单纯重力作用排水，适用于渗透系数 K_S＝10～250m/d 的土层；井点法还附有真空或电渗排水的作用，适用于 K_S＝0.1～50m/d 的土层。

（一）管井法降低地下水位

管井法降低地下水位时，在基坑周围布置一系列管井，管井中放入水泵的吸水管，地下水在重力作用下流入井中，被水泵抽走。管井法降低地下水位时，须先设置管井，管井通常由下沉钢井管而成，在缺乏钢管时也可用木管或预制混凝土管代替。

井管的下部安装滤水管节（滤头），有时在井管外还需设置反滤层，地下水从滤水管进入井内，水中的泥沙则沉淀在沉淀管中。滤水管是井管的重要组成部分，其构造对井的出水量和可靠性影响很大。要求其过水能力大，进入的泥沙少，有足够的强度和耐久性。滤水管节的构造简图如图 1-43 所示。

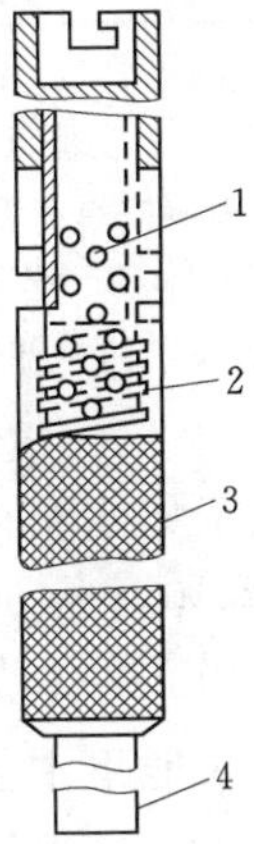

图 1-43 滤水管节构造简图
1—多孔管，钻孔面积占总面积的 20%～25%；2—绕面螺旋状的铁丝，ϕ3～4mm；3—铅丝网，1～2 层；4—沉淀管

井管埋设可采用射水法、振动射水法或钻孔法。射水法是先用高压水冲土下沉套管，较深时可配合锤击或振动（振动射水法），下沉到设计深度后，在套管中插入井管，最后在套管与井管的间隙里边填反滤层边拔套管，逐层上拔，直至完成。

管井抽水可应用各种抽水设备，但主要用普通离心泵、潜水泵或深井泵，分别可降低水位 3～10m、6～20m 和 20m 以上，一般采用潜水泵较多。用普通离心泵抽水，由于吸水高度的限制，当要求降低地下水位较深时，要分层设置管井，分层进行排水（见图 1-44）。

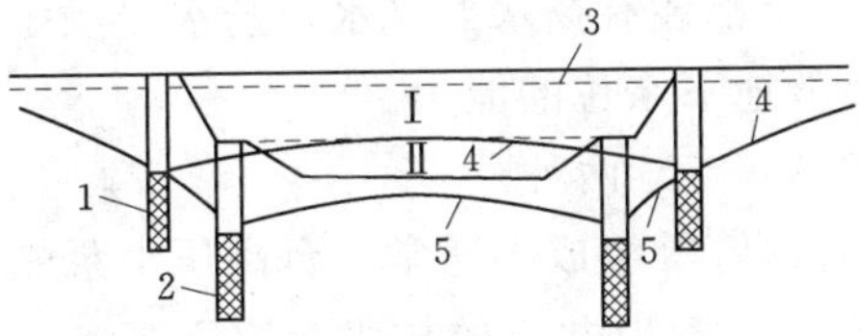

图 1-44 分层降低地下水位
Ⅰ—第一层；Ⅱ—第二层
1—第一层管井；2—第二层管井；3—天然地下水位；4—第一层水面降落曲线；5—第二层水面降落曲线

要求大幅度降低地下水位的深井中抽水时，最好采用专用的深井泵。每个深井泵都是独立工作，井的间距也可以加大，深井泵一般深度大于 20m，排水效果好，需要井数少。

（二）井点法降低地下水位

井点法降低地下水位与管井法不同，它把井管和水泵的吸水管合二为一，简化了井的构造。井点法的设备，按其降深能力分为轻型井点（浅井点）和深井点等，轻型井点最常用。轻型井点是由井管、集水总管、普通离心式水泵、真空泵和集水箱等设备所组成的一个排水系统，如图 1－45 所示。

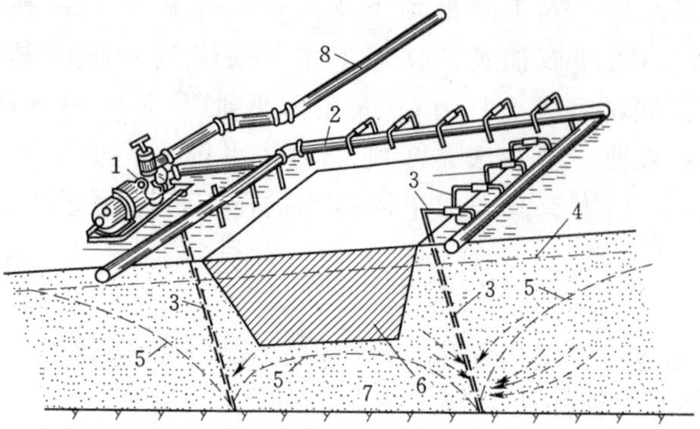

图 1－45 轻型井点系统

1—带真空泵和集水箱的离心式水泵；2—集水总管；3—井管；4—原地下水位；5—排水后水面降落曲线；6—基坑；7—不透水层；8—排水管

轻型井点系统的井点管为直径 38～50mm 的无缝钢管，间距为 0.6～1.8m，最大可达 3.0m。地下水从井管下端的滤水管借真空泵和水泵的抽吸作用流入管内，沿井管上升汇入集水总管，流入集水箱，由水泵排出。轻型井点系统开始工作时，先开动真空泵，排除系统内的空气，待集水井内的水面上升到一定高度后，再启动水泵排水。水泵开始抽水后，为了保持系统内的真空度，仍需真空泵配合水泵工作。这种井点系统也叫真空井点。

井点法降低地下水位的下降深度，取决于集水箱内的真空度与管路的漏气和人为损失。一般集水箱内真空度为 53～80kPa（约 400～600mmHg），相应的吸水高度为 5～8m，扣去各种损失后，地下水位的下降深度为 4～5m。

当要求地下水位降低的深度超过 4～5m 时，可以像管井一样分层布置井点，每层控制范围 3～4m，但以不超过 3 层为宜。分层太多，基坑范围内管路纵横，妨碍交通，影响施工，同时也增加挖方量；而且当上层井点发生故障时，下层水泵能力有限，地下水位会回升，基坑有被淹没的可能。

真空井点抽水时，在滤水管周围形成一定的真空梯度，加速了土的排水速度，所以即使在渗透系数小到 0.1m/d 的土层中，也能进行工作。

布置井点系统时，为了充分发挥设备能力，集水总管、集水管和水泵应尽量接近天然地下水位。当需要几套设备同时工作时，各套总管之间最好接通，并安装闸阀，以便相互支援。井管的安设，一般用射水法下沉。距孔口 1.0m 范围的井管与土体之间，应用黏土封闭，以防漏气。排水工作完成后，可利用杠杆将井管拔出。

深井点与轻型井点的不同，在于它的每一根井管上都装有扬水器（水力扬水器或压气扬水器），所以它不受吸水高度的限制，有较大的降低地下水位的能力。

深井点有喷射井点（图 1－46）和扬水井点（图 1－47）两种。

喷射井点由集水池、高压水泵、输水干管和喷射井管等组成。通常一台高压水泵能为 30～35 个井点服务，其最适宜的降水位范围为 5～18m。喷射井点的排水效率不高，一般用于渗透系数为 3～50m/d，渗流量不大的场合。

压气扬水井点是用压气扬水器进行排水。排水时压缩空气由输气管送来，由喷气装置进入扬水管，于是，管内容重较轻的水气混合液在管外水压力的作用下，沿水管上升到地面排走。为达到一定的扬水高度，就必须将扬水管沉入井中有足够的淹没深度，使扬水管内外有足够的压力差。压气扬水井点降低地下水位最大可达 40m。

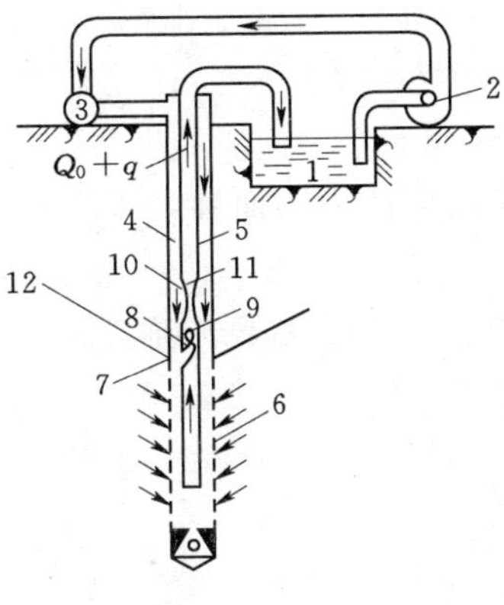

图 1-46　喷射井点装置示意图

1—集水池；2—高压水泵；3—输水干管；4—外管；5—内管；6—滤水管；7—进水孔；8—喷嘴；9—混合室；10—喉管；11—扩散管；12—水面降落曲线

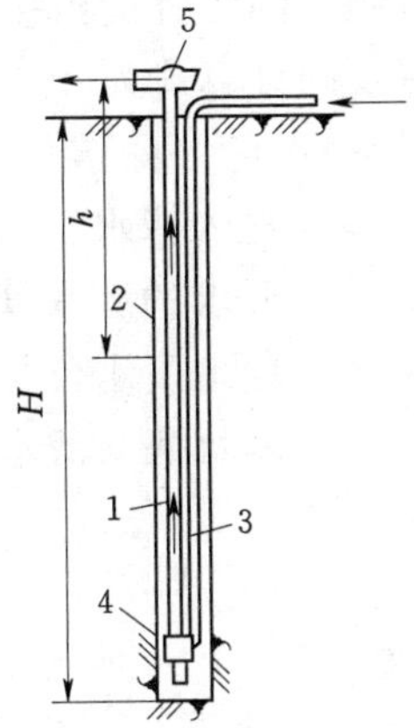

图 1-47　压气扬水井点装置示意图

1—扬水管；2—井；3—输气管；4—喷气装置；5—管口

（三）人工降低地下水位的设计与计算

进行人工降低地下水位施工时，应根据要求的地下水位下降深度、水文地质条件、施工条件以及设备条件等，确定排水总量（即总渗流量），计算管井或井点的需要数，选择抽水设备，进行抽排系统的布置。

总渗流量的计算，可参考前面日常排水中所介绍的方法和其他有关方法。

管井和井点数目 n，可根据总渗流量 Q 和单井集水能力 q_{max} 决定，其计算式为

$$n=\frac{Q}{0.8q_{max}} \tag{1-19}$$

单井的集水能力，取决于滤水管的表面积和通过滤水管的允许流速，其计算式为

$$q_{max}=2\pi r_0 l v_p \tag{1-20}$$

式中　r_0——滤水管的半径，m，当滤水管四周不设反滤层时，用滤水管半径，设反滤层时，半径应包括反滤层在内；

l——滤水管长度，m；

v_p——通过滤水管的允许流速，m/d，$v_p=65\sqrt[3]{K}$，其中 K 为滤水管的渗透系数，m/d。

以上计算确定的 n 值，若考虑抽水过程中有些井可能被堵塞，还可增加 5%～10%。

管井或井点的间距 d，可根据排水系统的周线长度 L 来确定，其计算式为

$$d=\frac{L}{n} \tag{1-21}$$

在进行具体布置时，还应考虑 d 满足下列要求：为了使井的侧面进水不过份减少，井的间距不宜过小，要求轻型井点 $d\approx(5\sim10)\pi r_0$，深井点 $d\approx(15\sim25)\pi r_0$；在渗透系数小的土层中，若间距过大，地下水位降低时间太长，因此，要以抽水降低地下水位时间要求来控制井的间距；井的间距要与集水总管三通的间距相适应；在基坑四角和靠近地下水

流方向一侧，间距宜适当缩短。

井深度的计算式为

$$H=s_0+\Delta s+\Delta h+h_0+l \tag{1-22}$$

式中　Δh——进入滤水管的水头损失，约0.5～1.0m；

h_0——要求的滤水管沉没深度，m，视井点构造不同而异，多小于2.0m；

s_0——原地下水位与基坑底的高差，m；

Δs——基坑底与滤水管处降落水位的高差，m，可用下式确定。

$$\Delta s=\frac{0.8q_{max}}{2.73Kl}\lg\frac{1.32l}{r_0} \tag{1-23}$$

思　考　题

1. 施工导流建筑物包括哪些？施工导流的主要任务是什么？
2. 施工导流的基本方法主要有哪些？各有什么适用条件？
3. 围堰有哪些种类？围堰在设计时应满足的基本要求是什么？
4. 土石围堰有哪几部分构成，它与混凝土围堰各有什么特点？
5. 过水围堰的适用条件是什么？它的特点及优缺点有哪些？
6. 保证围堰正常工作的关键措施有哪些？围堰使用期满后在什么情况下需拆除？
7. 简述导流设计流量的确定过程。
8. 导流泄水建筑物底坎高程及围堰堰顶高程是怎样确定的？
9. 什么叫导流方案？选择导流方案时应考虑哪些因素？
10. 简述截流的基本方法和截流的主要过程。
11. 截流日期及截流设计流量是怎样确定的？
12. 围堰截流龙口的水力参数是怎样确定的？
13. 基坑排水主要包括哪些内容？
14. 坝体拦洪度汛的主要措施有哪些？
15. 蓄水计划是怎样确定的？
16. 导流泄水建筑物的封堵设计流量是怎样确定的？主要封堵措施有哪些？

第二章 爆 破 工 程

爆破是利用炸药的爆炸能量对周围的岩石、混凝土或土等介质进行破碎、抛掷或压缩，达到预定的开挖、填筑或处理等工程目的的技术。它是以破坏的形式达到新的建设目的。水利水电工程施工中，爆破是大范围土石方开挖最有效的施工方法，通常采用爆破来开挖基坑、边坡和地下建筑物所需要的空间，开采石料以及完成某特定的任务，如截流、围堰拆除、水下爆破等。所以认真探索爆破的机理，正确掌握各种爆破技术，对加快工程进度，提高工程质量，降低工程成本具有十分重要的意义。

第一节 爆破基本原理及药量计算

岩土介质的爆破破碎是炸药爆轰产生冲击波的动态作用和爆轰气体准静态作用的联合作用结果。炸药爆轰后，在瞬时（约十万分之一秒）产生高温高压气体，对相邻介质产生极大的冲击作用，并以冲击波的形式向四周传播能量。若传播介质为空气，称为空气冲击波；传播介质为岩土，则称为地震波，即固体冲击波。

一、爆破的基本原理

1. 无限均匀介质中的爆破作用

工程中的介质总是有限和不均匀的。为了研究方便起见，假设爆破作用的介质是无限和均匀的。在这种理想介质中的爆破作用，冲击波以药包中心为球心，呈同心球向四周传播。离球心越近，作用于介质的压力越大；离球心越远，由于介质的阻尼，使作用于介质的压力波逐渐衰减，直至全部消失。若沿此球心切割一平面，可将爆破作用的影响圈划分为以下几个部分，如图 2-1 所示。

(1) 压缩圈（粉碎圈）。紧邻药包的部分介质，若为塑性介质将受到压缩形成一空腔，若为脆性体将遭受粉碎形成粉碎圈。

(2) 抛掷圈。压缩圈外具有抛掷势能的介质，这部分介质当具有逸出的临空面，将发生抛掷，这个范围称为抛掷圈。

(3) 松动圈。抛掷圈外围的一部分介质，爆破作用只能使其破裂松动，这一范围称为松动圈。

(4) 震动圈。松动圈以外的介质，随着冲击波的进一步衰弱，不能引起岩体破坏，只能使这部分介质产生弹性震动，故称为震动圈。

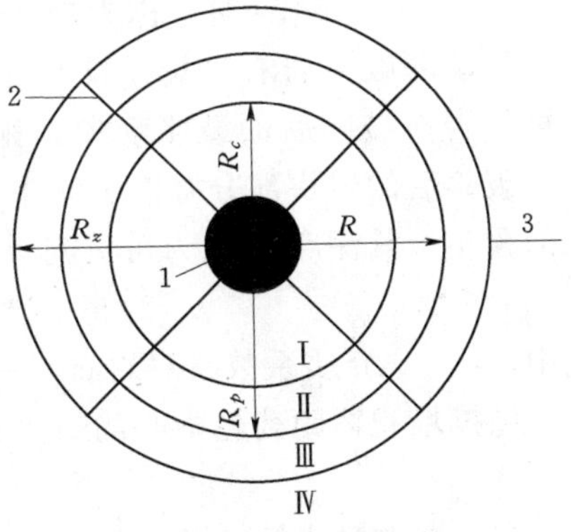

图 2-1 无限介质中爆破原理示意图
Ⅰ—压缩圈；Ⅱ—抛掷圈；Ⅲ—松动圈；Ⅳ—震动圈
1—药包；2—径向裂缝；3—横向裂缝

从药包中心向外，相应各圈的半径叫压缩半径

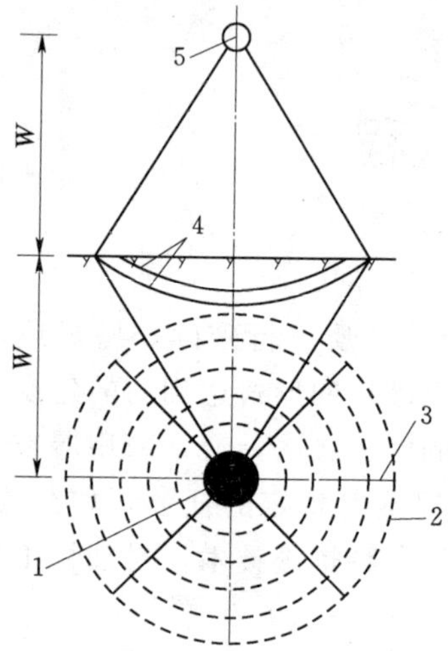

图 2-2 有无限介质中爆破作用示意图

1—药包；2—环向裂缝；3—径向裂缝；4—反射拉力形成的弧状裂缝；5—虚拟中心

R_c、抛掷半径 R、松动半径 R_p、震动半径 R_z。当然，这几个影响圈只是为了说明爆破作用而划分的，并无明显界限，其作用半径的大小与炸药特性和用量、药包结构、起爆方式以及介质特性等密切相关。

2. 有限介质中的爆破作用

爆破作用受到临空面的影响，亦即爆破作用半径能到达临空面的爆破，称为有限介质中的爆破作用，如图 2-2 所示。工程爆破多属于这种爆破。若药包的爆破作用使部分破碎介质具有抛向临空面的能量时，往往形成一个倒立圆锥体的爆破坑，形似漏斗，故称为爆破漏斗，如图 2-3 所示。

爆破漏斗的几何特征参数有：药包中心至临空面的最短距离，即最小抵抗线 W，爆破漏斗底半径 r，爆破破坏半径 R，可见漏斗深度 P 和抛掷距离 L。爆破漏斗的几何特征反映了药包重量和埋深的关系，也反映了爆破作用的影响范围。

系数 r/W 称为爆破作用指数，用 n 表示。爆破作用指数能反映爆破漏斗的几何特征，它是爆破设计中最重要的参数。工程应用中，通常根据 n 值的大小对爆破进行分类。

(1) 当 $n=1$，即 $r=W$ 时，称为标准抛掷爆破。

(2) 当 $n>1$，即 $r>W$ 时，称为加强抛掷爆破。

(3) 当 $0.75 \leqslant n<1$ 时，称为减弱抛掷爆破。

(4) 当 $n<0.75$ 时，称为松动爆破。

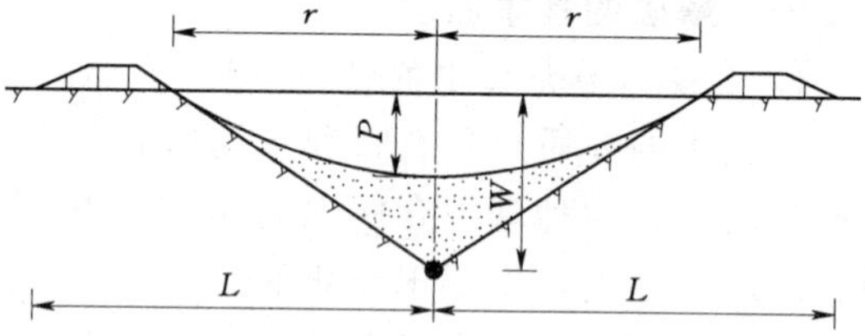

图 2-3 爆破漏斗示意图

r—爆破漏斗底半径；L—抛掷距离；P—可见漏斗深度；W—最小抵抗线

松动爆破为岩石抛掷，漏斗半径范围内可见岩石破碎后的鼓胀现象。抛掷爆破中，破碎后的岩块部分抛掷于漏斗半径之外，抛起的部分碎石又落回到漏斗坑内，形成可见的漏斗，其深度 P 称为可见漏斗深度，计算式为

$$P=CW(2n-1) \tag{2-1}$$

式中 C——介质系数，对岩石 $C=0.33$，对黏土 $C=0.4$。

抛掷堆积体距药包中心的最大距离 L 称为抛掷距离，计算公式为

$$L=5nW \tag{2-2}$$

二、药包种类及药量计算

药包的类型不同爆破的效果也各异。按形状，药包分为集中药包和延长药包，具体可通过药包的最长边 L 和最短边 a 的比值进行划分：当 $L/a \leqslant 4$ 时，为集中药包；当 $L/a>4$ 时，为延长药包。对于大爆破，采用洞室装药，常用集中系数 φ 来区分药包的类型。

当 $\varphi \geqslant 0.41$ 时，为集中药包；反之，为延长药包。集中系数计算公式为

$$\varphi = 0.63\frac{\sqrt[3]{v}}{b} \tag{2-3}$$

式中　b——药包中心至药包最远点距离，m；

v——药包体积，m^3。

对单个集中药包，其装药量计算公式为

$$Q = KW^3 f(n) \tag{2-4}$$

式中　K——规定条件下的标准抛掷爆破的单位耗药量，kg/m^3；

W——最小抵抗线，m；

$f(n)$——爆破作用指数函数。

标准抛掷爆破：

$$f(n) = 1$$

加强抛掷爆破：

$$f(n) = 0.4 + 0.6n^3$$

减弱抛掷爆破：

$$f(n) = \left(\frac{4+3n}{7}\right)^3$$

松动爆破：

$$f(n) = n^3$$

对钻孔爆破，一般采用延长药包，其药量计算公式为

$$Q = qV \tag{2-5}$$

式中　q——钻孔爆破条件下的单位耗药量，kg/m^3；

V——钻孔爆破所需爆落的方量，m^3。

注意：式（2-5）中的 q 与单个集中药包中的 K 值是有区别的。钻孔爆破在考虑爆落体积时，不仅计入了爆破漏斗中的介质体积，而且包括相邻漏斗间由于药包群的共同作用所爆落的体积。因此，钻孔爆破中的 q 值是一次群药包爆破总药量与总爆落方量的比值。

在确定单位耗药量的试验中若采用非标准炸药，尚须用炸药换算系数 e 对确定的单位耗药量进行修正。我国以 2 号岩石铵梯炸药作为标准炸药，其爆力 $B_0=320$mL，猛度 $M_0=12$mm。若实际使用的非标准炸药的爆力和猛度分别为 B 和 M，则实际单位消耗应为标准炸药单耗与炸药换算系数 e 的乘积，e 的比值为

$$e = \frac{B_0}{B} \tag{2-6}$$

或

$$e = \frac{1}{2}\left(\frac{B_0}{B} + \frac{M_0}{M}\right) \tag{2-7}$$

总之，装药量的多少，取决于爆破岩石的体积、爆破漏斗的规格和其他有关参数，但是上述公式，对于爆破质量、岩石破碎块度等要求，均未得到反映。因此，必须在实际应用中根据现场具体条件和技术要求，加以必要的修正。

第二节 钻孔机具和爆破器材

施工机械是提高爆破技术的重要条件。我国20世纪50～60年代的钻孔机械以手风钻为主，后来逐渐使用潜孔钻，并由低风压向中高风压发展，提高了钻孔直径和速度；引进液压钻机，进一步提高了钻孔效率和精度；引进多臂钻机及反井钻机，使地下工程的钻孔爆破进入了新的阶段。

一、钻孔机具

钻爆作业中，钻孔消耗的时间占爆破工程各工序时间一半以上，而其费用则占爆破工程总费用的70%以上。钻孔的效率和质量很大程度上取决于钻孔机具。

浅孔作业多用轻型手提式风钻，其自重约20～25kg，多用于向下钻垂直孔；向上及倾斜钻孔，则多采用支架式重型风钻，所用风压一般为$4\times10^5\sim6\times10^5$Pa，耗风量一般为2～4$m^3$/min。国内常用YT—23型、YT—25型、YT—30型以及带腿的YTP—26型风钻。YT—23型自重轻，结构简单，操作方便，钻孔效率高，所以广泛被使用。

采石、削坡和基础开挖作业多用大型钻机进行深钻作业，常用的钻机有三种。

1. 回转式钻机

回转式钻机可钻斜孔，钻进速度快。常以最大钻孔深度表示钻机型号。例如国产XJ－100型和XJ－300型回转式钻机，其中100和300则分别表示最大钻孔深度（m），钻孔孔径一般为90mm和100mm。由于钻杆回转钻进，当采用岩芯管时，可取出整段岩芯，故又称为岩芯钻孔。钻杆端部可按钻孔孔径要求装大小不同的钻头，当钻一般硬度的岩石时，可用普通工具钢钻头，钻头与孔底间投放钢砂；当钻中等硬度岩石时，可用嵌有合金刀片的各型钻头；当钻坚硬岩石时，则宜用钻石钻头。钻进过程中为了排除岩粉，冷却钻头，由钻杆顶部通过空心钻杆向孔内注水。钻进松软岩石时，可向孔内注入泥浆，使岩屑悬浮至表面溢出孔外，泥浆还起到固护孔壁的作用。

2. 冲击式钻机

冲击式钻机安放在可移动的履带轮上，工作时只能钻垂直向下的孔，而不能像回转钻机一样钻斜孔。钻具悬挂在钢索上，借助偏心的传动机构完成向上的提升，向下冲击的动作。钻具凭自重下落冲击岩石，因此钻具的自重和落高是机械类型的控制参数。国产CZ－20型钻机钻具重1000kg，用于钻松动软岩石。CZ－2型钻孔钻具重550～1300kg，用于钻坚硬岩石。钻孔直径，前者为150～500mm；后者为150～300mm。冲击式钻机钻孔，每冲击一次，钻具提离孔底，钢索旋转带动钻具旋转一个角度，以保证钻具均匀破碎岩石，形成圆形钻孔。孔内岩渣用清渣筒清除。为了冷却钻头，钻进时应不断向孔内加水。

3. 潜孔钻

潜孔钻钻孔作用既有回转也有冲击。其结构较以上两种钻机有进一步改进，钻孔效率很高。钻进牢固系数$f=6\sim10$的岩石，平均台班进尺达35～45m。通常一根钻杆的有效钻孔深度为8m，因此当孔深部超过8m，可不接钻杆，钻进效率更高。国内常用的YQ—150A型钻机，钻孔直径170mm，钻孔方向有45°、60°、75°、90°四种。在钻进过程中，将粉尘吹出孔口，由设在孔口的捕尘罩借助抽风机将粉尘吸入集尘箱处理。潜孔钻结构简单，运行可靠，维修方便，钻孔效率高，是一种通用、功能良好的深孔作业的钻孔机械。

二、炸药和起爆器材

炸药和起爆器材的发展是爆破技术发展的两个基本条件。我国炸药由中华人民共和国成立初期以黑火药为主的少数品种发展到硝铵类、硝化甘油类、硝基化合物炸药等。起爆器材由导火索发展到导爆索、塑料导爆管雷管、电雷管、瞬发、秒延期、多段毫秒、电磁雷管等。

1. 炸药的性能指标

通常应根据岩石性质和爆破要求不同选择不同特性的炸药。反映炸药特性的基本性能指标有以下几个。

(1) 威力。分别以爆力和猛度表示。爆力又称静力威力，用定量炸药炸开规定尺寸铅柱体内空腔的容积（mL）来表示，它表征炸药膨胀介质的能力。猛度又称动力威力，用定量炸药炸塌规定尺寸铅柱体的高度（mm）来表示，它表征炸药粉碎介质的能力。

(2) 氧平衡。它是炸药含氧量和氧化反应程度的指标。当炸药的含氧量恰好等于可燃物完全氧化所需要的含氧量，则生成无毒 CO_2 和 H_2O，并释放大量热能，称为零氧平衡。若含氧量大于需氧量，则生成有毒的 NO_2，并释放少量的热量，称为正氧平衡。若含氧量不足，就会生成有毒的 CO，释放能量也仅为正氧平衡的 1/3 左右，则称为负氧平衡。不难看出，从充分发挥炸药化学反应的放热能力和有利于安全出发，炸药最好是零氧平衡。考虑到炸药包装材料燃烧的需氧量，炸药通常配制成微量的正氧平衡。氧平衡可通过炸药的掺和来调节。例如 TNT 炸药是负氧平衡，掺入正氧平衡的硝酸铵，使之达到微量的正氧平衡。对于正氧平衡的炸药药卷，也可增加包装纸爆炸燃烧达到零氧平衡。

(3) 最佳密度。炸药能获得最大爆破效果的密度。凡高于和低于此密度，爆破效果都会降低。

(4) 安定性。炸药在长期储存中，具有保持自身性质稳定不变的能力。

(5) 敏感度。炸药在外部能量激发下，引起爆炸反应的难易程度。

(6) 殉爆距。炸药药包的爆炸引起相邻药包起爆的最大距离，以 cm 计。

2. 常用的工业炸药

(1) TNT（三硝基甲苯）。TNT 是一种烈性炸药，呈黄色粉末或鱼鳞片状，难溶于水，可用于水下爆破。由于此炸药威力大，常用来做副起爆药。爆炸后呈负氧平衡，产生有毒的 CO，故不适于地下工程爆破。

(2) 胶质炸药（硝化甘油炸药)。胶质炸药是一种烈性炸药，色黄、可塑、威力大、密度大、抗水性强可作副起爆炸药，也可用于水下及地下爆破工程。它的冻结温度高达 13.2℃，冻结后，敏感度高安全性差。随着硝铵类含水炸药出现，该类炸药的使用日趋减少。

(3) 铵梯炸药。其主要成分是硝酸铵加少量的 TNT 和木粉混合而成。调整三种成分的百分比，可制成不同性能的铵梯炸药。这种炸药敏感度低，使用安全；缺点是吸湿性强，易结块，使爆力和敏感度降低。

国产铵梯炸药有露天铵梯炸药、岩石铵梯炸药和煤矿铵梯炸药等主要品种。工程爆破中，2 号岩石铵梯炸药得到广泛应用，并作为我国药量计算的标准炸药。其爆力为

320mL，猛度为12mm，殉爆距离5cm。临界直径为18～20mm，直径为32～35mm，处于最佳密度时的药卷爆速约为3600m/s，储存有效期为6个月。

（4）浆状炸药。这是以氧化剂的饱和水溶液、敏化剂及胶凝剂为基本成分的抗水硝铵类炸药。含有水溶性胶凝剂的浆状炸药又叫水胶炸药。具有抗水性强、密度高、爆炸威力较大、原料来源广泛和使用安全等优点，主要缺点是储存期短，在露天有水深孔爆破中应用广泛。

（5）铵油炸药。其主要成分是硝酸铵和柴油。为减少结块，可加入木粉。理论与实践表明，硝酸铵、柴油、木粉的最佳配比为92：4：4；当无木粉时，含油率以6%较好。铵油炸药成本低、使用安全、易于生产，但威力和敏感度较低。热加工拌和均匀的细粉状铵油炸药，可用8号雷管起爆；冷加工颗粒较粗、拌和较差的粗粉状铵油炸药需用中继药包才能起爆。铵油炸药的有效储存期仅为7～15d，一般在施工现场拌制。

（6）乳化炸药。这是以氧化剂（主要是硝酸铵）水溶液与油类经乳化而成的油包水型乳胶体作为爆炸基质，再添加少量敏化剂、稳定剂等添加剂而成的一种乳脂状炸药。乳化炸药的爆速较高，且随药柱直径增大、炸药密度增大而提高。乳化炸药有抗水性强，爆炸性能好，原材料来源广，加工工艺简单，生产使用安全和环境污染小等优点。有效储存期为4～6月。

在水利水电工程建设中，较常见的工业炸药为铵梯炸药、乳化炸药和铵油炸药。

3. 起爆器材

起爆器材包括各种雷管和用来引爆雷管以及产生爆轰波的各种材料。

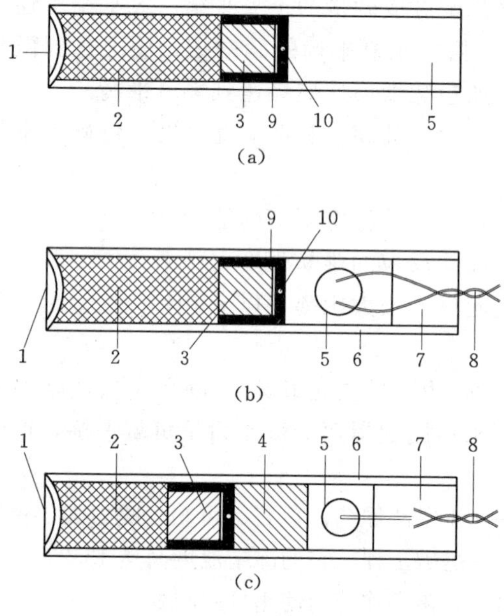

图2-4 各种雷管的构造

(a) 火雷管；(b) 即发电雷管；(c) 延迟电雷管

1—聚能穴；2—副起爆药；3—正起爆药，4—缓燃剂，5—点火桥丝；6—雷管外壳；7—密封胶；8—脚线；9—加强帽；10—帽孔

（1）雷管。雷管是引爆炸药的器材，根据点火装置的不同，可分为火雷管和电雷管。前者在帽孔前的插索腔内插入导火索点火引爆；电雷管起爆是利用电流的热效应，在电热丝的周围充填炸药，当有满足要求的电流流过电雷管时，其电阻丝发热使点火装置工作，起爆较敏感的正起爆药，然后再激发副起爆药。正起爆药一般为雷汞或迭氮铅，正起爆药外用金属的加强帽封盖。副起爆药一般为太安、黑索金或二硝基重氮芬。电雷管有即发、秒延迟和毫秒延迟三种。常用的即发雷管为6～8号。秒延迟雷管不同于即发雷管之处在于点火装置与加强帽之间多了一段缓燃剂，根据缓燃剂的特点控制延迟时间，国产的秒延迟雷管分7段，每段延迟时间为1s。毫秒延迟电雷管的构造是在点火装置与加强帽之间增设毫秒延迟药，国产毫秒延迟雷管有五个系列产品，其中第五系列被广泛运用，共计20段，最大延迟时间可达2000ms。各种雷管的构造如图2-4所示。

(2) 导火索。导火索用来激发火雷管。索心为黑火药，外壳用棉线、纸条和防水材料等缠绕和涂抹而成。按使用场合不同，导火索有普通型、防水型和安全型三种。使用最多的是燃烧时间为 (100～125)s/m 的普通型导火索。

(3) 导爆索。导爆索可分为安全导爆索和露天导爆索。水利水电常用的为露天导爆索。导爆索构造类似于导火索，但其药芯为黑索金，外表涂成红色，以示区别。普通导爆索的爆速一般不低于 6500m/s，线装药密度为 12～14g/m。合格的导爆索在 0.5m 深的水中浸泡 24h 后，其敏感度和传爆性能不变。

(4) 导爆管。导爆管用于导爆管起爆网路中冲击波的传递，需用雷管引爆。它为一种聚乙烯空心软管，外径 3mm，内径 1.4mm，管内壁涂有以奥克托金或黑索金为主体的粉状炸药，线敷药密度为 14～18mg/m。导爆管的传爆速度为 1600～2000m/s。

(5) 导爆雷管。导爆雷管如图 2-5 所示。在火雷管前端加装消爆室后，再用塑料卡口塞与导爆管连接即成导爆雷管。消爆室的主要作用在于降低导爆管口泄出的高温气流压力，防止在火雷管发火前卡口塞破裂或脱开。消爆室后无延迟药者为瞬发导爆雷管，有延迟药者为毫秒导爆雷管。秒延迟雷管与电雷管一样，其延迟时间也用精致导火索控制。

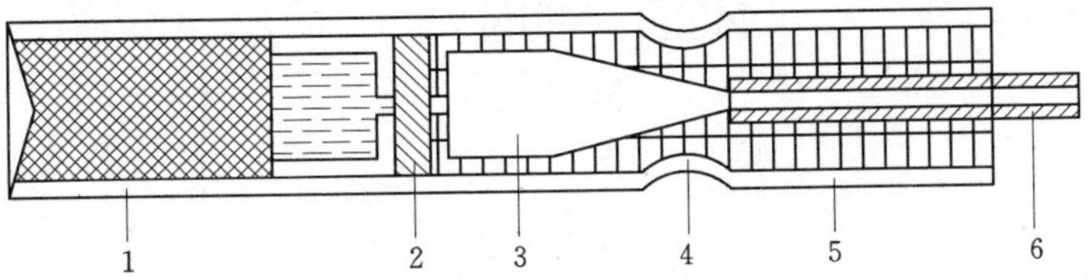

图 2-5　导爆雷管构造示意图

1—火雷管；2—延迟药；3—消爆室；4—卡痕；5—卡口塞；6—导爆管

三、起爆方法和起爆网路

实践中，应根据环境条件、爆破规模、技术和经济效果、安全标准和炮工技术水平合理选用起爆方法。炸药的基本起爆方法包括：导火索起爆法、电力起爆法、导爆管起爆法和非电塑料导爆索起爆法。当采用群药包进行爆破时，为了取得理想的爆破效果，常用起爆材料将各药包按一定顺序连接起来，即爆破网路。

1. 起爆方法

(1) 火花起爆。火花起爆是出现最早、最简单的一种起爆方法，具有技术简单，成本低等优点，但其传导速度低，误差大，目前仅用于小型工程的浅孔爆破和裸露爆破等。

(2) 电力起爆。电力起爆是电源通过电线输送电能激发电雷管，继而起爆炸药的方法。电力起爆可靠性高，一次可起爆多个装药，并有效控制起爆顺序和时间，且可实现远距离按时起爆，但技术复杂，成本高，有外来电流干扰时，容易引起早爆。

(3) 导爆管起爆。导爆管起爆是一种新型非电起爆方法。工程上采用雷管，通过冲击激发源轴向激发导爆管，在管内形成稳定传播的爆轰波，导致末端的导爆雷管起爆进而引起药卷的起爆。

(4) 导爆索起爆。导爆索起爆是利用导爆索传递爆轰波并起爆炸药的方法。具有操作简单、传爆可靠、安全性好、爆速高等优点，但成本高，噪声大。

2. 起爆网路

工程爆破中采用的起爆网路可分为电力起爆网路、导爆索起爆网路、导爆管起爆网路、混合起爆网路及延时起爆网路等。

（1）电力起爆网路。电力起爆网路的基本连接方式有串联法和并联法，但单纯的串联或者并联网路只适用于小规模爆破，在工程爆破中，为了准确起爆和减少电线消耗，常采用混合连接网路，即串并联法、并串联法和并串并联法，如图 2-6（a）、（b）、（c）、（d）、（e）所示。

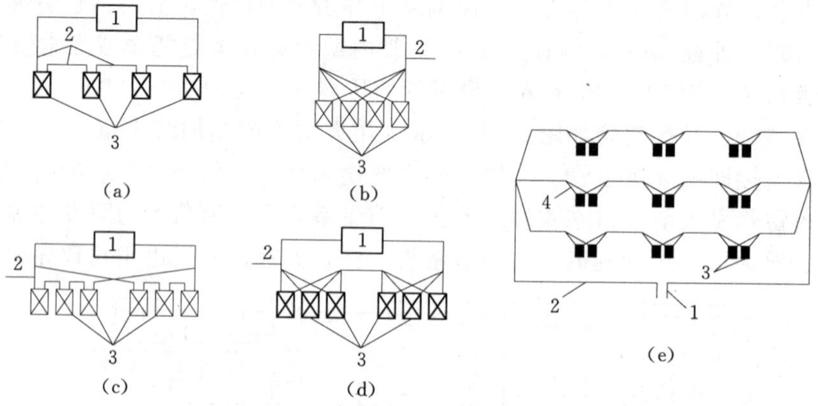

图 2-6　电力起爆网络
（a）串联法；（b）并联法；（c）串并联法；（d）并串联法；（e）并串并联法
1—电源；2—网路干线；3—药包；4—网路支线

串联法的优点是施工操作简单，要求的电压大而电流小，导线损耗小，网路检测容易；缺点是只要有一处脚线或雷管断路，整个网路的雷管将都拒爆。

并联法的优点是只要主线不断损，各支路的故障不会影响其他支路；缺点是要求较大的网路总电流，导线损耗大。

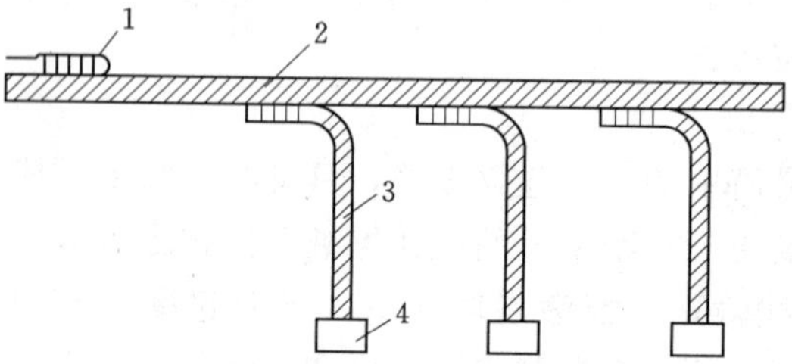

图 2-7　导爆索分段并联网络
1—起爆雷管；2—主干索；3—支索；4—药包

（2）导爆索起爆网路。基本的连接方式类似电力起爆网路，有串联、并联和混联网路，对起爆顺序要求较严格的爆破工程，可以采用分段并联网路，如图 2-7 所示。

（3）导爆管起爆网路。导爆管起爆网路即非电导爆管起爆系统，具有导爆索起爆网路的优点，又比导爆索起爆经济与安全。选择应考虑导爆管长度、药包数量、炮孔间距、雷管段别和延迟方法等诸多因素，其形式如图 2-8 所示。如隧洞开挖，采用孔内微差，当药包数量不多或一次爆破面积不很大时，往往采用簇并联网路，如图 2-8（a）所示；当药包数量很多，或开挖断面积很大时，可采用并并联网路，如图 2-8（b）所示；对狭长爆区，可采用串并联，如图 2-8（c）所示；大面积爆区则采用分段并串联，如图 2-8（d）所示。

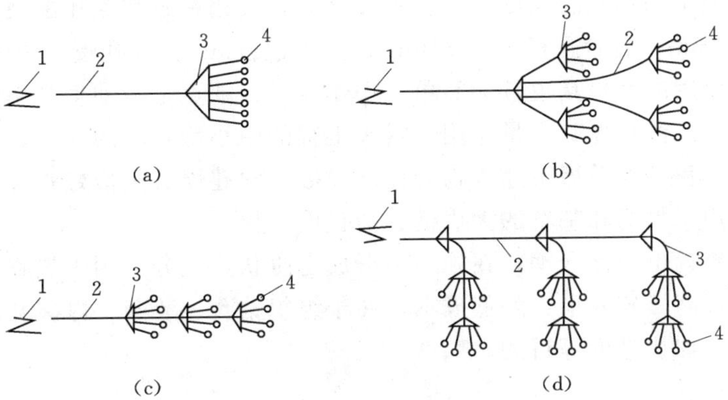

图 2-8　导爆管起爆网络

（a）簇并联；（b）并并联；（c）串并联；（d）分段并串联

1—激发源；2—导爆管；3—导爆雷管；4—炮孔

（4）延时起爆网路。采用各种延时起爆网路可增强爆破破碎效果和控制爆破震动强度，起爆网路的延时可通过以下几种方法实现，如图 2-9 所示。

图 2-9（a）为孔内延时网路，钻孔内药包按设计的起爆顺序放入相应段别的延时雷管，孔外传爆则全部采用即发雷管。此种网路的准保可靠度最高，但要求有足够雷管段别，延迟雷管耗用量大，网路成本高。

图 2-9（b）为孔外延时网路，网路的起爆顺序由传爆雷管的段别控制，而孔内雷管则全部采用即发雷管。此种网路连接方便，网路成本低，但容易产生网路的超前破坏。

图 2-9（c）为孔内外延时网路，是在孔内和孔（排）间均采用延迟雷管，适合于大规模爆破网路。

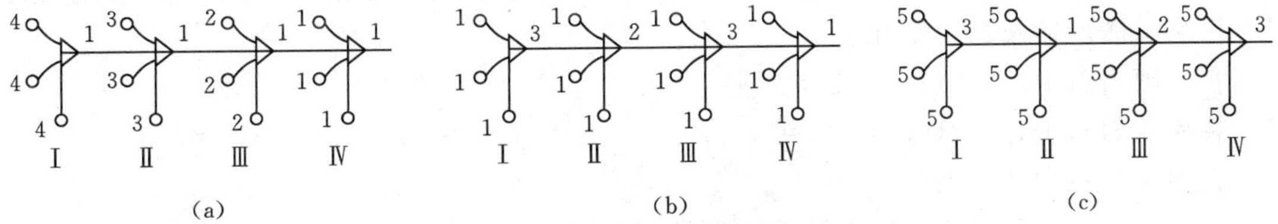

图 2-9　延时起爆网络

（a）孔内延时；（b）孔外延时；（c）孔内外延时

Ⅰ，Ⅱ，Ⅲ，Ⅳ—炮孔排号；1，2，…，5—雷管段别

第三节　工程爆破的基本方法

工程爆破的基本方法可根据施工条件、工程规模和开挖强度的要求，按照药室的形状分为钻孔爆破和洞室爆破两大类，此外在岩体开挖轮廓线控制爆破中，为了获得平整的轮廓面、减少爆破对保留岩体的损伤，通常采用预裂或光面爆破等技术。

一、钻孔爆破

根据孔径的大小和钻孔的深度，钻孔爆破又分为浅孔爆破和深孔爆破。前者孔径小于75mm，孔深小于5m；后者孔径大于75mm，孔深超过5m。浅孔爆破有利于控制开挖面的形状和规格，使用的钻机具也较为简单，操作方便；缺点是劳动生产率较低，无法适应大规模爆破的需要。浅孔爆破大量应用于露天工程的中小型料场的开采、水工建筑物基础分层开挖、地下工程开挖及城市建筑物的控制爆破。深孔爆破则恰好弥补了浅孔爆破的一些缺点，主要适用于料场和基坑的大规模、高强度开挖。

同时炮孔的布置也应该合理，在施工中形成台阶状，充分利用天然临空面或创造更多的临空面，达到提高爆破效果，降低成本，便于组织钻孔、装药、爆破和出渣的平行流水作业，避免干扰，加快进度等目的。

（一）浅孔爆破

1. 炮孔布置参数

布置炮孔位置时，应尽量利用自由面较多的地形，或者通过爆破有计划的改造地形，使前批爆破为后批爆破创造较多的自由面，以提高爆破效果。尽量防止炮孔方向与最小抵抗线方向一致，以免爆破时首先将炮孔堵塞物冲出，形成爆破效果很差的空炮（向上冲的称为冲天炮）。炮孔布置的主要技术参数有以下几种。

（1）最小抵抗线 W。通常根据钻孔直径和岩石性质确定，计算公式为

$$W=Kd \tag{2-8}$$

式中　W——最小抵抗线（取药包中心至自由面的最短距离），m；

K——系数，一般取15～30，坚硬岩石取较小值，中等坚硬岩石取较大值；

d——钻孔最大直径，cm。

（2）台阶高度 H。应大于 W，以避免产生冲天炮，影响爆破效果，计算公式为

$$H=(1.2\sim2.0)W \tag{2-9}$$

（3）炮孔深度 h。软硬不同的岩石，应采用不同的孔深，以免超挖或欠挖，使基面不平，影响出渣运输及台阶钻孔。

在坚硬岩石中，$h=(1.1\sim1.15)H$；

在松软岩石中，$h=(0.85\sim0.95)H$；

在中硬岩石中，$h=H$。

（4）炮孔间距及排距。应保证爆破后孔间不留残埂且使炸药消耗尽量少。一般平面上交错布置为梅花形。这样，采用多段延发雷管，逐排起爆，可以增加自由面，提高爆破效果。

炮孔顺台阶坡顶线方向间距 a，按不同起爆方法确定。

火雷管起爆

$$a=(1.0\sim1.5)W \tag{2-10}$$

电雷管起爆

$$a=(1.2\sim2.0)W \tag{2-11}$$

炮孔间的排距 b 一般采用

$$b=(0.8\sim1.2)W \tag{2-12}$$

2. 装药

浅孔法常用松动爆破，装药量 Q 按下式计算，相关符号意义同前。

$$Q=0.33Kabh(\text{kg}) \tag{2-13}$$

装药长度通常为孔深的 1/3～1/2，雷管置于自上部算起装药全长的 1/3～1/2 处。孔口段应用炮泥堵塞。

3. 起爆网络

浅孔台阶爆破一般采用电力起爆或导爆管起爆网络，进行微差间隔起爆。常用的微差间隔起爆方法包括排间微差和 V 形起爆，如图 2-10 所示。若炮孔数量很少，也可考虑用火花起爆。

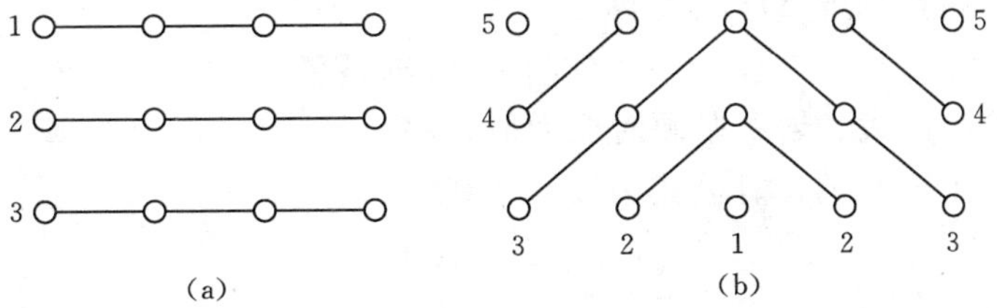

图 2-10 台阶爆破的微差间隔起爆方式

(a) 排间微差；(b) V 形起爆

1，2，…，5—雷管段别

（二）深孔爆破

深孔台阶爆破的钻孔分为垂直孔和倾斜孔。倾斜孔的优点是由于炮孔和临空面平行，使得爆破过程全孔所受的抗力均匀，爆破后岩块均匀，底部残埂少，爆堆形容易控制，有利于提高出渣装载机的效率；同时保持一定的台阶坡面角，也有利于保持坡面的稳定。其缺点是倾斜钻孔技术要求高，钻孔效率低，装药过程易堵塞。

深孔台阶爆破的炮孔布置与参数选择的原则与浅孔爆破类似。

(1) 台阶高度 H。台阶高度应满足总体布置要求，有利于机械设备的运行，能充分发挥装渣机械的作用，保证开挖质量和施工安全，且所用的辅助工作量最小。我国水利水电工程基坑开挖中采用的深孔爆破台阶高度一般为 6～16m，以 8～12m 居多。

(2) 钻孔直径 d。在水工建筑物基础开挖中，钻孔直径一般不超过 150mm；在临近建基面、设计边坡轮廓处，孔径一般不大于 110mm。

(3) 底盘抵抗线 W_d。底盘抵抗线是指炮孔中心线至台阶坡脚的水平距离，在深孔爆破中，不用最小抵抗线而采用底盘抵抗线，如图 2-11 所示。

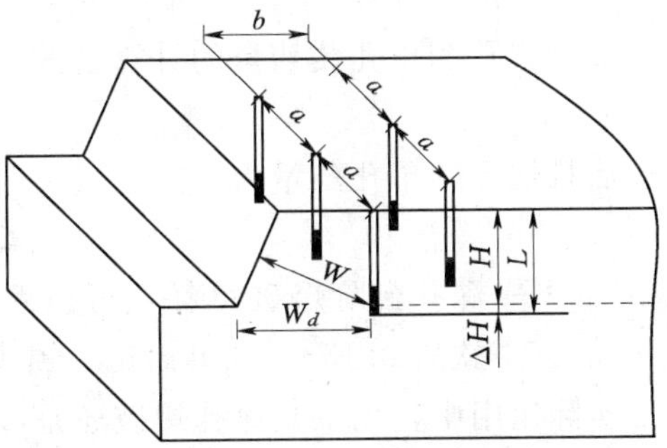

图 2-11 阶梯爆破布孔示意图

a—孔距；b—排距；L—孔长；

H—台阶高度；ΔH—超挖深度；

W—最小抵抗线；W_d—底盘抵抗线

$$W_d = HD\eta \frac{d}{150} \tag{2-14}$$

式中 D——岩石硬度影响系数，一般取 0.46～0.56，硬岩取小值，软岩取大值；

η——台阶高度影响系数，参见表 2-1 确定。

表 2-1 台阶高度影响系数表

H(m)	10	12	15	17	20	22	25	27	30
η	1.0	0.85	0.74	0.67	0.60	0.56	0.52	0.47	0.42

(4) 超孔深度 ΔH。超钻的作用在于克服底盘阻力，避免残埂，获取符合设计标高且较为平整的底盘。超孔深度 ΔH 的计算公式为

$$\Delta H = (0.15 \sim 0.35)W_d \tag{2-15}$$

式中的系数在台阶高度大、岩石坚硬时取大值。

(5) 孔长 L。孔长 L 的计算公式为

$$L = \frac{H + \Delta H}{\sin\alpha} \tag{2-16}$$

式中 α——钻孔倾斜角，一般与台阶坡面角相同，对于垂直钻孔，$\alpha = 90°$。

(6) 孔距 a 和排距 b。合理的孔距和排距是保证形成完整的新台阶面及爆后岩块均匀的前提。孔距 a 和排距 b 的计算公式分别为

$$a = (1.0 \sim 2.0)\, W_d \tag{2-17}$$

$$b = (0.8 \sim 1.0)W_d \tag{2-18}$$

(7) 堵塞长度 L_1。深孔台阶爆破的堵塞长度可参照式 (2-19) ～式 (2-21) 综合确定

$$L_1 \geqslant 0.75\, W_d \tag{2-19}$$

$$L_1 = (20 \sim 30)d \tag{2-20}$$

$$L_1 = (0.2 \sim 0.4)L \tag{2-21}$$

(8) 装药量计算。

前排炮孔的单孔装药量的计算公式为

$$Q = qa\, W_d H \tag{2-22}$$

后排炮孔的单孔药量为

$$Q = qa\, bH \tag{2-23}$$

式中 q——深孔台阶爆破单耗，可按照岩性不同从有关表格中选取，q 的大体范围为：软岩 0.15～0.30kg/m^3，中硬岩 0.3～0.45 kg/m^3，硬岩 0.45～0.6 kg/m^3。

实际运用中，无论是深孔爆破还是浅孔爆破，最终确定的装药量必须满足药量平衡原理，即每个炮孔爆除其所承担的一定体积岩石所需的药量必须与最佳堵塞条件下孔内所装入的药量相等。

二、洞室爆破

洞室爆破通常也称为大爆破。它是先在山体内开挖导洞及药室，在药室内装入大量炸药组成的集中药包，一次可以爆破大量石方。洞室爆破可以进行松动爆破或定向爆破。导

洞有平洞及竖井两种形式，平洞的断面一般为 1.0m×1.4m～1.2m×1.8m，竖井为 1.0m×1.2m～1.5m×1.8m。平洞以不超过 30m 长为宜，竖井以不超过 20m 深为宜，平洞施工方便，且便于通风、排水，应优先选用。药室的开挖容积与装药量、装药系数及装药密度有关，其形状有正方形、长方形、回字形、T 字形和十字形等。其容积可按下式计算

$$V=A\frac{Q}{\Delta} \tag{2-24}$$

式中 V——药室的开挖容积，m^3；

Q——药包重量，kg；

A——装药系数，与药室装药工作条件有关，一般为 1.10～1.15；

Δ——炸药装药密度，kg/m^3。

在洞室爆破中，一个导洞内往往有两个或多个药室，药室与药室间的距离为最小抵抗线的 0.8～1.2 倍。竖井和平洞爆破的布置如图 2-12 所示。

洞室爆破的电力起爆线路一般采用并串联接或串并联接的电爆网络，并以复式线路方式配有导爆索网路，以确定安全起爆。起爆药包宜采用起爆敏感度及爆速较高的炸药，起爆药包的重量约占药包总重量的 1%～2%，通常装在木板箱内，在有地下水的药室内，起爆药应有防水防潮能力。起爆药包由导爆索束和雷管束来引爆。

在药室内有多个起爆药包时，为避免电爆网路引线过多而产生接线差错，可在主起爆药包用电雷管起爆，其他副起爆药包由主起爆药包引出的导爆索引爆。其布置方式如图 2-13 所示。

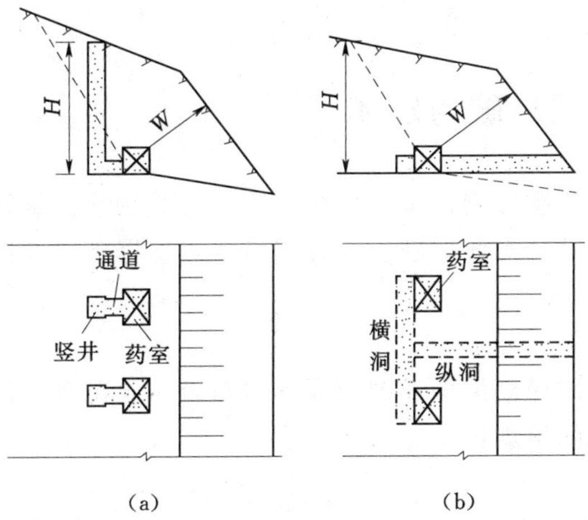

图 2-12 洞室爆破洞室布置示意图

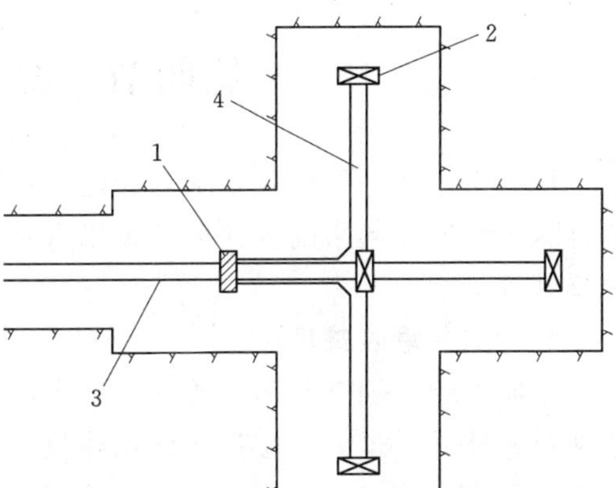

图 2-13 起爆药包在药室内的布置

1—主起爆体；2—副起爆体；3—导电线；4—导爆索

洞室爆破在装药时，应注意把近期出厂且未受潮的炸药放在药室中部，并把起爆药包放置在中间，装药后立即用黏土和细石渣将导洞堵塞。竖井一般要全堵，先在靠近药包处填黏土并拍实，填入 2～3m 黏土后再回填石渣。回填堵塞时，对引出的起爆线路要细心保护。平洞的横向导洞应全堵，而纵向导洞的堵长由导洞布置的方式而定：当单侧布置且横拐较短时纵导洞堵长 8～12m；当单侧布置横拐较长时纵导洞堵长 2～4m；双侧对称布

置且横拐较长时纵导洞堵长1～2m。填堵时先用黏土在靠药室处堵2～3m，其他部位可用细石渣填塞，并注意保护引出的起爆线路。

三、改善爆破效果的方法和措施

改善爆破效果归根结底是提高爆破的有效能量利用率，并针对不同情况采取不同措施。

（1）合理利用和创造人工自由面。实践证明，充分利用多面临空面的地形或人工创造多面临空的自由面，有利于降低爆破的单位耗药量。当采用深孔爆破时，增加梯度高度或用斜孔爆破，均有利于提高爆效。平行坡面的斜孔爆破，由于爆破时沿坡面的阻抗大体相等，且反射拉力波的作用范围增大，通常可较竖孔的能量利用率提高50%。斜孔爆破后边坡稳定，块度均匀，还有利于提高装车效率。

（2）采用毫秒微差挤压爆破。毫秒微差挤压爆破是利用孔间微差迟发不断创造临空面，使岩体内的应力波与先期产生残留在岩体内的应力叠加，从而提高爆破的能量利用率。在深孔爆破中可降低单位耗药量15%～25%，且使超径大块料降低到1%以下。

（3）分段装药爆破。常规孔眼爆破，药包位于孔底，爆能集中，爆后块度不匀。为改善爆效，沿孔长分段装药，使爆能均匀分布，且增长爆压作用时间。

（4）采用不耦合装药。药包和孔壁（洞壁）间留一定空气间隙，形成不耦合装药结构。由于药包四周存在空隙，降低了爆炸的峰压，从而降低或避免了过度粉碎岩石，同时使爆压作用时间增长，从而增大了爆破冲量，提高了爆破能量利用率。

（5）保证堵塞长度和堵塞质量。实践证明，当其他条件相同时，堵塞良好的爆破效果及能量利用率较堵塞不良的可以成倍地提高。

第四节 特种爆破技术

根据工程任务的特殊要求，如定向抛掷、轮廓控制、水下炸穿岩塞、建筑物或构筑物的拆除等，发展起来的特种爆破技术有定向爆破、光面爆破、预裂爆破、岩塞爆破以及拆除爆破等。

一、定向爆破筑坝

定向爆破筑坝是利用陡峻的岸坡布药，定向松动崩塌或抛掷爆落岩石至预定位置，截断河道，然后通过人工修整达到坝体设计轮廓的筑坝技术。

1. 适用条件

定向爆破筑坝，地形上要求河谷狭窄，岸坡陡峻（通常在40°以上），山高山厚应为设计坝高的两倍以上；地质上要求爆区岩性均匀、强度高、风化弱、结构简单、覆盖层薄、地下水位低、渗水量小；水工上对坝体有严格防渗要求的多采用斜墙防渗，对坝体防渗要求不甚严格的，可通过爆破控制粒度分布，抛成宽体堆石坝，不另筑防渗体。泄水和导流建筑物的进出口应在堆积范围以外并满足防止爆震的安全要求；施工上要求爆前完成导流建筑物、布药岸的交通道路、导洞药室的施工及引爆系统的铺设等。

2. 药包布置

定向爆破筑坝的药包布置可以采用一岸布药或两岸布药。当河谷对称，两岸地形、地质、施工条件较好，则应采用两岸爆破，有利于缩短抛距，节约炸药，增加爆堆方量，减少人工加高工程量。当一岸不具备以上条件或河谷特窄，一岸山体雄厚，爆落方量已能满足需要，则一岸爆破也是可行的，如图 2-14 所示。定向爆破药包布置应在保证工程安全前提下，尽量提高抛掷上坝方量。从维护工程安全的角度出发，要求药包位于正常水位以上，且大于垂直破坏半径。药包与坝肩的水平距离应大于水平破坏半径。药包布置应充分利用天然凹岸，在同一高程按坝轴线对称布置单排药包。若河段平直，则宜布置双排药包，利用前排的辅助药包创造人工临空面，利用后排的主药包保证上坝堆积方量。

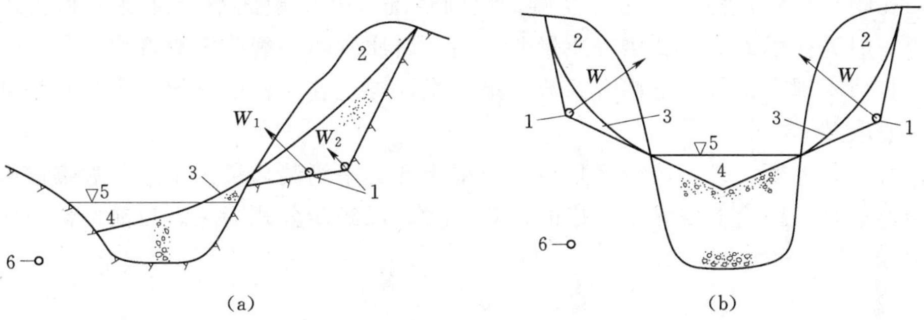

图 2-14 定向爆破筑坝药包布置图

(a) 单岸爆破；(b) 双岸爆破

1—药包；2—爆破漏斗；3—爆堆顶部轮廓线；4—鞍点；5—坝顶高程；6—导流隧洞

我国至今已完成 40 余项定向爆破筑坝工程。采用的药包最小抵抗线范围为 5～40m，爆破作用指数为 0.8～1.6。其中 1973 年石砭峪定向爆破筑坝工程，总装药量 1589t，上坝堆石 143.7 万 m^3，共布置 19 个药室，最大药室装药量 236.5t，为我国规模最大的一次定向爆破筑坝工程。

二、预裂爆破和光面爆破

为保证保留岩体按设计轮廓面成型并防止围岩破坏，须采用轮廓控制爆破技术。常用的轮廓控制爆破技术包括预裂爆破和光面爆破。所谓预裂爆破，是首先起爆布置在设计轮廓线上的预裂爆破孔药包，形成一条沿设计轮廓线贯穿的裂缝，再在该人工裂缝的屏蔽下进行主体开挖部位的爆破，保证保留岩体免遭破坏；光面爆破是先爆除主体开挖部位的岩体，然后再起爆布置在设计轮廓线上的周边孔药包，将光爆层炸除，形成一个平整的开挖面。

预裂爆破和光面爆破在坝基、边坡和地下洞岩体开挖中获得了广泛应用。

（一）成缝机理

预裂爆破和光面爆破都要求沿设计轮廓产生规整的爆生裂缝面，两者成缝机理基本一致。现以预裂缝为例论述其成缝机理。

预裂爆破采用不耦合装药结构，其特征是药包和孔壁间有环状空气间隔层，该空气间隔层的存在消弱了作用在孔壁上的爆炸压力峰值。因为岩石动抗压强度远大于抗拉强度，因此可以控制消减后的爆压不致使孔壁产生明显的压缩破坏，但切向拉应力能使炮孔四周产生径向裂纹。加之孔与孔间彼此的聚能作用，使孔间连线产生应力集中，孔壁连线上的初始裂纹进一步发展，而滞后的高压气体的准静态作用，使沿缝产生气刃劈裂作用，使周边孔间连线上的裂纹全部贯通成缝。

（二）参数设计

预裂爆破和光面爆破的参数设计一般采用工程类比法，并通过现场试验最终确定。

1. 预裂爆破参数

（1）孔径。明挖为 70～165mm；隧洞开挖为 40～90mm；大型地下厂房为50～110mm。

（2）孔距。与岩石特性、炸药性质、装药情况、开挖壁面平整度要求和孔距大小有关。孔距一般为孔径的 7～12 倍。质量要求高、岩质软弱、裂隙发育者取小值。

（3）装药不耦合系数。不耦合系数指炮孔半径与药卷半径的比值，为防止炮孔壁的破坏该值一般取 2～5。

（4）线装药密度。线装药密度是单位长度炮孔的平均装药量。影响预裂爆破参数的因素很复杂，很难从理论上推导出严格的计算公式，以经验公式为主。目前国内较常用的经验公式为

$$Q_x = K[\sigma_c]^{\alpha}[a]^{\beta}[d]^{\gamma} \tag{2-25}$$

式中 Q_x——预裂爆破的线装药密度，kg/m；

σ_c——岩石的极限抗压强度，MPa；

a——炮孔间距，m；

d——钻孔直径，mm；

K、α、β、γ——经验系数。

随岩性不同，预裂爆破的线装药密度一般为 200～500g/m。为克服岩石对孔底的夹制作用，孔底段应加大线装药密度到 2～5 倍。

2. 光面爆破参数

（1）光面爆破层厚度。光面爆破层厚度即最小抵抗线的大小，一般为炮孔直径的10～20 倍，岩质软弱、裂隙发育者取小值。

（2）孔距。孔距一般为光面爆破层厚度的 0.75～0.90 倍，岩质软弱、裂隙发育者取小值。

（3）钻孔直径及装药不耦合系数。参照预裂爆破选用。

（4）线装药密度 Q_x。线装药密度一般按照式（2-26）计算，即

$$Q_x = qaW \tag{2-26}$$

式中 q——松动爆破单耗，kg/m^3；

a——光面爆破孔间距，m；

W——光面爆破层厚度，m。

（三）质量控制标准

（1）开挖壁面岩石的完整性用岩壁上炮孔痕迹率来衡量，炮孔痕迹率也称半孔率，为开挖壁面上的炮孔痕迹总长与炮孔总长的百分比率。在水电部门，对节理裂隙极发育的岩体，一般要求炮孔痕迹率达到 10%～50%；节理裂隙中等发育者应达 50%～80%；节理裂隙不发育者应达 80%以上。围岩壁面不应有明显的爆生裂隙。

(2) 围岩壁面不平整度（又称起伏差）的允许值为±15cm。

(3) 在临空面上，预裂缝宽度一般不宜小于1cm。实践表明，对软岩（如葛洲坝工程的粉砂岩），预裂缝宽度可达2cm以上，而且只有达到2cm以上时，才能起到有效的隔震作用；但对坚硬岩石，预裂缝宽度难以达到1cm。

影响轮廓爆破质量的因素，除爆破参数外，主要依赖于地质条件和钻孔精度。这是因为爆生裂缝极易沿岩体原生裂隙、节理发展，而钻孔精度则是保证轮廓爆破质量的先决条件。

三、岩塞爆破

岩塞爆破是一种水下控制爆破。在已建水库或天然湖泊中，若拟通过引水隧洞或泄洪洞达到取水、发电、灌溉、泄洪和放空水库或湖泊等目的，为避免隧洞进水口修建时在深水中建造围堰，采用岩塞爆破是一种经济而有效的方法。施工时，先从隧洞出口逆水流向开挖，待掌子面到达水库或湖泊的岸坡或底部附近时，预留一定厚度的岩塞，待隧洞和进口控制闸门井全部完建后，再一次将岩塞炸除，使隧洞和水库或湖泊连通。

（一）岩塞布置及爆落石渣的处理

1. 岩塞布置

岩塞布置应根据隧洞的使用要求、地形、地质等因素确定，宜选择在覆盖层薄、岩石坚硬完整且层面与进口中心交角大的部位，特别应避开节理、裂隙、构造发育的地段。岩塞的开口尺寸应满足进水流量的要求。岩塞厚度一般为岩塞底部直径的1.0～1.5倍，太厚则难以一次爆通，太薄则不安全。岩塞的布置如图2-15所示。

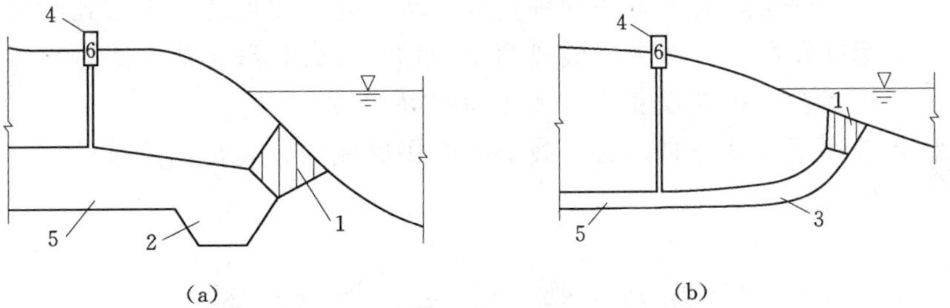

图2-15　岩塞爆破岩塞布置示意图

1—岩塞；2—集渣坑；3—缓冲坑；4—闸门井；5—引水隧洞；6—操纵室

2. 石渣处理

岩塞爆破石渣常采用集渣和泄渣两种处理方式。

(1) 集渣处理。爆破前在洞内正对岩塞的下方挖一容积与岩塞体积相当的集渣坑，让爆落的石渣大部分抛入坑内，且保证运行期坑内石渣不被流水带走。

(2) 泄渣处理。对于灌溉、供水、防洪隧洞取水口岩塞爆破，爆破时闸门开启，借助高速水流将石渣冲出洞口。为避免瞬间石渣堵塞，正对岩塞可设一流线型缓冲坑，其容积相当于爆落石渣总量的1/4～1/5。当岩塞尺寸小，爆落渣量少时，也可不设缓冲坑。

（二）装药量计算、装药及起爆

岩塞爆破为水下爆破，装药量计算应考虑静水压力的作用，比常规抛掷爆破药量增大

20%～30%，即

$$Q_s=(1.2\sim1.3)KW^3(0.4+0.6n^3) \tag{2-27}$$

式中 Q_s——岩塞爆破的装药量；

n——爆破作用指数，一般取1.0～1.5。

岩塞爆破的药室在岩塞内呈“王”字形布置，药室开挖采用浅孔小炮，另钻少量超前孔。若发现渗水集中时，可用胶管将水排出洞外，当漏水量小而分散时，可进行灌浆处理。为控制进口形状，保证洞脸围岩稳定，岩塞周边宜采用预裂爆破减震防裂。一般取预裂孔距为30cm，孔径45～55mm，孔深为3～8m。连续装药，线装药密度为220～270g/m，能保证进口爆破成型良好。

起爆网路采用复式并一串一并联，或增补一套传爆线起爆，能确保安全准爆。起爆体可放在塑料袋（管）中，封口后涂上黄油。炸药和雷管也需进行防水处理，毫秒雷管可放在橡皮球内，封闭后涂上黄油防湿、防水。

四、围堰和岩坎的拆除爆破

我国水电工程普遍采用混凝土、混凝土心墙以及岩坎等结构形式的围堰。当它们完成挡水功能后，一般采取爆破法拆除。围堰拆除爆破按照岩渣的处理方式，可分为泄渣爆破和留渣（聚渣）爆破两类。泄渣爆破是利用水流的力量将爆渣冲向下游河道的爆破方法，导流洞（导流明渠）出口围堰和基坑下游围堰一般采用泄渣爆破法。留渣爆破是指围堰经爆破破碎后，再利用机械水下清渣的方法，上游围堰的拆除一般采用此法。

围堰和岩坎爆破施工一般是利用其顶面、非临水面及围堰内部廊道等无水区进行钻爆作业。其炮孔布置根据实际需要可采用垂直孔、水平孔、扇形孔、水平孔和垂直孔相结合等不同方式，采用钻孔爆破、洞室爆破或洞室和钻孔爆破相结合的方法进行爆破；在起爆网路上则广泛运用塑料导爆管双复式交叉接力起爆网路。

进行围堰和岩坎爆破设计时，必须确保一次爆破成功，满足过流条件，并确保邻近爆区各种已建水工建筑物的安全。

第五节 爆破安全控制

在完成岩石爆破破碎的同时，爆破作业必然会带来爆破飞石、地震波、空气冲击波和噪音等负面效应即爆破公害。因此，在爆破作业中，需研究爆破公害的产生原因、公害强度的分布与衰减规律，通过科学的爆破设计、采用有效的施工工艺措施，以确保保护对象（包括人员、设备及邻近的建筑物或构筑物等）的安全。

一、爆破地震

岩石爆破过程中，除对临近炮孔的岩石产生破碎、抛掷，爆炸能量的很大一部分将以地震波的形式向四周传播，导致地面振动。这种振动即为爆破地震，其强度的衡量参数为位移、速度和加速度等。

实践表明质点峰值振动速度与建筑物的破坏程度具有较好的相关性，因此国内外普遍采用质点峰值振动速度和主振频率作为安全判据。我国《爆破安全规程》（GB 6722—2003）对某些建（构）筑物的允许质点峰值振动速度作了规定，见表2-2。

表 2-2 **建（构）筑物地面质点的安全振动速度**

序号	保护对象类别	安全允许振速（cm/s）		
		<10Hz	10～50Hz	50～100Hz
1	土窑洞、土坯房、毛石房屋[a]	0.5～1.0	0.7～1.2	1.1～1.5
2	一般砖房、非抗震的大型砌块建筑物[a]	2.0～2.5	2.3～2.8	2.7～3.0
3	钢筋混凝结构房屋[a]	3.0～4.0	3.5～4.5	4.2～5.0
4	一般古建筑与古迹[b]	0.1～0.3	0.2～0.4	0.3～0.5
5	水工隧洞[c]	7～15		
6	交通隧洞[c]	10～20		
7	矿山巷道[c]	15～30		
8	水电站及发电厂中心控制室设备	0.5		
9	新浇大体积混凝土[d]： 龄期：初凝～3d 龄期：3～7d 龄期：7～28d	 2.0～3.0 3.0～7.0 7.0～12		

注 1：表列频率为主振频率，系指最大振幅所对应波的频率。

注 2：频率范围可根据类似工程或现场实测波形选取，选取频率时亦可参考下列数据：洞室爆破<20Hz；深孔爆破 10～60Hz；浅孔爆破 40～100Hz。

a 选取建筑物安全允许振速时，应综合考虑建筑物的重要性、建筑质量、新旧程度、自振频率、地基条件等因素。

b 省级以上（含省级）重点保护古建筑与古迹的安全允许振速，应经专家论证选取，并报相应文物管理部门批准。

c 选取隧道、巷道安全允许振速时，应综合考虑构筑物的重要性、围岩状况、断面大小、深埋大小、爆源方向、地震振动频率等因素。

d 非挡水新浇大体积混凝土的安全允许振速，可按本表给出的上限值选取。

质点峰值振动速度的计算公式为

$$V=K\left(\frac{Q^n}{R}\right)^{\alpha} \tag{2-28}$$

式中 V——质点峰值振动速度，cm/s；

n——药包形状系数，欧美等国家的 n 值通常取 0.5，我国和前苏联一般取 1/3；

Q——最大单响段药量，kg；

R——爆心距，即测点至爆源中心距离，m；

K、α——常数，与地质条件、爆破类型及爆破参数有关。在没有现场试验资料的情况下，不同岩石的 K、α 值，可参考表 2-3 确定，对于较重要工程，应通过现场试验确定 K、α 值。

表 2-3 **爆区不同岩性的 K、α 值**

岩性	K	α
坚硬岩石	50～150	1.3～1.5
中等坚硬岩石	150～250	1.5～1.8
软弱岩石	250～350	1.8～2.0

二、爆炸空气冲击波和水中冲击波

炸药爆炸产生的高温高压气体，或直接压缩周围空气，或通过岩体裂缝及药室通道高速冲入大气并对其压缩形成空气冲击波。空气冲击波超压达到一定量值后，就会导致建筑物破坏和人体器官损伤。因此在爆破作业中，需要根据被保护对象的允许超压确定爆炸空气冲击波安全距离。

《爆破安全规程》（GB 6722—2003）规定，为确保作业人员安全，裸露药包每次爆炸的总药量不得大于20kg，并由式（2-29）确定爆炸空气冲击波对掩体内避炮作业人员的安全距离。

$$R_F=25\sqrt[3]{Q} \tag{2-29}$$

式中 R_F——空气冲击波对掩体内人员的最小安全距离，m；

Q——一次爆破装药量，kg；当采用秒延迟爆破时，Q按各延迟段中最大药量计算；当采用毫秒延迟爆破时，Q按一次爆破的总药量计算。

爆炸水中冲击波：进行水下爆破时，同样会在水中产生冲击波。因此同样需要针对水中的人员及施工船舶等保护对象按有关规定确定最小安全距离。

三、爆破飞石

1. 洞室爆破

洞室爆破飞石安全距离的计算公式为

$$R_F=20K_Fn^2W \tag{2-30}$$

式中 R_F——洞室爆破的飞石安全距离，m；

W——最小抵抗线，m；

n——爆破作用指数；

K_F——与地形、风向、风速和爆破类型有关的安全系数，一般取1.0～1.5，最小抵抗线方向取大值；当风大而又顺风时，取1.5～2.0或更大的值；山谷或垭口地形，应取1.5～2.0。

2. 钻孔爆破

《爆破安全规程》（GB 6722—2003）对露天岩土爆破飞石安全距离仅规定了最小值，见表2-4。

表2-4　露天岩土爆破个别飞石对人身最小安全距离

爆破类型和方法	个别飞散物的最小安全允许距离（m）
破碎大块岩矿： 裸露药包爆破法 浅孔爆破法	 400 300
浅孔爆破	200（复杂地质条件下或未形成台阶工作面时不小于300）
浅孔药壶爆破	300
蛇穴爆破	300
深孔爆破	按设计，但不小于200
深孔药壶爆破	按设计，但不小于300

续表

爆破类型和方法	个别飞散物的最小安全允许距离（m）
浅孔孔底扩壶爆破	50
深孔孔底扩壶爆破	50
硐室爆破	按设计，但不小于300

注　沿山坡爆破时，下坡方向的飞石安全允许距离应增大50%

四、爆破公害的控制与防护

爆破公害的控制与防护可以从爆源、公害传播途径以及保护对象三方面采取措施。

1. 在爆源控制公害强度

（1）采用合理的爆破参数、炸药单耗和装药结构。

（2）采用深孔台阶微差爆破技术。

（3）合理布置岩石爆破中最小抵抗线方向。

（4）保证炮孔的堵塞长度与质量、针对不良地质条件采取相应的爆破控制措施对消减爆破公害的强度也是非常重要的方面。

2. 在传播途径上削弱公害强度

（1）在爆区的开挖线轮廓进行预裂爆破或开挖减震槽，可有效降低传播至保护区岩体中的爆破地震波强度。

（2）对爆区临空面进行覆盖、架设防波屏可削弱空气冲击波强度，阻挡飞石。

3. 保护对象的防护

（1）对保护对象的直接防护措施有防震沟、防护屏以及表面覆盖等。

（2）严格爆破作业的规章制度，对施工人员进行安全教育也是保证安全施工的重要环节。

思　考　题

1. 什么是爆破？根据爆破指数如何对爆破进行分类？
2. 无限均匀介质中的爆破作用影响圈分为哪几部分？
3. 什么是爆破漏斗？其几何特征参数有哪些？
4. 药包的种类有哪些？各自的适用范围如何？
5. 爆破的方法有哪些？主要适用条件如何？
6. 改善爆破效果的方法和措施有哪些？
7. 列举几种特种爆破技术。
8. 反映炸药特性的基本性能指标有哪些？
9. 常用的起爆器材有哪些？
10. 简述爆破公害的控制防护措施。

第三章 基础工程

任何建筑物都建造在一定的地层上，建筑物的全部荷载都由它下面的地层来承担。受建筑物影响的那一部分地层称为地基，建筑物与地基接触的部分称为基础。地基与基础在各种荷载作用下将产生附加应力和变形。为了保证建筑物的正常使用与安全，地基与基础必须具有足够的强度和稳定性，变形也应在允许范围之内。根据地层变化情况、上部结构的要求、荷载特点和施工技术水平，可采用不同类型的地基和基础。

地基可分为天然地基与人工地基。未经人工处理就可以满足设计要求的地基称为天然地基。如果天然地层土质过于软弱或存在不良工程地质问题，需要经过人工加固或处理后才能修筑基础，这种地基称为人工地基。

基础根据埋置深度分为浅基础和深基础。通常，将埋置深度较浅（一般在数米以内）且施工简单的基础称为浅基础；若浅层土质不良，需将基础置于较深的良好土层上且施工较复杂时则称为深基础。基础埋置在土层内深度虽较浅，但在水下部分较深，如深水中桥墩基础，称为深水基础，在设计和施工中有些问题需要作为深基础考虑。桥梁及各种人工构造物常用天然地基上的浅基础。当需设置深基础时，常采用桩基础或沉井基础，而我国公路桥梁应用最多的深基础是桩基础。

地基与基础的关系非常密切，建筑物的稳定取决于地基与基础的强度和稳定性，不仅仅取决于单方面，关键在于地基与基础对建筑物的适宜性，也就是要根据建筑物的类型及对地基的不同要求、覆盖层地基和岩基各自的不同特点，合理选择最优的地基处理方案，保证建造的基础和地基满足运用要求。这就需要勘察、设计和施工方面的共同努力。

水工建筑物要求地基有足够的强度、抗压缩和整体均匀性，能承受建筑物的压力，保证抗滑稳定，且不产生过度的位移和沉陷；有足够的抗渗、耐久性，减少扬压力和渗漏量，不在长期浸蚀下恶化。天然地基一般较难满足上述要求，故需进行地基处理。

地基处理，就是为提高地基的承载、抗渗能力，防止过量或不均匀沉陷，以及处理地基的缺陷而采取的加固、改进措施。地基处理的方法因具体的地基情况和建筑物对地基的要求而不同，水工建筑物地基处理的目的主要是防渗和加固。本章着重介绍有施工工艺要求的、基本的、先进的地基处理措施和施工方案。对其他的地基处理方法，在本章最后一节予以简述。

地基处理属隐蔽性工程，必须根据水工建筑物对地基的要求，认真分析地质条件，进行技术经济比较，选择技术可行、效果可靠、工期较短、经济合理的处理措施和施工方案。重要工程须通过现场试验验证，确定地基处理各种参数、施工工序和工艺。研究土基处理施工方案时，应因地制宜地推广应用高压喷射灌浆法、振冲法、固化灰浆等新工艺、新技术、新材料。

第一节 地 基 开 挖

地基开挖即为修建水工建筑物，将其基础范围内底面以上的土和岩石挖除的工程。其目的是将不符合设计要求的风化、破碎、有缺陷和软弱的岩层、松软的土和冲积物等挖掉，使建筑物修建在可靠的地基上；或者是根据结构设计的要求，为将建筑物建在指定的高程上。地基开挖包括松土、爆破、挖掘、装车、运输、卸渣等工序。地基开挖必须按照设计文件、施工图纸和有关规范施工（若发现实际情况与前期地质资料和结论有较大出入，或发现新的不良地质因素，应及时与建设、勘测、设计、监理单位协商，以便采取补救措施或修改设计）。施工的关键在于选用合适的开挖方法和施工方案。

一、地基开挖分类

地基开挖分为岩基开挖和软基开挖。

1. 岩基开挖

对岩石地基，多采用将岩石破碎，再用人工或机械将石渣挖掉运走。如为软岩，也可用带有松土器的重型推土机或反铲直接用凿裂法开挖，无需爆破。开挖施工中，根据建筑物的特点、开挖范围的大小和深浅、基坑形状、方式等，采用不同的开挖方式和方法。在水利工程的大面积地基开挖中，广泛采用深孔梯段爆破结合光面爆破的施工方法，分层开挖，利用挖掘机配合自卸汽车出渣。在施工前，常先进行爆破试验，选定爆破参数。一般情况下，地基开挖须从岸坡到基坑，自上而下进行，不采用自下而上或造成岩体倒悬的开挖方式。为防止爆破对基岩产生破坏性的影响，保证地基质量，需要采取一定的防护措施。许多国家都采用预留保护层的办法，即在临近基础底建基面的一定范围内，对爆破分层、钻孔深度、孔径、装药量和起爆方式等，均予限制。采用预裂爆破或光面爆破，也是一种防护措施。在坝基或厂房地基的开挖中，还要注意保持要求的体形和断面形状。为防止由于爆破振动影响而破坏基岩和损害邻近的建筑物或已经完工的灌浆地段，须根据被保护对象的质点振动速度允许值，控制爆破规模或采取防振措施。对高边坡开挖，要充分注意，做好稳定分析、观测、排水等方面的工作，并且要采用正确的施工程序和施工方法。

2. 软基开挖

对土质或砂砾石地基，包括岩基上的覆盖层的开挖，同样要根据工程条件，采用不同的施工方式和方法。软基开挖需要注意边坡稳定，根据地质条件和开挖深度，确定开挖坡度。如因地质原因或周围条件不允许按要求的坡度放坡开挖时，则要设置坑壁支撑，防止塌方和滑坡。还要注意做好施工排水措施，防止外水流入施工场地，并将地表积水、雨水排至场外。开挖低于地下水位的基坑时，可采用集水坑、井点排水或其他措施，降低地下水位，使基坑底部和边坡在施工期间保持无水状态，改善施工条件，稳定施工边坡。对于坝基和坝头岸坡，需按要求的坡度、深度及坝岸结合形态进行开挖。开挖后不能立即回填的部分，要预留保护层，在回填前再行挖除。

二、岩土开挖等级

岩土开挖等级是合理选择开挖方法、爆破参数、生产定额和计算开挖单价的主要依据，是确定岩石钻孔、爆破难易程度的定量指标。我国目前水利水电工程施工和概预算编制中使用的分级法，将岩土分成16级，其中土类为1～4级，岩石为5～16级，见表3-1、表3-2。

表3-1 **土类开挖等级**

岩土级别		土质名称	天然湿度下的平均容重（kg/m³）	外形特征（简易鉴定方法）	开挖方法
松土	Ⅰ	1. 砂土 2. 种植土	1650～1750	疏松，黏着力差或易透水（可用锹或略加脚踩开挖）	挖运机械 人工铁锹
	Ⅱ	1. 壤土 2. 淤泥 3. 含壤种植土	1750～1850	开挖时能成块，并易打碎（可用锹加脚踩开挖）	挖运机械 人工铁锹
普通土	Ⅲ	1. 黏土 2. 干燥黄土 3. 干淤泥 4. 含少量砾石黏土	1800～1950	黏手，看不见砂粒或干硬（可用镐耙开挖或锹用力脚踩开挖）	挖运机械 镐耙铁锹
硬土	Ⅳ	1. 坚硬黏土 2. 砾质黏土 3. 含卵石黏土	1900～2100	土壤结构坚硬，分裂后成块状或含黏粒、砾石较多（可用镐耙开挖）	挖运机械 镐耙铁锹

表3-2 **岩石开挖等级**

岩土级别		岩石名称	天然湿度下的平均容重（kg/m³）	净钻时间（min/m）			极限抗压强度 R（MPa）	岩石坚固系数 $f=R/100$
				用直径30mm合金钻头，凿岩机打眼（气压0.45MPa）	用直径30mm淬火钻头，凿岩机打眼（气压0.45MPa）	用直径25mm钻杆，人工单人打眼		
软岩	Ⅴ	1. 砂藻土及软的白垩岩 2. 硬的石炭纪的黏土 3. 胶结不紧的砾岩 4. 各种不坚实的页岩	1550 1950 1900～2200 2000		≤3.5	≤30	≤200	1.5～2
硬岩	Ⅵ	1. 软的、有孔隙的、节理多的石灰岩及贝壳石灰岩 2. 密实的白垩岩 3. 中等坚实的页岩 4. 中等坚实的泥灰岩	1200 2600 2700 2300		4 （3.5～4.5）	45 （30～60）	200～400	2～4
硬岩	Ⅶ	1. 水成岩卵石经石灰质胶结而成的砾岩 2. 风化的节理多的黏土质砂岩 3. 坚硬的泥质页岩 4. 坚实的泥灰岩	2200 2200 2800 2500		6 （4.5～7）	78 （61～95）	400～600	4～6
	Ⅷ	1. 角砾状花岗岩 2. 泥灰质石灰岩 3. 黏土质砂岩 4. 云母页岩及砂质页岩 5. 硬石膏	2300 2300 2200 2300 2900	6.8 （5.7～7.7）	8.5 （7.1～10）	115 （96～135）	600～800	6～8

续表

岩土级别		岩石名称	天然湿度下的平均容重（kg/m³）	净钻时间（min/m）			极限抗压强度 R（MPa）	岩石坚固系数 $f=R/100$
				用直径 30mm 合金钻头，凿岩机打眼（气压 0.45MPa）	用直径 30mm 淬火钻头，凿岩机打眼（气压 0.45MPa）	用直径 25mm 钻杆，人工单人打眼		
硬岩	Ⅸ	1. 软的风化较甚的花岗岩、片麻岩及正长岩 2. 滑石质的蛇纹岩 3. 密实的石灰岩 4. 水成岩卵石经硅质胶结的砾岩 5. 砂岩 6. 砂质石灰质的页岩	2500 2400 2500 2500 2500 2500	8.5 （7.8～9.2）	11.5 （10.1～13）	157 （136～175）	800～1000	8～10
硬岩	Ⅹ	1. 白云岩 2. 坚实的石灰岩 3. 大理石 4. 石灰质胶结的质密的砂岩 5. 坚硬的砂质页岩	2700 2700 2700 2600 2600	10 （9.3～10.8）	15 （13.1～17）	195 （176～215）	1000～1200	10～12
硬岩	Ⅺ	1. 粗粒花岗岩 2. 特别坚实的白云岩 3. 蛇纹岩 4. 火成岩卵石经石灰质胶结的砾岩 5. 石灰质胶结的坚实砂岩 6. 粗粒正长岩	2800 2900 2600 2800 2700 2700	11.2 （10.9～11.5）	18.5 （17.1～20）	240 （216～260）	1200～1400	12～14
硬岩	Ⅻ	1. 有风化痕迹的安山岩及玄武岩 2. 片麻岩、粗面岩 3. 特别坚实的石灰岩 4. 火成岩卵石经硅质胶结之砾岩	2700 2600 2900 2600	12.2 （11.6～13.3）	22 （20.1～25）	290 （261～320）	1400～1600	14～16
特硬岩	XⅢ	1. 中粒花岗岩 2. 坚实的片麻岩 3. 辉绿岩 4. 玢岩 5. 坚实的粗面岩 6. 中粒正长岩	3100 2800 2700 2500 2800 2800	14.1 （13.4～14.8）	27.5 （25.1～30）	360 （321～400）	1600～1800	16～18
特硬岩	XⅣ	1. 特别坚实的细粒花岗岩 2. 花岗片麻岩 3. 闪长岩 4. 最坚实的石灰岩 5. 坚实的玢岩	3300 2900 2900 3100 2700	15.5 （14.9～18.2）	32.5 （30.1～40）		1800～2000	18～20

续表

岩土级别		岩石名称	天然湿度下的平均容重（kg/m³）	净钻时间（min/m）			极限抗压强度 R（MPa）	岩石坚固系数 $f=R/100$
				用直径30mm合金钻头，凿岩机打眼（气压0.45MPa）	用直径30mm淬火钻头，凿岩机打眼（气压0.45MPa）	用直径25mm钻杆，人工单人打眼		
特硬岩	XV	1. 安山岩、玄武岩、坚实的角闪岩 2. 最坚实的辉绿岩及闪长岩 3. 坚实的辉长岩及石英岩	3100 2900 2800	20 （18.3～24）	46 （40.1～60）		2000～2500	20～25
特硬岩	XVI	1. 钙钠长石质橄榄石质玄武岩 2. 特别坚实的辉长岩、辉绿岩、石英岩及玢岩	3300 3000	＞24	＞60		＞2500	＞25

三、岩基开挖方法和施工方案

岩基开挖，多采用钻孔爆破法施工。严禁在设计建基面、设计边坡附近采用洞室爆破法或药壶爆破法施工。应严格按照《水工建筑物岩石基础开挖工程施工技术规范》（DL/T 5389—2007）执行。

岸坡岩石的开挖，应采用预裂爆破方法。该方法技术成熟，能形成质量好的轮廓面，可减少超（或欠）挖，减轻梯段爆破对保留岩体的影响。

基础下岩石的开挖，应主要采用分层的梯段爆破方法，该方法具有爆破自由面多、爆破药量分散、单位耗药量少、起爆药量便于分段控制等优点。

开挖一般应自上而下分层进行，接近设计开挖线处，应预留一定厚度的保护层，以保证建基面的形状和完整性。保护层的厚度与地质条件、爆破规模和方式等因素有关，应根据爆破对周围岩体的破坏影响，确定保护层的厚度。有条件时可通过爆破前后的现场钻孔压水实验、超声波或地震波实验等方法确定。不具备实验条件时，可参照表3-3所列资料确定。

表3-3　　保护层厚度参考表

保护层名称 \ 岩石性质	软弱岩石（$\sigma_c<3\times10^7$Pa）	中等坚硬岩石（$\sigma_c=3\sim6\times10^7$Pa）	坚硬岩石（$\sigma_c>6\times10^7$Pa）
垂直保护层	40d	30d	25d
水平向保护层（表层）	200～100d		
水平向保护层（底层）	150～75d		

注　表中 d 为爆破开挖所用药卷的直径；σ_c 为岩石抗压强度。

保护层以上或以外的岩石开挖，与一般分层钻孔梯段爆破基本相同，但要求采用松动爆破，毫秒分段起爆，最大一段起爆药量不超过500kg。

保护层的开挖是保证基岩质量的关键。在建基面1.5m以外的保护层，宜采用微差爆破，最大一段起爆药量不大于300kg；建基面1.5m以内保护层的开挖，要采用手风钻钻斜孔，火花起爆，控制药卷直径不大于32mm。最后一层风钻孔的孔底高程，对于坚硬完整的基岩，可达建基面终孔，但孔深不要超过50cm；对于软弱破碎的基岩，应留出20～30cm的撬挖层。

以上分层开挖、梯段爆破、控制最大一段起爆药量、按药卷直径预留保护层的要求，目的就是为了控制爆破震动的影响，保证开挖后的岩基质量。

此外，其他一些行之有效的减振措施，如延长药包、间隔装药、不耦合装药等，都可以用在岩基开挖中，来提高开挖后的岩基质量。

对于廊道、截水墙和齿槽的开挖，由于部位特殊，应做专题论证进行爆破设计。一般要求对设计坡面先进行预裂爆破，再按留足竖向保护层的要求进行中部爆破开挖。

对于坐落在岩石地基上的土石坝防渗体处的基岩，可参照以上要求进行开挖。

在安排工程施工进度时，要避免在已浇筑或新浇筑坝段的附近进行钻爆作业。如果必须在水工建筑物及其新浇筑混凝土的附近进行爆破时，要根据混凝土的龄期，对钻爆方式、装药量和允许距离等加以限制，表3-4的资料可供参考。

表3-4 新浇混凝土附近对钻爆作业的要求

项目	混凝土龄期（d）			允许的钻爆方式和装药量
	≤7	7～14	14～28	
允许最短距离（m）	15	13	10	0.5m孔深，火花起爆
	30	25	15	1.0m孔深，火花起爆
	50	35	25	一般手风钻钻孔，火花起爆
	80	50	35	一般手风钻钻孔，最大一段起爆药量不大于20kg
	90	55	40	延长药包，最大一段起爆药量不大于25kg
	105	70	45	延长药包，最大一段起爆药量不大于50kg
	120	80	50	延长药包，最大一段起爆药量不大于80kg
	130	85	55	延长药包，最大一段起爆药量不大于100kg
	150	95	65	延长药包，最大一段起爆药量不大于150kg
	165	105	70	延长药包，最大一段起爆药量不大于200kg
	180	110	75	延长药包，最大一段起爆药量不大于250kg
	190	120	80	延长药包，最大一段起爆药量不大于300kg
	210	130	90	延长药包，最大一段起爆药量不大于400kg
	220	140	100	延长药包，最大一段起爆药量不大于500kg

在灌浆完工地段附近，应禁止爆破，可用锤石器和风镐开挖。确实需要爆破的应经过论证同意，才可进行少量的浅孔火花爆破，并应对灌浆区进行爆前与爆后的对比检查，必要时要进行一定范围的重新钻灌。

四、基坑开挖中应注意的其他问题

在地基范围内开挖土石方，即基坑开挖，与一般土石方开挖比较，虽无本质区别，但由于基坑开挖的施工条件、施工质量等方面的特殊要求，必须从施工技术和组织措施上满足以下要求。

1. 开挖有序，措施有效

开挖前，必须有开挖施工计划和技术措施，必须做好开挖线外的危石清理、削坡和加固。开挖时设置排水沟槽、集水井（坑），及时排除地表水、渗水和施工弃水，尽量干地施工。

2. 挖运协调，便于出渣

出渣运输道路的布置要与开挖分层相协调。开挖分层的高度与地形、地质、施工设备、施工强度、爆破方式等有关，一般范围在5～30m之间。故运输道路也应分层布置，将各层的开挖工作面与堆渣场或者与运输干线相连。

出渣运输线路的规划应纳入施工总体布置，尽可能结合场内交通一并考虑，统筹开挖及后续的施工，节省临时道路的投资。

出渣运输工作的组织，对于开挖进度和费用的影响极大，宜按统筹规划的原理，将开挖、运输、利用和堆存作为一个系统，按照运输距离或运输费用最小的原则进行组织。

3. 利用弃渣，减少堆放

大中型工程土石方的开挖量往往很大，需要大片堆渣场地。如果能够尽量利用开挖的弃渣，不仅可以减少弃渣占地，而且可以节约建设资金。

对于可利用性较高的出渣，可直接运至使用地点或暂存地点。许多工程利用基坑开挖的弃渣来修筑土石副坝或围堰；填塘补坑成为施工场地；修筑其他堆砌石工程或加工成混凝土骨料等。为此，需要进行土石方衡量。所谓土石方衡量，就是对整个工程的土石方开挖量和土石方堆筑量进行全面规划，做到开挖和利用相结合，就近利用有效开挖方量。通过平衡分析，合理确定弃渣的数量，规划弃渣的堆场和使用顺序。

在规划堆渣场时，要考虑施工和运行方面的要求，不能影响围堰防渗闭气，不能抬高尾水和堰前水位，不能阻滞河道水流，不能影响水电站、泄水建筑物和导流建筑物的正常运行，不能影响度汛安全等，尽量避免二次倒运。含有害物质的废渣不准堆入河床，以免污染河流。

第二节 岩基灌浆工程

灌浆是用压力将可凝结的浆液通过钻孔或管道注入建筑物或地基的缝隙中，以提高其强度、整体性和抗渗性能的工程措施。按加固原理的分类，灌浆法属于灌入固化物类的地基处理方法。岩基灌浆是将水泥浆液或化学灌浆材料压入岩层裂隙中，硬化胶结，提高强度、抗渗性、弹性模量，改善整体性的地基处理措施。基岩灌浆处理应在分析研究基岩地质条件、建筑物类型和级别、承受水头、地基应力和变位等因素后选择确定。

一、分类及作用

岩基灌浆按目的不同，一般有帷幕灌浆、固结灌浆、接触灌浆、回填灌浆和接缝灌浆。

帷幕灌浆是用灌浆充填地基中的缝隙形成阻水帷幕，以降低作用在建筑物底部的扬压力或减小渗流量的工程措施。

固结灌浆是用灌浆加固有裂隙或软弱的地基，以增强其整体性和承载能力的工程措施。

接触灌浆是用灌浆增强混凝土坝体底面与地基之间的结合力，提高坝体抗滑稳定性的工程措施。

按灌浆压力不同，有高压灌浆（灌浆压力大于 3MPa）和低压灌浆（灌浆压力小于 3MPa）。

下面以水泥灌浆为重点，介绍灌浆施工。包括钻孔、冲洗、压水试验、灌浆、封孔和质量检查等工艺。

二、钻孔作业

灌浆孔是为使浆液进入灌浆部位而钻设的孔道。需要用钻孔机械进行钻孔。

1. 钻孔机械

常用钻孔机械有回转冲击式钻机、液压回转冲击式钻机或液压回转式钻机。回转冲击式钻机，有时不能满足灌浆要求，不能取岩心。液压回转冲击式钻机，比回转冲击式钻机有改进，使用得越来越多。

液压回转式钻机，钻头压削，钻进速度较高，受孔深、孔向、孔径和岩石硬度的限制较少，软硬岩均可，又可以取岩心，常用来钻几十米甚至百米以上的深孔。如 SG2—1 液压回转钻机，开口孔径 76～150mm，钻孔深 100～600m，液压给进 8～80m，钻杆 $D=33\sim90$mm，钻杆长 $L=3\sim7.5$m，可分别采用镶钻石钻头、硬质合金钻头、金刚石钻头，有岩芯管用于收护岩芯，设套管用以孔壁防塌。

应在分析地层特性、灌浆深度、钻孔孔径和方向、对岩心的要求、现场施工条件等因素后，选定钻孔机械。一般宜选机体轻便、结构简单、运行可靠、便于拆卸的机械。帷幕灌浆孔宜采用回转式钻机和金刚石钻头或硬质合金钻头钻进；固结灌浆可采用各式合宜的钻机和钻头钻进。

2. 钻孔要点

灌浆质量与钻孔质量密切相关。对于钻孔质量，总的要求是：确保孔位、孔向、孔深符合设计及误差要求，力求孔径上下均一，孔壁平顺，钻孔中产生的粉屑较少。

(1) 孔位要统一编号，帷幕灌浆钻孔位置与设计位置的偏差不得大于 10cm。

(2) 孔径均一，孔壁平顺，则灌浆栓塞能够卡紧卡牢，保证灌浆的压力和质量。钻孔中产生过多的粉屑，会堵塞孔壁的裂隙，影响灌浆质量。帷幕灌浆孔宜采用较小的孔径。

(3) 孔向和孔深是保证灌浆质量的关键。孔深即钻杆的钻进深度，易控制。而孔向的控制比较困难，特别是钻深孔、斜孔，掌握钻孔方向更加困难。一般控制孔底最大允许偏差值不超过孔深的 2.5%。

三、钻孔冲洗

钻孔以后，要将钻孔及裂隙冲洗干净，孔内沉积物厚度不得超过 20cm，这样才能较好地保证灌浆质量。冲洗工作通常分为孔壁冲洗和裂隙冲洗，可采用灌浆泵、泥浆泵、砂浆泵和冲洗管，钻孔冲洗示意图如图 3－1 所示。

1. 孔壁冲洗

将钻杆（或导管）下到孔底，用钻杆前端的大流量压力水，由下而上冲洗，冲至回水

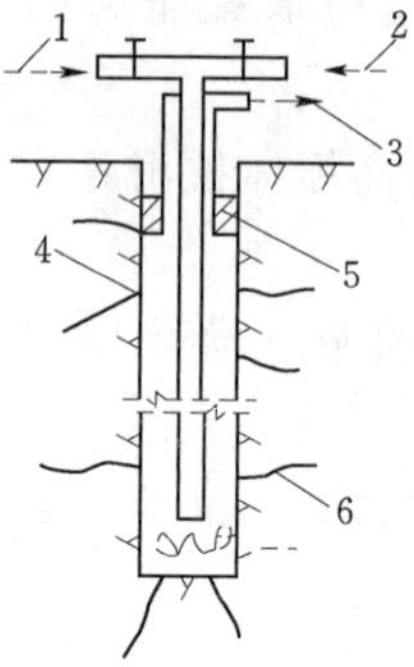

图 3-1 钻孔冲洗示意图
1—压力水进口；2—压缩空气进口；3—进口；4—灌浆孔；5—阻塞器；6—岩层缝隙

清净延续 5～10min 止。

2. 裂隙冲洗

有单孔冲洗和群孔冲洗，在卡紧灌浆栓塞后进行。单孔冲洗适用于裂隙比较少的岩层，冲洗方法有高压压水冲洗、高压脉动冲洗和压气扬水冲洗。群孔冲洗适用于岩层破碎，节理裂隙发育且在钻孔之间互相串通的地层。

(1) 高压压水冲洗。冲洗时尽可能将压力升高，使整个冲洗过程在高压状态，以将裂隙中的充填物推移、压实。冲洗水的压力可采用同段灌浆压力的 80%。冲洗结束的标准，一般要求回水清净，持续 20min 以上。

(2) 高压脉动冲洗。先用高压水冲洗，冲洗压力可采用灌浆压力的 80%，经过 5～10min 后，将孔口压力在几秒钟内突然降到零，形成反向脉动水流，将裂隙中的充填物吸出，此时回水多呈浑浊。当回水由浑变清后，再升高到原来的压力，如此一升一降，一压一放，反复冲洗。回水不再浑浊后，延续 10～20min，冲洗结束。压力差越大，冲洗效果越好。

(3) 压气扬水冲洗。对于地下水位较高，地下水补给条件好的钻孔，可采用压气扬水冲洗。将冲洗管下到孔底，通入压缩空气。孔中水气混合后，由于比重减轻，在地下水压力作用下，加之压缩空气的释压膨胀与返流作用，挟带孔隙内的碎屑喷出孔口。如果孔内水位恢复较慢，则可向孔内补水，间歇地扬水，直到裂隙冲洗干净。宁夏青铜峡工程曾用此法冲洗断层破碎带，其效果比高压压水冲洗要好。

(4) 群孔冲洗。群孔冲洗是将两个或两个以上的钻孔组成孔组，轮换地向一个孔或几个孔压进压力水或压力水混合压缩空气，从其余的孔排出浊水，反复交替冲洗，至回水不再浑浊。群孔冲洗时，沿孔深的冲洗段划分不宜过长。否则，冲洗段内裂隙条数过多，会分散冲洗压力和冲洗流量，还会出现水量总在先贯通的裂隙中流动，而其他裂隙冲洗不好的情况。

另外，还有风水联合冲洗，是在脉动冲洗中通入压缩空气。

不论采用哪一种冲洗方法，都可以在冲洗液中加入适量的化学剂，如碳酸钠（Na_2CO_3）、苛性钠（NaOH）、或碳酸氢钠（$NaHCO_3$）等，以利于泥质充填物的溶解，提高冲洗效果。加入化学剂的品种和掺量，宜通过试验确定。

采用高压力冲洗时，要注意防止岩层的抬动和变形，冲洗压力不超过 1MPa。地质条件复杂地区的帷幕灌浆孔（段），是否需要进行裂隙冲洗以及如何冲洗，应通过现场灌浆试验或由设计确定。

四、压水试验

压水试验是将水压入钻孔，根据岩层的吸水量来确定岩体裂隙发育情况和透水性的一种试验工作。压水试验的目的是测定地层的渗透特性，是在一定的压力下，通过钻孔将水压入钻孔周围的缝隙中，根据压入的水量及时间，计算和分析出代表岩层渗透特性的技术参数。

1. 压水试验方法与试段长度

压水试验应在裂隙冲洗后，按照《水工建筑物水泥灌浆施工技术规范》（DL/T 5148—2001）附录A和《水利水电工程钻孔压水试验规程》（SL 31—2003）中的规定进行。

钻孔压水试验应随钻孔的加深自上而下地用单栓塞分段隔离进行。岩石完整、孔壁稳定的孔段，或有必要单独进行试验的孔段，可采用双栓塞分段进行。

试段长度宜为5m。对于含断层破碎带、裂隙密集带、岩溶洞穴等的孔段，应根据具体情况确定孔段长度。

对于相邻孔段应互相衔接，可少量重叠，但不能漏段。残留岩芯可计入试段长度之内。

2. 压水阶段与压力值

依灌浆种类（帷幕灌浆或固结灌浆）、钻孔类型（先导孔或灌浆孔或质量检查孔）、灌浆压力和压水试验方法的不同，按规范规定值选用，但均应小于灌浆压力。

《水利水电工程钻孔压水试验规程》（SL 31—2003）规定：压水试验应按三级压力（$P_1=0.3$MPa；$P_2=0.6$MPa；$P_3=1$MPa）、五个阶段（$P_1\nearrow P_2\nearrow P_3\searrow P_4=P_2\searrow P_5=P_1$），由低到高再由高到低地进行。

3. 压入流量的稳定标准

要求在稳定的压力下，每3～5min测读一次压入流量。连续4次读数中最大值与最小值之差小于最终值的10%，或最大值与最小值之差小于1L/min时，本阶段试验即可结束，取最终值作为计算值。

4. 压水试验成果的计算

压水试验成果以透水率q表示，单位为吕荣（Lu）当试段压力为1MPa时每米试段的压入水流量（L/min）。若试段压力小于1MPa，则按直线延伸方式换算。

压水试验成果的计算公式为

$$q=\frac{Q}{PL} \tag{3-1}$$

式中 Q——压入流量，L/min；

P——试段压力，MPa；

L——试段长度，m。

以压水试验三级压力中的最大压力值（P）及其相应的压入流量（Q）代入式（3-1），即可求出透水率值（q）。

5. 压水试验成果的表示方法

根据五个阶段的压水试验资料绘制P～Q曲线，而后确定曲线的类型，见表3-5。压水试验的成果用透水率值（Lu）和P～Q曲线的类型表示。

6. 试段压力的确定

试段压力P的确定，需要考虑管路压力损失和压力计算零线，应按《水利水电工程钻孔压水试验规程》（SL 31—2003）中的规定执行。

表 3-5 三级压力五个阶段压水试验的 $P\sim Q$ 曲线类型及曲线特点

类型名称	A（层流）型	B（紊流）型	C（扩张）型	D（冲蚀）型	E（充填）型
$P\sim Q$ 曲线	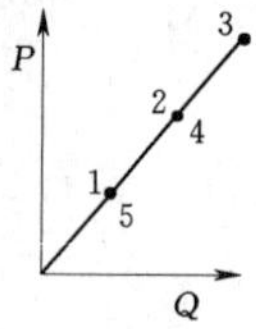	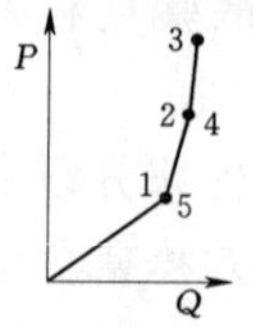	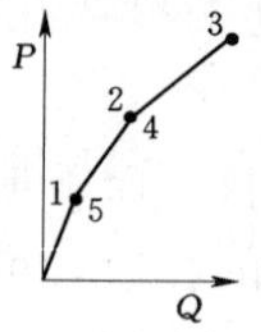	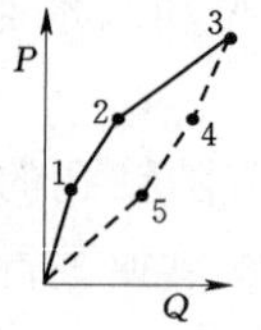	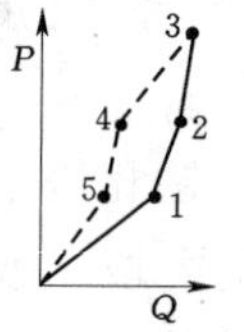
曲线特点	升压曲线为通过原点的直线，降压曲线与升压曲线基本重合	升压曲线凸向 Q 轴，降压曲线与升压曲线基本重合	升压曲线凸向 P 轴，降压曲线与升压曲线基本重合	升压曲线凸向 P 轴，降压曲线与升压曲线不重合，呈顺时针环状	升压曲线凸向 Q 轴，降压曲线与升压曲线不重合，呈逆时针环状

五、灌浆

（一）灌浆材料

1. 水泥

灌浆所采用的水泥品种，应根据灌浆目的和环境水的侵蚀作用等由设计确定。一般情况下，应采用普通硅酸盐水泥或硅酸盐大坝水泥。当有耐酸或其他要求时，可用抗酸水泥或其他特种水泥。使用矿渣硅酸盐水泥或火山灰质硅酸盐水泥灌浆时，应得到设计许可。所用的水泥标号不应低于 32.5R，水泥必须符合质量标准，应严格防潮。

帷幕灌浆，对水泥细度的要求为通过 80μm 方孔筛（GB/T 6005—2008 标准筛）的筛余量不宜大于 5%，当缝隙张开度小于 0.5mm 时，对水泥细度的要求为通过 71μm 方孔筛的筛余量不宜大于 2%。

2. 水

灌浆用水应符合水工混凝土用水的要求。

3. 浆液

水工建筑物灌浆一般使用纯水泥浆，浆液水灰比不宜稀于 1∶1（重量比，以下同）。特殊情况下，根据需要，通过灌浆试验（指在进行灌浆处理前，为了解地基可灌性及选定灌浆参数和工艺而在现场进行的试验工作）论证，可使用以下类型浆液。

（1）细水泥浆液。细水泥浆液系指干磨水泥浆液、湿磨水泥浆液和超细水泥浆液，适用于缝隙张开度小于 0.5mm 的灌浆。

（2）稳定浆液。稳定浆液系指掺有少量稳定剂，析水率不大于 5%的水泥浆液，适用于遇水则性能易恶化或注入量较大的灌浆。

（3）混合浆液。混合浆液系指有掺合料的水泥浆液，适用于注入量大或地下水流速较大的灌浆。

（4）膏状浆液。膏状浆液系指塑性屈服强度大于 20Pa 的混合浆液，适用于大孔隙（如岩溶空洞、岩体宽大裂隙、堆石体等）的灌浆。

当采用以水泥为主要胶结材料的浆液灌注达不到地基预期防渗效果或承载能力时，可采用符合环境保护要求的化学浆液灌注。化学灌浆（chemical grouting）是用硅酸钠或高分子材料为主剂配制浆液进行灌浆的工程措施。

4. 掺合料

根据灌浆需要，可在水泥浆液中掺入下列掺合料，但掺加种类及掺量应通过室内和现场试验确定。

(1) 砂。应为质地坚硬的天然砂或人工砂，粒径不宜大于 2.5mm，细度模数不宜大于 2.0，SO_3 含量宜小于 1%，含泥量不宜大于 3%，有机物含量不宜大于 3%。

(2) 黏性土。塑性指数不宜小于 14，黏粒含量（$d<0.005$mm）不宜低于 25%，含砂量不宜大于 5%，有机物含量不宜大于 3%。

(3) 粉煤灰。应为精选的粉煤灰，不宜粗于同时使用的水泥，烧失量宜小于 8%，SO_3 含量宜小于 3% [参照《用于水泥和混凝土中的粉煤灰》(GB 1596—2005)]。

(4) 水玻璃。模数宜为 2.4～3.0，浓度宜为 30～40 波美度。

(5) 其他掺合料。尚有一些工程使用石粉、赤泥等作为掺合料。

5. 外加剂

根据灌浆需要，可在水泥浆液中掺入下列外加剂，但掺加种类及量应通过室内和现场试验确定。

(1) 速凝剂。水玻璃、氯化钙、三乙醇胺等。

(2) 减水剂。萘系高效减水剂、木质素磺酸类减水剂等。

(3) 稳定剂。膨润土及其他高塑性黏土等。

(4) 其他外加剂。尚有一些工程使用硅粉、膨胀剂等作为外加剂。

6. 浆液性能试验

纯水泥浆液灌浆，工艺比较简单，实践经验丰富，技术成熟，有大量的室内试验资料，一般可不再进行室内试验。其他类型浆液应根据工程需要，有选择地进行以下性能试验。

(1) 掺合料的细度和颗分曲线。

(2) 浆液的流动性或流变参数。

(3) 浆液的沉降稳定性。

(4) 浆液的凝结时间。

(5) 结石的容重、强度、弹性模量和渗透性等。

（二）制浆及设备

1. 称量

制浆材料必须称量，称量误差应小于 5%。水泥等固相材料宜采用重量称量法。水的计量可采用带计数器的量水器。经过称量的材料进入拌和机（按盘拌），拌匀后用水泥螺旋机送至搅拌机，进一步拌制。

2. 拌制

各类浆液必须搅拌均匀并测定浆液密度。搅拌机的搅拌转速和搅拌时间以固相材料颗粒能够充分分散，且浆液能够搅拌均匀为原则。拌制能力应与所拌制的浆液类型和灌浆泵的排浆量相适应，并能保证均匀、连续地拌制浆液。高速搅拌机搅拌转速应大于 1200r/min（GZJ—200 型高速搅拌机搅拌转速为 1400r/min）。

拌制纯水泥浆液的搅拌时间，使用普通搅拌机时，应不少于 3min；使用高速搅拌机时，应不少于30s，自制备至用完的时间宜小于4h。因为细水泥较普通水泥具有较高的表面活性且水化过程快，在相同水灰比下易于凝聚结团，所以拌制细水泥浆液和稳定浆液，应加入减水剂和采用高速搅拌机，可以明显改善流动性能，要求从制备到用完的时间宜小于2h。也可以使用普通搅拌机加上胶体磨（JMT型转速为3000r/min），总的拌搅时间不少于4min。拌制塑性屈服强度大于20Pa的膏状浆液，必须采用大功率搅拌机。

集中制浆站应配备除尘设备。当浆液需掺入掺合料或外加剂时，应增设相应的设备。

3. 输送

输送浆液的流速宜为1.4～2.0m/s。集中制浆站宜制备水灰比为0.5∶1的纯水泥浆液，以防止浆液在输送过程中的离析和沉淀堵塞管路，并避免过大的摩擦阻力和温升。浆液在使用前应过滤，防止浆液中可能存在的渣滓影响灌浆效果和引起灌浆泵故障，可将过滤网设置在灌浆泵前的拌浆桶上。各灌浆地点应测定来浆密度，调制使用。

4. 温度

浆液温度应保持在5～40℃之间。若用热水制浆，水温不得超过40℃。

（三）灌浆方式和设备

1. 灌浆方式

按照灌浆时浆液灌注和流动的特点，灌浆方式有纯压式和循环式两种。

纯压式的灌注过程中浆液单向从灌浆机到钻孔流动，注入岩层缝隙里。如图3-2(a)所示。这种方法设备简单，灌浆管不在灌浆段内，故不会发生灌浆管在孔内被水泥浆凝住的事故，操作也比较简便。缺点是灌浆段内的浆液单纯向岩层内压入，不能循环流动，灌注一段时间后，注入率逐渐减小，浆液易于沉淀，常会堵塞裂隙口，影响灌浆效果。所以多用于吸浆量大，大裂隙，孔深不超过15m的情况。浅孔固结灌浆可以考虑采用纯压式。

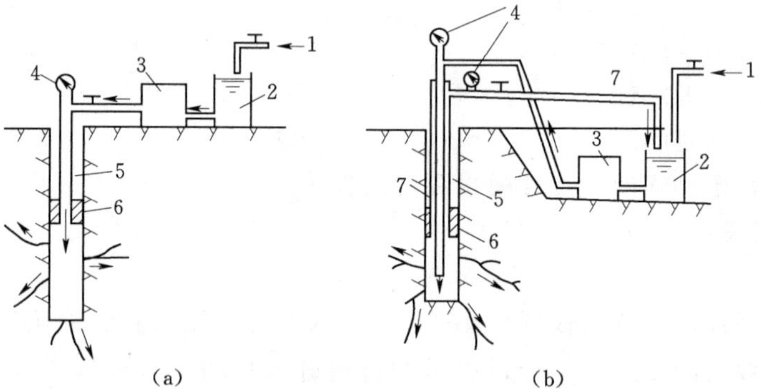

图3-2 纯压式灌浆和循环式灌浆示意图

(a) 纯压式灌浆；(b) 循环式灌浆

1—水；2—拌浆桶；3—灌浆泵；4—压力表；5—灌浆管；6—灌浆塞；7—回浆管

循环式灌浆时，灌浆管必须下入到灌浆段底部，距离段底不大于50cm。一部分浆液被压入岩层缝隙里，另一部分由回浆管路返回拌浆桶中，如图3-2(b)所示。这样可以促使浆液在灌浆段始终保持循环流动状态，不易沉淀。缺点是长时间灌注浓浆时，回浆管在孔内易被凝住。这种方法还可以根据进浆与回浆浆液相对密度的差别，判断岩层的情况，作为衡量灌浆结束的一种条件。由于循环式灌浆对灌浆质量比较有保证，目前工程中都采用这种方式。

2. 灌浆设备

循环灌浆法的灌浆设备有拌浆桶、灌浆泵、灌浆管、灌浆塞、回浆管、压力表、加水器。

拌浆桶由动力机带动搅拌叶片，拌浆桶上有过滤网。

灌浆泵的性能应与浆液的类型、浆液浓度相适应，容许工作压力应大于最大灌浆压力的 1.5 倍，并应有足够的排浆量和稳定的工作性能。灌注纯水泥浆液，推荐使用 3 缸（或 2 缸）柱塞式灌浆泵；灌注砂浆，应使用砂浆泵；灌注膏状浆液，应使用螺杆泵。

灌浆管采用钢管和胶管，应保证浆液流动畅通，并应能承受 1.5 倍的最大灌浆压力。

压力表的准确性对于灌浆质量至关重要，灌浆泵和灌浆孔口处均应安设压力表。使用压力宜在压力表最大标值的 1/4～1/3 之间。压力表与管路之间应设有隔浆装置，防止浆液进入压力表，并应经常进行检定。

灌浆塞应与灌浆方式、方法、灌浆压力和地质条件等相适应，胶塞（球）应具有良好的膨胀性和耐压性能，在最大灌浆压力下能可靠地封闭灌浆孔段，并且易于安装和拆卸。

灌浆压力大于 3MPa 时，应采用下列灌浆设备：高压灌浆泵，其压力摆动范围不超出灌浆压力的 20%；耐蚀灌浆阀门；钢丝编织胶管；大量程的压力表，其最大标值宜为最大灌浆压力的 2.0～2.5 倍；专用高压灌浆塞或孔口封闭器（小口径无塞灌浆用）。

（四）灌浆施工顺序

地基灌浆一般按照先固结、后帷幕的顺序。这是因为深层帷幕灌浆的灌浆压力远高于浅层固结灌浆的压力，按照上述顺序，可以在浅层地基先固结的情况下，抑制进行深层高压灌浆时的地表抬动和冒浆。灌浆应分序逐渐加密，既可以提高浆液结石的质量，又可以通过后序孔透水率和单位吸浆量的分析，推断前序孔的灌浆效果。逐步加密原则，是各种灌浆共同遵守的原则。

固结灌浆宜在利用建筑物盖重覆盖的情况下进行，必须在相应部位的混凝土达到 50%设计强度后方可开始，这样，可以防止地表抬动和冒浆。对于孔深 5m 左右的浅孔固结灌浆，一般采用两序孔作业，即排间内插加密，相邻排的孔错开布置，其钻灌次序如图 3-3（a）、（b）、（d）所示。对于孔深 10m 以上的深孔固结灌浆，则以采用三序孔作业为宜，即增加孔间内插加密，钻灌次序如图 3-3（c）、（e）所示。国内外固结灌浆最后序孔的孔距和排距多在 3～6m 之间。

单排帷幕灌浆孔的钻灌次序是孔间内插逐渐加密，采用三序甚至四序。双排和多排帷幕灌浆孔的钻灌次序是先下游排，后上游排，再中间排；同一排内或排与排之间均应按逐渐加密的钻灌次序进行。各个序孔的孔距视基岩情况而定，一般第Ⅰ序孔孔距 8～12m，第Ⅱ序孔孔距 4～6m，第Ⅲ序孔孔距 2～3m，第Ⅳ序孔孔距 1～1.5m。

（五）灌浆方法和工序

灌浆孔的灌浆段长小于 6m 时，可采用全孔一次灌浆法；大于 6m 时，可采用分段灌浆法。

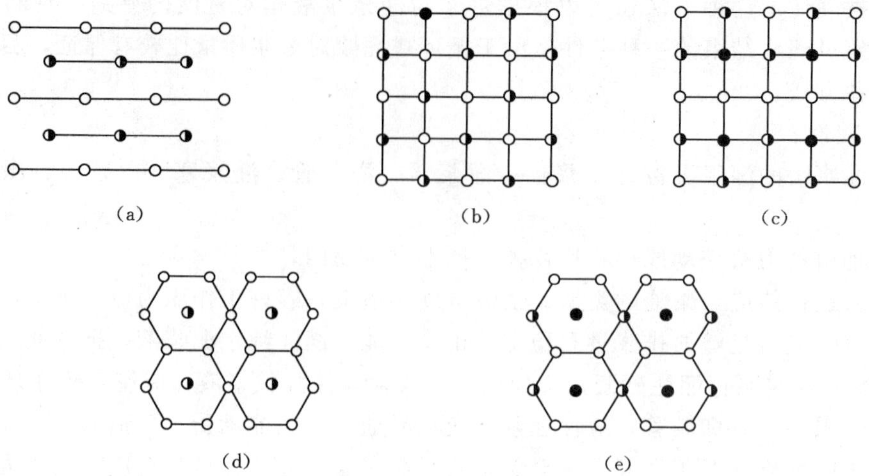

图 3-3 固结灌浆孔的布孔方式和钻灌顺序

(a)，(d)，(e) 梅花形布孔；(b)，(c) 棋盘形布孔

○—第Ⅰ序孔 ◑—第Ⅱ序孔 ●—第Ⅲ序孔

1. 一次灌浆法

将灌浆孔一次钻到全深，全孔一次注浆。这种方法施工简便，适于地质条件比较好，基岩较完整的情况。

2. 分段灌浆法

根据岩层裂隙的分布情况，将灌浆孔进行孔段划分，使每一孔段的裂隙分布比较均匀，以利于施工操作和提高灌浆质量。依施工顺序不同，又分为以下 4 种。

(1) 自上而下分段灌浆法。向下钻一段，灌一段，凝一段，再钻灌下一段，钻、灌交替进行，直到设计全深。这种方法的优点是，随着段深的增加，可以逐段增加灌浆压力，提高灌浆质量；由于上部岩层已经灌浆，形成结石，下部岩层灌浆时不易产生岩层抬动和地面冒浆；分段钻灌，分段进行压水试验，压水试验成果比较准确，有利于分析灌浆效果，估算灌浆材料需用量。缺点是钻孔与灌浆交替进行，设备搬移影响施工进度。这种方法适于地质条件不良，岩层破碎，竖向节理裂隙发育的情况。

(2) 自下而上分段灌浆法。一次钻孔到全深，然后自下而上分段灌浆。这种方法的优点是钻孔和灌浆互不干扰，进度快、成本低。缺点是后灌段的灌浆压力不能适当加大，孔壁如有坍塌，使阻塞器卡塞困难常易发生串浆事故，各段压水试验成果不甚精确。一般多用在岩层比较完整或上部有足够压重，不易产生岩层抬动的情况。

(3) 综合灌浆法。实际工程中，通常是上层岩石破碎，下层岩石完整。在深孔灌浆时，可以兼取以上两法的优点，上部孔段自上而下钻灌，下部孔段自下而上灌浆，这种方法又叫混合灌浆法。

(4) 孔口封闭灌浆法。此法是将封闭器设置在孔口，而不用下入阻塞器的一种灌浆方法。施工程序为先钻一浅孔，深入岩层不小于 2m，进行表层灌浆，灌浆结束后，在孔口埋入直径 75mm、长 2m 的钢管作为孔口管，然后自上而下逐段钻灌，灌后不需待凝，立即进行下一段钻灌。孔口封闭灌浆法适用于最大灌浆压力大于3MPa的帷幕灌浆工程，钻孔孔径宜为60mm左右。灌浆必须采用循环式自上而下分段灌浆方法。各灌浆段灌浆时必须下入灌浆管，管口距段底不得大于50cm。这种方法的优点是孔内不需下入灌浆塞，施工简便，避免孔内凝塞、绕塞返浆事故；每段灌浆结束后，不需待凝，钻灌连续作业，加快了进度；多次重复灌注，有利于保证灌浆质量；可以使用大的灌浆压力等。缺点是埋入的孔口管不易回收，耗用钢材多；压水试验成果不很准确；全孔多次复灌，孔内占用水泥量多。适用于最大灌浆压力大于3MPa的帷幕灌浆工程，钻孔孔径宜为60mm左右。灌浆必须采用循环式自上而下分段灌浆方法。各灌浆段灌浆时必须下入灌浆管，管口距段底不得大于50cm。

（六）灌浆压力和浆液变换

（1）灌浆压力。灌浆压力指将浆液注入灌浆部位所采用的压力值。灌浆压力是保证和控制灌浆质量，提高灌浆效益的重要因素。灌浆压力与地质条件和工程目的密切相关，一般多是通过现场灌浆试验确定。常在设计时通过公式计算或根据经验先行拟订，而后在灌浆过程中调整确定，这是确定灌浆压力的原则。

采用循环式灌浆，压力表应安装在孔口回浆管路上；采用纯压式灌浆，压力表应安装在孔口进浆管路上。压力表指针的摆动范围应小于灌浆压力的20%，压力读数宜读压力表指针摆动的中值。当灌浆压力达到5MPa及以上时，考虑瞬间高压也会在基岩中引起有害的劈裂，也要读峰值，并应查找原因，加以解决。灌浆应尽快达到设计压力，但注入率大时，为了避免浆液串流过远造成浪费和防止抬动，应分级升压。

（2）浆液变换。灌浆浆液的浓度变换应遵循由稀到浓的原则。帷幕灌浆的纯水泥浆液的水灰体积比，可采用5：1、3：1、2：1、1：1、0.8：1、0.6：1、0.5：1等七个比级，为减少纯灌时间和尽量多灌入较浓的浆液，开灌水灰体积比可采用5：1（比重计监测时重量比3.33：1）。灌注细水泥浆液，可采用水灰体积比2：1、1：1、0.6：1或1：1、0.8：1、0.6：1三个比级。

帷幕灌浆浆液变换应注意，当灌浆压力保持不变，注入率持续减少时或当注入率不变而压力持续升高时，不得改变水灰比；当某一比级浆液的注入量已达300L以上或灌注时间已达到1h，而灌浆压力和注入率均无改变或改变不显著时，应加浓一级。当注入率大于30L/min时，可根据具体情况越级变浓。灌浆过程中，灌浆压力或注入率突然改变较大时，应查明原因，加以解决。

固结灌浆的浆液比级和浓度变换，可以简化。可参照帷幕灌浆的规定，根据工程具体情况确定。灌注稳定浆液、混合浆液、膏状浆液，比级宜少，其配比和变换方法应通过室内浆材试验和现场灌浆试验确定。

六、灌浆结束标准和灌浆封孔

1. 灌浆结束标准

（1）帷幕灌浆。采用自上而下分段灌浆法时，在规定的压力下，当注入率不大于0.4L/min时，继续灌注60min；当注入率不大于1L/min时，继续灌注90min，灌浆可以结束。封孔应采用“置换和压力灌浆封孔法”或“压力灌浆封孔法”。

采用自下而上分段灌浆法时，继续灌注的时间可对应上述注入率，相应地减少为

30min 和 60min，灌浆可以结束。封孔应采用“分段压力灌浆封孔法”。

（2）固结灌浆。在规定的压力下，当注入率不大于 0.4L/min 时，继续灌注 30min，灌浆可以结束。封孔应采用“机械压浆封孔法”或“压力灌浆封孔法”。

2. 灌浆封孔

灌浆封孔指灌浆结束停歇一定时间后用填充物填实孔口的工作。封孔工作非常重要，规范强调使用机械进行封孔，提出了四种封孔方法。

（1）机械压浆封孔法。全孔灌浆结束后，将胶管（或铁管）下到钻孔底部，用灌浆泵或砂浆泵经胶管，向钻孔内泵入水灰比为 0.5：1 的浓浆或水泥：砂：水为 1：（0.5～1）：（0.75～1）的砂浆。水泥浆或砂浆由孔底逐渐上升，将孔内余浆或积水顶出，直到孔口冒出浓浆或砂浆止。随着水泥浆或砂浆由孔底逐渐上升，将胶管徐徐上提，但胶管管口要保持在浆面以下。

（2）压力灌浆封孔法。全孔灌浆结束后，将灌浆塞塞在孔口，灌入水灰比为 0.5：1 的浓浆，灌入压力可根据工程具体情况确定。较深的帷幕灌浆孔可使用 0.8～1MPa 的压力，当注入率不大于 1L/min 时，继续灌注 30min 停止。

（3）置换和压力灌浆封孔法。系上述两种方法的综合。先将孔内余浆置换成为水灰比为 0.5：1 的浓浆，而后再将灌浆塞塞在孔口，进行压力灌浆封孔。

采用孔口封闭灌浆法时，应使用这种方法封孔。当最下面一段灌浆结束后，利用原灌浆管灌入水灰比为 0.5：1 的浓浆，将孔内余浆全部顶出，直到孔口返出浓浆为止。然后提升灌浆管，提升过程中，严禁用水冲洗灌浆管，严防地面废浆和污水流入孔内，同时不断地向孔内补入 0.5：1 的浓浆（或灌浆管全部提出后再补入也可）。最后，在孔口进行纯压式灌浆封孔 1h，仍用 0.5：1 的浓浆，压力可为最大灌浆压力。封孔灌浆结束后，闭浆 24h。

（4）分段压力灌浆封孔法。全孔灌浆结束后，自下而上分段进行灌浆封孔，每段段长 15～20m，灌注水灰比为 0.5：1 的浓浆，灌注压力与该段的灌浆压力相同，当注入率不大于 1L/min 时，继续灌注 30min 停止，在孔口段延续 60min 停止，灌注结束后，闭浆 24h。

采用上述各种方法封孔，若孔内浆液凝固后，灌浆孔上部空余长度大于 3m，应采用机械压浆法继续封孔；灌浆孔上部空余长度小于 3m，可使用更浓的水泥浆或砂浆人工封填密实。

七、质量检查

岩基灌浆是隐蔽性工程，必须加强灌浆质量的检查和控制。一方面要认真做好灌浆施工的原始记录，严格灌浆施工的工艺控制，防止违规操作；另一方面要在一个灌浆区灌浆结束以后，进行专门的质量检查，以做出灌浆质量的最后鉴定成果。原始资料、成果资料、质量检查报告，都是工程验收的重要依据。

1. 灌浆的原始资料和成果资料

灌浆的原始资料和成果资料应包括以下内容：

（1）钻孔、测斜、钻孔冲洗、裂隙冲洗、压水试验和简易压水、灌浆记录等。

（2）抬动或变形观测记录等。

(3) 灌浆孔成果一览表。

(4) 灌浆分序统计表。

(5) 各次序孔灌浆成果表。

(6) 灌浆完成情况表。

(7) 灌浆孔平面位置图。

(8) 灌浆综合剖面图。

(9) 各次序孔透水率频率曲线和频率累计曲线图。

(10) 各次序孔单位注灰量频率曲线和频率累计曲线图。

(11) 灌浆孔测斜成果汇总表和平面投影图。

(12) 灌浆工程检查孔压水试验成果一览表。

(13) 检查孔岩芯柱状图。

(14) 灌浆材料检验资料。

(15) 工程照片和岩芯实物。

(16) 其他。

2. 灌浆质量检查方法

灌浆质量检查的方法很多,《水工建筑物水泥灌浆施工技术规范》DL/T 5148—2001规定如下:

帷幕灌浆质量检查,应以钻设检查孔进行压水试验(五点法或单点法)的成果为主,结合对竣工资料和测试成果的分析,综合评定。检查孔的数量宜为灌浆孔总数的10%,钻设检查孔时应采取岩芯,计算获得率并加以描述。对封孔质量宜进行抽样检查。

固结灌浆质量检查,宜采用测量岩体波速或静弹性模量的方法,也可采用钻设检查孔进行压水试验(单点法)的成果为主,结合对竣工资料和测试成果的分析,综合评定。检查孔的数量宜为灌浆孔总数的5%。

检查结束后,均应按技术要求进行灌浆和封孔。

第三节 混凝土防渗墙施工

一、概述

混凝土防渗墙是水工建设中较普遍采用的一种地下连续墙,是透水性土基防渗处理的一种有效措施。

混凝土防渗墙是利用专用的造槽机械设备成槽,并在槽孔内注满泥浆,以防孔壁坍塌,最后用导管在注满泥浆的槽孔中浇筑混凝土并置换出泥浆,筑成墙体。墙体既可以做成刚性的,也可以做成塑性、柔性的。

混凝土防渗墙施工技术形成的历史较短,20世纪50年代初取得专利权,先是在意大利、法国等国应用,后在墨西哥、加拿大、日本等国有了发展。1957年,我国从苏联引进该技术。1959年先后在山东青岛月子口水库、湖北明山水库、北京密云水库大坝防渗体中采用。进入90年代至今,防渗墙还广泛应用于病险水库高土石坝的防渗加固,而且随着科技的进步和发展,施工技术有了进一步的提高和创新。由较早的冲击挖掘式造孔技术发展到今天的多种锯槽式造孔等；防渗墙的厚度也由原来的因设备条件限制而做的较厚，发展到现在可以做 20cm 以下厚度的超薄连续墙，从而大大节省了工程投资；由于科学调整混凝土配合比和采用新的防渗材料，防渗墙体由不适应土坝坝体应力应变的刚性体，发展到现在可以根据不同的坝体应力应变要求而建造低弹模、塑性、柔性连续墙。

混凝土连续墙之所以能在世界范围内得到较广泛应用，主要是因为它具有以下几个方面的特点。

(1) 适用性较广。它适用于各种地质条件，在砂土、砂壤土、粉土以及砂砾石地基上，都可以做。

(2) 实用性较强。它广泛应用于水利水电、工业民用建筑、市政建设等各个领域。混凝土连续墙墙深可达 130m 以上。

(3) 施工条件要求较宽。地下连续墙施工时噪音低、振动小，可在较复杂的条件下施工，施工时几乎不受地下水位的影响，可昼夜施工，加快施工速度。

(4) 安全可靠。地下连续墙技术自诞生以来有了较大发展，在接头的连接性技术上有很大进步，其渗透系数可达到 10^{-7} m/s 以下；作为承重墙和挡土墙，它可以做成刚度较大的钢筋混凝土连续墙。

二、成槽技术

各种混凝土连续墙施工工艺的区别，主要在于成槽方法和排渣方法的不同。

在成槽方面，有锯槽法和挖掘法。锯槽法中，有往复射流式开槽、链斗式开槽、液压式开槽；挖掘法所用机具中，有抓斗、冲击钻、回转钻或两者并用的钻具。

在出渣方面，有正循环、反循环的泥浆出渣和不循环出渣。正循环是指通过管道把泥浆压送到槽孔底，泥浆在管道的外面上升，把土渣携出地面；反循环是指泥浆从管道外面自然流到槽孔内，然后在槽孔底与土渣一起，被抽到地面上来；不循环是指用抓斗挖槽，泥浆处于不循环状态。

(一) 锯槽法成槽

锯槽法成槽灌注连续墙是 90 年代才发展起来的一种新的混凝土连续墙施工技术。目前，已经被广泛应用于黄河、长江大堤的防渗除险加固工程中，其主要特点有以下几个方面。

(1) 新一代开槽机作业机理明确，设备先进，结构简单，操作方便。

(2) 锯槽法成墙既满足设计要求，又达到节约投资的目的。可以做 20cm 厚左右的超薄连续墙，而不像挖掘法成槽那样，受设备条件限制而将墙做得很厚，使得成墙造价较高。

(3) 锯槽法成墙施工速度快，造价经济。20m 深度以内槽孔，日成槽可达 250～400m^2；成墙厚度可以调节，因而经济实用。

(4) 锯槽法成墙可以实现真正的连续开槽，成槽质量好。由于浇筑混凝土时需隔离分段，所以接头处理较为重要。

(5) 锯槽机由于链杆本身较长，加之行走牵引机构较远，机械转弯比较困难，成槽深度限在 40m 以内。

1. 往复射流式开槽机成槽施工

往复式射流开槽机是应用最广泛的开槽机械，它适应范围较广。该设备综合运用了锯、犁和射流冲击的原理，集中了各类开槽机的优点，具有功率大、成槽速度快、整机结构紧凑、便于拆装、便于运输等优点。WSK—16 型往复射流式开槽机整机结构如图 3-4 所示。

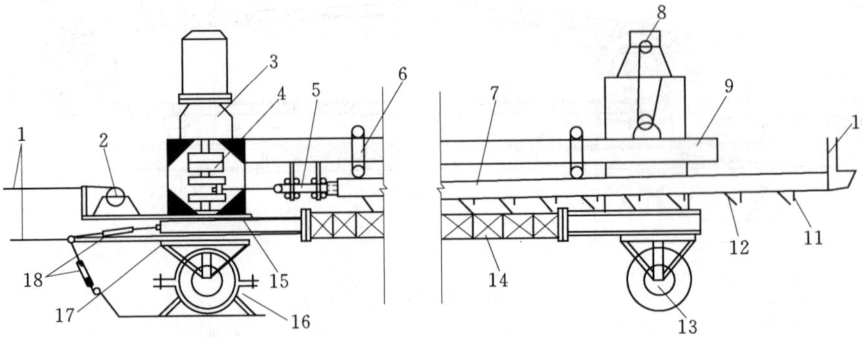

图 3-4　往复射流式开槽机

1—牵引绳；2—牵引机；3—主减速机；4—曲轴；5—滑动元件；6—摇臂；7—刀杆；8—卷扬机；9—刀架（大臂）；10—反循环泥浆管；11—喷嘴 ；12—刀齿；13—后行走轮；14—大架；15—主机架；16—铁鞋；17—转盘；18—花兰丝

往复式射流开槽机最适合于砂壤土、粉土地层的作业。由于运用了锯的切割作用、犁的翻土作用、高压水（泥浆）的射流冲击作用，所以对砂壤土、粉土地层特别有效。该机拥有 100 多个射流喷嘴，出口流速达到 20m/s，锯、犁和射流的共同作用切开土体，由反循环抽砂泵迅速排出粗颗粒液体和沉渣，从而成槽。同时由循环水（泥浆）形成浆液，起到固壁作用。其工作原理如图 3-5 所示。

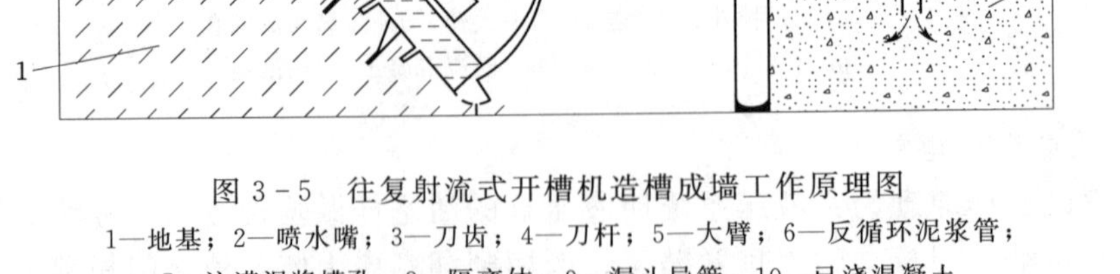

图 3-5　往复射流式开槽机造槽成墙工作原理图

1—地基；2—喷水嘴；3—刀齿；4—刀杆；5—大臂；6—反循环泥浆管；7—注满泥浆槽孔；8—隔离体；9—漏斗导管；10—已浇混凝土

2. 链斗式开槽机成槽施工

链斗式开槽机结构较复杂，设备较繁重，操作难度比往复射流式开槽机大，设备造价也要高出近一倍。链斗式开槽机行走机构有两种形式，一种是轮式；另一种是轨道式。前

者较简单方便，后者则复杂而笨重。LDK—15 型链斗式开槽机整机结构如图 3-6 所示（轮式行走机构）。

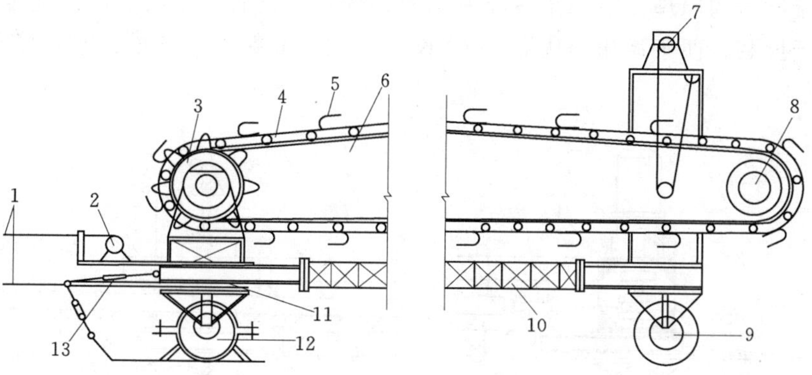

图 3-6　链斗式开槽机

1—牵引绳；2—牵引机；3—主动轮；4—链条；5—挖斗；6—支撑臂；7—卷扬机；
8—从动轮；9—后继轮；10—工作架；11—转盘；12—铁鞋；13—花兰丝

链斗式开槽机的工作原理是利用耐磨链条带动挖斗将土体挖开，然后造浆固壁成槽。其造槽成墙工作原理如图 3-7 所示。其最大优点是对黏性土、直径小于 15cm 的砂石土层作业特别有效。

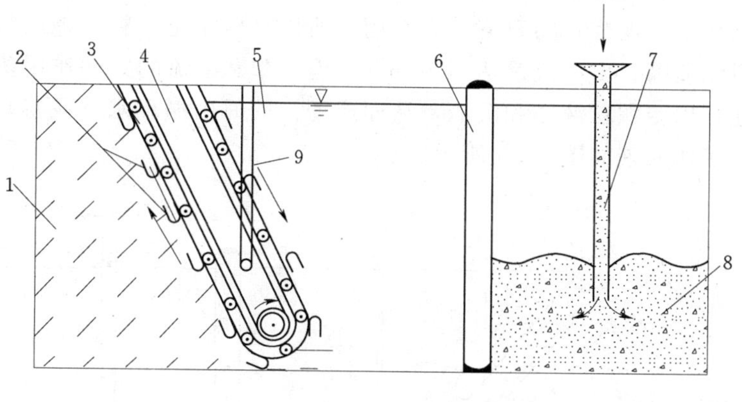

图 3-7　链斗式开槽机造槽成墙工作原理图

1—地基；2—挖斗；3—链条；4—大臂；5—注满浆液槽孔；
6—隔离体；7—漏斗导管；8—已浇混凝土；9—吊绳

3. 液压开槽机成槽施工

液压开槽机工作原理为：液压系统使液压缸的活塞杆做垂直运动，带动工作装置的刀杆做上下往复运动，刀杆上的刀排紧贴工作面切削和剥离土体，被切削和剥离的土体及切屑，由反循环排渣系统强行排出槽孔，作业中使用泥浆固壁，开槽机沿墙体轴线方向全断面切削，不断前移，从而形成一个连续规则的条形槽孔。液压开槽机造槽成墙工作原理如图 3-8 所示。液压开槽机主要由底盘、液压系统、工作装置、排渣系统、起重设施和电气系统组成。

液压开槽机可以在各种土层中进行连续开槽作业，负载能力 90～160kN，最大成槽深度 45m，开槽宽度 0.18～0.4m，排渣粒径小于 8cm，一般地层开槽效率 13～14m²/h。

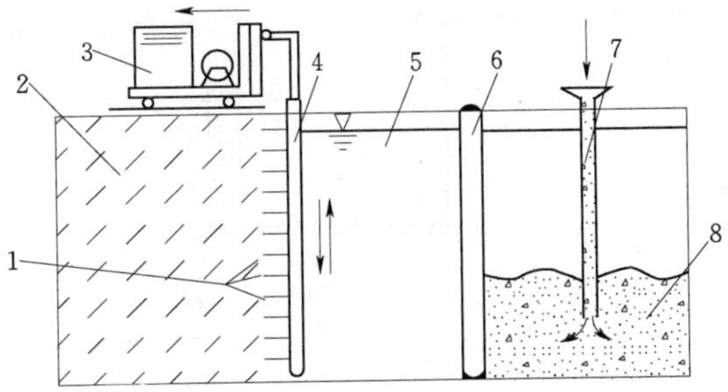

图 3-8　液压开槽机造孔成墙工作原理图
1—锯齿型刀排；2—地基；3—主机；4—刀杆；5—注满泥浆的槽孔；6—隔离体；7—漏斗导管；8—已浇混凝土

（二）挖掘机具成槽

挖掘机具成槽比锯槽法造槽复杂得多。机械设备庞大，成槽宽度大，施工难度增加，造价也较高，但深度可达 40m 以上，适用地质条件的范围也更宽。挖掘机具成槽施工必须首先修筑其辅助设施——导向槽。

1. 修筑导向槽

修筑导向槽，是挖掘机具成槽灌注地下连续墙施工的重要组成部分，是在地层表面沿地下连续墙轴线方向设置的临时构筑物。

（1）导向槽的作用。

1）导向作用。导向槽在挖掘机具成槽时起到导向作用，在施工过程中，槽孔始终沿导向槽的布置位置进行。

2）定位作用。筑起导向槽就能控制成槽平面位置与标高。导向槽的施工精度影响着单元槽段的施工精度，高质量的导向槽是高质量成槽的基础。

3）泥浆保持作用。挖掘机具成槽施工过程中，始终要进行泥浆循环固壁工作。槽孔顶部的导向槽，可以较好地储存泥浆，防止雨水和其他浆液混入槽孔，保证浆液质量。导向槽还可以起到保持固壁浆液液面的作用，提示槽孔内的泥浆是否满足固壁的需要。

4）孔口保护作用。地下连续墙施工过程中，挖掘机具成槽作业易损害槽孔顶部的槽壁，造成坍塌，导向槽起着挡土墙的支撑土体作用；在钢筋笼的布放、锁口引拔、导管灌注混凝土时，槽孔易受外力侵害，而此时导向槽便起到了对外部荷载的支撑作用。

（2）导向槽的形式。常用导向槽的形式如图 3-9 所示。

1）直板型。断面结构简单，一般适用于土质较好的表层土，如紧密的黏性土。由于这种类型的导向槽只能承受较小的上部荷载，因此，常作为槽孔尺寸不大的小型工程的导向槽。

2）倒 L 型。孔口处结构带墙趾，适用于强度不足的表层土，如砂质较多的黏土层。

3）L 型。墙底带墙趾整体承载力高，适用于表层土为杂填土、砂土、软黏土等土质松散、胶结强度低的土层，是应用较多的一种结构。

4）槽型。上下均带墙趾，整体承载力更高，适用于表层土强度低且导向槽需要承受较大荷载的情况。

（3）导向槽的修筑。导向槽一般为现浇的钢筋混凝土结构，也有钢板的或预制的装配式结构。

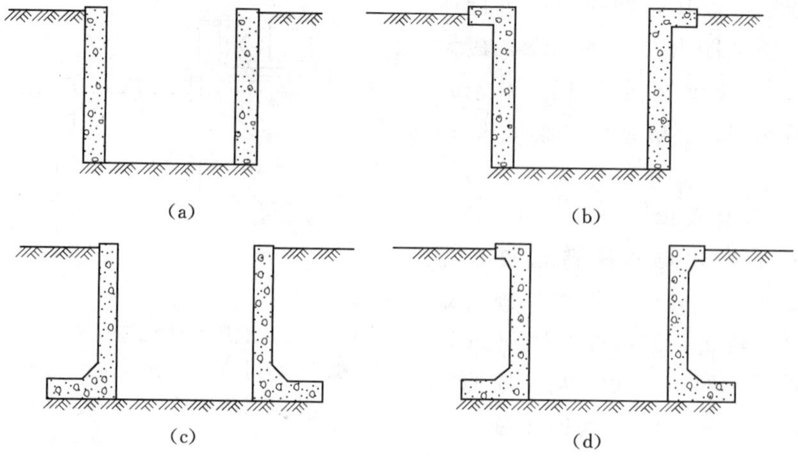

图 3-9 导向槽的形式
(a) 直板型；(b) 倒 L 型；(c) L 型；(d) 槽型

1) 导向槽形式的确定。在确定导向槽结构形式时，应综合考虑下列因素：①表层土的性质，表层土体是否密实，是否为回填土，土体的物理力学性能，有无地下埋设物等；②荷载情况，施工机械的重量，成槽与灌注混凝土时附近可能存在的静荷载与动荷载情况；③环境影响，地下连续墙施工时对邻近建筑物可能产生的影响；④地下水状况，地下水位的高低及其水位变化情况等。

2) 导向槽的施工。导向槽施工应严格按下列要求进行：①导向槽的纵向分段与地下连续墙的分段应错开一定距离；②导向槽内墙面应垂直，而且平行于连续墙中心线，导向槽两侧墙面间距应比地下连续墙设计厚度大 40～60mm；③导向槽轴线与连续墙轴线的距离偏差不大于±10mm；两边墙间距偏差不大于±5mm；④导向槽埋设深度由地基土质、墙体上部荷载、成槽方法等因素决定，一般为 1.5～2m，导向槽顶部应保持水平并高于地面 100mm，保证槽内泥浆液面高于地下水位 2.0m 以上，墙厚 0.15～0.25m，带有墙趾的，其厚度不宜小于 0.2m；⑤导向槽顶应水平，施工段全长范围高差应小于±10mm，局部高差小于 5mm；⑥导向槽背侧需用黏性土分层回填并夯实，防止漏浆发生；⑦现浇钢筋混凝土导向槽，拆模板后应立即在墙间加设支撑，混凝土养护期间，不得有重型设备在导向槽附近行走或作业，防止导向槽边墙开裂或位移变形。

2. 成槽机具

挖掘成槽机具又称挖槽机，有冲击钻机、抓斗式成槽机、回转钻机等。

(1) 冲击钻机成槽。我国常用的冲击钻有 CZ 型冲击钻机。CZ 型冲击钻机有 20 型、22 型和 30 型，其工作原理如图 3-10 所示。常用的钻头有十字型钻头和空心钻头，适合于各种土质情况作业。另外，配有接渣斗和捞渣筒等专用工具。

1) 工作原理。冲击钻机利用钢丝绳将冲击钻头提升到一定高度后，让钻头靠重力自由下落，使钻头的势能转化为动能，冲击、破碎岩层土体。这样周而复始地冲击，达到钻进目的。在钻进过程中不断补充泥浆，保持孔内泥浆液位以保护孔壁，当孔内钻渣较多时，用捞渣筒捞取排出。主孔靠冲击钻进成孔，副孔靠冲击劈打成槽。

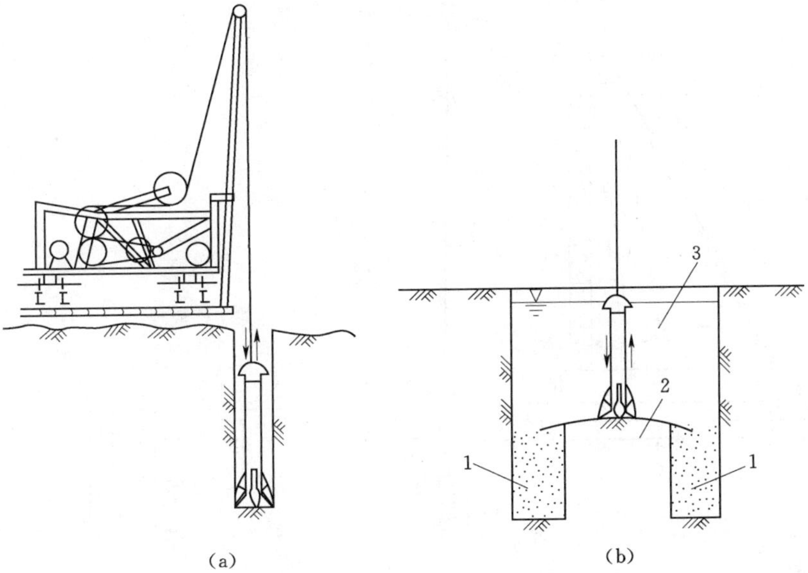

图 3-10 CZ 型冲击钻机造孔
(a) 钻主孔；(b) 劈打副孔
1—主孔；2—副孔；3—孔内注满泥浆

布孔原则是主孔孔径等于墙厚，两个主孔的中心距为 2.5 倍孔径，墙厚一般为 600～1200mm。

为减少清槽工作量，劈打副孔时要在相邻两个主孔中吊放接渣斗，及时提出孔外排渣。由于劈打副孔时有两侧自由面，因此成槽速度较快，一般比主孔成孔效率提高 1 倍以上。

冲击钻成槽一般采用高黏度泥浆护壁，施工过程中清渣是用捞渣筒完成。副孔劈打时，部分钻渣未被接住而落入槽底，因此劈打完成后还要用捞渣筒捞渣。

2）注意的问题。①开孔钻头直径必须大于终槽宽度，以满足防渗墙的设计要求，成槽过程中要经常检查钻头直径，磨损后应及时补焊；②根据施工机具等具体情况，选择合理的副孔长度；③一、二期槽孔同时施工时，应留有足够的间隔，以免被挤穿。

（2）抓斗式成槽机成槽。液压抓斗式成槽机比冲击钻机具有更大的适用性。它可以在坚硬的土壤与砂砾石中成槽，能挖出最大直径 1m 左右的石块，成槽深度可达 60m。

目前国内使用的抓斗式成槽机有进口、合资、国产三种。进口、合资设备价格昂贵，不可避免地提高了成墙单价，国内设备相对价位较低。例如，由中国地质装备总公司与中国水利水电科学研究院共同研制的 GDW3 型抓槽机（图 3-11），成槽深度 40m，成槽厚度 300mm，一次成槽长度 2000mm。

抓斗式成槽机成槽是一种与钻机配合的先钻后抓法，也叫两钻一抓法或钻抓成槽法。

抓斗式成槽机成槽施工工艺：①做好施工准备后，用冲击钻或回转钻机首先完成主孔，并要保证主孔的垂直度符合要求；②主孔的间距应小于或等于液压抓斗的有效抓取长度；③主孔完成以后，用液压抓斗抓取副孔成槽；④基岩部分的钻进也可由重锤完成。抓

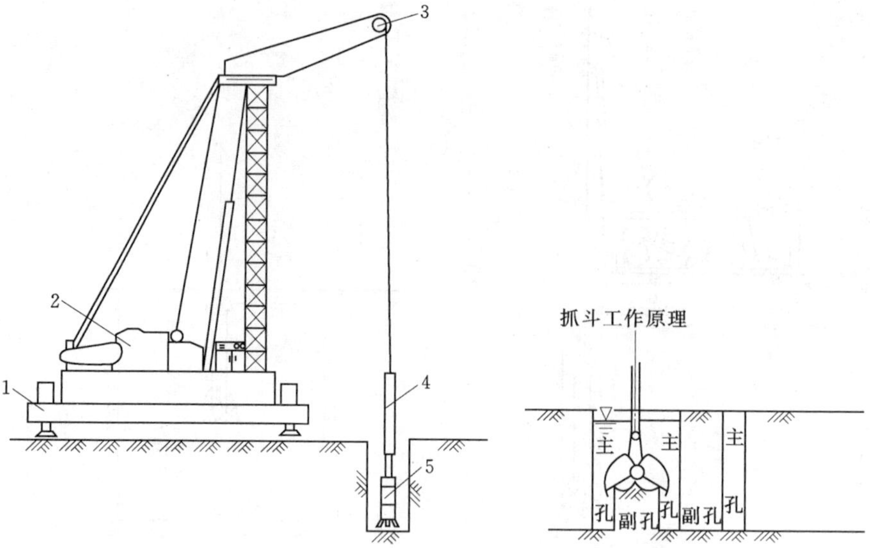

图 3-11 GDW3 型抓斗式成槽机成槽

1—行走支撑机构；2—主电机；3—支撑滑轮；4— 收放机构；5—冲抓挖斗

斗不带重锤的，仍需由冲击钻或回转钻机完成基岩钻进，最后成槽。

抓斗式成槽与全部冲击式成槽相比较，其优点有以下 4 个方面。

1）成本较低，效率较高。一台液压抓斗式成槽机的施工效率相当于 10～15 台冲击钻机，相应的单位成本也较低。

2）成槽形状好，孔壁光滑。抓斗抓取副孔时，斗齿切削槽壁使得槽壁光滑而平直，故成槽后形状较好。一般采用抓斗式成槽的连续墙，混凝土的充盈系数（混凝土的实际浇筑方量与理论方量之比）小于 1∶1，而采用冲击式成槽的充盈系数要大得多。

3）施工时对泥浆扰动小，废浆排放少。采用冲击式施工时，冲击钻头反复强烈冲击钻进对泥浆的扰动很大，不利于槽壁稳定。用捞渣筒捞取钻渣时，部分泥浆被一起捞出排掉，造成废浆排放过多。而抓斗式成槽时，液压抓斗平稳地直接抓取土渣，废浆排出很少，对泥浆的扰动也小，施工场地较整洁。

4）成槽深度大，适用地层广。抓斗式成槽最大深度可达 80m，并且适用于多种不同地层条件，尤其适应在有大孤石的地层中成槽。

当然，抓斗式成槽也有一定的局限性，如液压抓斗机身一般比较重，因此，对导向槽的结构和质量要求比较高。由于需要与冲击钻机配合施工，所以，要合理地安排和调度各种机械交叉作业，相对造价也较高。

（3）回转钻机成槽。对于地质条件较好的地层，可用反循环回转钻机造孔成槽，如图 3-12 所示。

1）工作原理。反循环回转钻机成槽的施工方法是在槽孔顶处设置护筒或导向槽，护筒内的水位要高出自然地下水位 2m 以上，以确保孔壁的任何部分均得保持 0.02MPa 以上的静水压强，从而保护孔壁不坍塌。钻机工作时，旋转盘带动钻杆端部的钻头钻挖。在钻进过程中，冲洗浆液连续地从钻杆与孔壁间的环状间隙中流入孔底，携带被钻挖下来的钻渣，由钻杆内腔返回地面，形成反循环。

反循环回转钻机造孔施工按浆液循环输送的方式、动力来源和工作原理，又可分为泵吸、气举和喷射等反循环方式。

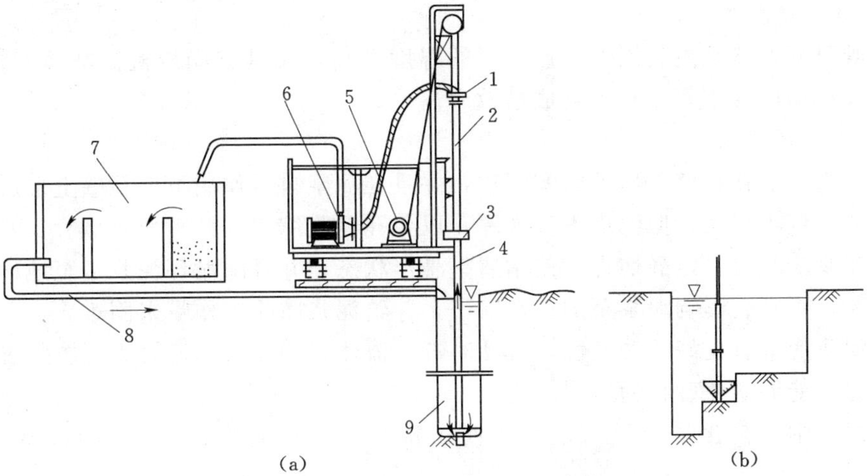

图 3-12 反循环回转钻机造孔成槽

(a) 反循环回转钻机造孔作业；(b) 分层平行作业

1—水龙头；2—主动钻杆；3—回转钻盘；4—钻杆；5—卷扬机；6—泥浆泵；7—泥浆沉淀池；8—回浆管；9—槽机

2）优缺点。优点：①振动小，噪音低；②除个别特殊情况需使用稳定浆液护壁外，一般用天然泥浆即可满足护壁要求；③因不必提钻排弃钻渣，只要接长钻杆，就可进行深层钻挖，槽孔深浅易于掌握；④采用相应钻头可钻挖岩石；⑤反循环成孔采用旋转切削方式，靠钻头平稳的旋转钻挖，同时将钻渣和浆液吸升排出；⑥钻孔内的泥浆压力抑制了孔隙水压力作用，从而避免了涌砂等现象。因此，反循环钻成孔是对砂土层较适宜的成孔方式，可钻挖地下水位以下的厚细砂层。缺点：①很难钻挖比钻头吸泥口口径大的卵石（15cm 以上）层；②土层中地下水压力较大或有流动状态的水时，施工较困难；③废泥水处理量大，钻挖出来的土砂中水分多，弃土影响环境。

三、泥浆固壁

（一）泥浆的作用

泥浆在地下连续墙成槽施工中有稳固槽壁、悬浮携渣、冷却和润滑钻具的作用，成墙后还有增加墙体抗渗的性能。合理使用泥浆，有利于成槽和灌注以及提高墙体的防渗性能。

1. 稳固槽壁作用

（1）泥浆具有一定的相对密度（比重），泥浆的压力可抵制作用在槽壁的土压力及水压力，阻止地下水渗入。

（2）泥浆在槽壁上形成不透水泥皮，使泥浆的压力有效地作用在槽壁上，防止槽壁剥落。

（3）泥浆从槽壁表面向地层内渗透到一定的范围就会使黏土颗粒黏附在槽壁上，通过这种黏附作用可以防止槽壁坍塌和透水。

2. 悬浮携渣作用

在成槽成孔过程中，泥浆具有的黏度可以将成槽施工产生的土渣悬浮起来，便于泥浆循环携带排出，同时避免土渣沉积在工作面上影响成槽效率。

3. 冷却润滑作用

泥浆既可降低造孔机具因作业而引起的温度升高，又具有润滑机具减轻磨损的作用，有利于延长机械的使用寿命和提高成槽效率。

（二）泥浆的要求

（1）泥浆应能在孔壁上形成密实泥皮，并且在泥浆自重作用下，孔壁上形成一定的静压力，保证孔壁不坍塌，但泥皮不宜太厚，以免孔径收缩。

（2）泥浆应具有一定静切力，使钻屑呈悬浮状态，并且随循环泥浆带至地面，但黏滞性不宜太高，否则会影响泥浆泵的正常工作，并给泥浆净化工作带来困难。

（3）泥浆应具有良好的触变性，流动时近于流体，静止时迅速转为凝胶状态，有足够大的静切力，能够避免砂粒的迅速沉淀。

（4）泥浆中砂粒含量应尽可能少，便于排渣，提高泥浆重复使用率，减少泥浆的损耗。

（5）泥浆应有良好的稳定性，即处于静止状态的泥浆在重力作用下，不致离析沉淀而改变泥浆性能。

（三）泥浆的指标

泥浆质量控制指标有：①静切力与触变性；②黏度；③失水量、泥饼厚度和造壁能力；④稳定性与胶体率或澄清度；⑤相对密度；⑥含砂量；⑦酸碱度。

在砂卵石地层中造孔，泥浆质量可按表 3-6 所列指标进行控制。

表 3-6　造孔泥浆控制指标

静切力（dPa）		黏度（s）	失水量（mL/30min）	泥饼厚度（mm）	稳定性指标	胶体率（%）	相对密度	含砂量（%）	酸碱度 pH 值
1min	10min								
20～30	50～100	18～25	20～30	2～4	≤0.3	≥96	1.1～1.2	≤5	7～9

四、混凝土灌注及接缝处理

地下连续墙是在泥浆下（或水下）灌注混凝土。泥浆下灌注混凝土的施工方法主要有刚性导管法和泵送法，可根据工程条件进行选择。其中刚性导管法最为常用，其要点是：泥浆下混凝土竖向顺导管下落，利用导管隔离泥浆（或环境水），导管内的混凝土依靠自重压挤下部导管出口的混凝土，并在已灌入的混凝土体内流动、扩散上升，最终置换出泥浆，保证混凝土的整体性。此处着重介绍刚性导管法。

（一）灌注设备及用具

泥浆下混凝土灌注施工常用的机具有吊车、灌注架、导管、储料斗及漏斗、隔水栓、测深工具等。

1. 吊车

吊车是提升混凝土料的主要设备，吊车选型主要依据混凝土灌注施工的要求，选择吊车的起重量和起吊高度等性能参数。

2. 储料斗、漏斗

储料斗结构形式较多，灌注量较大的连续墙施工所用的储料斗多采用大容量的溜槽形式。不论采用哪种结构形式，其容量都必须满足第一次混凝土的灌注量能将导管出口埋入混凝土内 0.5～1.0m。漏斗一般用厚 2～3mm 的钢板制做，多为圆锥型或棱锥型。

3. 导管

导管是完成水下混凝土灌注的重要工具，导管能否满足工程使用上的要求，对工程质量和施工速度关系重大。常使用的导管有两种，一种是以法兰盘连接的导管，另一种是承插式丝扣连接的导管。导管投入使用前，应在地面试装并进行压力试验，确保不漏水。

4. 隔水栓（球）

隔水栓（球）在混凝土开始灌注时起隔水作用，从而减少初灌混凝土被稀释的程度。隔水栓（球）要能被泥浆浮起，可采用木制的或橡胶的空心栓（球），也可采用混凝土预制的。空心栓（球）是一种应用最普遍的隔水栓（球），它隔水可靠，且上浮容易，价格低廉，是较好的隔水工具。

（二）导管提升法灌注混凝土

混凝土连续墙的灌注是施工的最后一道工序，也是连续墙工程施工的主要工序，因此，混凝土灌注施工必须满足下列质量要求：①外形尺寸、灌注高度、技术性能指标必须满足设计要求；②墙体要均匀、完整，不得存在夹泥浆、夹泥断墙、孔洞等严重质量缺陷；③墙段之间的连接要紧密，墙底与基岩的接触带和墙体的抗渗性能要满足设计要求。

灌注步骤主要有以下几步。

1. 灌注准备

（1）拟定合理可行的灌注方案，其内容有：①槽孔墙体的纵横剖面图、断面图；②计划灌注方量、供应强度、灌注高程；③混凝土导管等灌注器具的布置及组合；④钢筋笼下设深度、长度、分节部位，下设方法及底部形状；⑤灌注时间，开浇顺序，主要技术措施；⑥墙体材料配合比，原材料品种、用量、保存；⑦冬季、夏季、雨季的施工安排。

（2）落实岗位责任制，明确统一指挥机制，各岗位各工种密切配合、协调行动，以保证浇筑施工按预定的程序连续进行，在规定的时间内顺利完成。

（3）取得造孔、清孔、钢筋下设等工序的检验合格证。

2. 下设导管

（1）下设前要仔细检查导管的形状、接口以及焊缝等，确保不漏水。

（2）根据下设长度，在地面上分段组装和编号；导管连接必须牢固可靠，其结构强度应能承受最大施工荷载和可能发生的各种冲击力，在 0.5MPa 压力水作用下不得漏水。

（3）在同一槽孔内同时使用两根以上导管灌注时，其间距不宜大于 3.5m；导管距灌注槽孔两端或接头管的距离不宜大于 1.5m；当孔底高差大于 25cm 时，导管中心应布置在该导管控制范围的最低处。

（4）导管的上部和底节管以上部位，应设置数节长度为 0.3～1m 的短管，以备导管提升后拆卸，导管底口距孔底距离应控制在 15～25cm 范围内。

导管灌注示意图如图 3-13 所示。

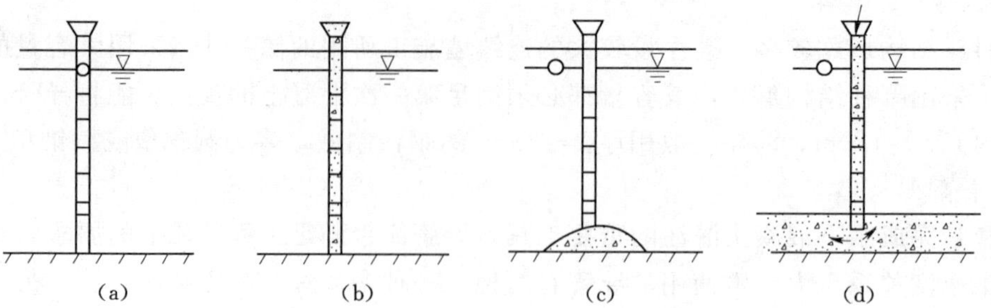

图 3-13 混凝土导管灌注示意图

(a) 待浇；(b) 压球；(c) 提升导管；(d) 灌注

3. 灌注混凝土

(1) 开灌前，先向导管内放入一个能被泥浆浮起的隔水栓（球），准备好水泥砂浆和足够数量的混凝土。开灌时先注少许水泥砂浆，紧接着注入混凝土，然后稍向上提升导管，提升导管前要保证导管内充满混凝土并能在隔水栓（球）被挤出后，埋住导管底部。

(2) 灌注应连续进行，导管也需不断提升，若因意外事故造成混凝土灌注中断，中断时间不得超过 30min。否则孔内混凝土丧失流动性，灌注无法继续进行，造成断墙事故。

(3) 混凝土面上升速度应大于 2m/h，导管埋深 1～6m，混凝土的坍落度为 18～22cm，扩散度 35～40cm。

(4) 混凝土灌注指示图和浇筑记录，既是指导导管拆卸的依据，又是检验施工质量的重要原始资料。在灌注过程中要及时填绘灌注指示图，校对灌注方量，指导导管拆卸，对灌注施工作出详细记录。在填绘指示图的同时，核对孔内混凝土面所反映的方量与实际灌入孔内的方量是否相符。如有差异，应分析原因，及时处理。

(5) 灌注过程中，若发现导管漏浆或混凝土中混入泥浆，要立即停止灌注。导管大量漏浆或混凝土中严重混浆，可根据以下几种现象判定：①经检查发现导管下埋深度不够，相差过大；②经检查发现导管不在混凝土内，且灌注了一段时间；③按实测灌注高度计算的灌注方量超过计划方量过多，且持续反常；④经检查发现导管内进浆或管内混凝土面过低。

(三) 接头处理

锯槽法造槽成墙，分隔槽段常采用隔离体法，隔离体有刚性隔离体和土工布袋隔离体两种。

刚性隔离体下放时要求垂直平稳，其张合机构和驱动系统都必须灵活快捷，安全可靠。隔离体长度比槽孔深度大 0.2～0.3m，第一次下入槽孔后不再提出，可重复使用。刚性隔离法成墙的接缝易于保证。

土工布袋隔离体是用特制土工布袋下入槽中，然后注入速凝混凝土，在槽孔中形成一隔离桩，起到分隔槽段作用。实际操作中，土工布与混凝土的接触紧密，但其渗透性指标有待试验确定。

挖掘法造槽灌注地下连续墙，一般划分为若干槽段进行灌注施工，相邻两槽段的衔接部分称为接头，常用的接头方式有钻凿式和预留式两种。钻凿式接头施工常采用套打一钻法和双反弧法，预留式接头施工常采用接头管法和拉管成孔法。

1. 套打一钻法

一期槽孔混凝土灌注成型后，在其端部套打部分成型混凝土，供二期槽孔内灌注混凝土及接头用。该法的特点是施工简便，适用于各种地层，但工程量增加，接头质量不易保证。

2. 双反弧法

双反弧接头是在两邻槽孔间留下约一钻孔长度，待两邻槽孔间混凝土灌注成型后，从预留长度处，用双反弧钻头钻除四个角，孔内灌注混凝土接头。这种接头适于一般黏土或砂砾石地层，孔深一般不超过 40m，若超过 40m 时，必须有相应的措施。

3. 接头管法

施工方法是在一期槽孔两端下入接头管，待混凝土浇筑后，拔出接头管形成接头孔，孔内灌注混凝土。接头管适用于各种地层，其深度根据起拔能力决定，一般用于孔深 40m 以内，墙厚 0.6～0.8m 的连续墙。

4. 拉管法

由接头管衍生的接头形式，当孔深较大时，全孔深的接头管起拔困难，可在一期槽孔内灌注时，在孔底 15～20m 范围下接头管，上部用钢丝绳或细钢管牵引，当灌注混凝土达初凝时，上提接头管一段距离，再灌注混凝土，重复做到槽孔内灌注满混凝土，最后将管全部拔出形成接头，供二期槽孔内灌注混凝土用。

第四节 岩基锚固技术

一、概述

将受拉杆件的一端固定于岩（土）体中，另一端与工程结构物相联结，利用锚固结构的抗剪、抗拉强度，改善岩土力学性质，增加抗剪强度，对地基与结构物起到加固作用的技术，统称为锚固技术或锚固法。

锚固技术具有效果可靠、施工干扰小、节省工程量等优点，在国内外得到广泛的应用。在水利水电工程施工中，主要应用于以下方面。

（1）高边坡开挖时锚固边坡。

（2）坝基、岸坡抗滑稳定加固（图 3－14）。

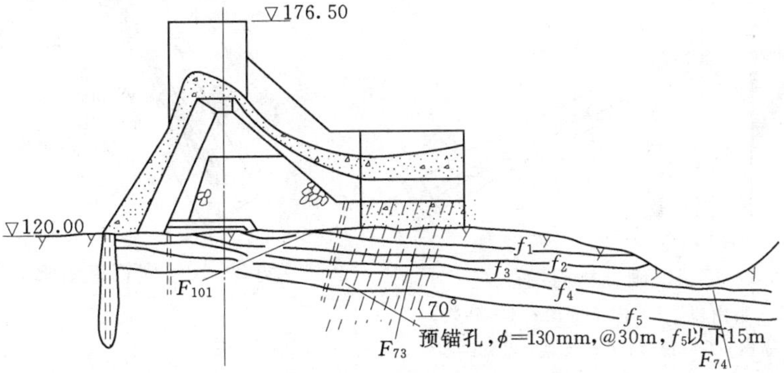

图 3－14 湖南省双牌溢流坝地基预锚加固（高程：m）

（3）大型洞室支护加固（图 3－15）。

（4）大坝加高加固（图 3-16）。

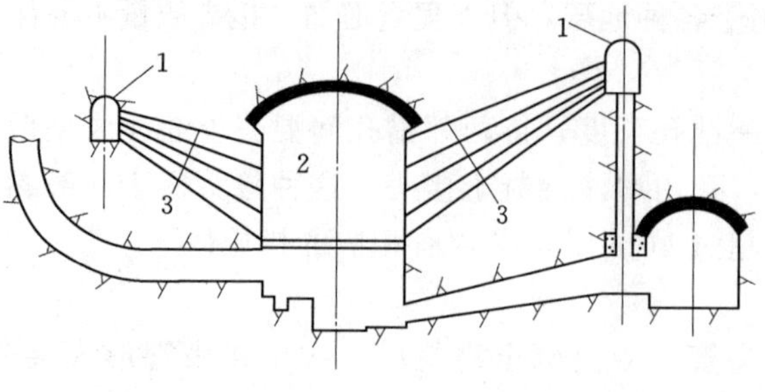

图 3-15　印度奇布罗水电站地下厂房锚固支护

1—施工洞；2—地下厂房；3—高边墙锚固支护

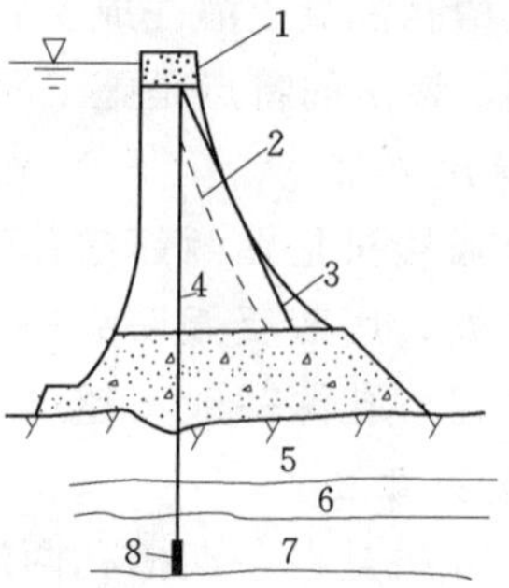

图 3-16　奇尔法坝加高锚固

1—加高部位；2—锚固后推力线；3—锚固前推力线；4—锚束；5—石灰砂岩；6—石灰岩；7—黄砂岩；8—锚固段

（5）锚固建筑物，改善应力条件，提高抗震性能。

（6）建筑物裂缝、缺陷等的修补和加固。

可供锚固的地基不仅限于岩石，软岩、风化层以及砂卵石、软黏土等地基均有应用。

二、锚固结构及锚固方法

锚固结构一般由内锚固段（锚根）、自由段（锚束）、外锚固段（锚头）组成，如图 3-17、图 3-18 所示。内锚固段是必须有的，其锚固长度及锚固方式取决于锚杆的极限抗拔能力；锚头设置与否及自由段的长度，取决于是否要施加预应力及施加的范围；整个锚杆的配置，取决于锚杆的设计拉力。

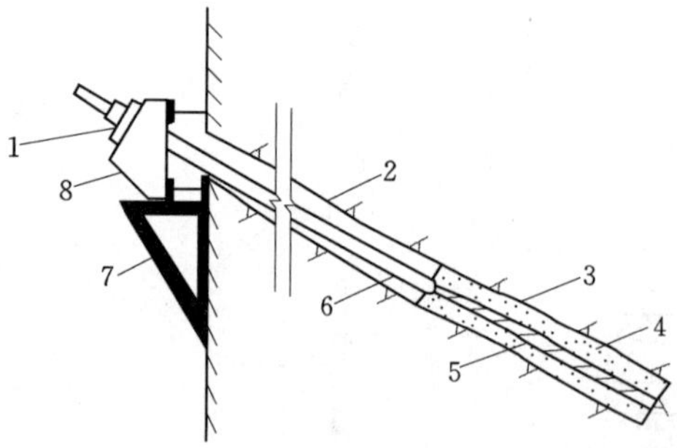

图 3-17　锚固结构简图

1—锚头；2—自由段；3—内锚固段；4—砂浆；5—锚杆或锚索；6—套管；7—支架；8—台座

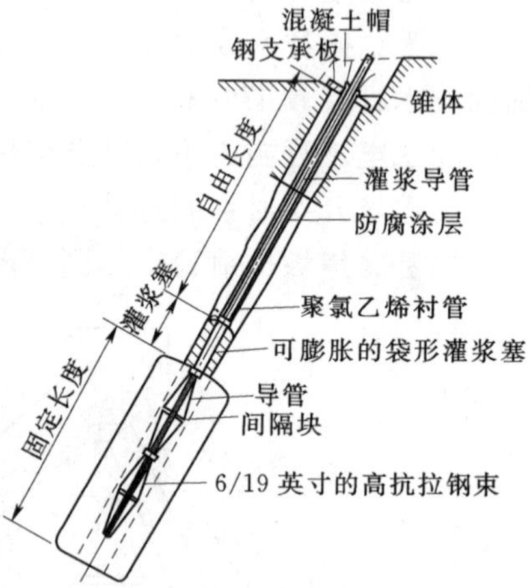

图 3-18　多钢束锚索的一般构造

1. 内锚固段（锚根）

内锚固段即锚杆深入并固定在锚孔底部扩孔段的部分，以保证能对锚束施加预应力。

按固定方式一般分为黏着式和机械式。

（1）黏着式锚固段。按锚固段的胶结材料是先于锚杆填入还是后于锚杆灌浆，分为填入法和灌浆法。胶结材料有高强水泥砂浆或纯水泥浆、树脂等。在天然地层中的锚固方法多以钻孔灌浆为主，称为灌浆锚杆，施工工艺有常压和高压灌浆、预压灌浆、化学灌浆和许多特殊的锚固灌浆技术（专利）。目前国内多用水泥砂浆灌浆。

（2）机械式锚固段。它是利用特制的三片钢齿状夹板的倒楔作用，将锚固段根部挤固在孔底，称为机械锚杆。

各种常用锚固段型式、适用条件及优缺点，见表3-7。

表3-7　常用锚固段型式、适用条件及优缺点

类别	型式	制作方法	适用条件	优点	缺点
黏着式	弯钩型	锚杆末端分层逐根弯起	陡倾角钻孔、大吨位钢丝束最合适	工艺简单经济可靠	锚根较长，缓倾角钻孔的难度大
	节扩型	锚杆外径逐节扩大	各种吨位的钢绞线或钢丝束均适用	简单、经济、可靠	
	锚环型	锚杆末端，分部铸入金属锚环中	钢丝束或钢绞线均适用	锚根短，阻滑可靠	制作比较费工
	锚板型	用镦头或夹片将锚杆与锚板联结成整体	以钢丝束锚固为主	制作方便使用可靠	加工量大，放入钻孔困难
机械式	胀壳式	爆炸压接或闪光对焊	只适用于小吨位锚束及锚杆	工期短，使用方便	锚根直径与钻孔配套要求高
	楔缝式				

2. 自由段（锚束）

锚束是承受张拉力，对岩（土）体起加固作用的主体。采用的钢材与钢筋混凝土中的钢筋相同，注意应具有足够大的弹性模量满足张拉时的要求。为了降低锚杆张拉时的用钢量宜选用高强度钢材，但不得在预应力锚束上使用两种不同的金属材料，避免因异种金属长期接触发生化学腐蚀。常用材料可分为两大类。

（1）粗钢筋。我国常用热轧光面钢筋和变形钢筋（螺纹筋、月牙纹筋等）。变形钢筋可增强钢筋与砂浆的黏结力。钢筋的直径常用25～32mm，其抗拉强度标准值按国标《混凝土结构设计规范》（GB 50010—2010）的规定采用。

（2）锚束。锚束通常由高强钢丝、钢绞线组成。其规格按国标（GB 5223—2002）与（GB 5224—2003）选用。高强钢丝可以密集排列，多用于大吨位锚束，适用于混凝土锚头、镦头锚及组合锚等。钢铰线对于编束、锚固均比较方便，但价格较高，锚具也较贵，适用于中小型锚束。

3. 外锚固段（锚头）

锚头是实现锚束张拉并予以锁定，以保持锚束预应力的构件，即孔口上的承载体。锚头一般由台座、承压垫板和紧固器三部分组成。因每个工点的情况不同，设计拉力也不同，必须进行具体设计。

（1）台座。预应力承压面与锚束方向不垂直时，用台座调正并固定位置，防止应力集中破坏。台座用型钢或钢筋混凝土做成，如图3-19所示。

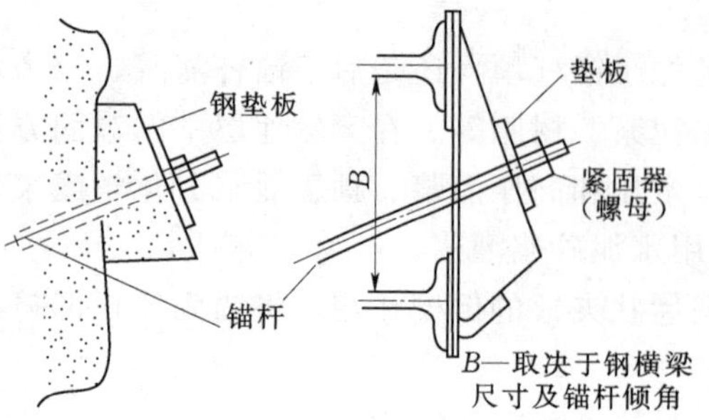

图 3-19　台座形式

（2）承压垫板。在台座与紧固器之间使用承压垫板，能使锚束的集中力均匀分散到台座上。一般采用 20～40mm 厚的钢板。

（3）紧固器。张拉后的锚束通过紧固器的紧固作用，与垫板、台座、构筑物贴紧锚固成一体。钢筋的紧固器，采用螺母或专用的联结器或压熔杆端等。钢丝或钢绞线的紧固器，可使用楔形紧固器（锚圈与锚塞或锚盘与夹片）或组合式锚头装置（图 3-20）。

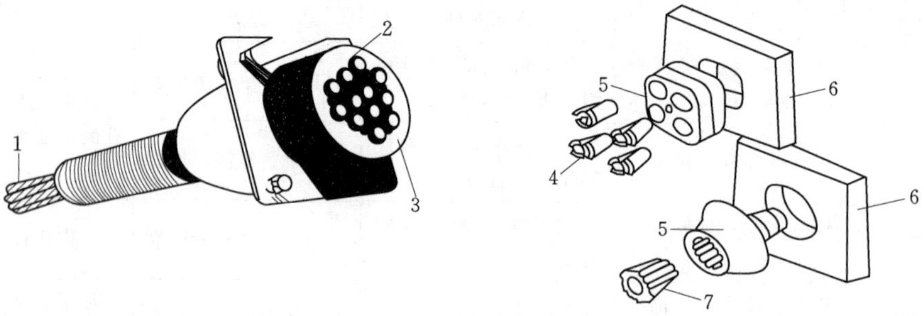

图 3-20　多根钢束的组合式锚头装置

1—钢束；2—楔块；3—钢承载板；4—楔形夹具；5—锚枕；6—支承板；7—简单的多股钢丝夹具

三、锚固施工工艺流程

锚固施工的工艺，因锚固结构的型式不同而异，这里不作详细介绍。此处仅将通常的施工工艺流程归纳，如图 3-21 所示。

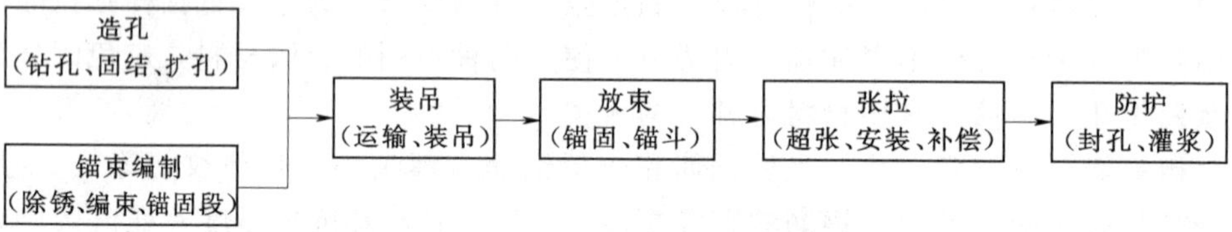

图 3-21　锚固施工工艺流程

第五节　其他基础处理措施

建筑物基础处理的措施有扩大基础、地基置换、地基加固。上述几种措施有时不单独采用，有时需多种措施综合采用。这些措施的选择，往往需要对上部结构和地基基础作全面的考虑，提出不同的方案，进行经济和技术上的比较，从而选择合理的方案。

一、高压喷射灌（注）浆法

高压喷射灌（注）浆法，在我国又称“旋喷法”，是 20 世纪 70 年代初期引进开发的一种新型地基加固技术，迄今已得到广泛的应用。《水利水电工程施工组织设计规范》

（SL 303—2004）建议推广应用。

众所周知，有一种历史悠久的静压注浆法，是用压力将固化剂（水泥类、化学类）注入土体的孔隙中，进行地基加固。这种方法主要适用于砂类土，也可用于黏性土。但在很多情况下，由于土层和土性的原因，其加固效果不易控制，尤其是在沉积的分层地基和夹层多的地基中，注浆往往沿着层面流动，还难以渗入细颗粒土的孔隙中。所以经常出现加固效果不明显的情况。

高压喷射灌（注）浆法克服了上述注浆法的缺点，将注浆形成高压喷射流，切削土体并与固化剂混合，达到改良土质的目的。

化学注浆法、水泥注浆法主要适用于砂土、砾石，而高压喷射灌（注）浆法几乎适用于所有土层。

高压喷射灌（注）浆法，是利用钻机钻孔法预成孔，或者驱动密封良好的喷射管及特制喷射头振动法成孔，使喷射头下到预定位置。然后将浆液和空气、水，用15MPa以上的高压，通过喷射管，由喷射头上的直径约为2mm的横向喷嘴向土中喷射。由于高压细束喷射流有强大的切削能力，因此喷射的浆液边切削土体，边使其余土粒在喷射流束的冲击力、离心力和重力等综合作用下，与浆液搅拌混合，并按一定的浆土比例和质量大小，有规律地重新排列。待浆液凝固以后，在土内就形成一定形状的固结体。

固结体的形状与喷射流移动方向有关。目前常见的注浆方式有：

（1）旋转喷射，垂直提升，简称旋喷，可形成圆柱桩。

（2）定向喷射，垂直提升，简称定喷，可形成板墙。

（3）摆动喷射，垂直提升，简称摆喷，可形成扇形桩。

旋喷多用于长桩，防渗墙的修筑以采用定喷法为好，摆喷可作桩间防渗。用高压定喷注浆筑墙，形成墙体的平面形状，依不同的定喷方向和喷嘴形式，可以有多种选择，如图3-22所示。

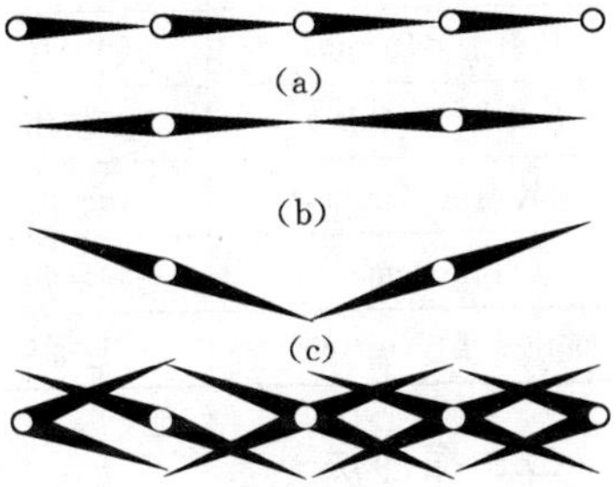

图3-22 定喷成墙的平面形状
(a) 单喷嘴单墙首尾连接；(b) 双喷嘴单墙直线对接；(c) 双喷嘴单墙折线对接；(d) 双喷嘴双墙折线连接

根据喷射方法的不同，高压喷射注浆法可分为单管喷射法、二重管法、三重管法，如图3-23所示。

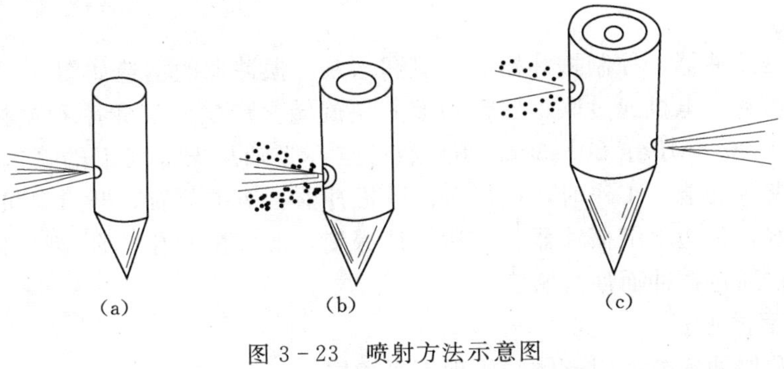

图3-23 喷射方法示意图
(a) 单管法；(b) 二重管法；(c) 三重管法

二重管法是用二层喷射嘴，将高压浆液和压缩空气同时向外喷射。浆液在四周有空气膜的条件下，加固范围扩大，加固直径可达 1m。

三重管法是一种水、气喷射，浆液灌注的方法。即用三层或三个喷射嘴，将高压水和压缩空气同时向外喷射，切割土体，并借空气的上升力使一部分细小土粒冒出地面；与此同时，另一个喷射嘴将浆液以较低压力喷射到被切割、搅拌的土体中，加固直径可达 2m。

二重管法和三重管法都是将浆液（或水）和压缩空气同时喷射，既可加大喷射距离，增大切割能力，又可促进废土的排出，提高加固效果。

高压喷射灌（注）浆工艺，是一种新的工艺技术，其分类指标见表 3-8。有关这方面的详细介绍，可参考有关专著。

表 3-8　　喷射注浆法的分类及指标

方法分类	单管法	二重管法	三重管法	
喷射方式	浆液喷射	浆液、空气喷射	水、空气喷射，浆液注入	
硬化剂	水泥浆	水泥浆	水泥浆	
常用压力（MPa）	15.0～20.0	15.0～20.0	高压	低压
			20.0～40.0	0.5～3.0
喷射量（L/min）	60～70	60～70	60～70	80～150
压缩空气（kPa）	不使用	500～700	500～700	
旋转速度（r/min）	16～20	5～16	5～16	
桩径（cm）	30～60	60～150	80～200	
提升速度（cm/min）	15～25	7～20	5～20	

二、振冲法

振冲加固是利用机械振动和水力冲射加固土体的一种方法，也称为振动水冲法，简称振冲法。最早是用来振冲挤密松砂地基，提高承载力，防止液化。后来应用于黏性土地基振冲，以碎石、砂砾置换成桩体，提高承载力，减少沉降。按其加固机理，又分成振冲挤密和振冲置换两个分支。在实际应用中，挤密和置换常联合使用，互相补充，还可以加固垃圾、碎砖瓦和粉煤灰。《水利水电工程施工组织设计规范》（SL 303—2004）建议推广应用。

1. 施工机具

主要机具是振冲器、控制振冲器的吊机和水泵。振冲器的构造如图 3-24 所示，振冲器的原理是由水封的电机通过联轴器带动偏心块旋转，产生一定频率和振幅的水平振动。压力水（约 0.4～0.6MPa；20～30m^3/h）经过空心竖轴从振冲器下端喷口喷出，同时产生振动和冲射两种功能。工作时，用吊机吊着振冲器，对准位置，开启电机和水阀，一边振动，一边射水，一边下沉振冲器，直达设计深度，形成振冲孔。必要时可向孔中投放填料或置换料，再通过振冲而使之密实。

2. 振冲加固原理

振冲挤密和振冲置换加固土体的原理不尽相同。

(1) 振冲挤密加固砂层的原理是：①依靠振冲器的强力振动，使饱和砂体发生液化，砂粒重新排列，使孔隙减少而得到加密；②依靠振冲器的水平振动力，通过加填料使砂层挤压加密。

（2）振冲置换加固软弱黏性土层，主要是通过振冲，向振冲孔中投放碎石等坚硬的粗粒料，并经振冲密实，形成多根物理力学性能远优于原土层的碎石桩，桩与原土层一起，构成复合地基。复合地基中的桩体，由于能承担较大荷载而具有应力集中作用；由于桩体的排水性能较好而促进了原土层的排水固结作用；另外，对整个复合土层还起着应力扩散作用。这些作用的综合结果，明显提高了复合地基的承载能力和抗滑稳定能力，降低了它的压缩性。

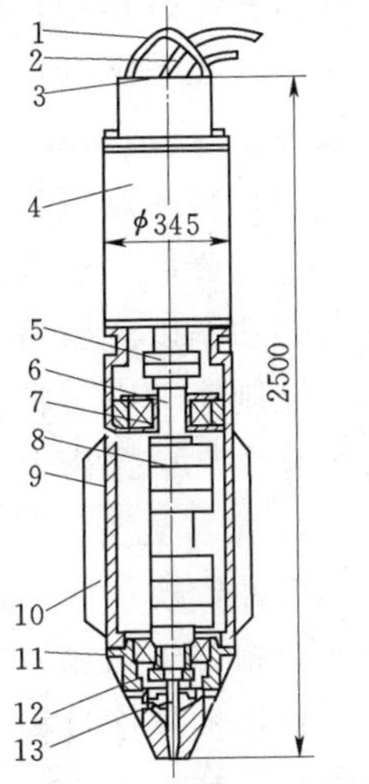

图 3-24　振冲器构造示意图（单位：mm）
1—吊环；2—水管；3—电缆；4—电机；5—联轴器；6—轴；7—轴承；8—偏心块；9—壳体；10—翅片；11—轴承；12—头部；13—喷口

3. 振冲挤密法施工

振冲挤密加固土体的厚度可达 30m，一般在 10m 左右。适用于砂性土、砂、细砾等松软土层。填料可用粗砂、砾石、碎石、矿碴或经破碎的废混凝土等，粒径为 0.5～5cm。对密实度较高的土层，振冲的技术经济效果将显著降低。

振冲孔的间距，视振冲器功率、特性及加固要求而定。使用 30kW 振冲器，间距一般为 1.8～2.5m；使用 75kW 振冲器，间距可加大到 2.5～3.5m。砂的粒径越细，密实要求越高，则振冲孔的间距应越小。

振冲孔的布置，有等边三角形或矩形两种，根据官厅水库下游坝基河床覆盖层振冲处理的经验，认为对大面积挤密处理，等边三角形布置的挤密效果较好。

振冲挤密工艺，对粉细砂地层，宜采用加填料的振密工艺；对中粗砂地层，可利用中粗砂自行塌陷，不加填料。

振冲挤密和投放填料的施工过程如图 3-25 所示。

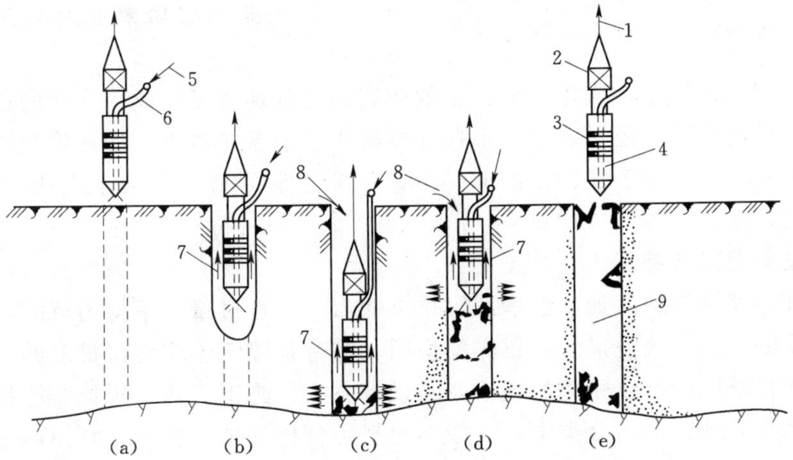

图 3-25　振冲法加固地基施工过程
(a) 开始振冲；(b) 振冲成孔；(c) 开始回填；(d) 边振边填；(e) 振填结束
1—吊索；2—潜水电机；3—振动器；4—振冲器；5—压力水；6—水管；7—水渣排出；8—回填；9—填料

在施工过程中，处理好以下问题，有助于提高振冲挤密的质量。

(1) 在下沉振冲器时，要适当控制造孔的速度，以保证孔周砂土有足够的振密时间，一般为1～2m/min。

(2) 要注意调节水量和水压，既要保证正常的下沉速度，又要避免大量土料的流失。

(3) 要均匀连续投放填料，使土层逐渐振冲挤密。在挤密过程中，将迫使振冲器输出更大的功率以克服挤入填料的阻力，此时，电机的电流将逐渐上升。当电机电流升高到规定的控制值时，可将振冲器上提一段相当于振冲器锥头的距离（约30～50cm），这样，可以使整个土层振密得更加均匀。

4. 振冲置换

振冲置换加固，适用于淤泥、黏性土层。振冲置换形成碎石桩所用的桩料、孔的间距和平面布置等问题，与振冲挤密填料的要求相似，故不赘述。

置换桩制作过程如图3-26所示。它与振冲挤密投放填料的主要区别是采用间歇法投放桩料，其主要原因是在黏性土层的振冲孔中一边振冲一边连续投放桩料，不容易保证桩体的质量。

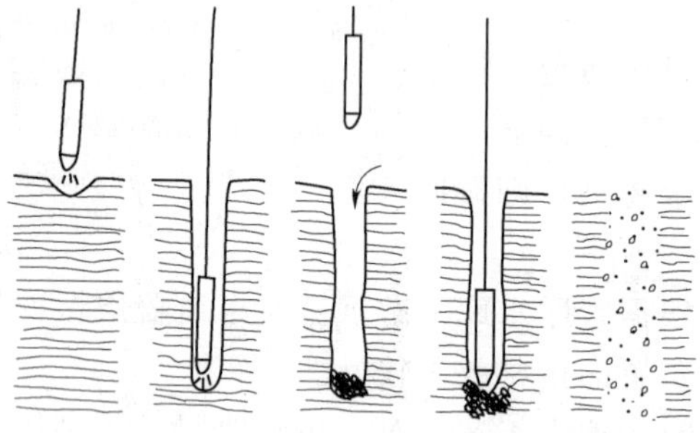

图3-26 置换桩制作过程
(a) 开孔；(b) 达设计深度后清孔；(c) 加桩料；(d) 振实；(e) 成桩

间歇法投放桩料，需在振冲器到达设计深度以上30～50cm时，停留1～2min，借水流冲射使孔内泥浆变稀，称之为清孔，然后将振冲器提出孔口，投入约1m高的桩料，再将振冲器沉入其中进行振冲，将桩料挤入土层。如果电机电流达不到规定值，则再提出振冲器，添投桩料，直到电流达到规定值为止，如图3-26 (c)、(d) 所示。重复图3-26 (c)、(d) 两步工作，直到全孔形成桩体。振冲置换所形成的碎石桩直径与地层性质、桩材粒径和振冲器功率等因素有关，一般为0.8～1.2m。

振冲加固的设备简单，操作方便，工效较高，几分钟就可完成一个孔的造孔和回填工作。在设备条件允许时，还可将若干个振冲器组成一个振冲器组。如在埃及阿斯旺堆石坝砂棱体振冲加密时，由6个振冲器组成一组，一次可振实8m×12m的矩形工作面，大大提高了振冲的效率。

三、地基处理方法综述

地基处理，就是为提高地基的承载、抗渗能力，防止过量或不均匀沉陷，以及处理地基缺陷而采取的加固、改进措施。首先要说明，桩基是建筑中应用得最多的人工复合地基之一。考虑到桩基础已有较完整的理论，其设计方法、施工工艺、现场监测都较成熟，专著很多，在地基处理方法的分类中，一般不包括各种桩基础，也不把它作为一种地基处理方法介绍。另外，考虑到近年来低强度混凝土桩复合地基和钢筋混凝土复合地基技术发展较快，其荷载传递路线和计算理论也可归于复合地基范畴，故在地基处理方法分类时将其纳入，并将其归属加筋部分。

地基处理方法的分类方法也很多，目前我国水利界尚未统一。按照加固地基的原理进行分类，除了清基开挖法，建筑界目前将地基处理的方法分为置换法、排水固结法、灌入固化物法、振密或挤密法、加筋法、冷热处理法、托换法、纠倾法共八大类。

（1）置换法。置换法是用物理力学性质较好的岩土材料，置换天然地基中的部分或全部软弱土或不良土，形成双层地基或复合地基，以达到地基处理的目的。除前面讲过的浇筑混凝土防渗墙、垂直铺塑防渗墙、振冲置换法（或称振冲碎石桩法）外，还有振动成模注浆防渗板墙、换土垫层法、挤淤置换法、褥垫法、强夯置换法、砂石桩（置换）法、石灰桩法和发泡苯乙烯（EPS）超轻质料填土法等。

（2）排水固结法。排水固结法是通过土体在一定荷载作用下的固结，土体强度提高、孔隙比减小来达到地基处理的目的。当天然地基土渗透系数较小时，需设置竖向排水通道，以加速土体固结。常用的竖向排水通道有普通砂井、袋装砂井和塑料排水带等。按加载形式类，它主要包括加载预压法、超载预压法、真空预压法、真空预压与堆载预压联合作用法以及降低地下水位法等，电渗法也可属于排水固结法。

（3）灌入固化物法。灌入固化物法是向岩土的裂隙和孔隙中灌入或拌入水泥或石灰或其他化学固化浆材，在地基中形成增强体，以达到地基处理的目的。除前面讲过的固结灌浆、帷幕蓬浆、砂砾层灌浆（均属渗入性灌浆法）、高压喷射注浆法外，还有深层搅拌法、劈裂灌浆法、压密灌浆法和电动化学灌浆法等，夯实水泥土桩法也可认为是灌入固化物的一种。深层搅拌法又可分为浆液喷射深层搅拌法和粉体喷射深层搅拌法两种，后者又称为粉喷法。

（4）振密或挤密法。振密或挤密法是采用振动或挤密的方法使未饱和土密实，以达到地基处理的目的。它主要包括表层原位压实法、强夯法、振冲密实法、挤密砂石桩法、爆破挤密法、土硅或灰土桩法、柱锤冲孔成桩法、夯实水泥土桩法以及近年发展的一些孔内夯扩桩法等。

（5）加筋法。加筋法是在地基中设置强度高、模量大的筋材，以达到地基处理的目的。这里也包括在地基中设置混凝土桩形成复合地基。除前面讲过的锚固法外，还有加筋土法、树根桩法、低强度混凝土桩复合地基法和钢筋混凝土桩复合地基法等。

（6）冷热处理法。冷热处理法是通过冻结土体或焙烧、加热地基土体改变土体物理力学性质，以达到地基处理的目的。它主要包括冻结法和烧结法两种。

（7）托换法。托换法是指对已有建筑物地基和基础进行处理的加固或改建手段。它主要包括基础加宽托换法、墩式托换法、桩式托换法、地基加固法（包括灌浆托换和其他托）以及综合托换法等。桩式托换包括静压桩法、树根桩法以及其他桩式托换法。静压桩法又可分锚杆静压桩法和坑式静压桩法等。

（8）纠倾法。纠倾法是指对由沉降不均匀造成倾斜的建筑物进行矫正的手段。它主要包括加载迫降法、掏土迫降法、黄土浸水迫降法、顶升纠倾法、综合纠倾法等。

前六类是对天然地基进行地基处理的方法分类，后两类是对已有建（构）筑物而言的。托换法是指对已有建（构）筑物地基基础的加固。托换法也常用前六类地基处理方法，纠倾法是对已倾斜的建筑物进行矫正，与一般地基处理方法的内涵有所不同。但习惯上常将上述内容统称为地基处理。

思　考　题

1. 什么是地基？什么是持力层、下卧层、什么是建基面、它们都是相对于什么而言的？

2. 什么是基础？其主要作用是什么？

3. 什么是地基处理？

4. 什么是开挖清基？清基开挖过的地基是人工地基吗？我国目前水利水电工程施工中使用的岩土开挖等级是如何分级的？

5. 解释下列名词：灌浆，帷幕灌浆，固结灌浆，接触灌浆。

6. 岩基灌浆施工工序有哪些？

7. 列出循环灌浆法的灌浆设备。

8. 什么是混凝土防渗墙？列出成槽技术的方法和机具。

9. 泥浆在地下连续墙建造中的作用有哪些？

10. 导管提升法灌注水下混凝土的施工要点有哪些？

11. 什么是工程锚固技术？锚固结构的组成和作用有哪些？

12. 简述高压喷射注浆法。

第四章　土 石 坝 工 程

土石坝亦称填筑坝和当地材料坝，按施工方法一般分为碾压式土石坝、抛填式堆石坝、定向爆破堆石坝和水力冲填坝等。国内外均以碾压式土石坝采用最多。碾压土石坝按防渗体型式一般又可分为均质土坝、心墙土石坝、斜墙土石坝、面板堆石坝以及复合土工材料防渗土石坝等。碾压式土石坝防渗体材料常见有黏土防渗体、混凝土防渗体、沥青混凝土防渗体、复合土工材料防渗体。土质心（斜）墙堆石坝、混凝土面板堆石坝、沥青混凝土防渗体堆石坝是当今土石坝的主导坝型。土石坝具有鲜明的施工特点：

（1）筑坝所需土石可就地取材，还可以充分利用各种开挖料。与混凝土坝相比，土石坝所需钢材、水泥、木材比较少，可以减轻对外交通运输的工作量，是一种经济、安全、环保和工期短、适应性好、施工方便的坝型。由于岩土力学和试验技术的进步以及施工技术的发展，筑坝材料的品种范围还在逐步扩大。

（2）土石坝工程量大，施工强度高。当前机械化施工水平已经可以在合理工期内完成大量土石方开挖和填筑。机械设备、运输线路和工程质量成为施工的关键因素。

（3）土石坝施工和自然条件关系极为密切。由于水文、地质、气象因素的不确定性和筑坝材料的千差万别，对土石坝的导流标准、拦洪度汛方式以及有效工作时间要进行充分细致的综合研究，做好坝料的室内外试验研究工作和施工设计，并根据条件变化，及时调整施工参数和修正施工方案，实施动态施工管理。

（4）实践经验甚为重要。由于自然环境的不同，每座土石坝都有其特殊性，因之土石坝是一门实践性很强的工程门类，重视积累施工经验和借鉴他人经验，是提高施工水平的重要环节。

（5）原型观测具有特殊地位。由于设计参数和计算方法的局限以及复杂多变的施工过程，原型观测对于检验设计合理性和监测施工质量及运行安全，具有特别重要的意义。

新时期土石坝施工技术的发展以重型土石方机械及振动碾等大型施工设备的成功实践为主要标志，使土质心墙堆石坝和混凝土面板堆石坝成为现代高土石坝的两种主导坝型。用振动碾薄层碾压可以得到密实而变形较少的堆石体，解决了传统的混凝土面板堆石坝因抛填堆石的大量变形而导致的面板断裂、接缝张开和大量渗漏的问题，从而使这种坝型重新兴起。同时，振动压实可使爆破开采的堆石料全部上坝，也使大粒径的砂砾（卵）石填筑大坝成为可能，对软岩料也可用提高压实密度的方法弥补岩块强度的不足。振动凸块碾、平板振动器等压实工具也逐步得到应用，不断拓宽着适用防渗料的范围。振动碾的使用提高了土石坝的安全性、经济性和适用性。高效率的汽车运输坝料逐渐取代有轨运输坝料方式。这种进步在1976年竣工的碧口土石坝上初现端倪。20世纪70年代后期建设的石头河土石坝标志着我国土石坝施工技术进入了一个新阶段。80年代中后期施工的鲁布革心墙坝在土石坝施工技术的发展中起着承前启后的作用。20世纪最后几年建设的小浪

底斜心墙坝、黑河心墙坝，极大地丰富了土石坝施工的实践经验，全面地提高了我国的土石坝施工技术水平。

碾压式混凝土面板堆石坝是国际上20世纪60年代末重新崛起的坝型，由于其安全性、经济性、适应性好，施工方便而得到迅速发展。进入80年代中期，以西北口、关门山等工程为代表，开始用现代技术修建混凝土面板堆石坝；进入90年代，该坝型更得到极为迅速的发展，已成为高、中土石坝的两种主导坝型之一。天生桥一级混凝土面板堆石坝坝高178m，填筑方量1800万m^3，面板面积18万m^2，其工程规模和技术难度居世界前列。其填筑强度创造了4.8万m^3/d、117.93万m^3/月的新水平。用激光导向反铲修整垫层料坡面、溢洪道开采上坝料的控制爆破等技术在施工中起到了重要作用，它的建成将促进我国200m级的超高面板坝的发展。

由于沥青混凝土具有防渗性能好、适应变形能力强、工作量较少等特点，加上实践的经验积累，十多年来，以沥青混凝土作为防渗体的土石坝在我国也得到长足的发展。以现代技术建成的浙江天荒坪沥青混凝土面板坝（坝高72m）、长江三峡茅坪溪沥青混凝土心墙堆石坝（坝高100m）和四川南桠河冶勒沥青混凝土心墙堆石坝（坝高125m）表明，沥青混凝土防渗体堆石坝已经成为有很强竞争实力的一种坝型。

20多年前，我国土工织物等土工合成材料的研究和应用开始起步，80年代用土工膜修补、加固了百余座病险坝，90年代用土工膜修补和新建了数十座土石坝。近年来，该材料在堤防和堰坝防渗体工程中的应用规模和应用效果，得到了工程界的认可。由于这种新坝型建造历史较短，技术尚不够成熟，一些坝的设计施工还有不足之处，有待各界共同努力，以求得到这一技术的不断进步和完善。

近年来，一批高土石坝的相继建成和动工修建，标志着我国的土石坝施工水平已经进入世界先进行列。这些工程使用的自卸汽车的吨位和挖掘机斗容随填筑规模的加大而增大，碾压设备都采用了大型自行式或牵引式振动碾，冲击式压实设备开始试验应用。测试手段和观测设备埋设技术都有了同步的发展。由于施工技术水平的提高和采用先进的施工设备与工艺，深覆盖层地基处理技术也取得了跨越式进步。

第一节　坝料复查与规划

一、坝料复查

坝料复查是在施工设计的基础上，在料场开采之前开展的工作，是为了更加准确地确定筑坝料场的数量、性质、分布、施工开采条件及其处理方法，以便作为料场规划、开采、运输道路布置等施工组织设计的依据，同时也是为了进一步核实筑坝材料设计的可靠性。这一工作应由施工单位完成。坝料复查是一项重要工作，若前期勘察工作不足，可能导致工程开工后，因坝料质量和数量不能满足工程要求，致使停工而拖延工期。因此，坝料复查是十分必要的。

施工单位对勘测设计单位所提供的各天然料场勘察报告和可供利用的枢纽建筑物开挖料的调查及试验资料应进行核查。对合同文件中选定的各种料源的储量和质量，应辅以适量的坑探和钻孔取样复核。如达不到现行《水利水电工程天然建筑材料勘察规程》（SL

251—2000）的要求时，应及时报告监理工程师。

施工期间如发现有更合适的料场可供使用，或因设计施工方案变更，需要新辟料源或扩大料源时，应进行补充调查。其调查试验的项目和精度应符合上述规程的有关规定。

1. 天然料源的复查内容

（1）覆盖层或剥离层厚度，料层的地质变化及夹层的分布情况。

（2）料源的分布、开采及运输条件。

（3）料源的水文地质条件与汛期水位的关系。

（4）根据料场的施工场面、地下水位、地质情况、施工方法及施工机械可能开采的深度等因素，复查料场的开采范围、占地面积、弃料数量以及可用料层厚度和有效储量。

（5）进行必要的室内和现场试验，核实坝料的物理力学性质及压实特性。

2. 开挖利用料源的复查内容

对枢纽建筑物开挖料的复查或补充调查工作，应根据坝料可能填筑的顺序，在开始填筑前完成。其复查内容如下：

（1）可供利用的开挖料的分布、运输及堆存回采条件。

（2）根据枢纽工程的地质、地形条件，复查主要可供利用的建筑物开挖料的工程特性。

（3）复查有效挖方的利用率。

坝料根据性质不同，有黏性土、砾质土、软岩、风化料、砂砾料和堆石料等类型，复查的具体要求和重点也不相同，应按《碾压式土石坝施工规范》（DL/T 129—2001）执行。

3. 料场复查报告的内容

料场复查报告的内容，应包括料场地形图、试坑与钻孔平面图、地质剖面图（当地质情况简单时可省略）、含水率、地下水位随季节变化情况、试验分析成果、代表性坝料样品、有效开采面积、实际可开采数量的计算书、料场全部或部分坝料与建筑物可利用开挖料、适用于填筑坝体某一部位的说明书与是否加工处理的结论，并说明开采和运输条件等。

二、坝料规划

坝料规划是在坝料复查的基础上，对各种料场在不同施工阶段中的使用程序、填筑部位及供求量的平衡等问题，作出从空间、时间、质与量诸方面的全面规划。

1. 空间规划

空间规划，系指对料场位置、高程的恰当选择，合理布置。土石料的上坝运距要尽可能短，高程上有利于重车下坡，减少运输机械功率的消耗。近料场不应因取料影响坝的防渗稳定和上坝运输，也不应使道路坡度过陡引起运输事故。坝的上下游、左右岸最好都有料场，这样有利于上下游、左右岸同时供料，减少施工干扰，保证坝体均衡上升。用料时原则上应低料低用，高料高用，当高料场储量有余裕时，亦可高料低用。同时料场的位置应有利于布置开采设备、交通运输及排水通畅。对石料场尚应考虑与重要建筑物、构筑物、机械设备等保持足够的防爆、防震安全距离。

2. 时间规划

时间规划，就是要考虑施工强度和填筑部位的变化。随着季节及坝前蓄水情况的变化，料场的工作条件也在变化。在用料规划上应力求做到上坝强度高时用近料场，低时用较远的料场，使运输任务比较均衡。对近料和上游易淹的坝料应先用，远料和下游不易淹的坝料后用；含水量高的料场旱季用，含水量低的料场雨季用。在料场使用规划中，还应保留一部分近料场供围堰合龙段填筑和拦洪度汛用料强度高峰时使用。

3. 质与量规划

质与量的规划，是料场规划最基本的要求，也是决定料场取舍的重要因素。在选择和规划使用料场时，应对料场的地质成因、产状、埋深、储量以及各种物理力学指标进行全面勘探和试验。勘探精度应随设计深度加深而提高。在施工组织设计中，进行用料规划，不仅应使料场的总储量满足坝体总方量的要求，而且应满足施工各个阶段最大上坝强度的要求。

施工前对料场的实际可开采总量进行规划时，应考虑料场调查精度、料场天然重度与坝面压实重度的差值以及开挖与运输、雨后坝面清理、坝面返工及削坡等损失。实际可开采总量与坝体填筑数量的比例一般为：土料 2.0～2.5（宽级配砾质土取上限），砂砾料 1.5～2.0，水下砂砾料 2.0～2.5，堆石料 1.2～1.5，天然反滤料应根据筛取的有效方量确定，但一般不宜小于 3.0。

4. 其他方面

料尽其用，充分利用永久建筑物和临时建筑物基础开挖渣料是土石坝料场规划的又一重要原则。为此应增加必要的施工技术组织措施，确保渣料的充分利用。例如，若导流建筑物和永久建筑物的基础开挖时间与上坝时间不一致时，则可调整开挖和填筑进度，或增设堆料场储备渣料，供填筑时使用。

料场规划还应对主要料场和备用料场分别加以考虑。前者要求质好、量大、运距近，且有利于常年开采；后者通常在淹没区外，当前者被淹没或因库区水位抬高，土料过湿或其他原因中断使用时，能有备用料场保证坝体填筑不致中断。

另外，料场选择还应与施工总体布置结合考虑，应根据运输方式、填筑强度来研究运输线路的规划和装料作业面的布置。料场内装料作业面应保持合理的间距，间距太小会使道路频繁搬迁，影响工效；间距太大影响开采强度，通常装料作业面间距取 100m 为宜。整个场地规划还应排水通畅，全面考虑出料、堆料、弃料的位置，力求避免干扰以加快采运速度。

第二节 土石料挖运机械

土石料挖运机械包括挖掘机械、铲运机械和运输机械三大类。

一、挖运机械

（一）挖掘机械

挖掘机械的种类繁多，就其构造及工作特点，有循环单斗式和连续多斗式之分。就其传动系统又有索式、链式和液压传动之分，挖掘机的分类及用途见表 4-1。液压传动具有突出的优点，现代工程机械多采用液压传动。水利工程中常见的单斗挖掘机械如图 4-1 所示。

表 4-1 挖掘机械的分类及用途

分类要素	型式	用途
工作装置	正铲、反铲、拉铲、抓铲	挖掘基坑，疏通河道、道路，清理废墟，挖掘水库和河道，剥离表土，挖装土石材料等
动力装置	电力驱动式、内燃机驱动式、混合动力等	
动力传递和控制方式	机械式、机械液压式、全液压式	
行走方式	履带式、轮胎式、拖挂式	
作业方式	循环作业式（单斗挖掘机）、连续作业式（多斗挖掘机）	

1. 单斗式挖掘机

单斗挖掘机是只有一个铲土斗的挖掘机械，为了适应各种不同施工作业的需要，其工作装置有正向铲、反向铲、拉铲和抓铲四种。

（1）正向铲挖掘机。电动正向铲［图 4-1（a）］，是单斗挖掘机中最主要的型式，其特点是铲斗前伸向上，强制铲土，挖掘力较大，主要用来挖掘停机面以上的土石方，需要相当数量的自卸汽车配合，一般用于开挖无地下水的大型基坑和料堆，适合挖掘Ⅰ～Ⅳ级土或爆破后的岩石渣。

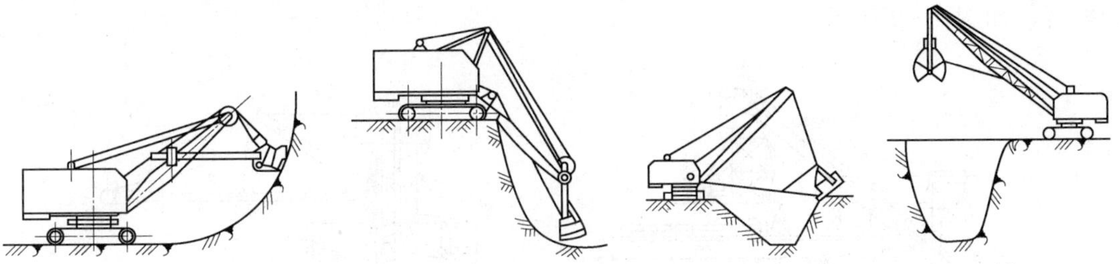

(a) (b) (c) (d)

图 4-1 单斗挖掘机
（a）正向铲挖掘机；（b）反向铲挖掘机；
（c）拉铲挖掘机；（d）抓铲挖掘机

液压正向铲的斗容量一般为 0.5～40m^3，常用的为 4m^3、10m^3 和 16m^3 等，最大挖掘高度 10m 以上。

正向铲有两种作业方式：正向挖土、侧向卸土；正向挖土、后方卸土。

（2）反向铲挖掘机。电动反向铲［图 4-1（b）］，是正向铲更换工作装置后的工作型式，其特点是铲斗后扒向下，强制挖土。它主要用于挖掘停机面以下的土石方，需要相当数量的自卸汽车配合，一般用于开挖小型基坑或地下水位较高的土方，适合挖掘Ⅰ～Ⅲ级土或爆破后的岩石渣，硬土需要先行刨松。

履带式液压反向铲的斗容量一般为 0.5～40m^3，其中，1.0m^3 以下的称小型铲，1.0～5.0m^3 的称中型铲，5.0～15.0m^3 的称大型铲，15.0～40.0m^3 的称超大型铲。

反铲挖掘机每一作业循环包括挖掘、回转、卸料和返回等四个过程。

（3）拉铲挖掘机。电动拉铲［图 4-1（c）］，用于挖掘停机面以下的土方。由于卸料是利用自重和离心力的作用在机身回转过程中进行，湿黏土也能卸净，因此最适于开挖水下及含水率大的土料。但由于铲斗仅靠自重切入土中，铲土力小，一般只能挖掘Ⅰ～Ⅲ级土，不能开挖硬土。拉铲的臂杆较长，且可利用回转通过钢索将铲斗抛至较远距离，所以它的挖掘半径、卸土半径和卸载高度较大，最适于直接向弃土区弃土。

常用的拉铲斗容量一般为 0.5～4.0m^3。国外生产的步行式拉铲挖掘机，斗容量高达 168.2m^3。

(4) 抓铲挖掘机。电动抓铲 [图 4-1 (d)]，利用其瓣式铲斗自由下落的冲力切入土中，而后抓取土料提升，回转后卸掉。抓铲挖掘深度较大，适用于挖掘窄深基坑或沉井中的水下淤泥及砂卵石等松软土方，也可用于装卸散粒材料。

2. 多斗式挖掘机

多斗式挖掘机是一种由若干个挖斗依次连续循环进行挖掘的专用机械，生产效率和机械化程度较高，在大量土方开挖工程中运用。它的生产率从每小时几十立方米到上万立方米，主要用于挖掘不夹杂石块的Ⅰ～Ⅳ级土。多斗挖掘机按工作装置不同，可分为链斗式和斗轮式两种。

链斗式挖掘机是多斗挖掘机中最常用的型式，若干挖斗随着斗链依次运动，刮土带出掌子面，主要进行下采式工作。采砂船也是链斗式挖掘机的一种，移动在水面上挖取水下砂卵石，如图 4-2 所示。

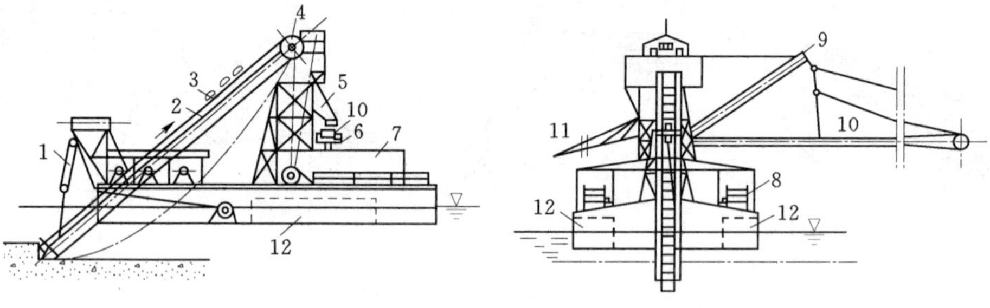

图 4-2　链斗式采砂船

1—斗架提升索；2—斗架；3—链条和链斗；4—主动链轮；5—卸料漏斗；6—回转盘；7—主机房；8—卷扬机；9—吊杆；10—皮带机；11—泄水槽；12—平衡水箱

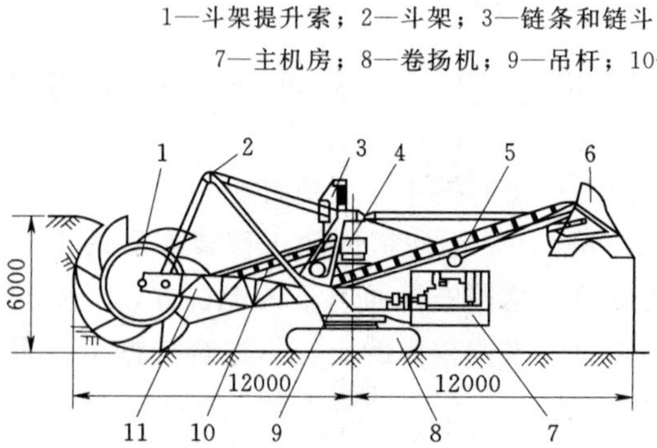

图 4-3　斗轮式挖掘机（单位：mm）

1—斗轮；2—升降机构；3—司机室；4—中心料仓；5—卸料皮带机；6—双槽卸料斗；7—动力装置；8—履带；9—转台；10—受料皮带机；11—斗轮臂

斗轮式挖掘机（图 4-3）的斗轮装在可俯仰的臂杆上，斗轮上装有若干个铲斗随着斗轮一起转动，切土带出掌子面。当铲斗转到最高位置时，土料靠自重落下，经溜槽卸至皮带机，然后再卸至弃土堆或运输工具上。其主要特点是斗轮转速较高，连续作业，臂杆的倾角可以改变，挖掘机上部机构安装在转台上，可作 360°旋转，因此，这种挖掘机的生产率高，能开挖停机面上、下的土方。

（二）铲运机械

铲运机械是一种能独自连续完成挖、装、运等作业的施工机械，常用的有推土机、铲运机和装载机三种。

1. 推土机

推土机是一种多用途的自行式土方工程施工机械，是水利水电建设中最常用、最基本的机械，可用来完成场地平整、基坑开挖、渠道开挖、推平填方、堆积土料、回填沟槽、清理场地等作业，还可以牵引振动碾、松土器、拖车等机械作业。它在推运作业中，距离不宜超过 60～100m，挖深不宜大于 1.5～2.0m，填高小于 2～3m。

推土机按安装方式分为固定式和万能式；按操纵方式分为钢索操纵和液压操纵；按行驶分为履带式和轮胎式。推土机推运土料采用前进推料后退开行。为提高生产率，常采取下坡推土、沟槽推土、并列推土等方法。水利工程中常见的履带式推土机如图 4-4 所示。

2. 铲运机

铲运机（图 4-5）是一种利用铲头在随机械一起行进中依次完成铲土、装土、运土、铺卸和整平等五个工序的铲土运输机械。它广泛用于大规模的土方施工作业中。

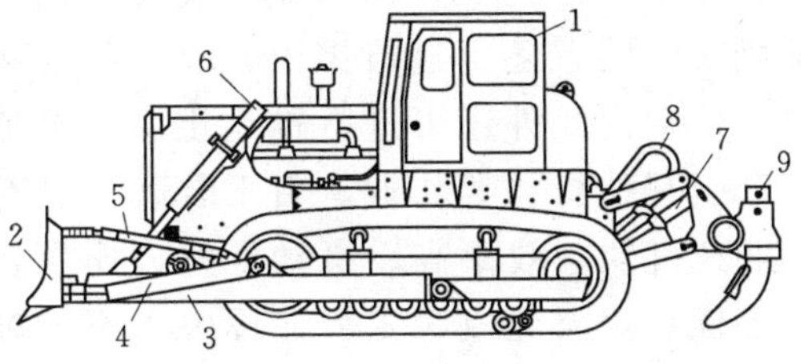

图 4-4　履带式推土机

1—驾驶室；2—推土板；3—拱形架；4、5—撑杆；6—推土板工作油缸；7—松土器工作油缸；8—油管；9—松土器

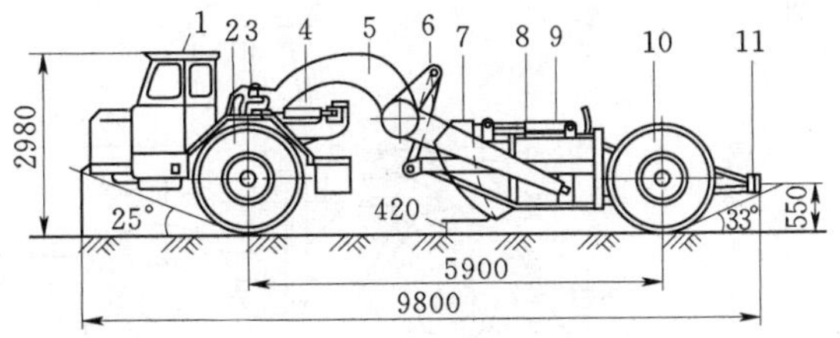

图 4-5　自行式铲运机（单位：mm）

1—驾驶室；2—前轮；3—中央框架；4—转向油缸；5—辕架；6—提斗油缸；7—斗门；8—铲斗；9—斗门油缸；10—后轮；11—尾架

铲运机按行走装置，可分为牵引式和自行式两种。牵引式铲运机按铲斗的行走装置多为双轴轮胎式，一般由履带式拖拉机牵引，其机动性能较差，只适用于短距土方转移工程；自行式铲运机按铲斗的行走装置可分为履带式和轮胎式两种。自行履带式适宜于运距不长、狭窄和沼泽地带使用。自行轮胎式机动灵活，在中长距离的土方转移工程中应用广泛。

铲运机按装载方式可分为链板式和普通式两种。普通式利用牵引力让土屑挤入铲斗来实现装载过程。链板式则以链板装载结构代替普通的斗门，铲刀切出的土屑由该机构升送入斗。因此与普通式相比，它能降低约 60%装斗阻力，从而有效地利用动力实现自装，即没有助铲机械也能单独作业，效率高，能边转弯边装载，适宜在狭窄场地使用。由于链板的碎土作用，它铺土均匀，压实效果好。但与普通式铲运机相比，其机重大，铲装时间长，造价高。

铲运机按斗容可分为小、中、大和特大型四种。小型 3～6m^3，仅限于牵引式铲运机；中型 6～15m^3；大型 15～30m^3；特大型 30m^3 以上。美国生产的铲运机斗容量已达 38m^3

以上，功率超过 400kW。

铲运机用于平整大面积场地、开挖大型基坑、河渠和填筑堤坝等。铲运机可以用来直接完成Ⅰ～Ⅳ级土的铲挖，其中应对Ⅲ级以上较硬的土进行预先疏松后铲挖。要求铲土作业地区没有树根、树桩、大的石块和过多的杂草。普通装载式铲运机多用于含水率不大的土壤铲运作业，不适宜铲装湿黏土或干散砂土。链板式铲运机有更大的装载物料范围，除可装载普通土壤外，还可装载砂、砂砾石和级配均匀的小石渣，但不宜用于铲运大的卵石、石渣和湿黏土等。

自行式铲运机的工作速度可以达到 40km/h 以上，在中长距离作业中具有很高的生产效率和良好的经济效益。自行式铲运机适用于运距 500～3500m，在 800～1500m 能发挥最高生产效率。牵引式铲运机运距不宜超过 500m，最大不超过 1000m。铲运机的施工坡度不宜大于 10%。

3. 装载机

装载机（图 4-6）是一种可以挖、装、运、填连续作业的高效铲运机械。它主要用于铲装土壤、砂石等散状物料，也可对岩石、硬土等作轻度铲挖作业。换装不同的辅助工作装置还可进行推土、起重其他物料等作业。此外还可进行推运土壤、平地和牵引其他机械等作业。由于装载机具有作业速度快、效率高、机动性好、操作轻便等优点，因此成为工程建设中土石方施工的主要机种之一。

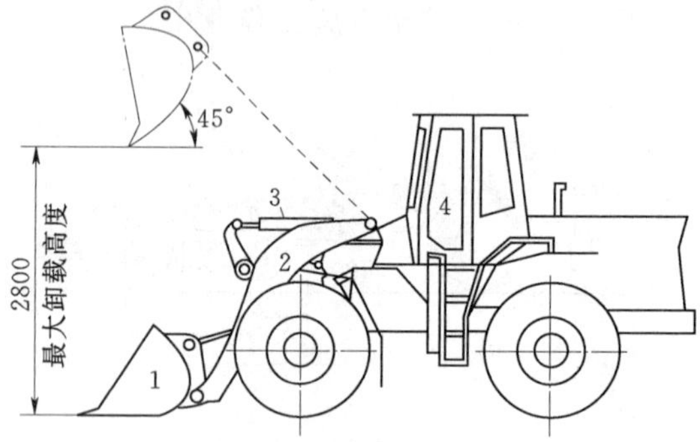

图 4-6　轮式装载机外形图（单位：mm）

1—装载斗；2—活动臂；3—臂杆油缸；4—驾驶室

常用的单斗装载机按其装卸方式可分为前卸式、回转式和后卸式三种。前卸式的结构简单、便于观察、工作可靠，适合于各种作业场地，应用较广；回转式的工作装置安装在可回转 360°的转台上，侧面卸载不需要调头、作业效率高、但结构复杂、质量大、成本高、侧面稳定性较差，适用于较狭小的场地。后卸式采取前端装、后端卸，作业效率高，但安全性稍低。

装载机按行走机构特点分为轮胎式和履带式两种。ZL50 型轮式装载机是我国最主要的装载机机种。

（三）运输机械

土石坝施工中常用的土石方运输机械主要有自卸汽车、带式运输机和有轨机车。自卸汽车和有轨机车属于周期性运输机械，带式运输机属于连续性运输机械。

1. 自卸汽车

自卸汽车装有金属车厢，在举升机构的顶推作用下，可将车厢载的物料一次倾卸干净。一般用于砂石料和散装物料等的运输，常与挖掘设备配套使用。自卸汽车有向后倾卸式、侧倾卸式、三面（后及两侧）倾卸式和底卸式四种。自卸汽车按燃料的种类分为汽油机式和柴油机式。自卸汽车常用载重量为 3.5～65t，国外自卸汽车的载重量已达 200t。

2. 带式运输机

带式运输机（图 4－7）是一种高效连续式运输设备，生产率高，机构简单轻便，造价低廉；可作水平运输，也可作倾斜运输，而且可以调转任一运输方向；可在运输中途任何地点卸料。当地形复杂，坡度较大，通过狭窄地带和跨越深沟时，采用带式运输机运输更为适宜。

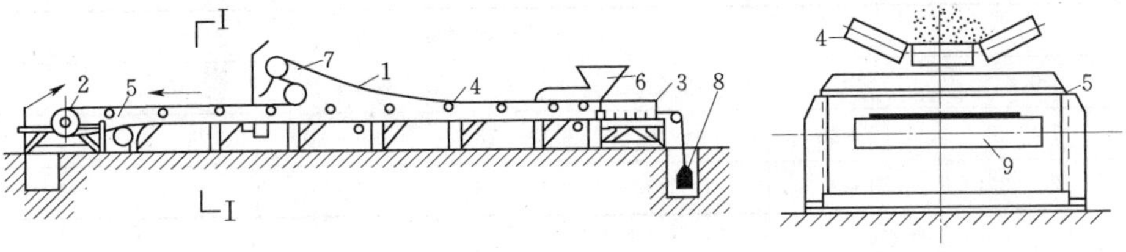

图 4－7　固定带式运输机构造图

(a) 纵剖面图；(b) 横剖面图

1—皮带；2—驱动鼓轮；3—张紧鼓轮；4—上托辊；5—机架；6—喂料器；7—卸料小车；8—张紧重锤；9—下托辊

带式运输机主要由胶带、驱动装置、传动滚筒、改向滚筒、承载托辊、上下托辊、拉紧装置、卸料装置、制动装置和清扫器等组成；胶带宽度在 500～2400mm，胶带的槽角通常选 30°或 35°，胶带的线速度为 1～4m/s；带式运输机的长度可从几米到上千米。

带式运输机有固定式和移动式两种。固定式运输机没有行走装置，多用于运距较远且线路固定的情况。移动式运输机长 5～15m，底部装有轮子可以移动，可手动调整它的上仰坡度。

3. 有轨机车

水利水电工程施工中所用的有轨机车，除巨型工程外，均为窄轨铁路。窄轨铁路的轨距有 1000mm、900mm、762mm、600mm 四种。具有可倾翻的车厢，容量有 0.5～15m^3 等多种，可用各种有轨动力机车牵引。

有轨机车具有机械结构简单、修配容易的优点。当料场集中，运输量大，运距较远（大于 10km）时，可用有轨机车进行水平运输。有轨机车运输的临建工程量大，设备投资较高，对线路坡度、转弯半径和车距等的限制也较多。有轨机车不能直接上坝，要在坝脚经卸料装置至其他运输设备转运上坝。

二、挖运机械生产率计算

1. 挖掘机生产率计算

循环式单斗挖掘机或连续式多斗挖掘机的实际小时生产率的计算公式为

$$P=60nqk_{充}k_{松}k_{误}k_{时} \tag{4-1}$$

式中　P——生产效率，m^3/h；

n——对于单斗挖掘机系指每分钟循环工作次数，可根据表 4－2 进行换算；

q——铲斗的几何容量，m^3；

$k_{充}$——铲斗充盈系数，表示实际装料容积与土斗几何容积的比值，见表 4－3；

$k_{松}$——土壤可松性系数，见表 4-4；

$k_{误}$——联合作业延误系数，考虑运输工具影响挖掘机的工作时间，有运输工具配合时，可取 0.9；无运输工具配合时，应取 1.0；

$k_{时}$——时间利用系数，可取 0.8～0.9。

表 4-2　挖掘机一次挖掘循环的工作时间　　单位：s

铲斗类型	挖掘机斗容（m^3）						
	0.8	1.5	2	3	4	6	9.5
正铲	16～28	16～28	18～28	18～28	20～30	24～34	28～36
反铲	24～33	28～37	30～39	36～46	42～50	43～52	46～56

表 4-3　挖掘机铲斗充盈系数

岩土名称	$k_{充}$	岩土名称	$k_{充}$
湿砂、壤土	1.0～1.1	中等密实含砾石黏土	0.6～0.8
小砾石、砂壤土	0.8～1.0	密实含砾石黏土	0.6～0.7
中等黏土	0.75～1.0	爆破好的岩石	0.6～0.75
密实黏土	0.6～0.8	爆破不好的岩石	0.5～0.7

注　岩石爆破后分为块状、针状和片状爆破物，其最长对角线长度超过铲斗宽度 60%以上或厚度超过铲斗口深度 55%以上为爆得不好；最长对角线长度小于铲斗宽度 30%以下或厚度小于铲斗 20%以下为爆得好；介于两者之间的为一般的。

表 4-4　土壤的可松性系数

挖掘机斗容（m^3）	土壤级别					
	Ⅰ	Ⅱ	Ⅲ	Ⅳ	爆破好的岩石	爆破不好的岩石
0.8～2.0	0.89	0.82	0.79	0.74	0.68	0.67
2.5～3.8	0.91	0.83	0.80	0.76	0.69	0.68
4.0～6.0	0.93	0.85	0.82	0.78	0.71	0.69
6.0～10.0	0.95	0.87	0.83	0.80	0.73	0.70

由式（4-1）可见，若要提高挖掘机械的实际生产率，必须提高循环式挖掘机的循环次数，即缩短每一挖掘循环的工作时间，如加长挖斗的中间斗齿以减小切土阻力和切土时间，减小挖卸之间的转角等。此外，当挖掘松散土料时，可更换较大容积的挖斗；加强机械的现场维修；合理布置掌子面，协调并改善回车和错车场地；改善挖运设备的配合等，都有利于提高挖掘机械的实际生产率。

2. 推土机的生产率计算

推土机的实际生产率（直铲推送土石、散砾料的自然方）的计算公式为

$$p=\frac{60qk_{坡}\ k_{时}}{T} \tag{4-2}$$

式中　p——推土机生产率，m^3/h；

q——推土机一次推运土料的体积，m^3；

$k_{坡}$——坡度影响系数，下坡推土取 1.07～1.26，上坡推土取 0.41～0.86；

$k_{时}$——时间利用系数，可取 0.7～0.75；

T——推土机一次工作循环时间，min。

$$T=2\frac{L}{v}+0.5$$

式中 L——推土机一次行程距离，m；

v——推土机行进速度，m/min。

q 的确定方法：①根据推土机说明书推荐的性能参数确定；②根据推土板尺寸参数计算，其计算公式为

$$q=\frac{h^2Bk_{松}\tan\varphi k_{损}}{2} \tag{4-3}$$

式中 h——推土板高度，m；

B——推土板宽度，m；

$k_{松}$——土壤的可松性系数，一般取 0.70；

φ——推土板前方土壤的自然倾角，°；

$k_{损}$——土石推移时的损失系数，取 0.75～0.95（松散土壤和运距大时取小值）。

3. 铲运机的生产率计算

铲运机生产率的计算公式为

$$p=\frac{60qk_{充}k_{松}}{T} \tag{4-4}$$

式中 p——铲运机生产率，自然方，m^3/h；

q——铲斗的容量，m^3；

$k_{充}$——铲斗充盈系数，砂子取 0.75，其他土壤取 0.85～1.0，最高可达 1.3；

$k_{松}$——土壤可松性系数，砂土取 0.56～0.93，亚黏土取 0.78～0.87，粉土取 0.77～0.81，黏土取 0.76～0.78；

T——铲运机一次工作循环时间，min。

$$T=2\frac{L}{v}+2$$

式中 L——铲运机一次行程距离，m；

v——铲运机行进速度，m/min。

4. 装载机生产率计算

装载机生产率的计算公式为

$$p=\frac{60qk_{充}k_{松}k_{配}k_{时}}{T} \tag{4-5}$$

式中 p——装载机生产率，自然方，m^3/h；

q——装载机额定铲斗容量，m^3；

$k_{充}$——铲斗充盈系数，干砂土取 1.0～1.25，湿砂取 0.75～1.0，硬质土、小碎石取 0.65～0.75，块石、卵石取 0.45～0.65；

$k_{松}$——土壤可松性系数，见表 4-4；

$k_{配}$——运输机械配合系数，取 0.8～0.9；

$k_{时}$——时间利用系数，可取 0.7～0.8；

T——装载机一次工作循环时间，min。

5. 自卸汽车的生产率计算

自卸汽车生产率的计算公式为

$$P_Q=\frac{8\times 60}{T}VK_t \tag{4-6}$$

式中 P_Q——自卸汽车生产率，(松方)，m^3/台班；

V——每工作循环的载重量，一般以车厢堆装容量计，m^3；

K_t——挖掘机的时间利用系数，可取 0.7～0.8；

T——工作循环时间，min。

$$T= t_1+ t_2+ t_3+ t_4$$

$$t_1=\frac{V}{P}\times 60$$

上二式中 t_1——装车时间，min；

t_2——包括重车运输和空车返回所需时间，min；

t_3——卸车时间和车辆倒车转向时间，min；

t_4——在装载机旁的调车时间，但不包括因等候装车耽误的时间，min；

P——装载机械的生产率（松方），m^3/h。

第三节 土石料运输道路

筑坝材料有多种运输方式。当今，由于机械制造业的发展和汽车运输的优越性，自卸汽车运输坝料直接上坝方式已成为普遍采用的方案。本节讲述汽车运输道路的布置。

一、运输道路布置原则及要求

(1) 根据地形条件、枢纽布置、工程量大小、填筑强度、自卸汽车吨位，应用科学的规划方法进行运输网络优化，统筹布置场内施工道路。

(2) 运输道路宜自成体系，并尽量与永久道路相结合。永久道路在坝体填筑施工以前完成。运输道路不要穿越居民点或工作区，尽量与公路分离。

(3) 连接坝体上、下游交通的主要干线，应布置在坝体轮廓线以外。干线与不同高程的上坝道路相连接，应避免穿越坝肩处岸坡，以避免对坝体填筑的干扰。

(4) 坝面内的道路应结合坝体的分期填筑规划统一布置，在平面与立面上协调好不同高程的进坝道路的连接，使坝面内临时道路的形成与覆盖（或削除）满足坝体填筑要求。

(5) 运输道路的标准应符合自卸汽车吨位和行车速度的要求。建议一级坝用Ⅱ级、二级坝用Ⅲ级道路标准。实践证明，用于高质量标准道路增加的投资，足以用降低的汽车维修费用及提高的生产率来补偿。要求路基坚实，路面平整，靠山坡一侧设置纵向排水沟，顺畅排除雨水和泥水，以避免雨天运输车辆将路面泥水带入坝面，污染坝料。

(6) 道路沿线应有较好的照明设施，路面照明容量不少于 3kW/km，确保夜间行车安全。

(7) 运输道路应经常维护和保养，及时清除路面上影响运输的杂物，并经常洒水，能减少运输车辆的磨损。

二、上坝道路布置方式

坝料运输道路的布置方式，有岸坡式、坝坡式和混合式三种，然后进入坝体轮廓线内，与坝体内临时道路连接，组成到达坝料填筑区的运输体系。

上坝道路单车环形线路比往复双车线路行车效率高、更安全，应尽可能采用单车环形线路。一般干线多用双车道，尽量做到会车不减速，坝区及料场多用单车道。

岸坡式上坝道路宜布置在地形较为平缓的坡面，以减少开挖工程量。路的“级差”一般为 20～30m。

两岸陡峻，地质条件较差，沿岸坡修路困难，工程量大，可在坝下游坡面设计线以外布置临时或永久性的上坝道路，称为坝坡式。其中的临时道路在坝体填筑完成后削除。

在岸坡陡峻的狭窄河谷内，根据地形条件，有的工程用交通洞通向坝区。用竖井卸料以连接不同高程的道路，有时也是可行的。非单纯的岸坡式或坝坡式的上坝道路布置方式，称为混合式。

三、坝内临时道路布置

(1) 堆石体内道路。根据坝体分期填筑的需要，除防渗体、反滤过渡层及相邻的部分堆石体要求平起填筑外，不限制堆石体内设置临时道路，其布置为“之”字形，道路随着坝体升高而逐步延伸，连接不同高程的两级上坝道路。为了减少上坝道路的长度，临时道路的纵坡一般较陡，为 10%左右，局部可达 12%～15%。

(2) 过防渗体道路。心墙、斜墙防渗体应避免重型车辆频繁压过，以免破坏。如果上坝道路布置困难，而运输坝料的车辆必须压过防渗体，应调整防渗体填筑工艺，在防渗体局部布置压过的临时道路。

黑河黏土心墙砂卵石堆石坝，砂卵石料全部取自下游河床，采用 45t 自卸汽车运输，汽车经由坝下游坡面的永久道路上坝。坝体上游区填料运输汽车必须压过心墙。采用心墙坝面分两区平起填筑，在分段处铺设 0.8m 厚的砂卵石料，形成 12m 宽的压过心墙道路，两区高差 5～10m。后一区心墙填筑前将临时道路全部挖除，并将此填土层处理合格，方可继续填筑升高。

第四节　土石料采运方案

一、综合机械化施工的基本原则

土石坝施工中，从料场的开采、运输，到坝面的铺料和压实各工序，优先考虑用机械施工，在大中型土石坝中，力争实现综合机械化。施工组织应遵循以下原则。

(1) 确保主要机械发挥作用。主要机械是指在机械化生产线中起主导作用的机械，充分发挥它的生产效率，有利于加快施工进度，降低工程成本。如土方工程机械化施工中，施工机械组合为：挖掘机、自卸汽车、推土机、振动碾；挖掘机为主要机械，其他为配套机械，挖掘机如出现故障或工效降低，会导致停工或施工强度下降。

（2）根据机械工作特点进行配套组合。连续式开挖机械和连续式运输机械配合；循环式开挖机械和循环式运输机械配合，形成连续生产线。否则，需要增加中间过渡设备。

（3）充分发挥配套机械作用。在选择配套机械，确定配套机械的型号、规格和数量时，其生产能力要略大于主要机械的生产能力，以保证主要机械的生产能力。

（4）便于机械使用维修管理。选择配套机械时，尽量选择一机多能型，减少衔接环节。同一种机械力求型号统一，便于维修管理。

（5）加强保养、合理布置、提高工效。严格执行机械保养制度，使机械处于最佳状态，合理布置流水作业工作面和运输道路，能极大地提高工效。

对于爆破开采石料的采运，已在第二章讲述。以下介绍与散粒料挖运有关的内容。

二、挖运方案选择

坝料的开挖与运输，是保证上坝强度的重要环节之一。开挖运输方案，主要根据坝体结构布置特点、坝料性质、填筑强度、料场特性、运距远近、可供选择的机械型号等因素，综合分析比较确定。坝料的开挖运输方案主要有以下几种。

（1）挖掘机开挖，自卸汽车运输上坝。正向铲开挖、装车，自卸汽车运输直接上坝，适宜运距小于10km。自卸汽车可运各种坝料，通用性好，运输能力高，能直接铺料，转弯半径小，爬坡能力较强，机动灵活，使用管理方便，设备易于获得。

在施工布置上，正向铲一般采用立面开挖，汽车运输道路可布置成循环路线，装料时停在挖掘机一侧的同一平面上，即汽车鱼贯式的装料与行驶，这种布置形式可避免汽车的倒车时间，正向铲采用60°～90°角侧向卸料，回转角度小，生产率高，能充分发挥正向铲与汽车的效率。

（2）挖掘机开挖，胶带机运输上坝。胶带机的爬坡能力强、架设简易、运输费用较低，与自卸汽车相比可降低费用1/3～1/2，运输能力也较大，适宜运距小于10km。胶带机可直接从料场运输上坝；也可与自卸汽车配合，在坝前经漏斗卸入汽车做长距离运输，转运上坝；或与有轨机车配合，用胶带机作短距离运输，转运上坝。

（3）采砂船开挖，机车运输，转胶带机上坝。国内一些大中型水电工程施工中，广泛采用采砂船开采水下的砂砾料，配合有轨机车运输。当料场集中，运输量大，运距大于10km，可用有轨机车进行水平运输。有轨机车不能直接上坝，要在坝脚经卸料装置转胶带机运输上坝。

（4）斗轮式挖掘机开挖，胶带机运输，转自卸汽车上坝。当填筑方量大，上坝强度高的土石坝，料场储量大而集中，可采用斗轮式挖掘机开挖。斗轮式挖掘机挖料转入移动式胶带机，其后接长距离的固定式胶带机至坝面或坝面附近经自卸汽车运至填筑面。这种布置方案，可使挖、装、运连续进行，简化了施工工艺，提高了机械化水平和生产效率。

坝料的开挖运输方案很多，但无论采用何种方案，都应结合工程施工的具体条件，组织好挖、装、运、卸的机械化联合作业，提高机械利用率，减少坝料的转运次数，各种坝料的铺筑方法及设备应尽量一致，减少辅助设施，充分利用地形条件，统筹规划和布置。

三、挖运强度与挖运机械数量的确定

坝料的挖运强度取决于土石坝的填筑强度需要，填筑强度又取决于施工中的气象水文条件、施工导流方式、施工分期、工作面的大小、劳动力、机械设备、燃料动力供应情况等因素。对于大中型工程，平均日填筑强度通常为1万～3万m^3，高的达10万m^3左右。在施工组织设计中，一般根据施工进度计划的各个阶段要求完成的坝体方量，来确定填筑和挖运强度。合理的施工组织应有利于实现均衡生产，避免生产强度的大起大落，使人力、机械设备不能充分利用，造成不必要的浪费。

1. 坝体分期填筑强度

坝体分期填筑强度Q_d的计算公式为

$$Q_d=\frac{V_d k k_1}{TN} \tag{4-7}$$

式中　Q_d——坝体分期填筑强度，m^3/h；

V_d——坝体分期填筑方量，m^3；

k——施工不均匀系数，可取1.2～1.3；

k_1——考虑沉陷、削坡、损失等影响系数，可取1.15～1.2；

T——分期时段的有效工作日数，d，按分期时段的总日数，扣除节假日、降雨及气温影响可能的停工日数；

N——每日的工作小时数，以20h计。

2. 分期施工运输强度

分期施工运输强度Q_T的计算公式为

$$Q_T=\frac{Q_d k_2 \gamma_d}{\gamma_y} \tag{4-8}$$

式中　Q_T——分期施工运输强度，m^3/h；

k_2——土料运输损失系数，取1.05～1.10；

γ_d——设计干表观密度，t/m^3；

γ_y——土料松散状态下干表观密度。

3. 坝体分期施工的开挖强度

坝体分期施工的开挖强度Q_c的计算公式为

$$Q_c=\frac{Q_d k_3 \gamma_d}{\gamma_n} \tag{4-9}$$

式中　Q_c——坝体分期施工的开挖强度，m^3/h；

k_3——开挖及运输中的损失系数，可取1.05～1.10；

γ_n——土料的天然干表观密度，t/m^3。

4. 上坝填筑要求

满足上坝填筑强度要求的挖掘机数量N_c的计算公式为

$$N_c=\frac{Q_c}{P_c} \tag{4-10}$$

式中　P_c——1台挖掘机的生产率，m^3/h。

满足上坝填筑强度要求的汽车数量N_a的计算公式为

$$N_a=\frac{Q_c}{P_a} \tag{4-11}$$

式中　P_a——1辆汽车的生产率，m^3/h。

配合一台挖掘机所需的汽车数量，其总的生产率应略大于一台挖掘机的生产率，即 $nP_a \geqslant P_c$。

为了充分发挥自卸汽车的运输效能，应根据挖掘机械的斗容选择具有适宜容量的汽车型号。挖掘机装满一车斗数的合理范围应为 3～5 斗，通常要求装满一车的时间不超过 3.5～4min，卸车时间不超过 2min。

第五节 土石料压实原理

一、土料压实基本理论

土是松散颗粒的集合体，其自身的稳定性主要取决于土体的内摩擦力和黏结力。而土体的内摩擦力、凝聚力和抗渗性都与土的密实性有关，密实性越大，物理力学性能越好。如干密度为 1.4t/m^3 的砂壤土，压实后若提高到 1.7t/m^3，其抗压强度可提高 4 倍，渗透系数将降至原来的 1/200。土料压实度高，可使坝坡较陡，减少填筑方量。

土料压实效果与土料的性质、颗粒组成与级配、含水量以及压实功能有关。黏性土与非黏性土的压实有显著的差别。一般黏性土的黏结力较大，内摩擦力较小，具有较大的压缩性，但由于它的透水性小，排水固结过程慢，所以压实困难。而非黏性土的黏结力小，内摩擦力大，具有较小的压缩性，但由于它的透水性大，排水压缩过程快，所以压实容易。

土料颗粒级配也影响压实效果。颗粒越细，空隙比就越大，就越不容易压实。所以黏性土压实干密度低于非黏性土压实干密度。颗粒级配不均匀的砂砾料，比颗粒级配均匀的砂砾料达到的干密度要大一些。

含水量是影响黏土压实效果的重要因素之一。当压实功能一定时，黏土的干密度随含水量增加而增大，并达到最大值，此时的含水量为最优，大于此含水量后，干密度会减小，此时土料逐渐饱和，外力被土料内自由水抵消。非黏性土料的透水性大，排水容易，受含水量影响很小。

压实功能的大小，也影响着土料干密度的大小。压实功能增加，干密度也随之增大，而最优含水量随之减少。说明同一种土料的最优含水量和最大干密度，随压实功能的改变而变化，这种特性对于含水量较低（小于最优含水量）的土料比对于含水量较高（大于最优含水量）的土料更为显著。

二、压实机械及生产率计算

（一）压实机械及压实方法

根据不同的压实机械产生的压实作用力的机理不同，可分为碾压、夯实和振动三种基本类型。

碾压的作用力是静压力，其大小不随作用时间而变化。

夯实的作用力为瞬时动力，有瞬时脉冲作用，其大小随时间和落高而变化。

振动的作用力为周期性的重复动力，其大小随时间呈周期性变化，振动周期的长短，随振动频率的大小而变化。

碾压和夯击可用于各类土，振动法仅适用于砂性土。常用的压实机械有羊脚碾、振动碾、气胎碾、夯实机械。

1. 羊脚碾

羊脚碾的外形如图4－8所示，在碾的滚筒表面设有交错排列的截头圆锥体，状如羊脚。碾压时，羊脚碾的羊脚插入土中，不仅使羊脚端部的土料受到压实，侧向土料也受到挤压，从而达到均匀压实的效果，图4－9为羊脚碾压实原理图。在压实过程中，羊脚对表层土有翻松作用，无需刨毛就能保证土料良好的层间结合。钢铁空心滚筒侧面设有加载孔，加入滚筒内的载荷大小根据压实需要确定，加载物料有铸铁块和砂砾石等。羊脚的长度一般为碾滚直径的1/6～1/7，随碾滚的重量增加而增加。若羊脚过长，其表面面积过大，压实阻力增加，羊脚端部的接触应力减小，会影响压实效果。重型羊脚碾碾重可达30t，羊脚相应长40cm。

图4－8　羊脚碾外形图

1—羊脚；2—加载孔；3—碾滚筒；4—杠辕框架

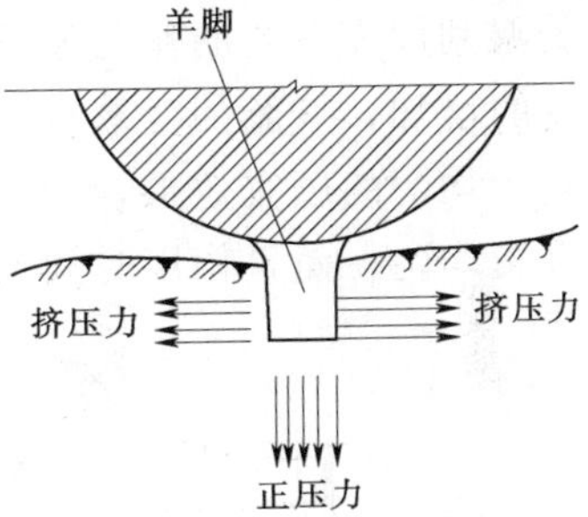

图4－9　羊脚碾压实原理

羊脚碾的开行方式有两种：进退错距法和圈转套压法。前者操作简便，碾压、铺土和质检等工序协调，便于分段流水作业，压实质量容易保证，其开行方式如图4－10(a)所示。后者要求开行的工作面较大，适合于多碾滚组合碾压。其优点是生产效率较高，但碾压中转弯套压交接处重压过多，容易超压；当转弯半径小时，容易引起土层扭曲，产生剪力破坏；在转弯的角部容易漏压，质量难以保证，其开行方式如图4－10(b)所示。

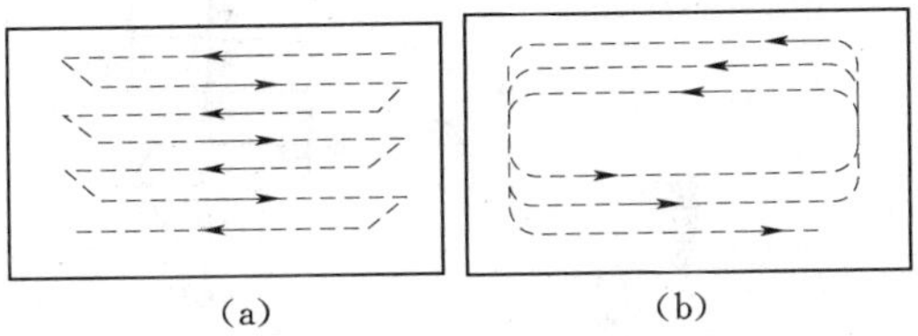

图4－10　碾压机械开行方式

(a) 进退错距法；(b) 圈转套压法

国内多采用进退错距法。当采用这种开行方式，为避免漏压，可在碾压带的两侧先往复压够遍数后，再进行错距碾压。错距宽度 b 的计算公式为

$$b=\frac{B}{n} \tag{4-12}$$

式中　B——碾磙净宽，m；

n——现场试验确定的碾压遍数。

2. 振动碾

振动碾是一种具有静压和振动双重功能的复合型压实机械。常见的类型是振动平碾，也有振动变形碾（表面设凸块、肋形、羊脚等）。它是由起振柴油机带动碾滚内的偏心轴

旋转，通过连接碾面的隔板，将振动力传至碾滚表面，然后以压力波的形式传到土体内部。非黏性土的颗粒比较粗，在这种小振幅、高频率的振动力的作用下，内摩擦力大大降低，由于颗粒不均匀，受惯性力大小不同而产生相对位移，细粒滑入粗粒空隙而使空隙体积减小，从而使土料达到密实。然而，黏性土颗粒间的黏结力是主要的，且土粒相对比较均匀，在振动作用下，不能取得象非黏性土那样的压实效果。振动碾的构造如图 4－11 所示。

由于振动力的作用，土中的应力可提高 4～5 倍，压实层达 1m 以上，有的高达 2m，生产率很高。可以有效地压实堆石体、砂砾料和砾质土，也能压实黏性土，是土坝砂壳、堆石坝碾压必不可少的工具，应用非常广泛。

3. 气胎碾

气胎碾利用充气轮胎作为碾子，在碾压土料时，气胎随土体的变形而变形。随着土体压实密度的增加，气胎的变形也相应增加，从而使气胎与土体的接触面积随之增大，始终能保持较为均匀的压实效果，如图 4－12 所示。它与刚性碾比较，气胎碾不仅对土体的接触压力分布均匀，而且作用时间长，压实效果好，压实土料厚度大，生产效率高。

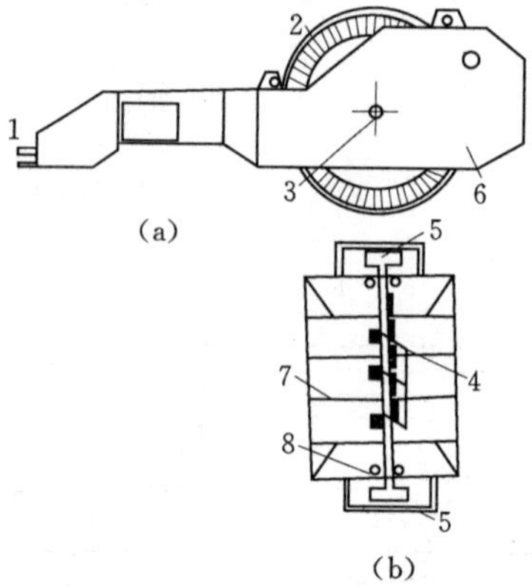

图 4－11　振动碾构造示意图

（a）外形图；（b）碾磙构造图

1—牵引挂钩；2—碾磙；3—轴；

4—偏心块；5—轮；6—车架侧壁；

7—隔板；8—弹簧悬架

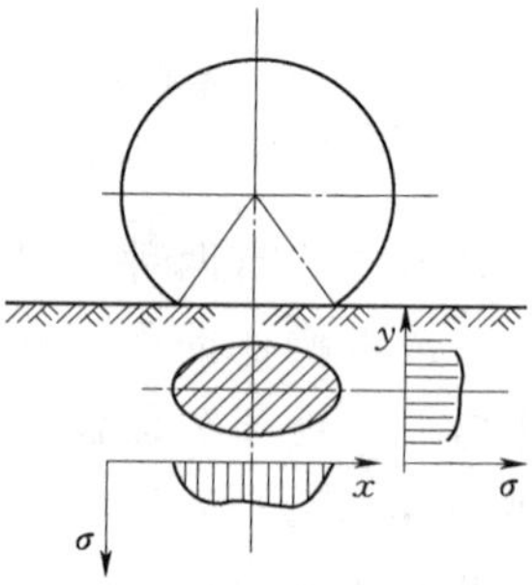

图 4－12　气胎碾压实应力分布图

气胎碾可根据压实土料的特性调整其内压力，使气胎对土体的压力始终保持在土料的极限强度内。通常气胎的内压力，对黏性土以 $(5\sim6)\times10^5$Pa、非黏性土以 $(2\sim4)\times10^5$Pa 最好。平碾碾磙是刚性的，不能适应土体的变形，荷载过大就会使碾磙的接触应力超过土体极限强度，这就限制了这类碾朝重型方向发展。气胎碾却不然，随着荷载的增加，气胎与土体的接触面增大，接触应力仍不致超过土体的极限强度。所以只要牵引力能满足要求，就不妨碍气胎碾朝重型高效方向发展。它既适用于黏性土的压实，也可以压实砂土、砂砾石、黏土与非黏性土的结合带等。能做到一机多用，有利于防渗土料与坝壳土料平起同时上升。与羊脚碾联合作业效果更佳，如气胎碾压实，用羊脚碾收面，有利于上下层结合；羊脚碾碾压，气胎碾收面，有利于防雨。

4. 夯实机械

夯实机械是一种利用冲击能来击实土料的一种机械，有强夯机、挖掘机夯板等，用于夯实砂砾料，也可以用于夯实黏性土。适用于在碾压机械难于施工的部位压实土料。

（1）强夯机。强夯机是一种发展很快的强力夯实机械。它是由高架起重机和铸铁块或钢筋混凝土块做成的夯砣组成。夯砣的重量一般为10～40t，由起重机提升10～40m高后自由下落冲击土层，影响深度达4～5m，压实效果好，生产率高，用于杂土填方、软基及水下地层。

（2）挖掘机夯板。挖掘机夯板是一种用起重机械或正铲挖掘机改装而成的夯实机械。其结构如图4－13所示。夯板一般做成圆型或方型，面积约$1m^2$，重量为1～2t，提升高度为3～4m。其主要优点是压实功能大，生产率高，有利于雨季、冬季施工。当被夯石块直径大于50cm时，工效大大降低，压实黏土料时，表层容易发生剪力破坏，目前有逐渐被振动碾取代之势。

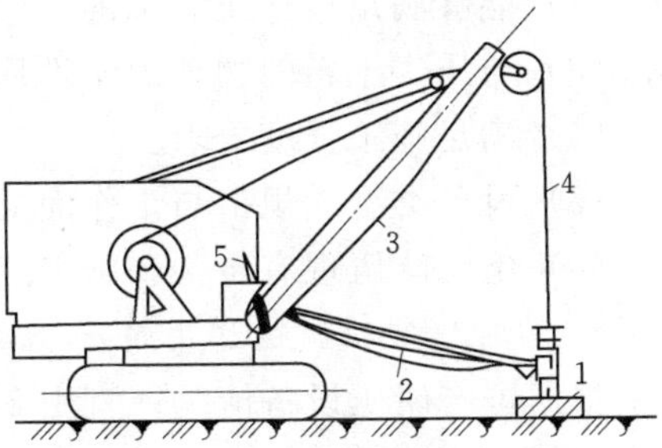

图4－13　挖掘机夯板示意图
1—夯板；2—控制方向杆；3—支杆；4—起重索；5—定位杆

（二）压实机械的生产率

由于碾压机械和夯实机械的工作特点不同，其生产率计算亦各异，分别介绍如下。

1. 碾压机械的生产率计算

$$p=\frac{v(B-C)hk_t}{n} \tag{4-13}$$

式中　p——碾压机械生产率，压实方，m^3/h；

n——碾压遍数；

v——碾的行驶速度，m/h；

B——碾压带宽度，m；

C——碾压带搭接宽度，m；

h——碾压层厚度，m；

k_t——时间利用系数。

2. 夯实机械的生产率计算

$$p=\frac{60m(B-C)^2hk_t}{n} \tag{4-14}$$

式中　p——夯实机械生产率，击实方，m^3/h；

n——夯击遍数；

m——每分钟夯击次数；

B——夯板底宽，m；

C——夯迹重迭宽度，m；

h——夯实厚度，m；

k_t——时间利用系数。

（三）压实机械的选择

1. 选择压实机械的原则

选择压实机械通常需考虑以下原则。

（1）可能取得的设备类型。

（2）能够满足设计压实标准。

（3）与压实土料的物理力学性质相适应。

（4）满足施工强度要求。

（5）设备类型、规格与工作面的大小、压实部位相适应。

（6）施工队伍现有装备和施工经验等。

2. 各种压实机械的适用情况

根据国产碾压设备情况，宜用50t气胎碾碾压黏性土、砾质土，压实含水量略高于最优含水量（或塑限）的土料。用9.0～16.4t的双联羊脚碾压实黏性土，重型羊脚碾宜用于含水量低于最优含水量的重黏性土。对于含水量较高、压实标准较低的轻黏性土也可用肋型碾和平碾压实。13.5t的振动碾可压实堆石与含有大于500mm特大粒径的砂卵石。用直径110cm重2.5t的夯板夯实砂砾料和狭窄场面的填土。对与刚性建筑物、岸坡等的接触带，边角、拐角等部位可用轻便夯夯实，例如采用HW—01型蛙式夯。

各种碾压机械的适应性可归纳到表4-5中。

三、压实标准与压实试验

（一）压实标准

土料压实得越好，物理力学性能指标就越高，坝体填筑质量就越有保证。但对土料过分压实，不仅提高了费用，还会产生剪力破坏。因此，应确定合理的压实标准。不同性质土石料，压实标准也各不相同。

表4-5　各种碾压设备的适用情况

项目	堆石	砂、砂砾料		砾质土	黏性土	黏土		软弱风化土石混合料
		优良级配	均匀级配			低中强度黏土	高强度黏土	
5～10t振动平碾	△	○	○	○	△	△	△	
10～15t振动平碾	○	○	○	○	△	△	△	
振动凸块碾			△	△	○	○	△	
振动羊脚碾				△	△	○	△	
气胎碾		○	○	○	○	○	○	
羊脚碾				△	○	○	○	
夯板		○	○	○	○	△	△	
尖齿碾								○

注　表中○表示适用，△表示可用。

1. 黏性土和砾质土

黏性土和砾质土的压实标准，主要以压实干密度和施工含水量这两个指标来控制。

（1）压实干密度确定。压实干密度用击实试验来确定。我国采用南实仪25击［87.95(t·m)/m^3］作为标准压实功能，得出一般不少于25～30组最大干密度的平均值

$\gamma_{d.\max}$(t/m³) 作为依据，从而确定设计干密度 γ_d(t/m³)：

$$\gamma_d = m\gamma_{d.\max} \tag{4-15}$$

式中 m——施工条件系数，一般Ⅰ、Ⅱ级坝及高坝，采用0.97～0.99，中低坝采用0.95～0.97。

此法对大多数黏土料是合理的、适用的。但是，土料的塑限含水量、黏粒含量不同，对压实度都有影响，标准压实功能87.95(t·m)/m³ 只是个经验数值，应进行以下修正：①以塑限 W_p（下同）含水量为最优含水量，由试验从压实功能与最大干密度、最优含水量曲线上初步确定压实功能；②考虑沉降控制的要求，即通过选定的干密度满足压缩系数 $\alpha=0.0098\sim0.0196\text{cm}^2/\text{kg}$ 左右，控制压缩系数；③当天然含水量与塑限含水量接近且易于施工时，选择天然含水量作为最优含水量来确定压实功能。

（2）施工含水量确定。施工含水量是由标准击实条件时的最大干密度确定的，最大干密度对应的最优含水量 W_{op}（下同）是一个点值，而实际的天然含水量总是在某一个范围内变动。为适应施工的要求，必须围绕最优含水量规定一个范围，即含水量的上下限。在击实曲线上以设计干密度值 γ_d 作水平线与曲线相交的两点就是施工含水量的控制范围。如图4-14所示。A型曲线较平缓，B型曲线较陡，因此满足 γ_d 的含水量范围两者是不同的，前者比后者大得多。

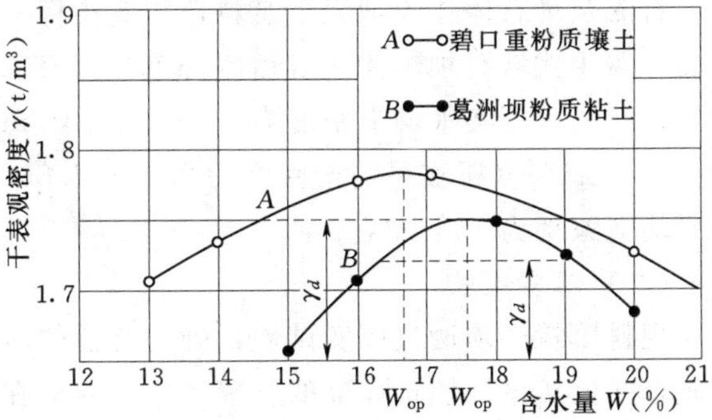

图4-14 设计干表观密度与施工含水量范围

当含水量低于“$W_{op}-0.05$”时，填筑土体容易发生裂缝；含水量从小于“W_{op}(或 W_p)$-(0.02\sim0.03)$”增加到接近 W_{op} 时土的柔性大大增加。

此外，施工含水量的范围还要考虑到施工碾压的可能性，例如含水量超过“$W_{op}+0.02$”左右，羊脚碾碾压困难。

通常对压实标准要求较高的土石坝，施工含水量的上限一般不超过“W_{op}(或 W_p)$+(0.02\sim0.03)$”；下限一般不低于“W_{op}（或 W_p）-0.02”。

较为理想的是用低于 W_{op} 的土料填筑心墙下部，以降低孔隙压力和压缩性；而用高于 W_{op} 的土料填筑其上部及邻近坝肩的区段，以增加塑性和变形能力，从而减少开裂的可能性。

2. 砂土及砂砾石

砂土及砂砾石的压实程度，与颗粒级配及压实功能关系密切，一般用相对密度 D_r 表示，其计算公式为

$$D_r = \frac{e_{\max} - e}{e_{\max} - e_{\min}} \tag{4-16}$$

式中 $e_{\max}$——砂石料的最大孔隙比；
$e_{\min}$——砂石料的最小孔隙比；
e——设计孔隙比。

在施工现场，当使用相对密度不方便时，可换算成相应的干密度 γ_p(t/m^3)，其计算公式为

$$\gamma_p=\frac{\gamma_{max}\gamma_{min}}{\gamma_{max}-D_r(\gamma_{max}-\gamma_{min})} \tag{4-17}$$

式中 γ_{max}——砂石料最大干表观密度，t/m^3；

γ_{min}——砂石料最小干表观密度，t/m^3。

设计的相对密度，与地震等级、坝高等有关。对一般土石坝或地震烈度在5度以下的地区，D_r 不宜低于0.67；对高坝或地震烈度为8～9度时，D_r 应不小于0.75；对砂性土，还要求颗粒不能太小和过于均匀，级配要适当，并有较高的密实度，防止产生液化。

3. 石渣及堆石体

石渣及堆石体作为坝壳填筑料，压实指标一般用空隙率表示。根据国内外的工程实践经验，碾压式堆石坝坝体压实后空隙率应小于30%，为了防止过大的沉陷，一般规定为22%～28%（压实平均干密度为2.04～2.24t/m^3）。面板堆石坝上游主堆石区空隙率标准为21%～25%（压实平均干密度为2.24～2.35t/m^3）；用砂砾料填筑的面板坝，砂砾料压实平均空隙率为15%左右。

（二）压实试验

坝料填筑必须通过压实试验，确定合适的压实机具、压实方法、压实参数及其他处理措施，并核实设计填筑标准的合理性。试验应在填筑施工开始前一个月完成。

1. 压实参数

压实参数包括机械参数和施工参数两大类。当压实设备型号选定后，机械参数已基本确定。施工参数有铺料厚度、碾压遍数、开行速度、土料含水量、堆石料加水量等。

表4-6　各种压实设备的压实参数组合

碾压机械	凸块振动碾（压实黏性土及砾质土）	羊脚碾	气胎碾	夯板	振动平碾（压实堆石及砂砾料）
机械参数	选择1种碾重和凸块接触压力	选择3种碾重或羊脚接触压力	轮胎的气压、碾重各选择3种	夯板的自重、直径各选择3种	选择1种碾重
施工参数	1. 选3种铺土厚度； 2. 选3种碾压遍数； 3. 选3种含水量	1. 选3种铺土厚度； 2. 选3种碾压遍数； 3. 选3种含水量	1. 选3种铺土厚度； 2. 选3种碾压遍数； 3. 选3种含水量	1. 选3种铺土厚度； 2. 选3种夯实遍数； 3. 选3种夯板落距； 4. 选3种含水量	1. 选3种铺土厚度； 2. 选3种碾压遍数； 3. 充分洒水①
复核试验参数	按最优参数试验	按最优参数试验	按最优参数试验	按最优参数试验	按最优参数试验
全部试验组数	10	13	16	19（16）②	10（7）③
每一参数实验单元大小（m）	6×10	6×10	6×10	8×8	10×20

① 堆石的洒水量约为其体积的30%～50%，砂砾料约为20%～40%。
② 夯板直径通常是固定的，故一般只有16组。
③ 碾重通常是固定值，故一般只有7组。

2. 试验组合

压实试验组合方法有经验确定法、循环法、淘汰法（逐步收敛法）和综合法。一般多采用逐步收敛法，压实参数组合可参照表 4-6 进行。先以室内试验确定的最优含水量进行现场试验，通过设计计算并参照已建类似工程的经验，初选几种压实机械和拟定几组压实参数。先固定其他参数，变动一个参数，通过试验得到该参数的最优值；然后固定此最优参数和其他参数，再变动另一个参数，用试验求得第二个最优参数值。依此类推，通过试验得到每个参数的最优值。最后用这组最优参数再进行一次复核试验。倘若试验结果满足设计、施工的技术经济要求，即可作为现场使用的施工压实参数。

黏性土料压实含水量可分别取 $W_1=W_p+2\%$；$W_2=W_p$；$W_3=W_p-2\%$三种进行试验。W_p 为土料的塑限。

3. 试验分析整理

按不同压实遍数 n、不同铺土厚度 h 和不同含水量 W 进行压实、取样。每一个组合取样数量为：黏土、砂砾石 10～15 个；砂及砂砾 6～8 个；堆石料不少于 3 个，分别测定其干密度、含水量、颗粒级配，可作出不同铺土厚度时压实遍数与干密度、含水量曲线，如图 4-15 所示。根据上述关系曲线，再作铺土厚度 h、压实遍数 n、最大干密度 γ_{max}、最优含水量 W_{op}关系曲线，如图 4-16 所示。

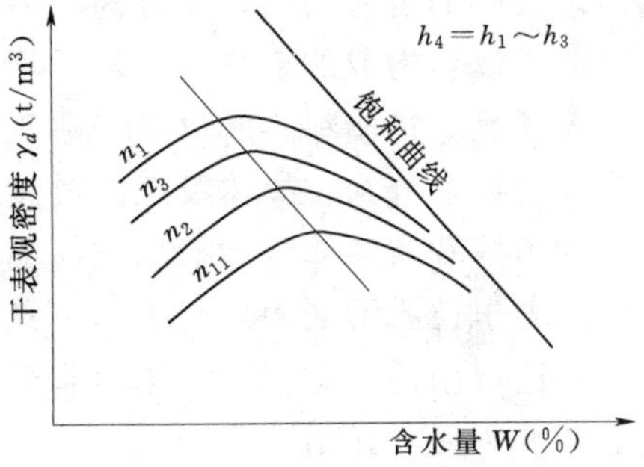

图 4-15 铺土厚度、压实遍数与干密度、含水量关系曲线

在图 4-16 曲线上，根据设计干密度 γ_d，分别查取不同铺土厚度所需的碾压遍数 a、b、c 及相应的最优含水量 d、e、f。然后计算铺土厚度与压实遍数比值，即 h_1/a、h_2/b、h_3/c，取最大者。因为单位压实遍数的铺土厚度最大，需要压实功能最少，最经济合理。确定了合理的压实参数后，将选定的含水量控制范围与天然含水量比较，看是否便于施工控制。否则，适当改变含水量或其他参数再进行试验。

由于非黏性土料的压实效果受含水量影响不显著，故只需作铺土厚度、压实遍数和干密度的关系曲线，如图 4-17 所示。根据设计要求的干密度 γ_d，求出不同铺土厚度对应的压实遍数 a、b、c，然后仍以单位压实遍数的压实厚度进行比较，以 h_1/a、h_2/b、h_3/c 三

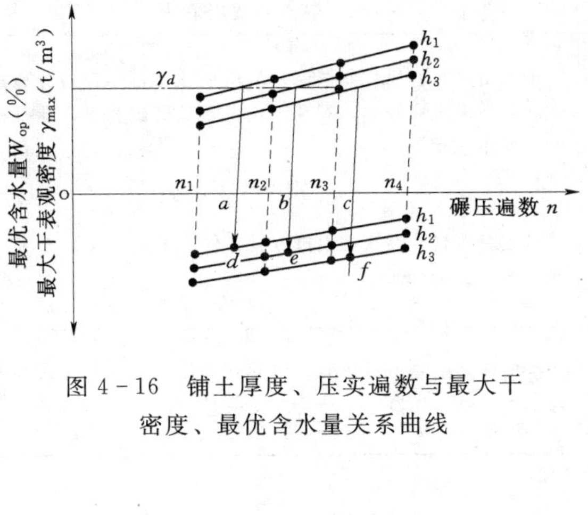

图 4-16 铺土厚度、压实遍数与最大干密度、最优含水量关系曲线

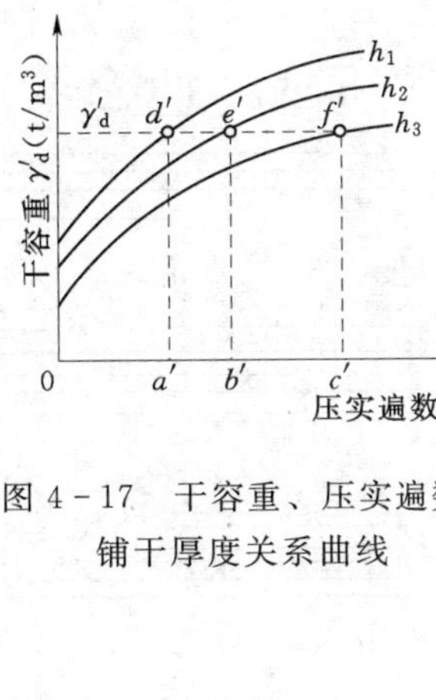

图 4-17 干容重、压实遍数、铺干厚度关系曲线

值之中的最大者为最经济合理，其相应的压实参数可选作现场施工的压实参数。

在施工中选择合理的压实方式、铺土厚度及压实遍数是综合各种因素试验确定的。有时对同一种土料采用两种压实机具、两种压实遍数是最经济合理的。例如，陕西省石头河工程心墙土料压实，铺土厚度 37cm，先采用 8.5t 羊脚碾碾压 6 遍，后用 25～35t 气胎碾碾压 4 遍，取得了经济合理的压实效果。

第六节　土料防渗体坝填筑

碾压式土料防渗体坝，按坝体材料的不同可分为均质坝和分区坝。分区坝按土料组合和防渗设施的位置不同，可分为心墙坝、斜墙坝、多种土质坝，但都是由支撑体、防渗体和反滤过渡料构成的。只不过均质坝体的支撑体和防渗体融为一体，仅在与护坡和排水体之间需要反滤过渡料。所以对于碾压式土料防渗体坝的填筑施工，均有普遍的共性和特殊的个性规律，分为支撑体及反滤过渡料（包括堆石、风化料、砂砾石和砂，大都是非黏性土）的填筑和防渗体（包括黏土、壤土、砾质土，大都是黏性土）的填筑，本节按照土石料物理力学性质不同而采用的填筑机械及施工工艺不同，采取共性为纲、对比个性的知识结构，进行阐述。对于防渗体为非土质的混凝土或沥青混凝土的面板堆石坝、土工膜斜墙或心墙坝，另节介绍。

不同土石料的填筑，由于其强度、级配、湿陷程度不同，施工采用的机械及工艺亦不尽相同。但其坝面填筑作业都有铺料、压实、取样检查三道基本工序，还有洒水、接缝处理等（对非黏性土还有超径石处理；对黏性土，还有坝面清理、刨毛等）附加工序。

一、铺料

坝基经处理合格后或下层填筑面经压实合格后，即可开始铺料。铺料包括卸料和平料，两道工序相互衔接，紧密配合完成。选择铺料方法主要与上坝运输方法、卸料方式和坝料的类型有关。

（一）自卸汽车卸料、推土机平料

铺料基本方法有进占法、后退法、混合法三种，其铺料特点及适用条件见表 4－7。

表 4－7　　汽车运输不同铺料方法比较

铺料方法	图　示	特点及适用条件
进占法	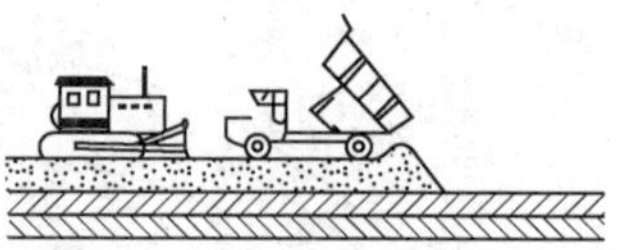	推土机平料容易控制层厚，坝面平整，石料容易分离，表层细粒多，下部大块石多，有利于减少施工机械磨损，堆石料铺填厚度一般小于 1.0m
后退法	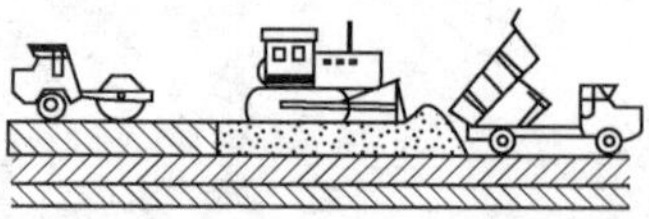	可改善石料分离，推土机控制不便，多用于砂砾石和软岩；层厚一般小于 1.0m
混合法		适用铺料层厚大（1.0～ 2.0m）的堆石料，可改善分离，减少推土机平整工作量

堆石料一般采用进占法铺料，堆石强度在60～80MPa的中等硬度岩石，施工可操作性好。对于特硬岩（强度大于200MPa），由于岩块边棱锋利，施工机械的轮胎、链轨节等损坏严重，同时因硬岩堆石料往往级配不良，表面不平整影响振动碾压实质量，因此施工中要采取一定的措施，如在铺层表面增铺一薄层细料，以改善平整度。

级配较好的（如强度30MPa以下的）软岩堆石料、砂砾（卵）石料等，宜用后退法铺料，以减少分离，有利于提高密度。

不管用何种铺料方法，卸料时要控制好料堆分布密度，使其摊铺后厚度符合设计要求，不要因过厚而难以处理。尤以后退法铺料更需注意。

1. 支撑体料

心墙上、下游或斜墙下游的支撑体（简称坝壳）各为独立的作业区，在区内各工序进行流水作业。坝壳一般选用砂砾料或堆石料。由于堆石料往往含有大量的大粒径石料，不仅影响汽车在坝料堆上行驶和卸料，也影响推土机平料，并易损坏推土机履带和汽车轮胎。为此，必须采用进占法卸料，即自卸汽车在铺平的坝面上行驶和卸料，推土机在同一侧随时平料。这样，大粒径块石易被推至铺料的前沿下部，细料填入堆石料间空隙，使表面平整，便于车辆行驶。坝壳料的施工要点是防止坝料粗细颗粒分离和使铺层厚度均匀。堆石料的铺层厚度根据施工前现场碾压试验确定，一般可达2.0m。

坝面超径石处理，对于振动碾压实，石料允许最大粒径可取稍小于压实层厚度；气胎碾可取层厚的1/2～2/3。超径石应在料场内解碎，少量运至坝面的大块石或漂石，在碾压前应作处理。一般是就地用反铲挖坑将之掩埋在层面以下，或用推土机移至坝外坡附近，作护坡石料。少量超径石也可在坝面用冲击锤解碎。

2. 反滤料和过渡料

反滤层和过渡层常用砂砾料，铺料方法采用常规的后退法卸料。自卸汽车在压实面上卸料，推土机在松土堆上平料。这种方法的优点是可以避免平料造成的粗细颗粒分离，汽车行驶方便，可提高铺料效率。要控制上坝料的最大粒径，允许最大粒径不超过铺层厚度的1/2～1/3，含有特大粒径的石料（如0.5～1.0m）时，应清除至填筑体以外，以免产生局部松散甚至空洞，造成隐患。砂砾料铺层厚度根据施工前现场碾压试验确定，一般不大于1.0m。

3. 防渗体土料

心、斜墙防渗体土料主要有黏性土和砾质土等，选择铺料方法主要考虑以下两点：一是坝面平整、铺料层厚均匀，不得超厚；二是对已压实合格土料不过压，防止产生剪力破坏。铺料时应注意以下几方面问题。

(1) 采用进占法卸料。做法是推土机和汽车都在刚铺平的松土上行进，逐步向前推进。要避免所有的汽车行驶同一条道路，因为自卸汽车，特别是10～15t以上的中、重型汽车，若反复多次在压实土层上行驶，会使土体产生弹簧土现象、光面与剪切破坏，严重影响土层间结合质量。这种方法铺料不会影响洒水、刨毛作业。

(2) 推土机功率必须与自卸汽车载重吨位相配。如果汽车斗容过大，而推土机功率过小（刀片过小），则每一车料要经过推土机多次推运，才能将土料铺散、铺平，在推土机履带的反复碾压下，会将局部表层土压实，甚至出现弹簧土和剪切破坏，造成汽车卸料困难，更严重的是很易产生平土厚薄不均。

（3）定量卸料。为了使推土机平料均匀，不致造成大面积过厚、过薄的现象，应根据每一填土区的面积，按铺土厚度定出所需的土方量（松方），从而定出所需卸料的车数，有计划按车数卸料。

（4）沿坝轴线方向铺料。防渗体填筑面一般较窄，为了防止两侧坝料混入防渗体，杜绝因漏压而形成贯穿上下游的渗流通道，一般不允许车辆穿越防渗体，所以严禁垂直坝轴线方向铺料。特殊部位，如两岸接坡处、溢洪道边墙处以及穿越坝体建筑物等结合部位，只能垂直坝轴线方向铺料时，在施工过程中，质检人员应现场监视，严禁坝料掺混。

（5）铺土厚度均匀，严禁超厚。保证措施是做到“随卸、随平、随检查”。汽车卸料后，应立即散铺，不能积压成堆。每一卸料地点只能允许卸一车料。推土机平料过程中，应及时检查铺土厚度，严禁超厚，发现厚薄不均的部位应及时处理。为了便于控制铺料厚度，防渗土料宜增加平地机平料。土料的铺层厚度根据施工前现场碾压试验确定，一般为20～50cm。

（6）后退法铺料。做法是汽车在已压实合格的坝面上行驶并卸料，此法卸料方便，但对已压实土料容易产生过压，对砾质土、掺合土、风化料可以选用。应采用轻型汽车（20t 以下），在填土坝面重车行驶路线要尽量短，且不走一辙，控制土料含水率略低于最优值。

（二）移动式皮带机上坝卸料、推土机平料

皮带机上坝卸料，适用于黏性土、砂砾料和砾质土。利用皮带机直接上坝，配合推土机平料，或配合铲运机运料和平料。其优点是不需专门道路，但随着坝体升高需要经常移动皮带机。为防止粗细颗粒分离，推土机采用分层平料，每次铺层厚度为要求的 1/2～1/3，推距最好在 20m 左右，最大不超过 50m。大伙房坝的坝壳砂砾料是用 700～1000mm 带式运输机运料上坝，80～100hp 推土机平料。

（三）铲运机上坝卸料和平料

铲运机是一种能综合完成挖、装、运、卸、平料等工序的施工机械，当料场位于距大坝 800～1500m 范围内，散料距离在 300～600m 范围内时，是经济有效的。铲运机铺料时，平行于坝轴线依次卸料，从填筑面边缘逐行向内铺料，空机从压实合格面上返回取土区。铺到填筑面中心线（约一半宽度）后，铲运机反向运行，接续已铺土料逐行向填筑面的另一半的外缘铺料，空机从刚铺填好的松土层上返回取土区。

（四）坝面铺料的其他事项

（1）填筑区段划分，即分施工缝。在坝面铺料时，应结合压实，将填筑面分成若干区段，以便坝体填筑的各工序流水作业，使机械和坝面得到充分利用，并避免相互干扰。坝面区段划分大小主要根据碾压机械的类型、坝体填筑面大小和上坝强度而定，一般取50～100m 为宜。

当坝面区段划分好后，如填筑面较宽，可半边铺料，半边压实；如填筑面较窄，则可采用几个区段间流水作业，以减少干扰和提高效率。

对于防渗体及均质坝的坝料，如黏性土、砾质土、风化料和掺和料，纵横向接坡不宜陡于 1∶3.0；随坝体填筑上升，接缝必须陆续削坡，做到合格面方可回填。对于砂砾料、堆石及其他坝壳料纵横结合部位，宜台阶收坡法，每层台阶宽度不小于 1.0m。

(2) 边坡处预留削坡富裕宽度。坝体边坡部位的土和砂砾料，在无侧限的情况下难以压实，甚至在碾压机械的作用下产生裂缝。为保证设计断面，靠近上下游边坡铺料时，应留一定的富裕宽度。富裕宽度与碾压机械的种类和铺土厚度有关，一般可取0.5m。对于富裕部分进行削坡处理。

碾压式堆石坝不应留削坡余量，宜边铺料、边整坡、护坡。

二、压实

(一) 非黏性土的压实

非黏性土透水料和半透水料的主要压实机械有振动平碾、气胎碾等。

振动平碾适用于堆石与含有漂石的砂卵石、砂砾石和砾质土的压实。振动碾压实功能大，碾压遍数少（4～8遍），压实效果好，生产效率高，应优先选用。气胎碾可用于压实砂、砂砾料、砾质土。

1. 非黏性土料压实要求

(1) 除坝面特殊部位外，碾压方向应沿轴线方向进行。一般均采用进退错距法作业。在碾压遍数较少时，也可一次压够后再行错车的方法，即搭接法。

(2) 铺料厚度、碾压遍数、加水量等主要施工参数要严格控制；还应控制振动碾的行驶速度、振动频率、振幅等参数符合规定要求。

(3) 分段碾压时，相邻两段交接带的碾迹应彼此搭接，垂直碾压方向，搭接宽度应不小于0.3～0.5m，顺碾压方向应不小于1.0～1.5m。

2. 加水

适当加水能提高堆石、砂砾石料的压实效果，减少后期沉降量，但大量加水需增加工序和设施，影响填筑进度。

(1) 加水的作用。堆石料加水的主要作用，除在颗粒间起润滑作用以便压实外，更重要的是软化石块接触点，压实中搓磨石块尖角和边棱，使堆石体更为密实，以减少坝体后期沉降量。砂砾料在洒水充分饱和条件下，才能达到有效的压实。

(2) 加水量。堆石、砂砾料的加水量还不能给出一个明确的标准，一般依其岩性、细粒含量而异。对于软化系数大、吸水率低（饱和吸水率小于2%）的硬岩，加水效果不明显，可经对比试验决定是否加水。对于软岩及风化岩石，其填筑含水量必须大于湿陷含水量，最好充分加水，但应视其当时含水量而定。如加水碾压将引起泥化现象时，其加水量应通过试验确定。堆石加水量依其岩性、风化程度而异，一般约为填筑量的10%～25%；砂砾料的加水量宜为填筑量的10%～20%，对粒径小于5mm含量大于30%及含泥量大于5%的砂砾石，其加水量宜通过试验确定。

对砂砾料或细料较多的堆石，宜在碾压前洒水一次，然后边加水、边碾压，力求加水均匀。对含细粒较少的大块堆石，宜在碾压前洒水一次，以冲掉填料层面上的细粒料，改善层间结合。但碾压前洒水，大块石裸露会给振动碾碾压带来不利。对软岩堆石，由于振动碾压后表面产生一层岩粉，碾压后也应洒水，尽量冲掉表面岩粉，以利层间结合。

(二) 黏性土的压实

1. 主要压实机械及施工特点

黏土心墙料压实机械主要用凸块振动碾，亦有采用气胎碾。凸块振动碾因其良好的压实性能，国内外已广泛采用，成为防渗土料的主要压实机具。目前国内使用的凸块振动碾碾重约为10～20t，适用于黏性土料、砾质土及软弱风化土石混合料，压实功能大，厚度达30～40cm，一般碾压4～8遍可达设计要求，生产效率高。压实后表层有8～10cm的松土层，填土表面不需刨毛处理。目前国内使用的气胎碾碾重为18～50t，国外已采用100t或更大的碾重，铺层厚度较大（20～50cm），碾压遍数较少（6～15遍），生产效率高，适用于高强度施工。

2. 压实方法

碾压机械压实方法已趋标准化，即均采用进退错距法，此法碾压与铺土、质检等工序分段作业容易协调，便于组织平行流水作业。要求的碾压遍数很少时，也可采用一次压够遍数、再错距的方法。分段碾压的碾迹搭接宽度：垂直碾压方向的不小于0.3～0.5m，顺延碾压方向的应为1.0～1.5m。

碾压方向应沿坝轴方向进行。在特殊部位，如防渗体截水槽内或与岸坡结合处，应用专用设备在划定范围沿接坡方向碾压。

碾压行车速度一般取2～3km/h，不得超过4km/h。

3. 坝面土料含水率调整

土料含水率调整应在料场进行，仅在特殊情况下可考虑在坝面作少许调整。

（1）土料加水。当上坝土料的平均含水率与碾压施工含水率相差不大，仅需增加1%～2%左右时，可采用在坝面直接洒水。

加水方式分为汽车洒水和管道加水两种。汽车喷雾洒水均匀，施工干扰小，效率高，宜优先采用。管道加水方式多用于施工场面小、施工强度较低的情况。

加水后的土料一般应用圆盘耙或犁使其含水均匀。

粗粒残积土在碾压过程中，随着粗粒被破碎，细粒含量不断地增多，压实最优含水率也在提高。碾压开始时比较湿润的土料，随着碾压可能变得干燥，因此，碾压过程中要适当地补充洒水。

在干燥和气温较高天气，为防止填土表面失水干燥，应做喷雾加水养护。

（2）土料的干燥。当土料的含水率大于施工控制含水率上限的1%以内时，碾压前可用圆盘耙或犁在填筑面进行翻松晾晒。

4. 填土层结合面处理

当使用平碾、气胎碾及轮胎牵引凸块碾等机械碾压时，在坝面将形成光滑的表面。为保证土层之间结合良好，对于中高坝黏土心墙或窄心墙，铺土前必须将已压实合格面洒水湿润并刨毛深1～2cm。对低坝，经试验论证后可以不刨毛，但仍须洒水湿润，严禁在表土干燥状态下，在其上铺填新土。

三、结合部位处理

（一）非黏性土结合部位

1. 坝壳与岸坡接合部的施工

坝壳与岸坡或混凝土建筑物接合部位施工时，汽车卸料及推土机平料，易出现大块石集中、架空现象，且局部碾压机械不易碾压。该部位宜采用如下措施：

（1）与岸坡接合处2m宽范围内，可沿岸坡方向碾压。不易压实的边角部位应减薄铺料厚度，用轻型振动碾或平板振动器等压实机具压实。

（2）在接合部位可先填1～2m宽的过渡料，再填堆石料。

（3）在接合部位铺料后出现的大块石集中、架空处，应予以换填。

2. 坝壳填料接缝处理

坝壳分期分段填筑时，在坝壳内部形成了横向或纵向接缝。由于接缝处坡面临空，压实机械作业距坡面边缘留有0.5～1.0m的安全距离，坡面上存在一定厚度的松散或半压实料层。另外，铺料过程中难免有部分填料沿坡面向下溜滑，这更增加了坡面较大粒径松料层的厚度，其宽度一般为1.0～2.5m。所以坝壳料填筑中应采取适当措施，将接缝部位压实，其处理方法见表4-8。

（二）黏性土结合部位

黏土防渗体与坝基（包括齿槽）、两岸岸坡、溢洪道边墙、坝下埋管及混凝土墙等结合部位的填筑，须采用专用机具、专门工艺进行施工，确保填筑质量。

表4-8　　坝壳料接缝处理方法

施工方法		施工要点	适用条件
留台阶法（图4-18）		1. 先期铺料时，每层预留1.0～1.5m的平台； 2. 新填料松坡接触； 3. 碾磙骑缝碾压	适用填筑面大，不需削坡处理，应优先选用
削坡法	推土机削坡（图4-19）	1. 推土机逐层削坡，其工作面比新铺料层面抬高一层； 2. 削除松料水平宽度为1.5～2.0m； 3. 新填料与削坡松料相接，共同碾压	削坡工序可在铺料以前平行作业，施工机动灵活，能适应不同的施工条件
	反铲或装载机削坡	1. 削坡工序须在铺新料前进行； 2. 新填料与压实料相接	
	人工		砂砾料等小粒径石料

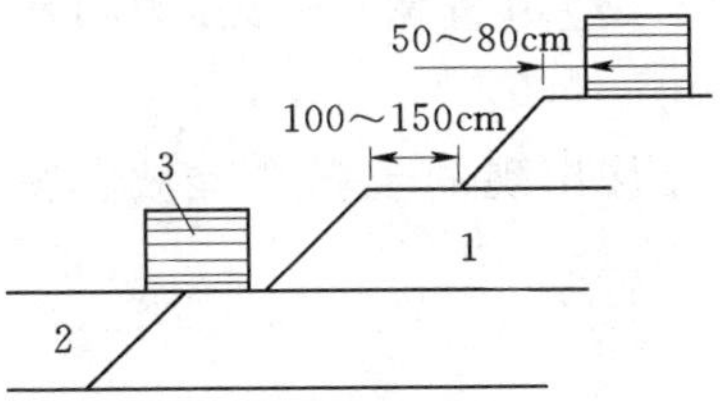

图4-18　坝壳料接缝留台阶示意图

1—先期填料；2—后期填料；3—骑缝碾压

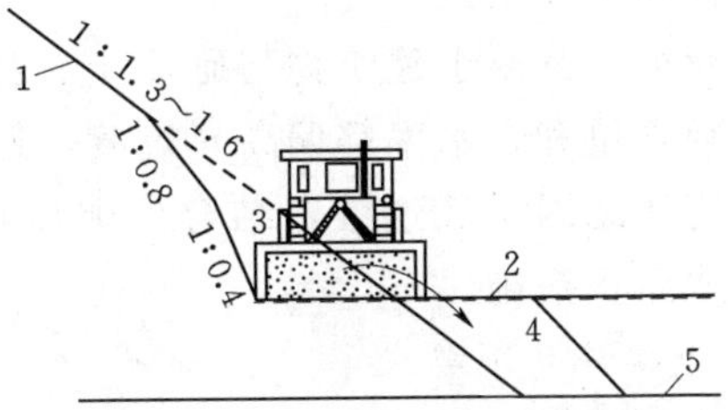

图4-19　推土机削坡示意图

1—填料接坡；2—新铺料层面；3—削除坡料；4—削坡料填放区；5—压实合格面

1. 截水槽回填

（1）基槽处理完成后，排除渗水，从低洼处开始填土，不得在有水情况下填筑。

（2）槽内填土厚度在0.5m以内，可采用轻型机具（如蛙式夯等）薄层压实；填土厚度超过0.5m时，可采用压实试验选定的压实机具和压实参数压实。

2. 铺盖填筑

(1) 铺盖在坝体内与心墙或斜墙连接部分，应与心墙或斜墙同时填筑，坝外铺盖的填筑，应于库内充水前完成。

(2) 铺盖完成后，应及时铺设保护层。已建成铺盖上不允许打桩、挖坑等作业。

3. 黏土心墙与坝基结合部位填筑

(1) 黏性土、砾质土坝基，应将表面含水率调至施工含水率上限，用与黏土心墙相同的压实参数压实，然后洒水刨毛铺填新土。

(2) 无黏性土坝基铺土前，坝基应洒水压实，然后按设计要求回填反滤料和第一层土料。铺土厚度可适当减薄，土料含水率调节至施工含水率上限，宜用轻型压实机具压实。

(3) 坚硬岩基或混凝土盖板上，开始几层填料可用轻型碾压机具直接压实，填筑至少0.5m以上后才允许用凸块碾或重型气胎碾碾压。

4. 黏土心墙与岸坡或混凝土建筑物结合部位填筑

(1) 填土前，必须清除混凝土表面的乳皮、粉尘等杂物；岩面上的泥土、污物、松动部分都必须清除干净。

(2) 在混凝土或岩面上填土时，应洒水湿润，并边涂刷浓泥浆、边铺土、边夯实，泥浆涂刷高度须与铺土厚度一致，并应与下部涂层衔接，严禁泥浆干涸后再铺土和压实。泥浆土与水质量比宜为1∶2.5～1∶3.0，涂层厚度3～5mm。

(3) 裂隙岩面处填土时，应按设计要求对岩面进行妥善处理，再按先洒水，然后边涂刷浓水泥黏土浆或水泥砂浆、边铺土、边压实（砂浆初凝前必须碾压完毕）程序。涂层厚度可为5～10mm。

(4) 黏土心墙与岸坡结合部的填土，其含水率应调至施工含水率上限，选用轻型碾压机具薄层压实，不得使用凸块碾压实，黏土心墙与结合带碾压搭接宽度不应小于1.0m。局部碾压不到的边角部位，可使用小型机具压实。

(5) 混凝土墙、坝下埋管两侧及顶部0.5m范围内填土，必须用小型机具压实，其两侧填土应保持均衡上升。

(6) 岸坡、混凝土建筑物与砾质土、掺合土结合处，应填筑宽1～2m的塑性较高的黏土（黏粒含量和含水率都偏高）过渡，避免直接接触。

(7) 应注意因岸坡过缓，结合处碾压造成因侧向位移出现的土料“爬坡、脱空”现象，应采取防止措施。

5. 填土接缝处理要求

黏性土的横向接坡不宜陡于1∶3，高差不宜超过15m。在龙口段或其他特殊部位，需采用更陡的接合坡度与更大高差时，应提出论证。

(1) 斜墙和窄心墙内一般不应留有纵向接缝。均质土坝可设置纵向接缝，宜采用不同高度的斜坡与平台相间形式，平台间高差不宜大于15m。

(2) 坝体接缝坡面可使用推土机自上而下削坡，适当留有保护层随坝体填筑上升，逐层清至合格层。接合面削坡合格后，要控制其含水率为施工含水率范围的上限。

四、反滤层施工

反滤层填筑与相临的黏土心墙、坝壳料填筑密切相关。合理安排各种材料的填筑顺序，既可保证填料的施工质量，又不影响坝体施工速度，这是施工作业的重点。

（一）反滤层填筑次序及适用条件

反滤层填筑方法大体可分为削坡法、挡板法及土砂松坡接触平起法三种。削坡法和挡板法主要与人力施工相适应，现已不再采用。20 世纪 60 年代以后，开始采用土砂松坡接触平起法，该法能适应机械化施工，已成为趋于规范化的施工方法。该方法一般分为先砂后土法、先土后砂法、土砂平起法几种，它允许反滤料与相邻土料“犬牙交错”，跨缝碾压。

1. 先土后砂法

先土后砂法是先填压 2～3 层土料再铺一层反滤料与土料齐平，然后对反滤料的土砂边沿部分进行压实，如图 4－20（a）所示。由于土料压实时，表面高于反滤料，土料的卸、铺、平、压都是在无侧向限制的条件下进行的，很容易形成超坡。在采用羊脚碾压实时，要预留 30～50cm 松土带，避免土料被羊脚碾插入反滤层内。当连续晴天时，土料上升较快，应注意防止黏性土体干裂。

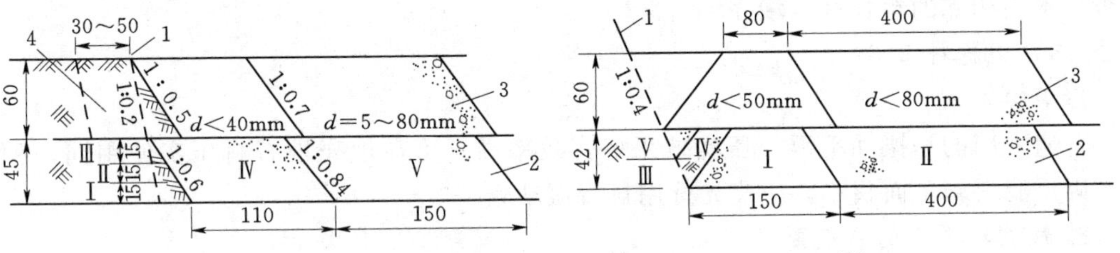

（a）　　　　（b）

图 4－20　土砂平起法施工示意图（单位：cm）

（a）先土后砂法；（b）先砂后土法

1—心墙设计线；2—已压实层；3—待压层；Ⅰ，Ⅱ，Ⅲ，Ⅳ，Ⅴ—填料次序

2. 先砂后土法

先砂后土法［图 4－20（b）］是先在反滤料的控制边线内，用反滤料堆筑一小堤，再填筑 2～3 层土料与反滤料齐平，然后骑缝压实反滤料与土料的结合带。此法填土料时有反滤料作侧向限制，便于控制防渗土体边线。由于土料在有侧向限制情况下压实，松土边很少，故采用较多。

3. 土砂交替法

土砂交替法是先填筑一层土，再填筑一层砂料，然后两层土一层砂交替上升。填筑次序如图 4－21 所示。

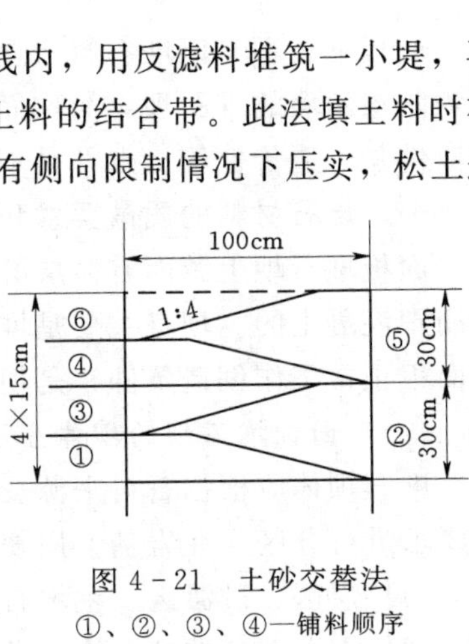

图 4－21　土砂交替法

①、②、③、④—铺料顺序

（二）反滤料铺填

反滤料填筑分为卸料、铺料、界面处理、压实几道工序。

1. 卸料

采用自卸汽车卸料，车型的大小应与铺料宽度相适应，卸料方式以尽量减少粗细料离析为原则。

当铺料宽度小于 2m 时，宜选用侧卸车或 5t 以下后卸式汽车运料。较大吨位自卸汽车运料时，可采用分次卸料或在车斗出口安装挡板，以缩窄卸料出口宽度。

为了减少反滤料在与土料、堆石料分区界面上的粗、细料离析，方便界面上超径石的清除，自卸汽车卸料次序应“先粗后细”，即按“堆石料—过渡料—反滤料”次序卸料。当反滤料宽度大于3m时，可沿反滤层以后退法卸料。反滤料在备料场加水保持潮湿，也是减少铺料分离的有效措施。

2. 铺料

一般较多采用小型反铲（斗容 $1m^3$）铺料，也有使用装载机配合人工铺料，当反滤料宽度大于3m时，可采用推土机摊铺平整。

3. 界面处理

（1）反滤料填筑必须保证其设计宽度，填土与反滤料的“犬牙交错”带宽度一般不得大于填土层厚的1.5倍。

（2）为了保证填料间的良好过渡，要避免界面上的超径石集中现象。采用“先粗后细”顺序铺料时，应在清除界面上的超径石后，再铺下一级料。使用小型反铲将超径石移放至与本层相邻的粗料区或坝壳堆石区。

（三）反滤料压实

1. 压实机械

普遍采用的是振动平碾，压实效果好，效率高，可与坝壳堆石料压实使用同一种机械。因反滤料施工面狭小，应优先选用自行振动碾。

2. 反滤料碾压的一般要求

当黏土心墙料与反滤料，反滤料与过渡料或坝壳堆石料填筑齐平时，必须用平碾骑缝碾压，跨过界面至少0.5m。

第七节 面板堆石坝施工

面板堆石坝是以堆石料（含砂砾石）分层碾压成坝体，并以混凝土或沥青混凝土面板作为防渗斜墙的堆石坝，简称面板坝。这种坝型的断面工程量小、安全性好、施工方便、适应性强、造价低等优点，受坝工界的普遍重视。

一、堆石材料的质量要求和坝体材料分区

面板堆石坝上游面有薄层的防渗斜面板，面板可以是刚性钢筋混凝土的，也可以是柔性沥青混凝土的。坝身主要是堆石结构，要求良好的堆石材料以尽量减少堆石体的变形，为面板正常工作创造条件，是坝体安全运行的前提。

（一）面板堆石坝的坝体分区

堆石坝体应根据石料来源及对坝料的强度、渗透性、压缩性、施工方便和经济合理性等要求进行分区。在岩基上用硬岩堆石料填筑的坝体可按图4-22分区，从上游向下游依次分为垫层区、过渡区、主堆石区、下游堆石区，周边缝下部应设特殊垫层区。

坝体上游部分的堆石体要求：压缩性要低，防止沉陷危及防渗面板；防渗性要高，防止渗流过大。各区坝料的透水性应按水力过渡要求，从上游向下游逐渐增加。下游堆石区在下游水位以上的坝料不受此限制。

垫层区的水平宽度应由坝高、地形、施工工艺和经济性比较确定。当用汽车直接卸料，推土机推平方法施工时，垫层区不宜小于3m；有专门的铺料设备时，垫层区宽度可减小，并相应增大过渡区的面积。主堆石区用硬岩时，到垫层区之间应设过渡区，为方便施工，其宽度不小于3m。

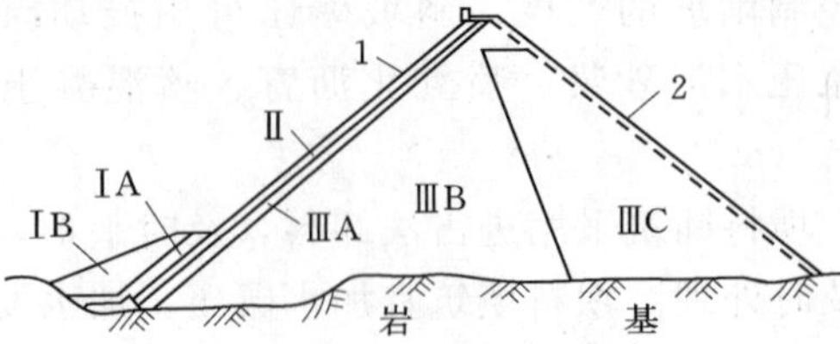

图4-22 岩基上硬岩堆石坝体分区示意图
ⅠA—防渗土料；ⅠB—任意料；Ⅱ—垫层区；
ⅢA—过渡料区；ⅢB—主堆石区；
ⅢC—任意料区或下游堆石区
1—面板；2—大块石护坡

（二）堆石材料的质量要求

根据施工组织设计，查明各料场的储量和质量，如果利用施工中挖方石料时，要按料场要求增做试验。1、2级高坝坝料室内试验项目应包括坝料的颗粒级配、相对密度、抗剪强度和压缩模量，垫层料、砂砾料、软岩料的渗透和渗透变形试验。100m以上的坝，应测定坝料的应力应变参数。

1. 垫层料

要求有良好的级配，最大粒径为80～100mm，小于5mm的颗粒含量为30%～50%，小于0.075mm的颗粒含量不宜超过8%，中低坝可适当降低要求。用天然砂砾料作垫层料时，要求级配连续、内部结构稳定、压实后渗透系数为10^{-3}～10^{-4}cm/s。寒冷地区，垫层的颗粒级配要满足排水性要求。

2. 过渡料

过渡料要求级配连续、最大粒径不宜超过300mm。可用人工细石料、经筛分加工的天然砂砾料等，压实后的过渡料要压缩性小、抗剪强度高、排水性好。

3. 主堆石料

主堆石料可用坝基开挖料或料场开采石料，要求级配良好，最大粒径不应超过压实层厚度，小于5mm的含量不宜超过20%，小于0.75mm的颗粒含量不宜超过5%。在开采前应作专门的爆破试验。

4. 下游堆石区

该区起保护主堆石体及下游边坡稳定作用。要求采用较大石料填筑，允许有少量分散的风化岩。由于该区的沉陷变形对面板已影响甚微，故对石质及密度要求有所放宽。下游坝坡面做干砌石护面。

二、堆石坝填筑工艺、压实参数和质量控制

（一）填筑工艺

坝体填筑应在坝基、岸坡处理完毕，面板底座混凝土浇筑完成后进行。垫层料、过渡料和一定宽度的主堆石料的填筑应平起施工，均衡上升。

主、次堆石区可分区、分期填筑，其纵、横坡面上均可布置临时施工道路，但必须设于填筑压实合格的坝段。主堆石区与岸坡、混凝土结构接触带要回填宽1～2m过渡带料。

垫层料、过渡料卸料铺筑时，要避免骨料离析，两者交界处避免大石集中，超径石应予剔除。垫层料铺筑时，上游侧超铺20～30mm。每升高10～15m，进行垫层坡面削坡修整和碾压，削坡修整后，坡面在法线方向应高于设计线5～8cm。有条件时宜用激

光控制削坡的坡度，斜坡碾压可用振动碾。压实合格后，尽快进行护面，常用的形式有碾压水泥砂浆、喷乳化沥青、喷混凝土等。碾压砂浆表面、喷混凝土表面允许误差为±5cm。

坝料铺筑采用进占法卸料，及时平料，保持填筑面平整。用测量方法检查厚度，超厚处及时处理。坝料填筑宜加水碾压，加水要均匀，控制加水量。采用振动平碾压实，碾重不小于10t。经常检测振动碾的工作参数。碾压应按坝料分区分段进行，各碾压段之间的搭接不应小于1.0m。坝体堆石区纵、横向接坡宜采用台阶收坡法施工，台阶宽度不宜小于1.0m，填筑高差不宜过大。

下游护坡宜与坝体填筑平起施工，护坡石宜选取大块石，机械整坡、堆码或人工干砌，块石间嵌合要牢固。

（二）堆石体的压实参数和质量控制

1. 坝体填筑压实标准

坝体填筑压实标准见表4-9，压实参数需经压实试验确定。振动碾的压实参数可参考表4-10。

表4-9　坝体填筑标准

坝料	垫层料	砂砾石料	过渡料	主堆石料	下游堆石料
孔隙率	15～20		18～22	20～25	23～28
相对密度		0.75～0.85			

表4-10　振动碾的压实参数

土石料类型	碾重（t）	铺料厚度（m）	碾压遍数	备注
砂砾料	13.5	1.2～1.6	4～6	
风化料	13.5	1.0～1.5	4～6	
石渣料	13.5	1.0～1.5	4	
堆石料	13.5	1.0～1.5	4～6	堆石最大粒径应比铺料层厚小10～20cm
	10.0	0.6～0.8	4～6	

2. 堆石体的质量控制

坝体填筑的质量，一般要求为：堆石材料、施工机械符合要求；负温下施工时，坝基已压实的砂砾石无冻结现象，填筑面上的冰雪已清除干净。坝面压实，应对压实参数和孔隙率进行控制，以碾压参数为主。铺料厚度、碾实遍数、加水量等符合要求，铺料误差不宜超过层厚的10%，坝面保持平整。

坝料压实检查项目和取样次数见表4-11。

检查方法：垫层料、过渡料和堆石料压实干密度的检测方法，宜采用挖坑灌水法或辅以表面波压实密度仪法。施工中可用压实计实施控制，垫层料可用核子密度计法。垫层料试坑直径应不小于最大粒径的4倍；过渡料试坑直径应不小于最大粒径的3～4倍；堆石料试坑直径为最大粒径的2～3倍；试坑直径最大不超过2m。以上三种料的试坑深度均为碾实层厚度。

表 4-11 坝料压实检测项目和取样次数

坝料		检查项目	检查次数
垫层料	坝面	干密度、颗粒级配	1 次/500～1000m^3，每层至少 1 次
		渗透系数	次数不定
	上游坡面	干密度、颗粒级配	1 次/1500～3000m^3
	小区	干密度、颗粒级配	每 1～3 层 1 次
过渡区		干密度、颗粒级配	1 次/3000～6000m^3
砂砾料		干密度、颗粒级配	1 次/5000～10000m^3
堆石料*		干密度、颗粒级配	1 次/1 万～10 万 m^3

* 堆石料颗粒级配可比干密度试验次数适当减少。

三、钢筋混凝土面板的分块和浇筑

（一）钢筋混凝土面板的分块

混凝土防渗面板包括面板和趾板（面板底座）两部分。面板应满足强度、抗渗、抗侵蚀、抗冻要求。趾板设伸缩缝；面板设垂直伸缩缝、周边伸缩缝等永久缝和临时水平施工缝。混凝土防渗面板分缝分块如图 4-23 所示。

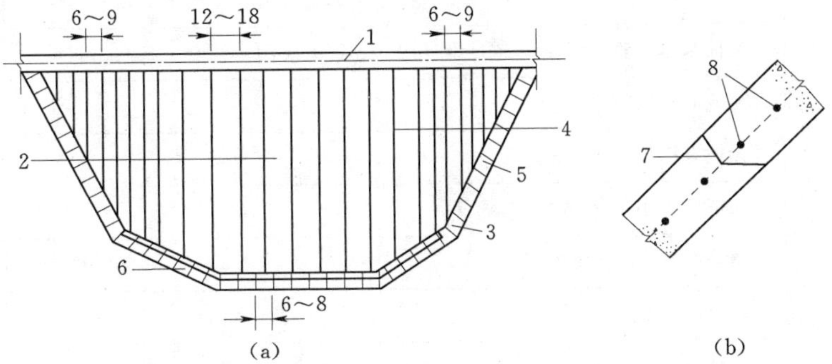

图 4-23 混凝土防渗面板分缝分块（单位：m）

(a) 分块示意图；(b) 施工缝

1—坝轴线；2—面板；3—趾板；4—垂直伸缩缝；5—周边伸缩缝；6—趾板伸缩缝；7—水平伸缩缝；8—面板钢筋

垂直伸缩缝从底到顶通缝布置，中部受压区，分缝间距一般为 12～18m；两侧受拉区按 6～9m 布置。受拉区设两道止水，受压区在底侧设一道止水，水平施工缝不设止水，但竖向钢筋必须相连。

（二）防渗面板混凝土浇筑

1. 趾板施工

趾板施工应在趾基开挖处理完毕，经验收合格后进行，按设计要求进行绑扎钢筋、设置锚筋、预埋灌浆导管、安装止水片及浇筑上游铺盖。混凝土浇筑中，应及时振捣，注意止水片与混凝土的结合质量，结合面不平整度小于 5mm。混凝土浇后 28d 以内，20m 之内不得进行爆破；20m 之外的爆破要严格控制装药量。

2. 面板施工

面板施工在趾板施工完毕后进行。当坝高不大于70m时，面板在堆石体填筑全部结束后施工，这主要考虑避免堆石体沉陷和位移对面板产生的不利影响。高于70m的堆石坝，若考虑需拦洪度汛，提前蓄水，面板可分二期或三期浇筑，分期接缝应按施工缝处理。面板混凝土浇筑宜采用无轨滑模，起始三角块宜与主面板块一起浇筑。面板混凝土宜采用跳仓浇筑。滑模应具有安全措施，固定卷扬机的地锚应可靠，滑模应有制动装置。面板钢筋采用现场绑扎或焊接，也可用预制网片现场拼接。混凝土浇筑中，布料要均匀，每层铺料250～300mm。止水片周围需人工布料，防止分离。振捣混凝土时，要垂直插入至下层混凝土内5cm，止水片周围用小振捣器仔细振捣。振动过程中，防止振捣器触及滑模、钢筋、止水片。脱模后的混凝土，要及时修整和压面。

滑模滑升时，要保持两侧同步，每次滑升距离不大于30cm，滑升间隔时间不应超过30min。面板浇筑的平均速度为1.5～2.5m/h。

面板混凝土浇筑质量检查项目和技术要求，见表4-12。

表4-12　面板混凝土浇筑质量检测项目和技术要求

项目	质量要求	检测方法
混凝土表面	表面基本平整，局部不超过设计线3cm，无麻面，蜂窝、狗洞、露筋	测量观察
表面裂缝	无或有小裂缝已处理	观察测量
深层及贯穿裂缝	无或有已按要求处理	观察检察
抗压强度	保证率不小于80%	试验
均匀性	离差系数 C_v 小于0.18	统计分析
抗冻性	符合设计要求	试验
抗渗性	符合设计要求	试验

检查数量要求如下：

(1) 趾板浇筑。每浇一块或每50～100m^3至少有一组抗压强度试件；每200m^3成型一组抗冻、抗渗检验试件。

(2) 面板浇筑。每班取一组抗压强度试件，抗渗检验试件每500～1000m^3成型一组，抗冻检验试件每1000～3000m^3成型一组，不足以上数量者，也应取一组试件。

四、沥青混凝土面板施工

沥青混凝土由于抗渗性好，适应变形能力强，工程量小，施工速度快，正广泛用于土石坝的防渗体。

（一）沥青混凝土施工方法分类

沥青混凝土的施工方法有碾压法、浇筑法、预制装配法和填石振压法四种。碾压法是将热拌沥青混合料摊铺后碾压成型的施工方法，用于土石坝的心墙和斜墙施工；浇筑法是将高温流动性热拌沥青混合材料灌注到防渗部位，一般用于土石坝心墙；预制装配法是把沥青混合料预制成板或块，在现场装配，目前使用尚少；填石振压法是先将热拌的细粒沥青混合材料摊铺好，填放块石，然后用巨型振动器将块石振入沥青混合料中。在我国应用较为普遍是碾压施工法，本节对碾压式沥青混凝土施工作简要介绍。

（二）沥青混凝土防渗体的施工特点

（1）防渗体较薄，工程量小，机械化程度高，施工速度快。施工需专用施工设备和经过施工培训的专业人员完成。

（2）高温施工，施工顺序和相互协调要求严格。

（3）防渗体不需分缝分块，但与基础、岸坡及刚性建筑物的连接需谨慎施工。

（4）相对土防渗体而言，沥青混凝土防渗体不因开采土料而破坏植被，利于环保，需外购沥青。

（三）沥青混凝土的原材料

沥青是主要材料，品种和标号应根据设计要求而定，一般选用道路石油沥青 60 甲和 100 甲。粗骨料是指粒径大于 2.5mm 的骨料，以碱性碎石为宜，其最大粒径一般为 15～25mm，且最大粒径小于铺筑层厚度的 1/3，一般要求分成 10～20mm、5～10mm 和小于 5mm 三级；小于 5mm 是否再分级取决于该级级配是否满足设计级配曲线要求和具体工程的要求。细骨料是指粒径小于 2.5mm 且大于 0.075mm 的骨料，细骨料可以是碱性岩石加工的人工砂或小于 2.5mm 的天然砂，也可以是两者的混合。填料是指粒径小于 0.075mm 的用碱性岩石（石灰岩、白云岩等）磨细得到的岩粉，一般可从水泥厂购买。

（四）沥青混凝土的施工工艺

沥青混凝土施工工艺如图 4-24 所示。

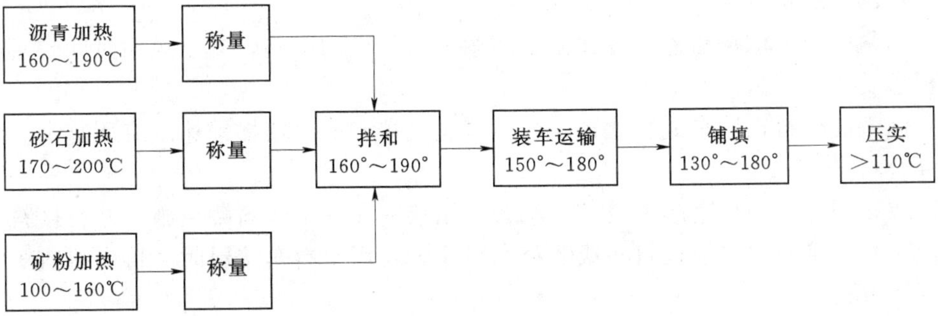

图 4-24　沥青混凝土防渗体施工工艺图

施工中对温度要严加控制，其标准根据材料性质、施工地区和施工季节，由试验确定。在日平均气温高于 5℃和日降雨量小于 5mm 时方可施工，日气温虽然在 5～15℃，但风速大于 4 级，也不能施工。

（五）沥青混凝土面板施工

1. 沥青混凝土面板施工的准备工作

（1）趾墩和岸墩是保证面板与坝基间可靠连接的重要部位，一定要按设计要求施工。岸墩与基岩连接，一般设有锚筋，并用作基础帷幕及固结灌浆的压盖。其周线应平顺，拐角处应曲线过渡，避免倒坡，以便于和沥青混凝土面板的连接。

（2）与沥青混凝土面板相连接的水泥混凝土趾墩、岸墩及刚性建筑物的表面在沥青混凝土面板铺筑之前必须进行处理。表面上的浮皮、浮渣必须清除，潮湿部位应用燃气或喷灯烤干，使混凝土表面保持清洁、干燥。然后在表面喷涂一层稀释沥青或乳化沥青，用量约 0.15～0.20kg/m^2。待稀释沥青或乳化沥青完全干燥后，再在其上面敷设沥青胶或橡胶沥青胶。沥青胶涂层要平整均匀，不得流淌。如涂层较厚，可分层涂抹。

（3）与齿墙相连接的沥青砂浆或细粒沥青混凝土楔形体，一般可采用全断面一次浇筑施工，当楔形体尺寸较大时，也可分层浇筑施工，每层厚约 30～50cm。与岸墩相连接的楔形体必须采用模板，从下向上施工。模板每次安装长度以 1m 为宜。楔形体浇筑温度应控制在 140～160℃，边浇筑边用钢钎插捣。拆模时间视楔形体内部温度的降低程度而定，一般要求温度下降到沥青软化点以下方可拆模。

（4）对于土坝，在整修好的填筑土体或土基表面应先喷洒除草剂，然后铺设垫层。堆石坝体表面可直接铺设垫层。垫层料应分层填筑压实，并对坡面进行修整，使坡度、平整度和密实度等符合设计要求。垫层表面需用乳化沥青、稀释沥青或热沥青喷洒，乳化沥青喷洒量一般为 2.0～4.0kg/m^2，热沥青一般为 1.0～2.0kg/m^2。

2. 沥青混合料运输

（1）热拌沥青混合料应采用自卸汽车或保温料罐运输。自卸汽车运输时应防止沥青与车厢黏结。车厢应清扫干净，车厢侧板和底板可涂一薄层油水混合液（柴油与水的比例可为 1∶3）。从拌和机向自卸汽车上装料时，应防止粗细骨料离析，每卸一斗混合料应挪动一下汽车位置。保温料罐运输时，底部卸料口应根据混合料的配合比和温度设计得略大一些，以保证出料顺畅。

（2）运料车应采取覆盖篷布等保温、防雨、防污染的措施，夏季运输时间较短时，也可不加覆盖。

（3）沥青混合料运输车或料罐运输的运量应比拌和能力或摊铺速度有所富余。保温料罐可装混合料 1～2m^3。

（4）位于坝面上的垂直起吊设备应配备专用接料斗或吊运料罐设施，并将接料斗或料罐中的混合料直接卸入摊铺机料斗或喂料车料斗。若用喂料车接料时，再由喂料车将混合料运输到摊铺机。

（5）沥青混合料运至摊铺地点后应检查拌和质量。不符合规定或已经结成团块、已被雨淋湿的混合料不得用于铺筑。

3. 沥青混合料摊铺

土石坝碾压式沥青混凝土面板多采用一级铺筑。当坝坡较长或因拦洪度汛需要设置临时断面时，可采用二级或二级以上铺筑。一级斜坡铺筑长度通常不超过 120～150m。当采用多级铺筑时，临时断面顶宽应根据牵引设备的布置及运输车辆交通的要求确定，一般不小于 10～15m。

沥青混合料的铺筑方向多采用沿最大坡度方向分成若干条幅，自下而上依次铺筑。当坝体轴线较长时，也有沿水平方向铺筑的，但多用于蓄水池和渠道衬砌工程。

典型的沥青混凝土面板铺筑设备如图 4-25 所示。

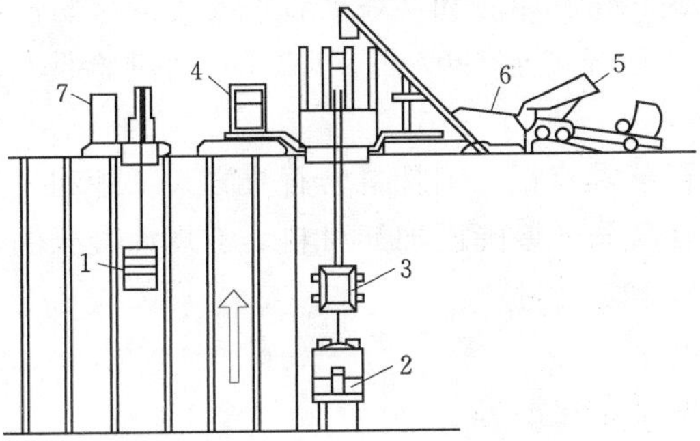

图 4-25 沥青混凝土面板铺筑设备

1—振动碾；2—摊铺机；3—喂料车；4—卷扬机台车；5—沥青混合料运输车（保温料罐）；6—吊车；7—辅助卷扬机台车

4. 沥青混合料压实

(1) 沥青混合料应采用振动碾碾压，待摊铺机从摊铺条幅上移出后，用2.5～8t振动碾进行碾压。条幅之间接缝，铺设沥青混合料后应立即进行碾实以获得最佳的压实效果。

(2) 振动碾碾压时，应在上行时振动、下行时不振动。

(3) 振动碾在碾压过程中有沥青混合料沾轮现象时，可向碾压轮洒少量水或加洗衣粉的水，严禁涂洒柴油。

(4) 振动碾重量和碾压工艺的选择应根据现场环境温度、风力、摊铺条幅的宽度和厚度、摊铺机的摊铺速度经现场试验确定。

(5) 碾压的初始温度和终止温度及碾压遍数应根据现场试验确定。当没有试验资料时，可参考表4-13选用。

表 4-13　　沥青混合料碾压温度　　单位：℃

项　目	针入度（1/10mm）		一般控制范围
	40～80	80～120	
碾压最佳温度	150～145	135	
碾压最低温度	125～120	110	140～110

5. 沥青混凝土面板接缝处理

(1) 为提高整体性，接缝边缘通常由摊铺机铺筑成45°。

(2) 当接缝处沥青混合料温度较低时（小于60℃），对接缝处的松散料应予清除，并用红外线或燃气加热器将接缝处20～30cm范围加热到100～110℃后再铺筑新的条幅进行碾压。有时在接缝处涂刷热沥青以增强防渗效果。

(3) 对于防渗层铺筑后发现的薄弱接缝处，仍需用加热器加热并用小型夯实器压实。

6. 沥青混凝土面板封闭层施工

(1) 封闭层一般由热沥青玛琋脂（30%沥青、70%矿粉）或冷沥青乳剂涂刷而成。

(2) 热沥青玛琋脂封闭层厚约2mm，用带有橡胶刮板的涂刷机分二遍涂刷，涂刷第一遍的热沥青玛琋脂会使防渗层表面潮气气化产生气泡，涂刷第二遍沥青玛琋脂封堵气泡产生的针孔。

(3) 热沥青玛琋脂一般在气温10℃以上施工，温度控制在170～200℃。

(4) 为防止流淌，有时在沥青玛琋脂中掺入一些如纤维素等掺料作稳定剂。

7. 天荒坪工程实例

天荒坪抽水蓄能电站上水库利用天然洼地修建，四周布置有一座主坝和四座副坝。

主、副坝均为沥青混凝土面板堆石坝，最大坝高72m。库底和坝坡沥青混凝土面板防渗总面积28.5万m^2。防渗面板工程从1995年5月8日开工至1997年8月26日通过验收，历时2年3个月。

沥青采用沙特沥青B80和B45，粗骨料为石灰岩碎石，细骨料为石灰岩人工砂和天然砂，填料为当地生产的石灰岩岩粉。此外，还有高分子聚酯网加筋材料、常规混凝土的接缝材料IGAS等塑性材料和乳化沥青、沥青涂料等涂层材料。

沥青混凝土面板施工工艺主要如下：

（1）在验收合格后的下卧垫层表面喷洒阳离子乳化沥青。

（2）沥青混合料采用20t自卸汽车运输，供料最多时使用5辆。采用2台ABG280型摊铺机摊铺，摊铺宽度3～5m。该摊铺机具有初压功能的加热熨平装置，既可用于平面也可用于斜坡摊铺。胶结层在库底采用4.5t的双轮振动碾压实，振压3遍，静压2遍。坝坡上采用2台2.5t振动碾压实，振压4遍，静压2遍。坝坡上采用6m^3喂料车从受料斗接料并送往摊铺机。

（3）防渗层在库底和库坡上的厚度均为10cm。库底用4.5t振动碾振压4遍，静压3遍；库坡用2.8t振动碾振压6遍，静压3遍。

（4）防渗层与胶结层条幅错距大于50cm。对防渗层的条幅冷接缝进行特殊处理，先将先铺筑条幅45℃的边缘涂热沥青，然后铺下一条幅，再用红外线加热器将接缝处混合料加热后用热夯器夯实。

（5）在坡面和库底的过渡曲面上，以及沥青混凝土与混凝土结构的连接部位有一层聚酯网格和5cm厚的沥青混凝土加厚层（配合比同防渗层）。将聚酯网格铺设在整平胶结层上，条幅之间搭接15～20cm，然后喷涂阳离子乳化沥青，再在上面摊铺沥青混合料并压实。

（6）混凝土与沥青混凝土的连接部位，先将表面凿毛并清理干净，待其干燥后涂一层沥青涂料，涂量1.5kg/m^2，干燥后再铺3mm厚IGAS塑性止水材料，在其上铺防渗层沥青混合料，局部沟槽用人工填实。对人工摊铺部位用1t振动碾或手扶动力夯压实。

（7）沥青玛瑞脂封闭层厚2mm，采用带有橡胶刮板的涂刷机涂刷2遍，工地还配备了用液化气加热的移动式沥青玛瑞脂搅拌机。

施工质量检查项目及要求按施工规范结合具体情况制订，本项目的具体内容见表4-14。

表4-14　天荒坪沥青混凝土面板施工质量检验主要项目和要求

工艺过程	检验对象	检验项目				
施工准备	垫层	干容重（kN/m^3）	孔隙率	渗透系数（cm/s）	变形模量（MPa）	最大粒径（mm）
		≥19.6	＜26%	$5\times10^{-2}\sim1\times10^{-3}$	≥35	＜80
		表面平整度		喷洒乳化沥青		
		3m靠尺，库底≤3cm，坡面＜4cm		按单位面积喷洒量控制2kg/m^2		

续表

<table>
<tr><th>工艺过程</th><th>检验对象</th><th colspan="12">检　验　项　目</th></tr>
<tr><td rowspan="9">原材料准备</td><td>沥青</td><td colspan="12">符合 B80 或 B45 质量要求</td></tr>
<tr><td rowspan="4">粗骨料（2～22mm）</td><td>吸水率</td><td colspan="2">含泥量</td><td colspan="3">黏附性</td><td colspan="6">洛杉矶试验</td></tr>
<tr><td>≤2.5%</td><td colspan="2">≤1.0%</td><td colspan="3">≥90%*</td><td colspan="6">≤40（500 转）≤8（100 转）</td></tr>
<tr><td>坚固性</td><td colspan="5">针片状含量</td><td colspan="4">抗热性</td><td colspan="2">级配</td></tr>
<tr><td>≤12%</td><td colspan="5">≤20%</td><td colspan="4">不因加热而引起性质变化</td><td colspan="2">各粒径组过筛率符合要求</td></tr>
<tr><td rowspan="2">细骨料</td><td>吸水率</td><td colspan="2">含泥量</td><td colspan="3">坚固性</td><td colspan="4">抗热性</td><td colspan="2">级配</td></tr>
<tr><td>≤2.5%</td><td colspan="2">≤1.0%</td><td colspan="3">≤12%</td><td colspan="4">不因加热而引起性质变化</td><td colspan="2">各粒径组过筛率符合要求</td></tr>
<tr><td rowspan="2">填料</td><td>含水量</td><td colspan="3">孔隙率（体积）</td><td colspan="2">岩性</td><td colspan="2">级配</td><td colspan="4" rowspan="2">不含有机质、泥土等杂质，无结块、团粒</td></tr>
<tr><td>≤0.5%</td><td colspan="3">≥30%，≤40%</td><td colspan="2">石灰岩</td><td colspan="2">符合要求</td></tr>
<tr><td rowspan="4">沥青混合料制备</td><td rowspan="2">温度（℃）</td><td colspan="4">沥青</td><td colspan="5">骨料</td><td colspan="3">混合料</td></tr>
<tr><td colspan="4">胶结层和防渗层 150～180</td><td colspan="5">胶结层和防渗层 180～220</td><td colspan="3">胶结层 160～180，防渗层 170～190</td></tr>
<tr><td rowspan="2">配合比误差</td><td colspan="4">沥青</td><td colspan="5">填料</td><td colspan="3">>2mm 骨料</td></tr>
<tr><td colspan="4">±0.3%</td><td colspan="5">±2%</td><td colspan="3">±5%</td></tr>
<tr><td rowspan="2">沥青混合料铺筑</td><td rowspan="2">温度（℃）</td><td colspan="4">胶结层</td><td colspan="5">防渗层</td><td colspan="3">碾压温度</td></tr>
<tr><td colspan="4">140～180</td><td colspan="5">150～180</td><td colspan="3">>120</td></tr>
<tr><td rowspan="9">沥青混凝土面板</td><td rowspan="2">胶结层</td><td colspan="2">容重（kN/m³）</td><td colspan="2">孔隙率</td><td colspan="3">渗透系数（cm/s）</td><td colspan="5">斜坡流淌值</td></tr>
<tr><td colspan="2">>21</td><td colspan="2">10%～15%</td><td colspan="3">1×10⁻²～1×10⁻⁴</td><td colspan="5">≤5mm（1：2，70℃）；≤1.5mm（1：2，60℃）</td></tr>
<tr><td rowspan="6">防渗层</td><td colspan="2">容重（kN/m³）</td><td colspan="2">孔隙率</td><td colspan="3">渗透系数（cm/s）</td><td colspan="5">斜坡流淌值</td></tr>
<tr><td colspan="2">>3</td><td colspan="2">≤3%</td><td colspan="3">≤1×10⁻⁸</td><td colspan="5">≤5mm（1：2，70℃）；≤1.5mm（1：2，60℃）</td></tr>
<tr><td colspan="5">马歇尔稳定度（N）</td><td colspan="6">马歇尔流值（1/100cm）</td><td>膨胀</td></tr>
<tr><td colspan="5">>5000（40℃）</td><td colspan="6">30～80（40℃）</td><td>>1%</td></tr>
<tr><td colspan="5">柔性（小梁弯曲挠跨比）</td><td colspan="7">抗渗性（芯样，水压 0.1、0.3、0.5MPa，25℃）</td></tr>
<tr><td colspan="5">>10%（25℃），≥2.5%（5℃）</td><td colspan="7">无渗漏</td></tr>
<tr><td>封闭层</td><td colspan="12">厚 2mm 左右，在 1：2 斜坡上不流淌</td></tr>
<tr><td>其他</td><td>与截水墙连接</td><td colspan="12">干净的混凝土表面涂 1.5kg/m² 沥青涂料，止水铜片上涂 0.1kg/m² 沥青涂料，热涂 3mmIGAS 止水材料</td></tr>
</table>

*　沥青黏附骨料表面积 90%以上，相当于我国制定的骨料黏附性标准 4 级。

第八节　土工膜防渗体施工

一、简述

土工织物是指透水性的平面土工合成材料，我国俗称土工布。土工膜是指在岩土工程中主要用作防渗和隔离的一种不透水高聚物薄膜。复合土工膜是指由土工膜和土工织物复合在一起的产品，诸如两层、三层、五层等。

用于防渗的土工合成材料主要有土工膜和复合土工膜，最早应用于渠道防渗，以后逐渐推广在堤坝防渗上的应用。我国自20世纪80年代以后相继在许多坝体中使用土工膜作为防渗体，取得较好的效果，并于20世纪90年代开始用于50m高的坝体中。

土工膜按组成的基本材料可分为塑料类、沥青类、橡胶类三种，制造塑料类土工膜所用聚合物有聚氯乙烯（PVC）、高密度聚乙烯（HDPE）、氯化聚乙烯（CPE）等。由于塑料类土工膜具有优良的物理力学性能，价格便宜，施工方便迅速，适应变形能力强，有良好的不透水性，因而应用于许多水利工程。

为改善土工膜的性能，充分利用土工膜与土工织物各自的长处，常用各种成型方法将土工膜与土工织物组成复合土工膜，前者提供了不透水性，后者提供了强度，使其具有土工织物平面排水的功效及土工膜法向防渗的功能，同时又改善了单一土工膜的工程性能，提高了其抗拉、顶破和穿刺强度及摩擦系数，还可避免或减少在运输、铺设过程中机械损伤防渗膜。因而复合土工膜是一种比较理想的防渗材料，其结构常有"一布一膜、二布一膜、一布二膜、二布二膜"等，工程应用很广（如本节无特别说明，土工膜均指复合土工膜）。

根据土工膜在坝体中的部位，土工膜防渗体分为心墙式和斜墙式（或称面板式），其特点见表4-15。

表4-15　斜墙式、心墙式土工膜特点

名称	土工膜位置	优点	缺点
斜墙式	土工膜铺设于上游坡面	1. 土工膜施工与坝体填筑互不干扰； 2. 土工膜施工速度快	1. 土工膜用量较大； 2. 在上游面需专门设置土工膜保护层及相应护坡结构
心墙式	土工膜置于坝体中部	土工膜用量省	土工膜铺设随坝体填筑上升，相互存在干扰

二、一般规定

（1）所用土工膜的性能指标应满足《水利水电工程土工合成材料应用技术规范》（SL/T 225—1998）要求和工程实际需要，主膜无裂口、针眼，主膜和土工织物结合较好，无脱离或起皱。

（2）土工膜的厚度根据具体基层条件、环境条件及所用土工膜材料性能确定。根据国内坝工实践经验，土石坝防渗土工膜主膜厚度不小于0.5mm，承受高应力的防渗结构，采用加筋土工膜。

（3）土石坝防渗土工膜应在其上设置防护层、上垫层，在其下设置下垫层和支持层。

（4）土工膜铺设常用形式见表4-16。

（5）土工膜防渗系统的计算，应进行稳定性验算及膜后排渗能力校核。

1）稳定性验算仅针对防护层、上垫层与土工膜之间的抗滑稳定。验算的最危险工况为库水位骤降。

2）膜后排渗能力核算是针对膜后无纺土工织物平面排水或砂垫层导水能力。上游水位骤降时，坝体中部分水量将流向上游，沿土工织物流至坡底，经坝后排水管或导水沟导向下游排走。应先估算来水量，校核自上而下各段土工织物的导水率，并考虑一定的安全系数。

表 4-16　　　　　　　　　　　　土工膜铺设常用形式

序号	形式	图示	适用范围
1	平直坡形	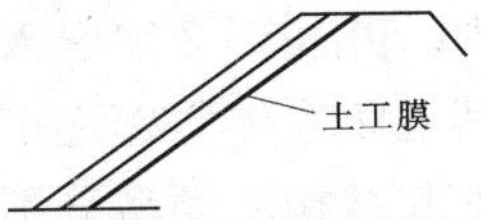	用于斜墙、薄保护层的低水头坝，作心墙，或用于已建堤坝的加固
2		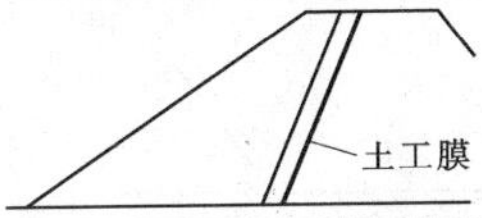	
3		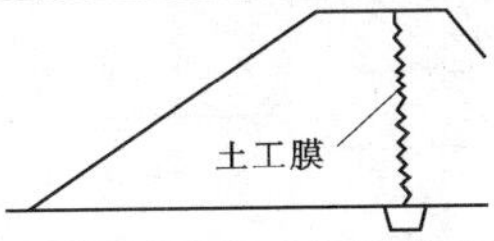	
4	锯齿形	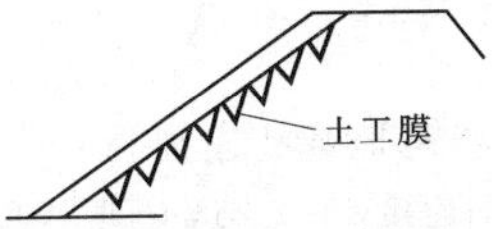	用于斜墙
5	台阶形	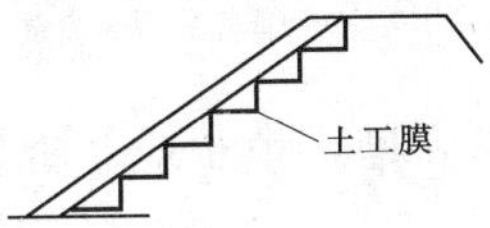	用于斜墙
6	折坡形	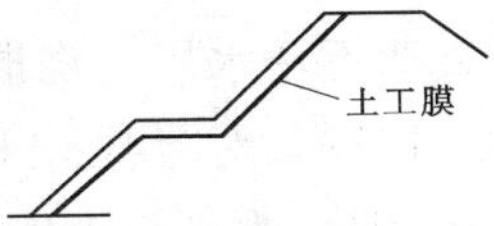	用于斜墙，较高水头的坝要设马道

三、土工膜的性能指标

用于坝体防渗的土工膜的各项性能指标，根据工程的具体情况提出要求，并按《水利水电工程土工合成材料应用技术规范》(SL/T 225—1998) 进行复核，土工膜和土工织物的指标测定试验包括主要项目见表 4-17。

表 4-17　　　　　　　　　　　　土工膜的性能指标

序号	指标名称	指标所包含内容
1	物理性指标	单位面积质量、厚度、等效孔径（EOS）及其与压力的关系等
2	力学性指标	拉伸强度、撕裂强度、握持强度、顶破强度、胀破强度、材料与土相互作用的摩擦强度等
3	水力学指标	垂直渗透系数（或透水率）、平面渗透系数（或导水率）、梯度比（GR）等。 土工膜的渗透系数一般为 10^{-12}～10^{-11}cm/s，可以认为它是不透水的，其透水量主要为缺陷透水量。土工膜的耐水性也较好，能够承压较大水头而不被击穿
4	耐久性	抗老化性，抗化学腐蚀性

这些评价土工膜和土工织物的指标，均与所用材料的品种、性质、加工工艺、孔径、厚度有关。根据工程具体需要，选择材料的测试项目，测试方法应符合有关标准。

四、土工膜防渗斜墙施工

1. 斜墙土工膜施工技术要求

(1) 土工膜应尽量用宽幅，减少拼接量。

(2) 土工膜铺设前，基础垫层要碾压密实、平整，不得有突出尖角块石露出。做好排渗设施，挖好固定沟。

(3) 防渗土工膜顶部应埋入坝顶锚固沟内。其底部必须嵌入坝底。如为透水地基，土工膜与上游防渗铺盖或截水槽、岸坡和一切其他防渗体紧密连接，构成完全封闭体系。土工膜封闭体系的具体结构可根据地基土质条件和结构物类型分别采用以下型式。

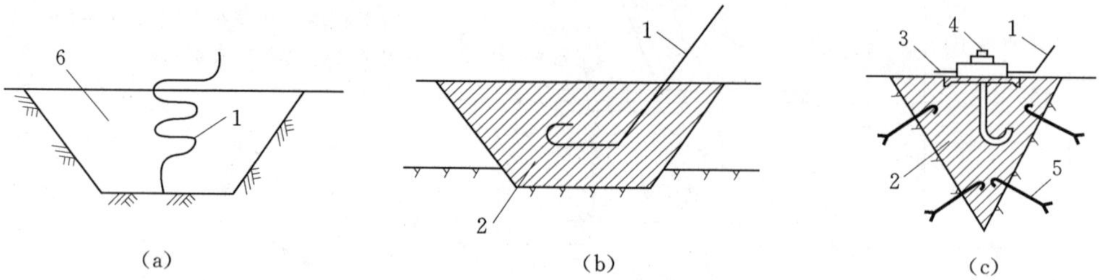

图 4-26 土工膜与地基的连接

(a) 与黏土地基的连接；(b) 与砂卵石地基的连接；(c) 与岩石地基或混凝土地基的连接

1—土工膜；2—混凝土；3—一氯丁橡胶垫片；4—锚栓；5—锚筋；6—回填黏土

1) 与土质地基连接。土工膜直接埋入锚固槽，填土应予夯实，槽深 2m，宽 4m，如图 4-26 (a) 所示。

2) 与砂卵石地基连接。应清除砂卵石，直达不透水层。浇混凝土底座，埋入土工膜。对新鲜和微风化基岩，底座宽为水头的 1/10～1/20。对半风化和全风化岩，底座宽为水头的 1/5～1/10，所有裂缝要填实，如图 4-26 (b) 所示。当砂卵石太厚，不能开挖至不透水层，可将土工膜向上游延伸一段，形成水平铺盖，长度通过计算确定；如用混凝土防渗墙处理，则将土工膜埋入防渗墙中。土工膜下设排水、排气措施。

3) 与岩石地基连接，如图 4-26 (c) 所示。

4) 与结构物连接。如与输水管、溢洪道边墙、廊道等连接，相邻材料的弹性模量不能差别过大，要平顺过渡，并充分考虑结构物可能产生的位移。

(4) 土工膜坡面铺设时，将土工膜卷材装在卷扬机上，自坡顶徐徐展开放至坡底，人工拖拉平顺，松紧适度，使布膜同时受力。土工膜铺设做到以下要求：

1) 在干燥和暖天气进行铺设。

2) 铺设不应过紧，留足够余幅（大约 3%～5%），以便拼接和适应气温变化。

3) 接缝与最大拉力方向平行。

4) 坡面弯曲处注意剪裁尺寸，务使妥贴。

5) 随铺随压，以防风吹。

6) 施工中发现损伤，及时修补。

7) 施工人员穿无钉鞋或胶底鞋。

8) 施工中注意防火，禁止工作人员吸烟。

(5) 土工膜的搭接。土工膜各条幅间现场搭接宽度不小于 10cm，搭接方法有焊接法、黏结法、折叠法、重叠法，最常用的是焊接法和黏接法。搭接方法应根据施工现场的实际情况和复合土工膜的材质、有无甩边来确定。

1）焊接法是借助热焊机等加热设备，将塑料膜加热软化、机械滚压或人工加压贴合在一起的方法。PVC 膜和 PE 膜均可用焊接法搭接。焊接工具有 ZPR－210D 自动爬行热合机和电熨斗。热合焊机由两块电烙铁供热，胶带轮通过耐热胶带施压、滚压塑料膜，焊成两条粗为 10mm 的焊线，两线净距 16mm，焊接效果比较好。电熨斗也是焊接工具之一，在特殊场合也是适宜的，但焊接时人工加压，劳动强度大，膜厚时不可使用。焊缝抗拉强度较高，应根据膜材种类、厚度和现有工具等优先采用焊接法。

2）黏结方法是将塑料膜搭接处擦干净，一次或两次以上均匀刷涂胶黏剂，滚压贴合的方法。胶黏剂有固体热熔胶和溶剂型胶。PVC 膜可采用黏结法，而 PE 膜可以使用热熔固体胶搭接，不能使用溶剂性胶搭接。要根据气温情况确定刷涂长度，一般不超过 4m，晾燥 2～4min 即可迅速黏合，黏合后用手压铁棍滚压数次或用木锤打压数次即可。

塑膜搭接好后，再进行土工布的搭接。土工布的搭接多采用手提缝纫机缝合，也可采用黏合剂搭接。若采用土工布胶（如氯丁橡胶、乳化沥青等）黏结，可先黏结下层土工布，再黏结 PVC 主膜，最后再黏结上层土工布。

黏结法应在无雨情况下施工。

（6）接缝检测方法有目测法、现场检漏法和抽样测试法。

1）目测法。观察有无漏接，接缝是否无烫损、无褶皱，是否拼接均匀等。

2）现场检漏法。应对全部焊缝进行检测，常用的有真空法和充气法。

真空法，利用包括吸盘、真空泵和真空机的一套设备。检测时将待检部位刷净，涂肥皂水，放上吸盘，压紧，抽真空至负压 0.02～0.03MPa，关闭气泵。静观约 30s，看吸盘顶部透明罩内有无肥皂水泡产生，真空度有无下降。如有下降，表示漏气，应予补救。

充气法，焊缝为双条，两条之间留有约 10mm 的空腔。将待测段两端封死，插入气针，充气至 0.02～0.05MPa（视膜厚选择），静观 0.5min，观察压力表，如气压不下降，表明接缝合格。

3）抽样测试法。约 1000m^2 取一试样，做拉伸强度试验，要求强度不低于母材的 80％，且试样断裂不得在接缝处，否则接缝质量不合格。

（7）上垫层的上料铺填、夯实一般用人工，避免用机械运输及碾压。保护层常采用推土机自上而下填筑，一次达到设计厚度并压实。

2. 斜墙土工膜铺设施工

以“两布一膜”铺设为例，其顺序为：铺设→对正→搭齐→缝底层布→擦拭主膜尘土→主膜焊接或黏结→检测→修补→缝上层布→验收。

（1）铺膜。斜墙土工膜自上而下铺设，底部将脱布后的主膜与趾板中所夹的高强塑料布焊接，铺设时注意张弛适度，避免人为损伤。为防止土工膜拉裂，铺设时每增高 5m 打一个“Z”形折。

（2）焊膜。焊接前清除膜面砂子、泥土等脏物，膜与膜接头处铺设平整后用自动爬行热合机施焊。焊接施工时需 3～4 人配合，1 人持机，1 人清理待焊面，1 人持电源并观察焊缝质量，对有问题的做出记号，1 人在后面修补。一般焊膜温度调到 250～300℃，速度 1～2m/min。

土工膜若为黏结，按黏结的施工技术要求进行拼接。

（3）接缝检查。用目测法和现场检漏法进行质量检测。

（4）缝布。布的缝合采用手提封包机，用高强纤维涤纶丝线。缝合施工需3人。缝合时针距在6mm左右，连接面要求松紧适度，自然平顺，确保膜布联合受力。

五、土工膜防渗心墙施工

1. 土工膜心墙结构

心墙式土工膜置于坝体中部，下接基础防渗设施，上与防浪墙连接，两侧与岸坡连接，在膜两侧各设一定厚度的细砂保护层，随坝体填筑上升铺设连接，土工膜心墙堆石坝结构布置形式如图4-27所示。

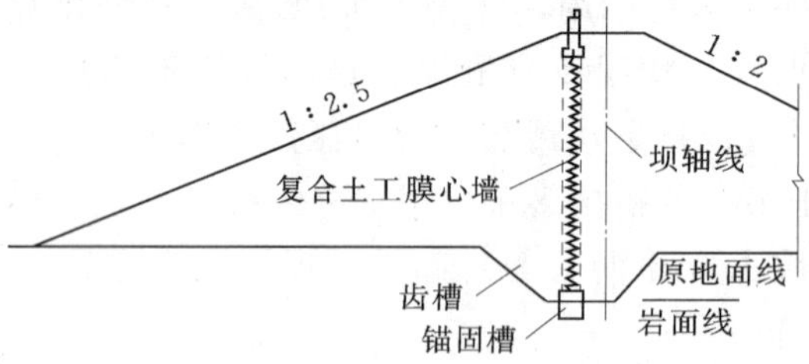

图4-27　复合土工膜心墙大坝剖面示意

2. 心墙土工膜施工技术要求

（1）心墙土工膜宜采用“之”字形布置，折皱角度根据过渡料边坡稳定休止角确定。因土工膜在施工和运行中可能产生拉应力和剪应力，铺设时应使其保持松弛状态，并在水平和垂直方向每隔一定距离留一定折皱量，折皱高度应与两侧垫层料填筑厚度相同。土工膜施工速度应与坝体填筑进度相适应。

（2）土工膜防渗心墙两侧回填材料的粒径、级配、密实度及与土工膜接触面上孔隙尺寸应符合设计要求。

（3）土工膜铺设前，垫层料边坡应人工配合机械修整，并用平板振动器振平，不得有尖角块石与其接触。

（4）土工膜与地基、岩坡的连接及伸缩节的结构型式，必须符合设计要求。在开挖后的设计岩面上开凿梯形锚固槽，在槽中浇筑混凝土的同时，将主膜呈“S”状分层埋入混凝土中。

（5）土工膜施工时，现场应清除尖角杂物，作好排渗措施并注意防火；土工膜铺设时不应过紧，应留足够余幅，铺设时随铺随压，并加以回填保护；寒冷季节施工时，膜铺好后应及时加以覆盖。

（6）土工膜铺设过程中应注意防止块石和施工机械损坏土工膜，特别是自卸汽车穿越土工膜心墙时，通过铺设钢板等措施对土工膜加以保护。

（7）加强施工过程的检验，防止搭接宽度不够、脱空、收缩起皱、扭曲鼓包，如发现土工膜损坏、穿孔、撕裂等，必须及时补修。

3. 心墙土工膜铺设方法

（1）土工膜沿竖直方向“之”字形布置，折皱高度为50～75cm，与坝体分层碾压厚度1.0～1.5m相适应。

（2）为防止膜料被拉裂，土工膜与刚体连接处要设置折皱伸缩节，伸缩节展开长度约1m。

（3）心墙复合土工膜铺设中的搭接、检测要求与斜墙土工膜相同。

六、钟吕水电站复合土工膜防渗堆石坝实例

钟吕水电站堆石坝位于江西婺源县，坝高51m，坝顶长255m，坝顶宽5m，顶部设高

4.7m 悬臂式钢筋混凝土防浪墙。大坝标准剖面如图 4-28 所示。因该坝址地质条件差，风化层厚，加之附近缺乏足够的土料，故采用复合土工膜面板堆石坝。

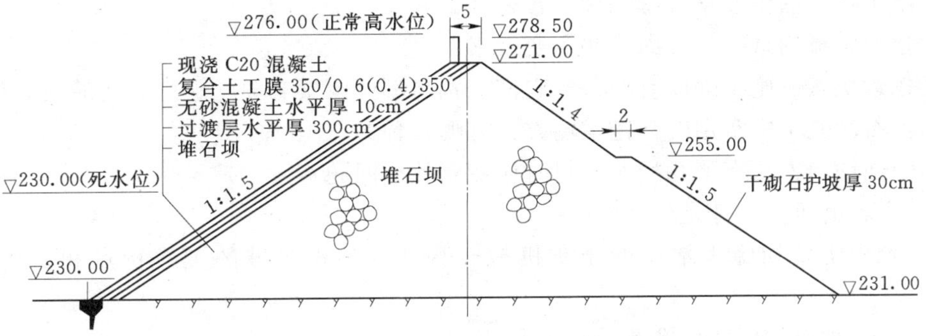

图 4-28 钟吕水电站复合土工膜防渗堆石坝标准剖面图

大坝上游防渗结构 255.00m 高程以下和以上分别采用 350g/0.6mmPE/350g 和 350g/0.4mmPE/350g 的复合土工膜，在堆石体过渡层上游浇一层厚 6cm 无砂混凝土，在无砂混凝土面上每 2m 间隔 0.4m 刷一层 2cm 砂浆，以利排水，然后铺设土工膜。复合土工膜表面浇 10cm 厚混凝土保护层，土工膜底部、两岸边锚固于混凝土（黏土）齿槽内，顶部锚固于防浪墙内。有关细部结构如图 4-29、图 4-30 所示。

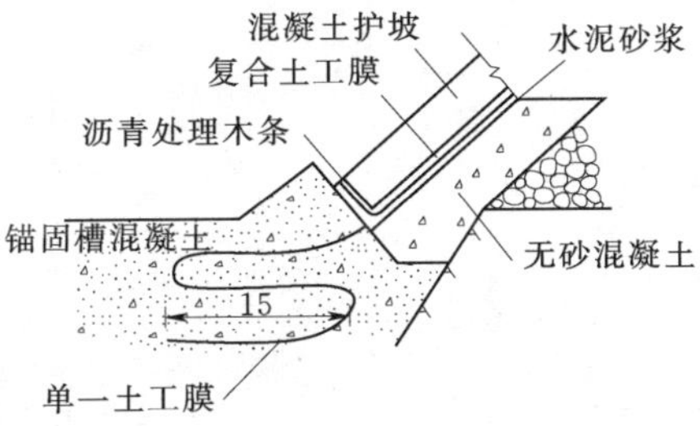

图 4-29 大坝周边处理示意图

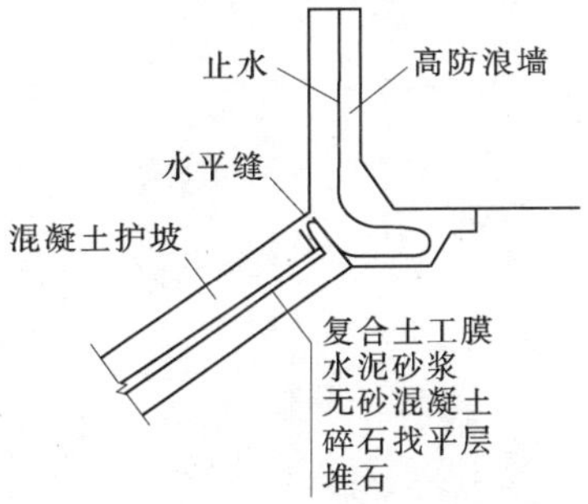

图 4-30 土工膜与防浪墙连接示意图

钟吕大坝防渗系统由 L 形钢筋混凝土防浪墙、复合土工膜、混凝土趾板等部分组成，复合土工膜是防渗主体。复合土工膜被黏结在无砂混凝土面上；复合土工膜上现浇 10cm 厚混凝土保护层，两者之间黏结力为 0.2MPa，抗滑稳定满足要求。钟吕坝经施工期和两年运行，蓄满并泄空两次，护坡和土工膜稳定牢固，沉降情况在正常范围内。但渗漏量偏大（高水位时渗漏量为 200L/s），拟进行补救。经检查，渗漏偏大是由土工膜焊接质量欠佳以及爆破飞石击破土工膜造成，应引为戒。

思 考 题

1. 碾压式土石坝施工包括哪些主要内容？
2. 碾压式土石坝的坝料复查有哪些主要内容？

3. 如何进行土石坝施工的坝料规划？

4. 土石料挖运机械主要有哪些？各种机械的工作特点和适用条件是什么？

5. 施工机械的生产率有哪几种？各是什么含义？

6. 挖运机械的选择应考虑哪些主要因素？

7. 挖运机械的施工强度有哪些？它们分别与哪些因素有关？它们之间的关系是什么？

8. 土石坝施工中常用的开挖运输方案有哪几种？

9. 坝面铺料方法有哪几种？铺料时应注意什么问题？

10. 土料的压实原理是什么？

11. 碾压土石坝施工常用的压实机械有哪些？各种机械的工作特点和适用条件是什么？

12. 不同坝料的压实标准有什么不同？

13. 土石坝现场碾压试验的目的是什么？如何进行？

14. 土工膜防渗斜墙土石坝的防渗体施工包括哪些内容？

第五章 混凝土工程

混凝土是建筑工程上一种应用广泛的建筑材料，全世界每年的混凝土用量十分巨大。如今，混凝土及钢筋混凝土生产技术日臻完善，在交通、工民建、水利、化工、原子能和军事等工程都有应用，在水利水电工程中混凝土的用量尤为巨大，使用范围几乎涉及所有的水工建筑物，如大坝、水闸、隧洞、水电站、泵站、港口、桥梁、堤防、护岸和渠系建筑物等。

混凝土工程施工，在水利水电建设中的地位非常重要，尤其是以混凝土坝为主体的枢纽工程，其施工速度直接影响整个工程的建设工期；其施工质量直接关系到整个工程的安全；与其相关的各种费用在工程总投资中所占比例较大，故明显影响工程的投资规模。

混凝土工程的施工环节主要包括：

（1）大量砂石骨料的采集、加工、储存与温控，水泥、掺和料和外加剂的供应与储存，拌和水的温控等。

（2）模板、钢筋加工、制作、运输和架立。

（3）混凝土的制备、运输、浇筑和养护。

混凝土工程的施工工艺流程如图5-1所示。

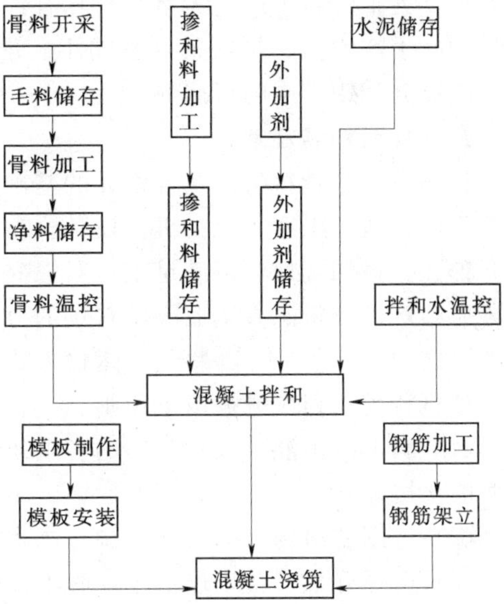

图5-1 混凝土的施工工艺流程图

第一节 混凝土骨料料场规划与开采

砂石骨料是混凝土最基本的组成成分。通常$1m^3$混凝土需要$1.3\sim1.5m^3$松散砂石骨料。骨料质量的好坏直接影响混凝土强度、水泥用量和温控的要求，从而影响大坝的质量和造价。为此，在混凝土坝的设计施工中对骨料应统筹规划，认真研究砂石骨料的储量、物理力学指标、杂质含量以及开采、运输、堆存和加工等各个环节。

一、天然砂石骨料和人工砂石骨料

砂石骨料来源有3种：①天然骨料，采集天然砂砾料经筛分分级，将级配的多余部分作为弃料；②人工骨料，用爆破开采块石，通过人工破碎筛分成碎石，磨细成砂；③组合骨料，以天然骨料为主，人工骨料为辅。人工骨料可以从天然骨料筛分出的超径料加工而得，也可以由爆破开采块石经加工而成。

当工程附近有质量合格的天然砂石骨料，且储量满足工程需要，开采条件合适，可优先选用天然砂石骨料。当坝址附近无满足工程要求的天然砂石骨料，或综合开采加工运输成本高于人工砂石骨料时，则选用人工砂石骨料。在采用人工砂石骨料时，首先要考虑利用大坝开挖料中的可用岩石。

人工骨料通过机械加工，级配比较容易调整以满足设计要求。人工破碎的碎石，表面粗糙，与水泥砂浆胶结强度高，可以提高混凝土的抗拉强度，对防止混凝土开裂有利。但在相同水灰比情况下，同等水泥用量的碎石混凝土较卵石混凝土的和易性和工作度要差一些。

一般来讲，天然料的生产成本低于人工料，应优先考虑利用。但随着大型、高效、耐用的骨料加工设备的发展，以及工程管理水平的提高，人工骨料的成本已接近甚至低于天然骨料。人工骨料生产比天然骨料具有许多优越性，如级配可按需要调整、质量稳定、管理集中、生产均衡、自然条件影响小、堆料场占地少等。工程弃渣是一种低廉的砂石料源，应充分利用其中的可用料。

二、骨料料场规划

料场规划是骨料生产系统设计的基础。料场规划要根据混凝土骨料的来源、混凝土浇筑的手段、施工工期、施工机械设备、与施工总体布置，对料源方案进行综合技术经济分析和论证。料场规划应以满足工程对混凝土骨料的数量、质量、级配及供应能力的要求为指导原则。最佳料源方案取决于料场的分布和高程、开采条件、可利用料的储量、质量、天然级配、加工条件、弃料量、运输方式、运输距离及生产成本等因素。

砂石料场规划应遵循以下原则。

（1）满足水工混凝土对骨料的各项质量要求，其储量应满足各设计级配的需要，并有必要的富裕量。

（2）选用的料场，应场地开阔，高程适宜，储量大，质量好。

（3）选择开采准备工作量小，施工简便，运距适宜的料场。

（4）分期使用料源时，前后期原料应统筹安排。

（5）受洪水或冰冻影响的料场应有备料、防洪或冬季开采等措施。

（6）合理配置采、挖、运设备，满足施工强度要求。

（7）人工料场应制定工程完工后的植被恢复计划，以防止水土流失。

（8）在不影响施工总进度计划的前提下，协调开挖和浇筑进度，以减少利用料的储量，提高利用率。

三、骨料的开采

（一）砂石料开采量的确定

砂石料开采量是以主体工程混凝土量加附加混凝土量为计算依据。附加混凝土量包括工程地质缺陷处理、超挖回填和临建工程所需的混凝土量以及施工损耗等。在规划设计时，大中型工程的附加混凝土量可按5%～8%考虑。施工设计时，需结合主体工程的坝型设计及坝址地质条件等因素综合分析确定。对水工混凝土而言，砂石料需要量应按各级配混凝土需要量，按比例分别计算。在初步估算时可按每立方米混凝土约需1.5m^3砂石净骨料（其中粗骨料约1.067m^3，细骨料0.433m^3）计算，折合成料场开采量需计入开采、加工、运输、储存等损耗系数。人工料和天然料各种系数有所差别，计算时应分别考虑。

1. 天然骨料开采量

骨料开采量取决于混凝土中各种粒径骨料的需要量。若第 i 组骨料所需净料量为 $q_i(t)$，则要求开采天然骨料的总量 $Q_i(t)$ 可按下式计算

$$Q_i=\frac{(1+k)\ q_i}{p_i} \tag{5-1}$$

式中 k——骨料生产过程的损失系数，是各生产环节损失系数的总和，即 $k=k_1+k_2+k_3+k_4$，其中 k_1、k_2、k_3、k_4，见表 5-1；

p_i——天然骨料中第 i 种骨料粒径含量的百分数。

表 5-1　天然骨料生产过程骨料损失系数表

骨料损失的生产环节		系数	损失系数值		
			砂	小石	大中石
开挖作业	水上	k_1	0.15～0.2	0.02	0.02
	水下		0.3～0.45	0.05	0.03
加工过程		k_2	0.07	0.02	0.01
运输堆存		k_3	0.05	0.03	0.02
混凝土生产		k_4	0.03	0.02	0.02

对混凝土工程量较小的临时工程，在料源充足条件下，不设碎石加工系统时，取 Q_i 中最大值为要求开采天然骨料的总量，或根据混凝土骨料要求级配，按料场天然级配分布资料确定某一粒径为控制粒径，使补充料最少，弃料比最低。

对混凝土工程量较大的工程，为避免弃料过多，影响成本，往往对开采的毛料进行破碎加工，开采总量则应依据破碎筛分平衡计算确定。

第 i 种骨料净料需要量 q_i（t/m³）与第 j 种标号混凝土的工程量 V_j（m³）有关，也与该标号混凝土中 i 种粒径骨料的单位用量 e_{ij} 有关。于是，第 i 组骨料的净料需要量 q_i 为

$$q_i=(1+k_c)\sum e_{ij}V_j \tag{5-2}$$

式中 k_c——混凝土出机后运输、浇筑中的损失系数，约为 1%～2%。

由于天然级配与混凝土的设计级配难以吻合，总是存在一些粒径的骨料含量较多，另一些粒径短缺。为了满足短缺粒径的需要而增大开采量，将导致其余各粒径的弃料增加，造成浪费，为避免上述现象，减少开采总量，可通过加工破碎骨料来补充短缺料。如果天然骨料中大石多于中小石，可将大石破碎一部分去满足短缺的中小石。采用这种措施，应利用破碎机的排矿特性，调整破碎机的排料口，使出料中短缺骨料达到最多，尽量减少二次破碎和新的弃料，以降低加工费用。

2. 人工骨料开采量

如需要利用开采石料作为人工骨料料源，则石料开采量 V_r（m³），其计算公式为

$$V_r=\frac{(1+k)eV_0}{\beta\gamma} \tag{5-3}$$

式中 k——人工骨料损失系数，对碎石，加工损失为2%～4%，对人工砂，加工损失为8%～20%，运输储存损失为2%～6%；

e——每立方米混凝土的骨料用量，t/m^3；

V_0——混凝土的总需用量，m^3；

β——块石开采成品获得率，取80%～95%；

γ——块石密度，t/m^3。

若有工程开挖料可供利用，计算 V_r 时应将利用量扣除。

（二）河滩、河床料场的开采

按照砂石料开采条件，天然砂砾料有陆地和水下两种开采方式，陆地开采与土料开采类似。对于水下开采，在浅水或河漫滩区多用索铲（图5-2）或液压反铲采挖；水深较大时，可采用采砂船（图5-3）或铲扬船。

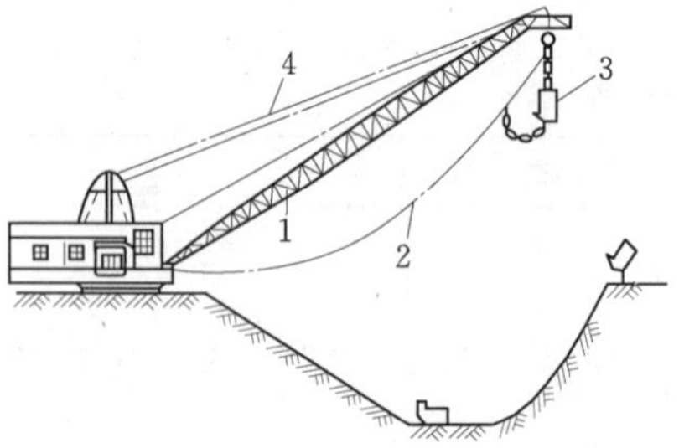

图5-2 索铲挖掘机工作图
1—工作臂杆；2—牵引索；3—土斗；4—操作索

索铲是正向铲挖掘机工作机构改装为索具操纵的铲斗。采料时将铲斗抛出，斗齿下切砂砾层，然后由牵引索牵拉土斗，让土斗装满；卸料时，牵引索放松，土斗垂直向下，土料卸出。整个操作循环要求司机操作技术熟练，否则，其生产能力不能正常发挥。索铲较反铲开采定位难以准确，装车不便，常用于卸料至岸边，集成料堆再由反铲或正铲装车，无疑多耗费了人力和机械。为了提高反铲采挖效率，在挖斗下部加钻排水孔，并将挖出的砂石料就地暂存脱水，再用装载机装自卸汽车运至砂石筛分系统。

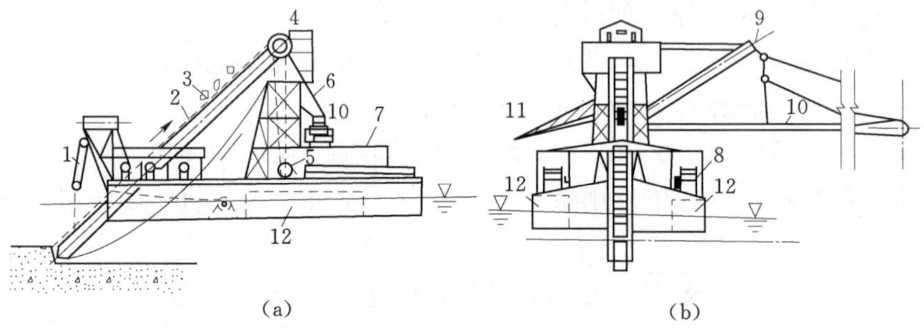

图5-3 多斗式采砂船构造图

（a）侧视图；（b）正视图

1—工作大梁提升索；2—工作大梁；3—砂斗；4—从动轮；5—主动轮；6—接砂斗；7—主机房；8—绞车；9—吊杆；10—皮带运输机；11—泄水槽；12—平衡水箱

采砂船是在一定水深中采掘砂砾石的机械。它是将斗链式挖掘机的工作机构装在特制的船上进行工作的，其砂斗固定在随主动轮转动的链条上。砂斗不断地运行至大梁工作底端进行挖掘，上升至工作大梁顶端，卸料至接砂斗中，再通过由吊杆悬吊的皮带机卸料。皮带机架通过悬索控制其仰俯角度，借助提升索调整工作大梁的位置，以控制其开挖深度。船体内装有平衡水箱，调整箱内的水量以保持船体的平衡。采砂船采挖黏性较大的土时，砂斗易装满，却不易卸尽，挖砂砾料则刚好相反。为此，挖黏性大的土时宜用口大身浅的砂斗，挖砂砾料时，宜用口小身深的砂斗。对采砂船或铲扬船在江心采料，可用砂驳装料，由机动船拖至岸边专用码头卸料。

通常由生产能力确定采砂船的型号。国产采砂船的小时生产率有 $120m^3/h$ 和 $250m^3/h$ 两种，但这两种采砂船没有行驶装置，转移时需用拖轮牵引。采砂船的开挖方式视采区地形、水流情况、运输方式及运输线路布置而异，有顺水开挖、逆水开挖和静水开挖，采用后两种方式开挖可减少砂斗内砂料流失。

铲扬式单斗挖泥船是一种可在深水作业的大型自行式采砂船，其生产效率可达 $750m^3/h$，能在水深达 15m 的流水中作业。

河床和河滩料场的开采受水文条件影响大，对于水下开采的河床料场，开采作业主要受河水水位和流速的控制，应根据开采设备允许的作业流速和开采深度确定开采水位的上限，据此计算一年中的有效开采时间。

对于以陆上为依托的陆基滩料场，其水下作业时的陆基基面高程，可按该处河道的水位流量关系与典型丰水年的流量过程线确定。过高的基面高程，会减少采料场的水上开采范围，而过低的基面高程则会缩短有效的水下开采时间。对于修筑围堰进行开采的河滩料场，应根据河流的水文特性来确定围堰高程。

河滩料场在汛期或冰冻期是否开采，须通过全面的技术经济比较来确定。

天然料场由于级配不同，各采区之间、同一采区不同部位的骨料级配有时相差较大，除通过破碎处理工艺进行骨料平衡外，应在全面分析勘探资料的基础上，根据在某一时段里混凝土粗细骨料级配要求，结合料场骨料分布特点进行河滩的分区，分部位搭配开采。

（三）人工料场的开采

一般采用钻爆法松动岩体，然后沿作业面进行采装。与一般土石方开挖作业不同，应采用微差挤压爆破法控制爆破后的骨料粒径，尽量降低超过粗碎设备允许进料粒径的超径大块石的含量，同时避免过多石渣的产生。破碎加工块石，不仅应满足设计级配要求，还应以整个砂石系统的运输、加工以及原料和半成品的总费用最低为目标，确定最佳方案。

超径大块石一般采用爆破或破碎锤处理。液压破碎锤可安装在液压反铲的斗臂上，能够自行在采场巡回作业，方便灵活；也可装设于专用的液压臂架上，配以液压站，固定设于进料口处。由于液压破碎锤具有安全高效等优点，正日益广泛地被采用。

块石料场中往往存在大量的夹泥层、弱风化层以及溶洞内夹泥等无用层系，必须在开采过程中严格控制黏土和弱风化岩石的含量，一般采用分类管理的办法加以解决。

四、骨料加工

为满足混凝土骨料的质量和级配要求，对开采得的砂砾料或石料，必须进行加工分选。对于天然砂砾料，也需要进行筛分及冲洗；对于人工石料需要破碎、筛分及冲洗。通常冲洗是在筛分过程中进行。其生产流程如图 5-4 所示。

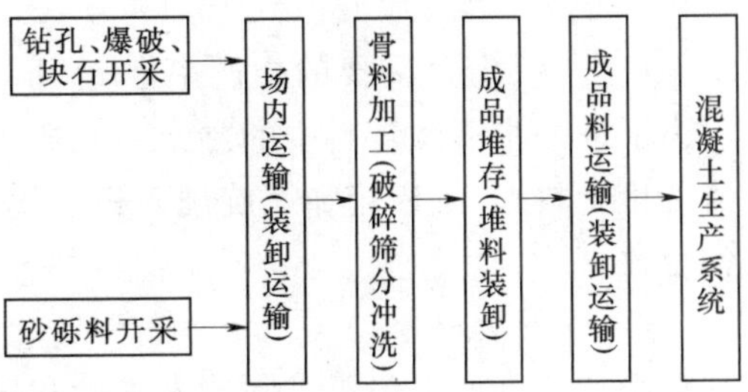

图 5-4　骨料加工的生产工艺流程

骨料在破碎前应将岩石中的松软成分分

离出去，为此需进行精选。精选后的碎石骨料，能明显提高混凝土的强度。

（一）砂石料加工厂生产能力确定

天然砂砾料加工，主要是筛分。所以确定砂石料加工的生产能力，就是确定筛分厂（或称筛分楼）的生产能力。确定筛分厂的生产能力，采用的计算方法繁多，但总的原则是必须满足混凝土高峰月浇筑强度的需要，或者满足骨料月最大开采强度的需要。满足后者的计算公式为

$$P=\frac{qK}{mn} \tag{5-4}$$

式中 P——筛分厂需要的生产率（天然骨料或人工骨料），m^3/h；

q——骨料最大月开采强度（天然骨料或人工骨料），m^3/月；

m——每月有效工作日数，取25d；

n——每天有效工作时间，取20h；

K——设备负荷不均匀系数，一般取1.5。

1. 筛分机生产率的影响因素

影响筛分机生产率的因素繁多，其中影响筛分质量的是筛分效率（或称筛分精度）。在筛分过程中，当小于筛孔的颗粒完全通过筛孔，认为是最好的筛分。但实际上小于筛孔的颗粒总有一部分留存在筛网上的产品中，这部分小于筛孔的颗粒称为产品的逊径料；另外，由于筛网破损或其他原因，在筛网下的产品中，夹杂有大于筛孔的颗粒，这种颗粒称为产品的超径料。无论是逊径料或超径料，对混凝土质量都有一定影响。因此，超径料与逊径料含量多寡也说明筛分质量的好坏。

2. 筛分厂设备数量的确定

由于进入筛分机的是混合料，因此，将上面求得筛分机生产率，按在一条工作线上混合料的实际供料量，来确定筛分厂所需的设备数量。混合料在一条工作线上实际的每小时进料量（Q）的计算公式为

$$Q=\frac{P_1}{R} \tag{5-5}$$

式中 P_1——筛分机的生产率，m^3/h；

R——通过该层筛网的粒料量与混合料总量的比值（或为百分数）。

筛分设备的需要套数 n 的计算公式为

$$n=\frac{P}{Q} \tag{5-6}$$

式中 P——筛分厂需要的生产率，m^3/h。

为了进一步清洗骨料中的黏土、杂质等，还须使用其他清洗设备。如槽式洗泥机（用于清洗粗骨料）、沉砂箱和螺旋洗砂机（用于清洗细骨料），可分别按要求的生产率，选用设备台数。

（二）骨料破碎

常用破碎机加工碎石、制造人工砂和破碎砂砾料中的超径石。破碎机械的类型很多，常用的有颚板式破碎机、旋回破碎机、圆锥式破碎机及反击式破碎机等。

1. 颚板式破碎机

颚板式破碎机［图 5-5（a）］，是最常用的粗碎设备，由机架、传动装置和破碎槽等组成，破碎槽进口是由固定颚板 3 和活动颚板 4 形成的。颚板是由齿状钢合金板镶嵌而成。在偏心轮 2 和撑杆 6 的作用下，活动颚板左右摆动，破碎槽一开一合。合时进入装料口的料石受挤压而破碎；开时，使破碎了的碎石经出料口 8 下落。这种碎石机用进料口宽×长的尺寸表示其规格，通常为 250mm×400mm～1200mm×1500mm。可通过楔形滑块 7 调整出料口的宽度，从而调整进出料的破碎率。破碎率一般为 6～8。当一次破碎不合要求，进行二次破碎比弃料更经济时，可进行二次破碎，形成闭路循环的生产工艺。

颚板式破碎机具有结构简单，自重较轻，价格便宜，外形尺寸小，高度低，进料尺寸大，排料口开度容易调整的优点。缺点是衬板容易磨损，产品中针片状含量较高，处理能力较低，一般需配置给料设备。

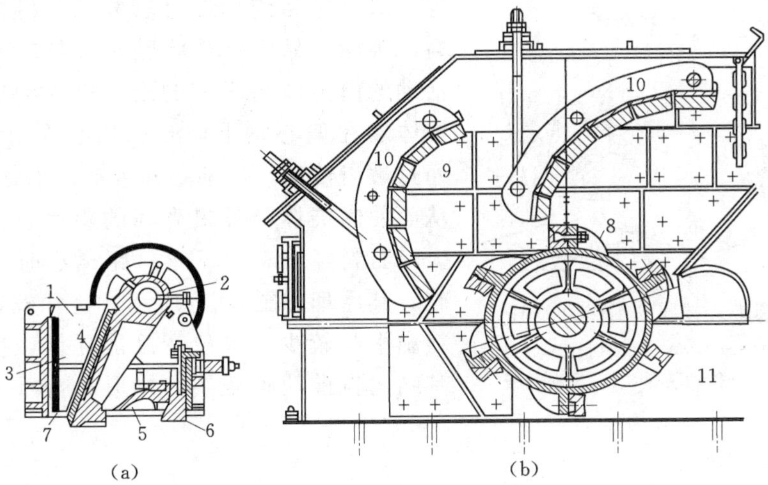

图 5-5 颚板式和反击式破碎机械

(a) 颚板式碎石机；(b) 反击式碎石机

1—破碎槽进口；2—偏心轮；3—固定颚板；4—活动颚板；5—撑杆；6—楔形滑块；7—出料口；8—转子；9—上机体；10—反击板；11—下机体

2. 反击式破碎机

反击式破碎机［图 5-5（b）］由转子和固定在上机体上的反击板和下机体组成，它是利用马达带动高速回转的转子冲击物料，使物料沿切线以较高的速度抛向反击板进行撞击，然后又反弹回到转子旋转的空间内反复碰撞，从而使石料碎裂。被破碎的小粒径物料由转子和反击板间的间隙中排出。这种破碎机适用于中细碎，其破碎比大，产品细，粒形好，产量高，能耗低，结构简单，安装方便，运行可靠安全。上海重机厂生产的 1250mm×1000mm 反击式破碎机，转子直径 1250mm，转子宽度 1000mm，最大进料粒度 250mm，出料粒度 50mm，生产能力为 40～80t/h。适用于破碎中硬岩石，用于中、细碎和制砂。缺点是板锤和衬板容易磨损，更换和维修工作量大，不宜破碎塑性和黏性物料，产品级配不易控制，容易产生过度粉碎。

3. 旋回破碎机

旋回破碎机是一种比较常用的破碎机系列，旋回破碎机即立式复合式破碎机，又称为复合破碎机，是破碎生产线和制砂生产线的机械。它是利用破碎锥在壳体内锥腔中的旋回运动，对物料产生挤压、劈裂和弯曲作用，粗碎各种硬度的矿石或岩石的大型破碎机械。装有破碎锥的主轴的上端支承在横梁中部的衬套内，其下端则置于轴套的偏心孔中。轴套转动时，破碎锥绕机器中心线作偏心旋回运动，它的破碎动作是连续进行的，故工作效率高于颚式破碎机。重型旋回破碎机适用于破碎各种硬度岩石，轻型旋回破碎机适用于破碎中硬以下岩石，一般用作大型砂石厂的粗碎设备。

4. 圆锥式破碎机

圆锥式破碎机适用于破碎各种硬度岩石，是砂石厂中最常用的中、细碎设备。有标准、中型、短头三种腔型，弹簧和液压两种支承方式。其工作可靠，磨损轻，不易过度粉碎。缺点是结构和维修较复杂，机体高，价格较高，破碎产品中针片状颗粒含量较高。碎石机由活动的内锥体与固定的锥形机壳构成破碎室，内锥体装在偏心轴上，此轴顶端为可动的球形铰，通过散齿传动，使偏心轴带动内锥体做偏心转动，从而使内锥体与外机壳间的距离忽大忽小，距离大时石料经出料口下落，距离小时将骨料挤压破碎，其原理如图 5－6 所示。这种破碎机破碎的石料扁平状较少，单位产品能耗低，生产率高；但其结构较前两种复杂，体形和自重大，安装和维修也较复杂。

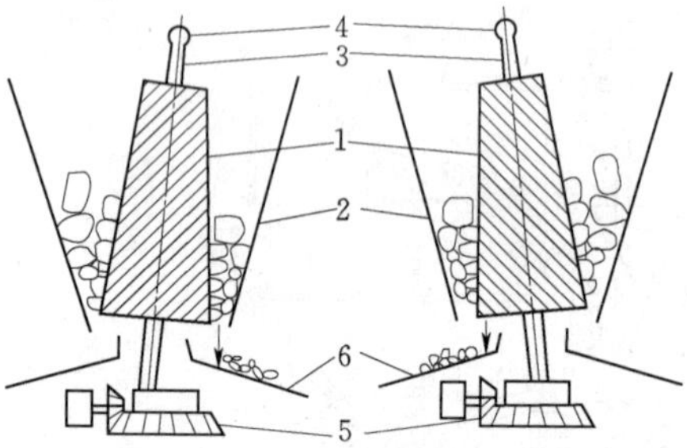

图 5－6　圆锥式破碎机工作原理图

1—内锥体；2—破碎室机壳；3—偏心主轴；4—球形铰；5—伞齿及传动装置；6—出料滑板

（三）骨料筛洗

为了分级，需将采集的天然毛料或破碎后的混合料筛分，分级的方法有水力筛分和机械筛分两种。前者利用骨料颗粒的大小不同，水力粗度各异的特点进行分级，适用于细骨料。后者利用机械力作用经不同孔眼尺寸的筛网对骨料进行分级，适用于粗骨料。

机械筛分的筛网多用高碳钢条焊接成方筛孔，筛孔边长分别为 112mm、75mm、38mm、19mm、5mm，用于筛分 120mm、80mm、40mm、20mm、5mm 的各级粗骨料。当筛网倾斜安装时，为保证筛分粒径，尚需将筛孔尺寸适当加大。

1. 振动筛

振动筛是筛分厂中的一种主要设备，用来对骨料分级。按振动的特点可分为偏心筛、惯性筛、自定中心振动筛、重型振动筛和共振筛等几种。其共同特点是振动频率高，振幅小，当强烈振动时，筛面上的砂石料迅速发生离析颤跳现象，迫使细粒料易于筛出，因此可以获得较高的生产率和筛分效率。

偏心振动筛（图 5－7）的筛架是通过内轴承安装在轴的偏心部位上，当轴旋转时，带动筛架作环形运动而形成振动。偏心振动筛的特点是振幅保持不变，即不随给料量的多少而变化，因而不易发生给料过多而使振幅减小，以致引起筛孔的堵塞现象。它的振动频率一般为 840～1200 次/min，振幅为 3～6mm，筛网 2～3 层，适用于筛分粗中颗粒的骨料。在筛分中，常用这种筛分机担任第一道筛分。

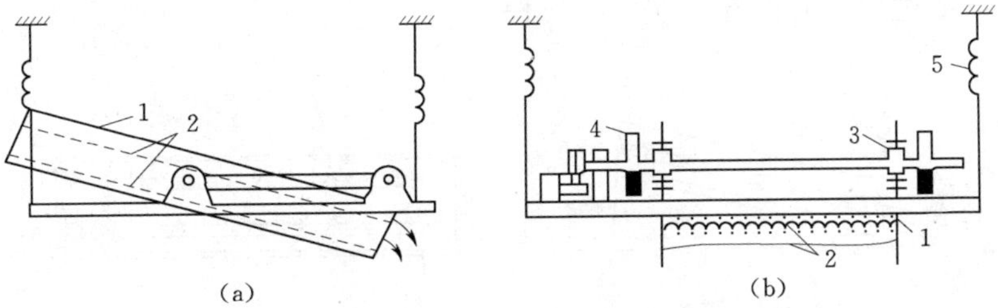

图 5-7　偏心振动筛示意图
(a) 侧视图 (b) 横剖面图
1—筛架；2—筛网；3—偏心部位；4—平衡重；5—消振弹簧

惯性振动筛（图 5-8）的筛架通过两侧支承钣簧固定在支座上，筛架上装有偏心轴而产生振动。其特点是振幅受负荷变化的影响较大，如给料过多、重量过大时，振幅减小，容易发生筛孔堵塞，所以要求给料要均匀。它的振动频率较高，一般达 1200～2000 次/min，振幅较小，约为 1.5～6mm，适于筛分细骨料。

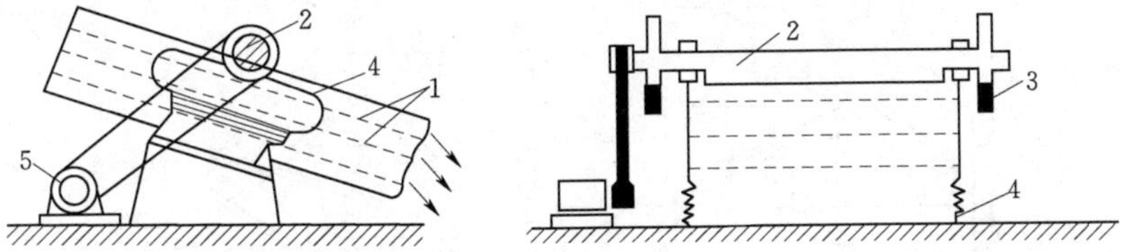

图 5-8　惯性振动筛示意图
(a) 侧视图；(b) 横剖面图
1—筛网；2—单轴振动器；3—配重盘；4—消振弹簧；5—电动机

筛分中的主要质量问题是逊径和超径。当骨料受筛时间太短，筛网网孔偏小，使应过筛的下一级骨料由筛面分入大一级骨料中称为逊径；反之，若筛网孔眼变形偏大，大一级骨料漏入小一级骨料中称为超径。筛分作业中，常以超、逊径的重量百分率——筛分精度作为质量控制标准。超径多因筛网磨损、变形、破裂所致；而逊径则多因筛网面上喂料过多，网孔堵塞或网孔偏小，筛网面倾角过大所致。规范要求超径不大于 5%、逊径不大于 10%方满足质量控制标准。

整个筛分过程也是骨料清洗去污的过程。清洗是在筛网面上方正对骨料下滑方向安装具有孔眼的管道喷水冲洗。

2. 螺旋洗砂机

无论天然砂还是人工砂通常多用水力分级，这时分级和冲洗同时进行。也有用砂箱承纳筛分后流出的污水砂浆，经初洗和排污后再送入洗砂机清洗。洗砂机多右旋式，其结构如图 5-9 所示，机身是一个倾斜的洗砂槽，由驱动机构带动一个或多个具有固定螺旋叶片的螺旋轴旋转。运行中，螺旋叶片推动砂料在相对流动的水中洗，清水由注口流入，未清洗的砂由加料口加入，由下而上清洗后的砂由出料口卸运料皮带机上，洗砂后的浑水由下方溢出口排出。上海水工机械厂生产的螺旋叶直径为750mm的单螺旋洗砂机，其生产率为40m^3/h，是水利水电工程中常用的一种。

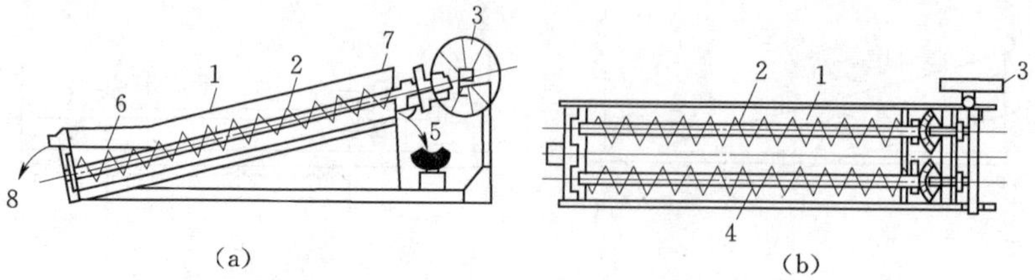

图5-9 螺旋式洗砂机示意图

(a) 侧视图；(b) 平面图

1—洗砂槽；2—螺旋轴；3—驱动机构；4—叶片；5—皮带机；

6—加料口；7—清水注入口；8—浑水溢出口

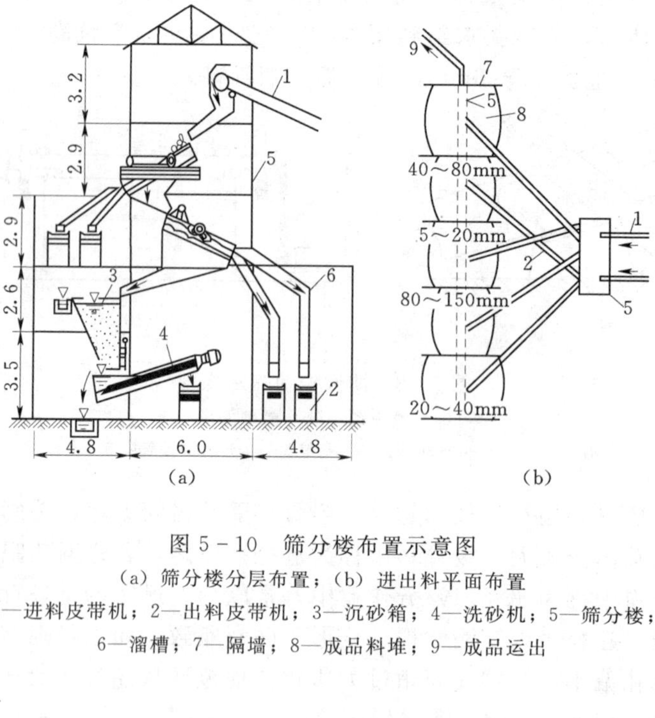

图5-10 筛分楼布置示意图

(a) 筛分楼分层布置；(b) 进出料平面布置

1—进料皮带机；2—出料皮带机；3—沉砂箱；4—洗砂机；5—筛分楼；

6—溜槽；7—隔墙；8—成品料堆；9—成品运出

3. 骨料加工厂

大规模的骨料加工，常将加工机械设备按工艺流程布置成骨料加工工厂，成品获得率高，通常达到85%～90%。当成品获得率低时，可利用弃料进行二次破碎，构成闭路生产循环。在粗碎时多为开路生产循环，在中、细碎时采用闭路生产循环。

以筛分作业为主的加工厂称为筛分楼，如图5-10所示。其布置常用皮带机送料上楼，经两道振动筛筛分出5种级配骨料，砂料则经沉砂箱和洗砂机清洗为成品砂料，各级骨料由皮带机送至成品料堆堆存。骨料加工厂宜尽可能靠近混凝土系统，以便共用成品堆料场。

图5-11为人工骨料制砂的三级破碎和棒磨制砂的工艺流程图，它是由颚板式破碎机

或圆锥式破碎机粗碎，反击式或圆锥式碎石机中碎，经筛分后再细碎，用棒磨机制砂，最后送至成品料堆。

筛分天然骨料和破碎超径石的加工系统，是在砂砾料筛分楼的基础上，增加破碎超径石的颚板式破碎机或反击式破碎机即可，仍然利用筛分天然料的设备筛分破碎后的混合料。

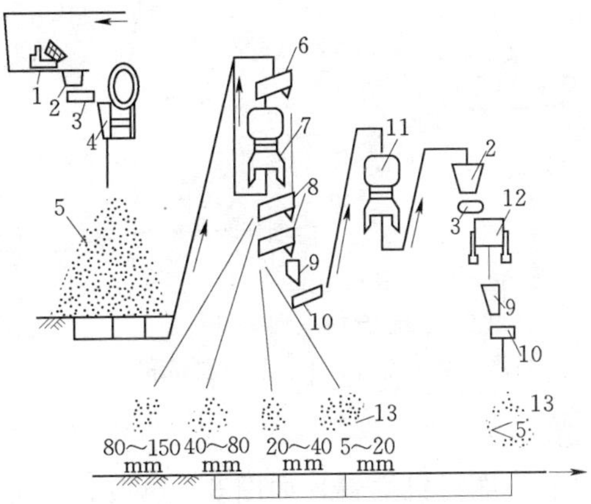

图 5-11　人工骨料制砂的加工工艺流程

1—进料汽车；2—受料斗；3—喂料机；4—颚板式碎石机粗碎；5—半成品料堆；6—预筛分；7—圆锥式碎石机中碎；8—振动筛筛分；9—沉砂箱；10—螺旋洗砂机；11—圆锥式碎石机细碎；12—棒磨机制砂；13—成品料堆

4. 骨料的堆存

为了适应混凝土生产的不均衡性，可利用堆料场储备一定数量的骨料，以解决骨料的供求矛盾。骨料储量的多少，主要取决于生产强度和管理水平。通常可按高峰时段月平均值的 50%～80% 考虑。汛期、冰冻期停采时，须按停采期骨料需用量外加 20% 的富裕度考虑。

（1）骨料堆存的质量要求。防止跌碎和分离是骨料堆存质量控制的首要任务。一般应注意：

1）控制卸料的跌落高度，使卸料跌差在 3m 以内；跌差过大，应辅以梯式或螺旋式缓降器卸料。

2）在进入拌和机前，砂料的含水量应控制在 5% 以内，但又需要保持一定的湿度。含水量过高对混凝土质量有一定影响。

3）堆存中骨料的混级是引起骨料超逊径的重要原因之一，应予以防止。

4）堆料场内还应设排污系统和排水系统，以保持骨料的洁净。

5）砂料堆场应有良好的脱水系统，同时，砂料应有 3d 以上的堆存时间，以利于脱水。

（2）骨料堆场型式。堆料料仓通常用隔墙划分，隔墙高度可按骨料动摩擦角 34°～37° 加超高值 0.5m 确定。

大中型堆料场一般采用地弄取料。地弄进口高出堆料地面，地弄底板宜设大于 5% 的纵坡，以利于排水。各级成品料取料口不宜少于 3 个，且宜采用事故停电时能自动关闭的弧门。骨料堆场的布置主要取决于地形条件、堆料设备及进出料方式，其典型布置如下：

1）台阶式，如图 5-12 所示。堆料和进料地面有一定高差，由汽车或机车卸料至台阶下，由地弄廊道顶部的弧门控制给料，再由廊道内的皮带机送料。廊道顶部的料仓常用推土机集料或散料以扩大堆存容积。

2）栈桥式，如图 5-13 所示。在平地上堆料可架设栈桥，在栈桥桥面上安装皮带机，经卸料小车向两侧卸料，料堆呈棱柱体，由廊道内的皮带机出料。这种堆料方式，堆料跌落高度大，在自然休止角外的骨料自卸容积小，必须借助推土机扩大堆料和卸料容积。

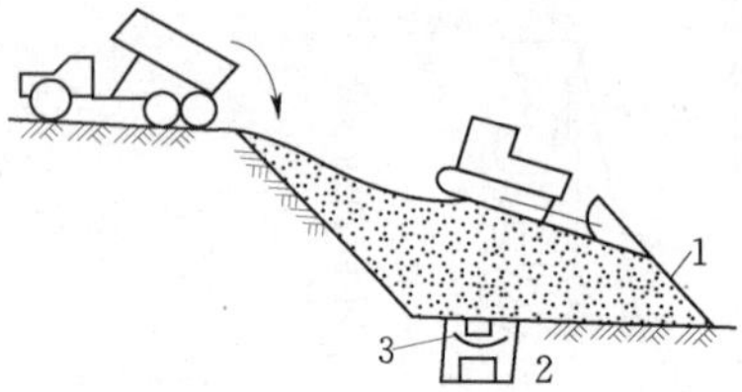

图 5-12 台阶式骨料堆

1—料堆；2—廊道；3—出料皮带机

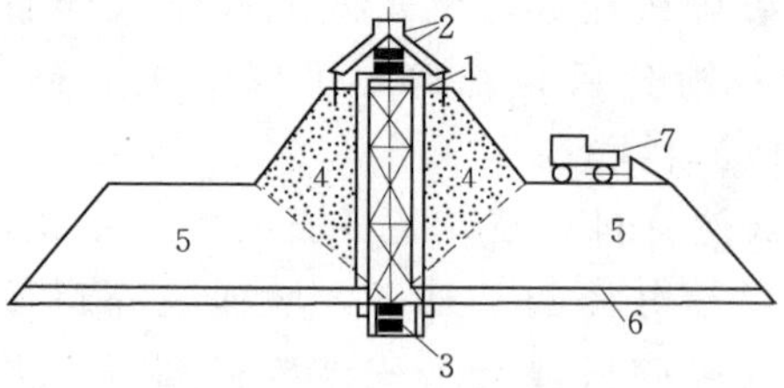

图 5-13 栈桥式骨料堆

1—进料皮带机栈桥；2—卸料小车；3—出料皮带机；4—自卸容积；5—死容积；6—垫底损失容积；7—推土机

3）堆料机堆料，如图 5-14 所示。堆料机是机身可以沿轨道移动，有悬臂皮带机送料扩大堆料范围的装置。该装置又分双悬臂式和动臂式。后者的卸料皮带机可随动臂旋转仰俯，随堆料的高度和位置而变化，使卸料高度保持在允许跌落高度范围内，避免跌碎骨料产生逊径。为了增大堆料容积，可在堆料机轨道下修筑路堤。

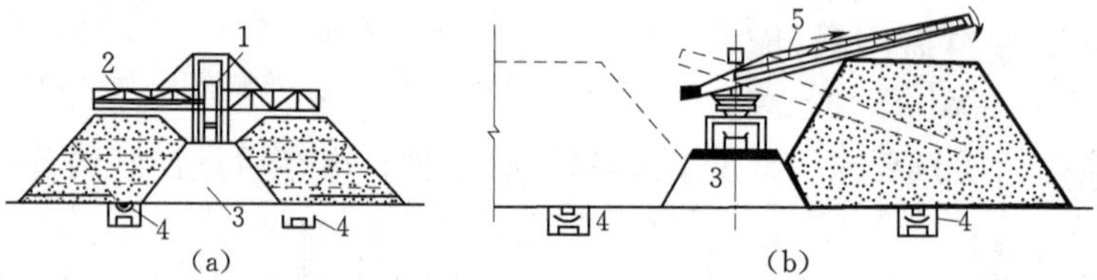

图 5-14 堆料机堆料

(a) 双悬臂式；(b) 动臂式

1—进料皮带机；2—可两侧移动的梭式皮带机；3—路堤；4—出料皮带机廊道；5—动臂式皮带机

第二节 钢筋与模板工程

钢筋和模板作业是钢筋混凝土工程的重要辅助作业。合理组织钢筋和模板作业，不仅对保证施工安全和混凝土工程质量、加快施工进度具有重大意义，而且会带来明显的经济效益。

一、钢筋加工

钢筋的加工包括调直、除锈、配料、划线、剪切、弯曲、绑扎与焊接和冷加工处理（冷拉、冷拔、冷轧）等工序。

（一）钢筋调直和除锈

钢筋按其直径大小可分为两大类，直径不大于 12mm 卷成盘条的叫轻筋，大于 12mm 呈棒状的叫重筋。两者加工工艺特点有所不同，如图 5-15 所示。

钢筋加工，首先通过冷轧或冷拉调直，轻筋可用自动调直剪切机调直切断；重筋可用弯筋机、调直机或手动工具调直。然后按品种、规格选料，并逐一核对清楚，再进行划线。划线时应考虑弯曲的伸长和必要的备用支撑筋，并运用线性规划方法进行。统筹计算，优化下料，减少断头，避免大材小用，造成浪费。调直过程有除锈作用，对锈蚀严重者应用风砂枪和除锈机除锈。新出厂的或保管良好的钢筋一般不需除锈。采用闪光对焊的钢筋，其接头处要用除锈机严格除锈。

（二）钢筋的冷拉处理

除了盘条状钢筋需要进行冷拉调直外，有时为了提高钢筋的屈服强度需要专门进行冷拉，钢筋的冷拉需要在冷拉机械设备上进行。

1. 冷拉控制

钢筋的冷拉控制有单控和双控两种。单控只需要控制钢筋的伸长率；双控不仅要控制钢筋的伸长率，同时还要控制冷拉应力。如钢筋已达到控制应力而冷拉率未超过允许值则认为合格；如钢筋已达到允许的冷拉率，而冷拉应力还小于控制值，则该批钢筋应降低强度使用。

2. 时效

钢筋冷拉卸荷后，在内应力的作用下其晶体组织自行调整的过程叫时效。时效后屈服强度进一步提高。时效有自然时效和人工时效两种。

自然时效是将冷拉后的钢筋在常温下放置 15～20h 来完成时效。这种方法适用于Ⅰ、Ⅱ级钢筋。

人工时效是将冷拉后的Ⅰ、Ⅱ级钢筋放在 100℃ 下经 2h 就可完成时效。Ⅲ、Ⅳ级钢筋不能自然完成时效，一般通过通电加热至 150～300℃，保持 20min 即可完成时效。

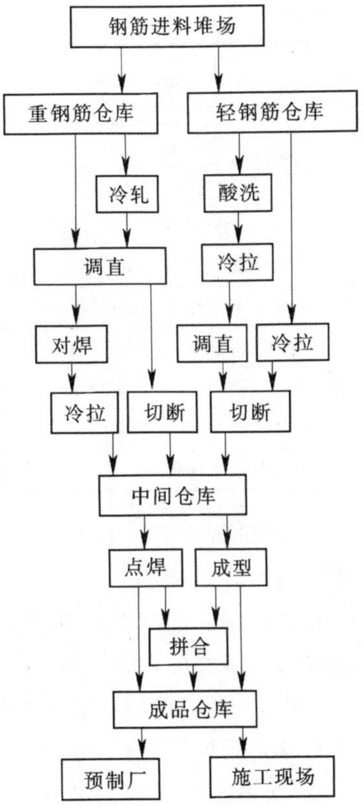

图 5-15　钢筋加工工艺流程图

（三）钢筋的切断、焊接

1. 钢筋切断

切断钢筋有手工切断、剪切机剪断和氧炔焰切割。手工切断一般只能用于直径小于等于 12mm 的钢筋，对于直径大于 12mm 的钢筋一般都采用剪切机剪断。对于直径大于 40mm 的圆钢则采用氧炔焰切割或用型材切割机切割。

2. 钢筋的焊接

水利工程中钢筋焊接常采用闪光对焊、电弧焊、电阻点焊、电渣压力焊和埋弧压力焊等方法。

（1）闪光对焊。闪光对焊是利用对焊机将两段钢筋对头接触，通以低压强电流，待钢筋端部加热变软后，轴向加压顶锻形成对焊接头。因在加热过程中会产生闪光，故称闪光对焊。

由于闪光对焊成本低、质量好、工效高，所以热轧钢筋的接长宜优先采用闪光对焊，只有在现场无法进行对焊时，才采用电弧焊或其他焊接方法。表 5-2 为常用对焊机的技术规格。

钢筋对焊根据钢筋品种、直径、端面平整度及对焊机的容量不同，可采用连续闪光焊、预热—闪光焊和闪光—预热—闪光焊等工艺。

表 5-2 常用对焊机技术规格

型号	UN_1—25	UN_1—75	UN_1—100	UN_2—150
额定容量（kVA）	25	75	100	150
额定暂载率（%）	20	20	20	20
初级电压（V）	220/990	220/380	380	380
次级空载电压（V）	1.76～3.52	3.52～7.04	4.5～7.6	4.05～8.1
最大送料行程（mm）	20	30	40～50	27
钳口最大距离（mm）	50	80	80	10～100
连续闪光焊接时最大直径（mm）	14	22	25	25
预热闪光焊接时最大直径（mm）	20	36	40	50
焊接生产率（次/h）	110	75	20～30	80
冷却水消耗量（L/h）	120	200	200	200

1）连续闪光焊。连续闪光焊是将钢筋夹紧在电极的两钳口上后，闭合电路，然后使两钢筋端面轻微接触。闪光一开始，就徐徐移动钢筋使其全面接触。如对焊机容量较大，足以将整个端面加热到熔化形成金属蒸汽的温度，则可以形成连续闪光，待钢筋端头一定范围内处于熔融的白热状态时，随即轴向加压顶锻形成牢固接头。连续闪光焊可获得较好的焊接质量，但对焊机的容量不能太小，如果采用中等容量（如 75kVA）的对焊机，连续闪光焊只能焊接直径 25mm 以内的Ⅰ～Ⅲ级钢筋及 16mm 直径以内的Ⅳ级钢筋。

2）预热—闪光焊。如果对焊机的容量不够大，则应先断续闪光，使其预热到适当的温度后，再使端面持续全面接触，进行连续闪光和顶锻。

3）闪光—预热—闪光焊。直径大的钢筋多采用闪光—预热—闪光焊进行焊接。其工艺过程是先进行连续闪光以闪平钢筋端部，再将接头作周期性的闭合与断开，借助断续闪光预热钢筋，接着进行连续闪光，最后加压顶锻。

（2）电弧焊。交流或直流弧焊机能使焊条与焊件在接触时产生高温电弧而熔化，待其冷却凝固以形成焊缝或接头，这种焊接工艺称为电弧焊。

钢筋电弧焊的接头形式有搭接焊、帮条焊和坡口焊。根据工程实际情况，钢筋接头处可采用单面焊或双面焊、平焊或立焊进行焊接。电弧焊的质量检验包括外观检查、拉力测试和无损（超声波、γ 射线、χ 射线等）检验。

在工程施工现场，无法采用闪光对焊，只能采用电弧焊或电渣压力焊。电弧焊工艺因其设备便于移动且操作简单，因此使用比较广泛，多用于钢结构焊接、钢筋骨架焊接、钢筋接头、钢筋与钢板的焊接、装配式结构接头焊接等。

（3）电阻点焊。电阻点焊用于交叉钢筋焊接的电阻点焊，在工程中可代替绑扎焊接钢筋骨架和钢筋网。相互交叉的钢筋在焊接时，接触点电阻较大，通电后金属受热熔化，在电极加压下可使钢筋接触点焊牢。点焊的质量检查有外观检查和强度检验两项。

（4）电渣压力焊。电渣压力焊是利用电流通过渣池产生的电阻热将钢筋端部熔化，再施加压力使钢筋焊牢。该焊接方法多用于现浇钢筋混凝土结构内竖向钢筋的焊接接长。钢筋采用此法焊接后应对接头进行外观质量检查和试样拉力试验。

目前有一种套管压接的方法，适用于所有场合所有规格的变形钢筋的连接。套管压接法比电渣焊更加简便可靠。

（5）埋弧压力焊。

埋弧压力焊是利用覆盖于焊接剂中焊接点处产生的高温电弧，熔化接触点处的金属，经加压顶锻形成焊件接头。此法多用于钢筋与钢板作 T 型接头焊接。

3. 钢筋的弯曲成型

钢筋的弯曲成型包括划线、试弯、弯曲成型等工序。钢筋的弯制有手工弯制和机械弯制。手工弯制能弯制的钢筋的直径最大不超过 20mm。目前，除了直径不大的箍筋外，一般都采用机械弯制。图 5-16 为钢筋的机械弯曲过程示意图。

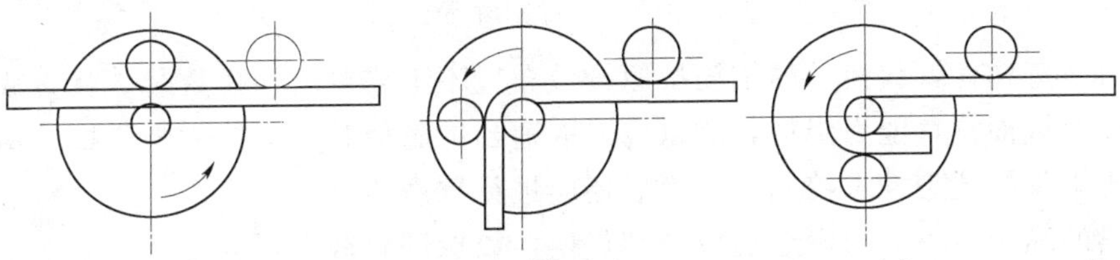

(a)　(b)　(c)

图 5-16　钢筋的机械弯曲

（a）初始状态；（b）弯曲 90°；（c）弯曲 180°

二、钢筋的配料

（一）钢筋下料长度计算

1. 弯曲量度差值

钢筋弯曲时，其外壁伸长，内壁缩短，而中心线长度并不改变，计算钢筋的下料长度是按中心线的长度计算的。显然外包尺寸大于中心线长度，它们之间存在一个差值，称之为“量度差值”。

2. 钢筋的弯转直径

《水工混凝土钢筋施工规范》（DL 5169—2002）对钢筋最小弯转直径的规定如下：

（1）所有受拉光圆钢筋的末端应做 180°对半圆弯钩，弯钩对内径不得小于 2.5d（d 为钢筋直径，下同）。

（2）Ⅱ级及其以上钢筋的端头，当设计要求弯转 90°时，当钢筋直径小于 16mm 时，其最小弯转内直径为 5d；当钢筋直径大于 16mm 时，最小弯转内直径为 7d。

（3）弯起钢筋处的圆弧内半径宜大于 12.5d。

（4）当温度低于－20℃时，严禁对低合金钢筋进行冷弯加工。

3. 下料长度

钢筋因弯曲或弯钩会使其长度变化，在配料中不能直接根据图纸中尺寸下料；必须了解对混凝土保护层、钢筋弯曲、弯钩等规定，再根据图中尺寸计算其下料长度。各种钢筋下料长度计算如下：

直钢筋下料长度＝构件长度－保护层厚度＋弯钩增加长度

弯起钢筋下料长度＝直段长度＋斜段长度－弯曲调整值＋弯钩增加长度

箍筋下料长度＝箍筋周长＋箍筋调整值

上述钢筋需要搭接的话，还应增加钢筋搭接长度。

下料长度是按钢筋弯曲后的中心线长度来计算的，因为弯曲后该长度不会发生变化。

（二）钢筋代换

施工中缺少设计图中要求的钢筋品种或规格时，可按下述原则进行代换。

（1）当构件设计是按强度控制时，可按强度（即承担拉、压力的能力）相等的原则代换，称为“等强度代换”。比如需代换的钢筋的设计强度和总面积为 R_g 和 A_g，代换后的钢筋的设计强度和总面积为 R'_g 和 A'_g 则应使

$$R'_g A'_g \geqslant R_g A_g \tag{5-7}$$

（2）当构件按最小配筋率配筋时，可按钢筋面积相等的原则进行代换，称为“等面积代换”。

（3）对受弯构件，代换后的钢筋按原排数布置不下需要增加排数时，就会减少构件的有效高度而使截面抗弯能力降低，所以应采取适当措施使其抗弯能力与代换前相等。

（4）当构件按抗裂性求控制，代换后还应进行抗裂验算。

（5）梁的纵向受力筋与弯起筋应分别代换，以保证斜截面强度。

（6）用不同直径代换时，同一截面内，同品种直径差不得大于 5mm。

代换还应满足构造方面的要求以及设计中提出的一些特殊要求。

三、钢筋的安装

根据建筑物结构尺寸、加工、运输、起重设备的能力，钢筋的安装可采用散装和整装两种方式。散装是将加工成型的单根钢筋运到工作面，按设计图纸绑扎或电焊成型。散装对运输要求相对较低，不受设备条件限制，但工效低，高空作业安全性差，且质量不易保证。对机械化程度较高的大中型工程，已逐步为整装所代替。

整装是将加工成型的钢筋，在焊接车间用点焊焊接交叉结点，用对焊接长，形成钢筋网或钢筋骨架。整装件由运输机械成批运至现场，用起重机具吊运入仓就位，按图拼合成形。整装在运、吊过程中要采取加固措施，合理布置支承点和吊点，以防过大的变形和破坏。实践证明，整装不仅有利于提高安装质量，而且有利于节约材料，提高工效，加快进度，降低成本。

无论是整装还是散装，钢筋应避免油污，安装的位置、间距、保护层及各个部位的型号、规格均应符合设计要求，安装的偏差不超过表 5-3 的规定《水工混凝土钢筋施工规范》（DL 5169—2002）。

表 5-3　钢筋安装的允许偏差

项次	偏差名称		允许偏差
1	钢筋长度方向的偏差		±1/2 净保护层厚
2	同一排受力钢筋间距的局部偏差	柱及梁中	$\pm 0.5d$①
		板、墙中	±0.1 间距
3	同一排中分布钢筋间距的偏差		±0.1 间距
4	双排钢筋，其排与排间的局部偏差		±0.1 间距
5	梁与柱中钢箍间距的偏差		0.1 箍筋间距
6	保护层厚度的局部偏差		±1/4 净保护层厚

① d 为受力钢筋直径。

四、模板工程

（一）模板的作用

模板的主要作用是对新浇塑性混凝土起成型和支承作用，同时还具有保护和改善混凝土表面质量的作用。

（二）对模板的基本要求

（1）保证结构形状、位置、尺寸的正确。

（2）在施工荷载作用下应有足够的强度、刚度和稳定性。

（3）模板拼装紧密，接缝处不得漏浆。

（4）模板的安装和拆卸都比较方便。

（5）经济适用，周转使用率高。

（三）模板的组成和分类

1. 模板的组成

通常，模板由面板、加劲体和支撑体三部分组成，有时还要加上行走部件。国内常用的模板面板有标准木模板、定型组合钢模板和竹胶模板等；加劲体主要指围檩；支撑体由支撑桁架或钢架和锚固件组成。图 5－17 为一种常见的模板。

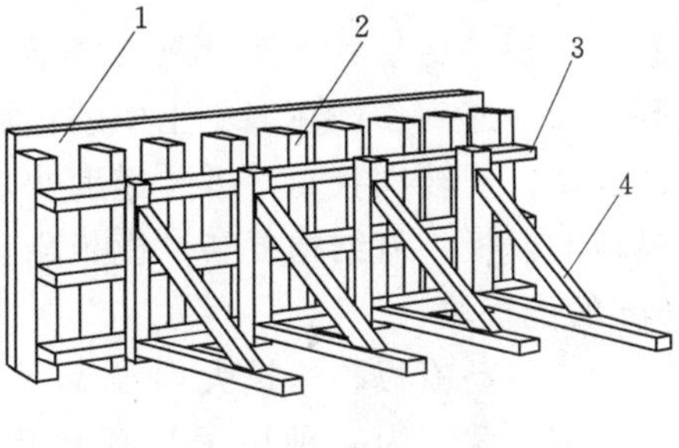

图 5－17　一种常见的模板

1—面板；2—纵围檩；3—横围檩；4—支撑架

2. 模板的分类

模板的分类方法有多种，根据制作料材，模板可分为木模板、钢模板、混凝土和钢筋混凝土预制模板；根据架立和工作特征，模板可分为固定式、拆移式、移动式和滑动式。固定式模板多用于起伏的基础部位或特殊的异形结构。如蜗壳或扭曲面，因大小不等，形状各异，难以重复使用。拆移式、移动式和滑动式模板可重复或连续在形状一致或变化不大的结构上使用，有利于实现标准化和系列化。

本节重点介绍模板在施工现场的安拆分类方法，可分为散装模板和整装模板。散装模板的面板、加劲体和支撑体都是在现场临时拼装，拆除时全部拆成散件。采用散装模板，在施工时现场作业量大，但内业工作量小，所以在技术力量薄弱的小型工程用得比较多。整装模板是将面板、加劲体和支撑体或者还有行走部件以及作业平台预先拼装成一定大小的模板单元。采用整装模板，在现场作业量小，安拆速度快。目前，大型工程中大部分浇筑部位都采用整装模板。一些水利工程中常用的模板，如悬臂模板、滑动模板以及用于隧洞衬砌的钢模台车，都属于整装模板。

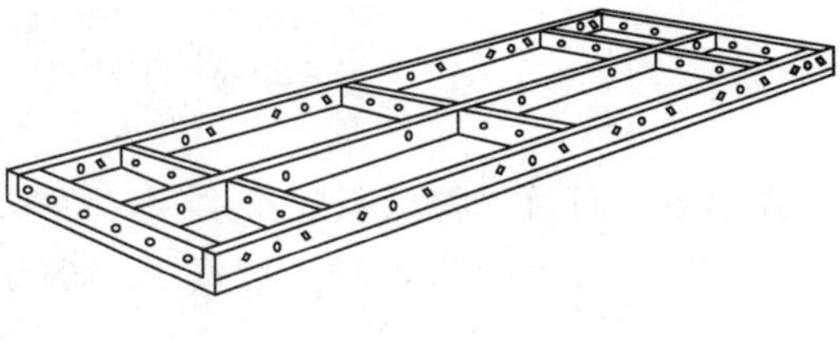
图 5－18　平面模板

（1）定型组合钢模板。定型组合钢模板设计采用模数制，使模板横竖都可以拼装成 50mm 进级的各种尺寸的面板。定型组合钢模板使用最多的类型有平面模板（图 5－18）和角模板（图 5－19）。另外还有一种双曲可调模板（图 5－20），可以用来浇筑圆柱面。

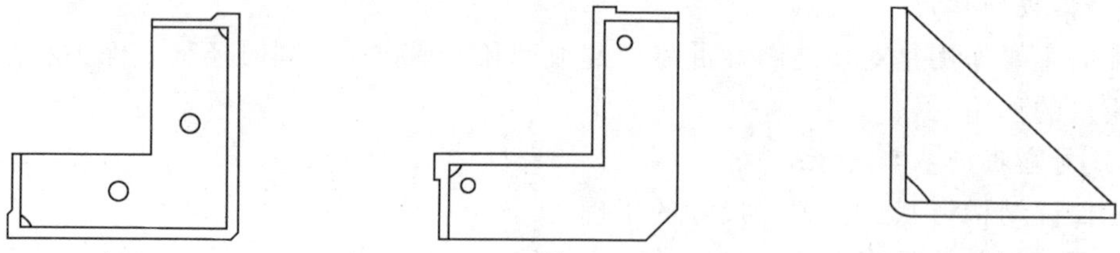

图 5-19　角模板

(a) 阴角模；(b) 阳角模；(c) 连接角模

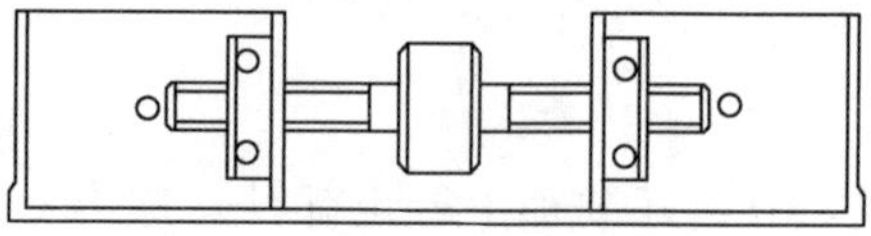

图 5-20　双曲可调模板

在浇筑体的转角处可以用角模板来连接角两边的平面模板。角模板有阴角、阳角和连接角模三种。

(2) 悬臂模板。图 5-21 为桁架式悬臂模板面板，其面板可用定型组合钢模板组装，也可采用其他面板。由悬臂桁架（或悬臂梁）承受模板的侧向荷载，悬臂桁架将面板自重及混凝土侧压力传递到预埋在混凝土中的锚筋上。悬臂模板的主要优点：不用拉条，便于机械化平仓振捣，周转次数高，拆装速度快，有利于混凝土快速经济施工，是混凝土坝施工中用得最多的模板。但结构复杂，模板悬臂端挠度小，施工中维护不当容易变形，适用于高度≤3m 的浇筑块。

(3) 滑动模板。浇筑大坝溢流面（或溢洪道）使用滑动模板最多。图 5-22 为一种用千斤顶和爬钳推动的溢流面滑动模板。这种滑动模板滑升行走平稳，易于保证溢流面的线型准确性。到目前为止，国内已有十几个工程采用这种滑动模板浇筑溢流面。溢流面滑动模板也有采用卷扬机拉动的。

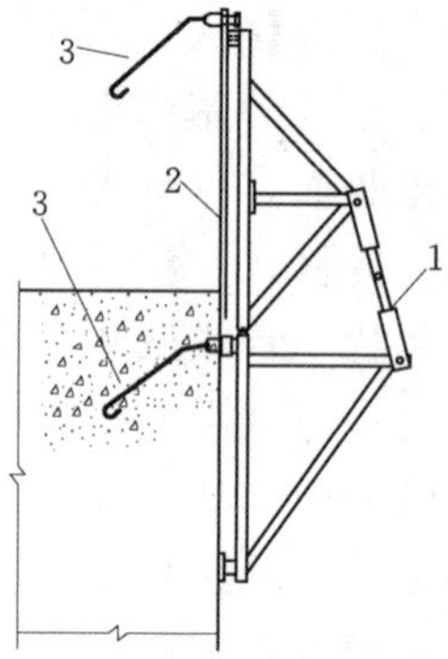

图 5-21　悬臂钢模板（桁架式）

1—调整螺栓；2—面板支承柱；3—预埋锚栓

(三) 模板的设计荷载及其组合

模板及其支承结构应具有足够的强度、刚度和稳定性，必须能够承受施工中可能出现的各种荷载的最不利组合，其结构变形应在允许范围以内。模板及其支架承受的荷载分基本荷载和特殊荷载两类。

1. 设计荷载

(1) 模板及其支架的自重，根据设计图确定。

(2) 新浇混凝土重量。

(3) 钢筋重量。

(4) 工作人员及浇筑设备、工具等荷载，计算模板及直接支撑模板的楞木时，可按均布活荷载 $2.5kN/m^2$ 及集中荷载 2.5kN 验算；计算支承楞木的构件时，可按 $1.5kN/m^2$ 计；计算支架立柱时，按 $1kN^3/m^2$ 计。

(5) 振捣混凝土产生的荷载，可按 $1kN/m^2$ 计。

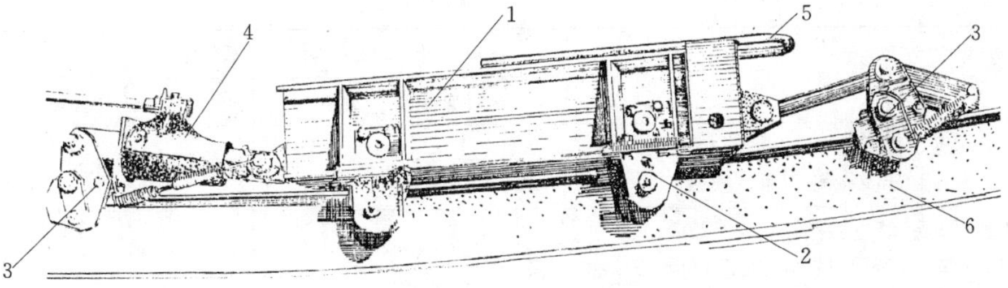

图 5-22　溢流面滑动模板

1—模板体；2—反扣轮；3—爬钳；4—千斤顶；5—吊环；6—轨道（I 20a）

（6）倾倒混凝土的冲击力产生的荷载，可按 2～10kN/m² 计。

（7）新浇混凝土的侧压力。混凝土初凝前的侧压力与混凝土的浇筑速度、捣实方法、凝固速度、坍落度及浇筑块的平面尺寸等因素有关，其中以前 3 个因素关系最为密切。在振动影响范围内，混凝土因振动而液化，可按静水压力计算其侧压力，所不同的只是用流态混凝土的容重取代水的容重。当计入温度和浇筑速度的影响，混凝土不加缓凝剂，且坍落度在 11cm 以内时，新浇大体积混凝土的最大侧压力 P_m 值可参考表 5-4 选用。

表 5-4　　混凝土的最大侧压力 P_m 值　　单位：10^4 N/m²

温度（℃）	平均浇筑速度（m/h）						混凝土侧压力分布图
	0.1	0.2	0.3	0.4	0.5	0.6	
5	2.30	2.60	2.80	3.00	3.20	3.30	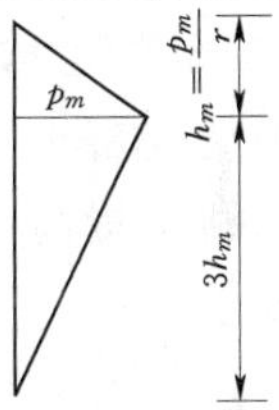
10	2.00	2.30	2.50	2.70	2.90	3.00	
15	1.80	2.10	2.30	2.50	2.70	2.80	
20	1.50	1.80	2.00	2.20	2.40	2.50	
25	1.30	1.60	1.80	1.80	2.20	2.30	

（8）风荷载。根据施工地区和立模部位离地面的高度，按现行《建筑结构荷载规范》（GB 50009—2012）确定。

（9）上述荷载以外的其他荷载。

2. 荷载组合

在计算模板及支架的强度和刚度时，应根据模板的种类，选择表 5-5 中基本荷载组合。特殊荷载可按实际情况计算，如平仓机、非模板工程的脚手架、工作平台、混凝土浇筑过程不对称的水平推力及重心偏移、超过规定堆放的材料等。

表 5-5　　各种模板结构的基本荷载组合

项次	模板种类	基本荷载组合	
		计算强度	验算刚度
1	薄板、薄壳的底模板及支架	(1)+(2)+(3)+(4)	(1)+(2)+(3)
2	厚板、梁和拱（厚度＞0.4m）的底模板及支架	(1)+(2)+(3)+(4)+(5)	(1)+(2)+(3)+(4)+(5)

续表

项次	模板种类	基本荷载组合	
		计算强度	验算刚度
3	梁、拱、柱（边长≤30cm）、墙（厚≤40cm）的侧面垂直模板	(5)+(7)	(7)
4	大体积结构、厚板、柱（边长>30cm）、墙（厚>40cm）的垂直侧面模板	(6)+(7)	(6)+(7)
5	悬臂模板	(1)+(2)+(3)+(4)+(5)+(6)	(1)+(2)+(3)+(4)+(5)+(6)

3. 设计要求

当验算模板刚度时，其最大变形值不得超过下列允许值：

(1) 对结构表面外露的模板，为模板构件计算跨度的1/400。

(2) 对结构表面隐蔽的模板，为模板构件计算跨度的1/250。

(3) 支架的压缩变形值或弹性挠度，为相应的构件计算跨度的1/1000。

承重模板及支架的抗倾稳定性应该核算倾覆力矩、稳定力矩和抗倾稳定系数。稳定系数应大于1.4。当承重模板的跨度大于4m时，其设计起拱值通常取跨度的0.3%左右。

(四) 模板作业

模板作业的内容有内业和外业。内业是指配板设计，即根据图纸上建筑物的形状、尺寸选定模板的类型和数量，确定模板的连接、支撑方式，制定模板安装和拆除的操作规程。外业包括模板的制作、运输、安装、拆除及维修。

1. 模板的制作

大中型混凝土工程模板需用量很大。通常设专门的加工厂制作模板，采用机械化流水作业，以利于提高模板的生产率和加工质量。加工时模板的允许偏差应符合表5-6中所规定的要求。

表5-6　　模板作业的允许偏差

模板类型	偏差名称	允许偏差（mm）
木模	小型模板，长和宽	±3
	大型模板（长、宽大于3m），长和宽	±5
	模板面平整度（未经刨光）	1
	相邻两板面高差	1
	局部不平（用2m直尺检查）	5
	面板缝隙	2
钢模	模板，长和宽	±2
	模板面局部不平（用2m直尺检查）	2
	连接配件的孔眼位置	±1

2. 模板的安装

模板安装必须按设计图纸测量放样，对主要结构多设控制点，以利于检查校正，且应经常保持足够的固定设施，以防模板倾覆。支架必须支承在稳固的地基或凝固的混凝土上，并有足够的支承面积，以防止滑动。支架的立柱必须在两个相互垂直的方向上，用撑拉杆固定，以确保稳定。对于大体积混凝土浇筑块，成型后的偏差不应超过木模安装允许偏差的50%～100%，取值大小视结构的重要性而定。木模安装的允许偏差，应复核并符合表5－7中的要求。

表5－7　大体积混凝土木模安装的允许偏差　单位：mm

项次	偏差项目		混凝土结构的部位	
			外露表面	隐蔽表面
1	平板平整度	相邻两板面高差	3	5
2		局部不平（用2m直尺检查）	5	10
3	结构物边线与设计边线		10	15
4	结构物水平截面内部尺寸		±20	
5	承重模板标高		±5	
6	预留孔洞尺寸及位置		10	

3. 模板的拆除

拆模的迟早，影响混凝土质量和模板使用的周转率。拆模时间应根据设计要求、气温和混凝土强度增长情况而定。对非承重模板，混凝土强度应达到2.5MPa以上，其表面和棱角不因拆模而损坏方可拆除。对于承重板，要求达到表5－8所规定的混凝土设计标号的百分率后才能拆模。

表5－8　承重模板拆模时混凝土的强度要求

悬臂板、梁		其他梁、板、拱		
跨度不大于2m	跨度大于2m	跨度不大于2m	跨度2～8m	跨度大于8m
70%	100%	50%	70%	100%

第三节　混凝土制备与运输

一、混凝土制备

（一）混凝土配料

混凝土配料要按照配合比设计要求，将各种组成材料拌制成均匀的拌合物。混凝土配料一律要求采用重量法。配料精度：对水泥、水和外加剂溶液为±1%；对骨料为±2%。

（二）水泥的储存

现在绝大部分工程都采用散装水泥。储存散装水泥一般采用装配式的圆形罐。水泥罐储量从50t到1500t不等。水泥装卸，转运的方式主要有风力运输和机械运输。风力运输，主要设备是风动螺旋泵，简称风动泵。机械运输，通常采用螺旋输送器。

（三）混凝土拌和

混凝土制备是保证混凝土工程质量的关键作业，而拌和设备又是保证混凝土拌制质量的主要手段。

1. 混凝土拌和机

混凝土拌和按工艺分为连续式和循环式两大类。在循环式工厂中，材料的称配、拌和与出料是依次地进行的，而在连续式工厂中，上述过程是连续进行的。目前，国内都是采用循环式拌和机。循环式拌和机又分为自由跌落式和强制式两类。自由跌落式是利用可旋转的拌和筒上的固定叶片，将混凝土料带至筒顶自由跌落拌制；强制式是装料鼓筒不旋转，固定在轴上的叶片旋转带动混凝土料进行拌和。前者应用较广泛，多用来拌制具有一定坍落度的混凝土；后者用来拌制干硬性混凝土。

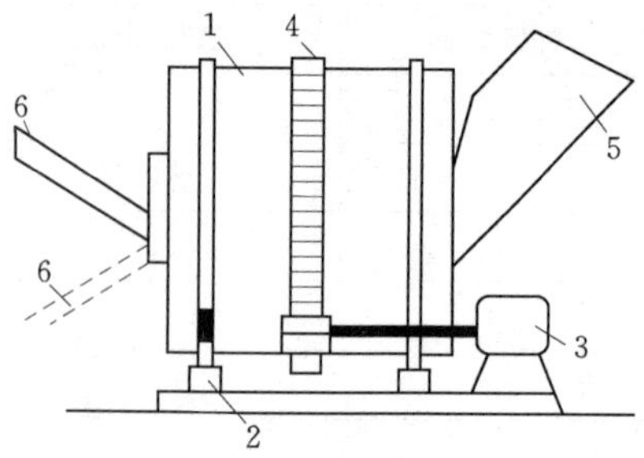

图 5-23　鼓筒式拌和机

1—鼓筒；2—托辊；3—电动机；4—齿环；5—进料斗；6—出料槽

自由跌落式拌和机有鼓筒式（图 5-23）和双锥式（图 5-24）两种。前者为圆柱形鼓筒，两端开口，一端进料，一端出料，由主动齿轮带动在托辊上的鼓筒旋转。筒内壁装有固定叶片，随筒旋转将混凝土料带上，而后自由跌落，如此循环拌和，最后由可倾出料槽出料。其构造简单，装拆方便，铭牌容量一般为400～800L，生产效率不高，可装在车架上做成移动式，多用于分散、工程量不大的工程；后者鼓筒为双锥形，筒内壁固定叶片，拌和混凝土的原理与鼓筒式相同。由于叶片固定在两个锥形体内壁，能使拌和料交叉翻动，增强了拌和效果，出料时由汽缸活塞推动拌和筒倾斜出料。双锥式拌和机容量较大，有 800L、1000L、1600L、3000L 等，铭牌容量 1000L 以上者，常用于固定的自动化拌和系统，其特点是气动，进出料快，技术间歇时间短，生产效率高。

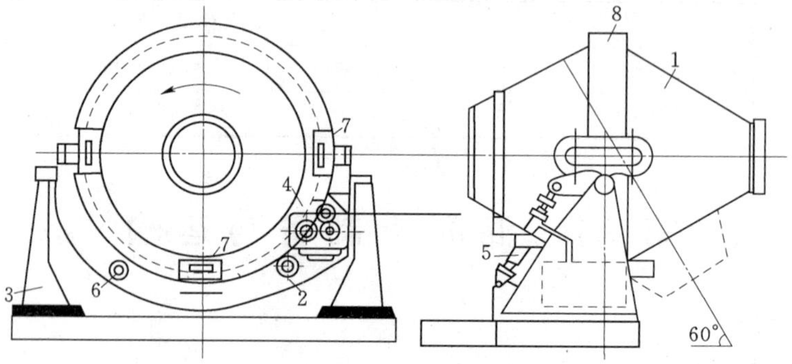

图 5-24　双锥式拌和机

1—拌和鼓筒；2—曲梁；3—机架；4—电动机和减速装置；5—气缸；6—支承滚轮；7—夹持滚轮；8—齿环及轮箍

拌和机的主要性能指标是其工作容量，以 L 或 m^3 为单位。如 800L 的拌和机，每一个工作循环出料 $0.8m^3$，相应要求进料约 $1.2m^3$。为了有足够的拌制空间，鼓筒容积应为进料体积的 2.5～3.0 倍。有些国家拌和机的铭牌容量是指进料体积，在计算出料体积时应乘以出料系数，即乘以出料和进料的比值，通常介于 0.6～0.7 之间。

拌和机容量越大，机内叶片耐撞击力越强，拌和混凝土最大粒径的允许值随拌和机容量加大而加大。

2. 拌和站

拌和站由搅拌系统、骨料供给系统、计量系统、控制系统和外配套设备组成。中小型工程、分散工程或大型工程的零星部位，通常设置拌和站。拌和站的布置，对台阶地形，拌和机数量不多，可一字形排列；对沟槽路堑地形，拌和机数量多，可采用双排相向布置，如图 5-25 所示。拌和站的配料可由人工或机械完成，供料配料设施的布置应考虑进出料方向、堆料场地、运输线路布置。

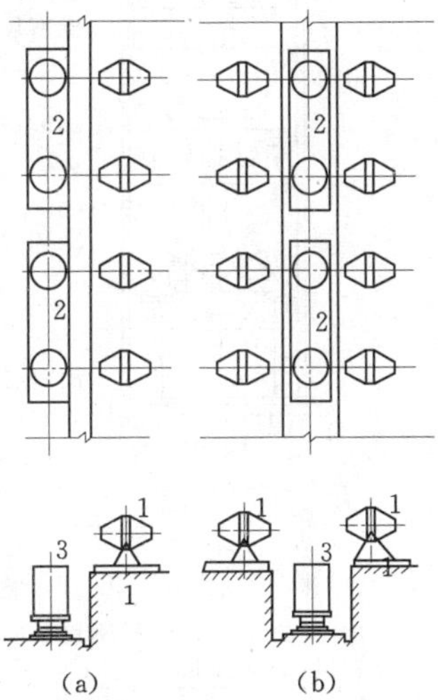

图 5-25 拌和站布置图
(a) 一字形排列布置；
(b) 双排相向布置
1—拌和机；2—运输平车；
3—装料立罐

3. 拌和楼

用料集中的大、中型工程多设置拌和楼。混凝土系统中，拌和楼应尽量靠近浇筑地点，并满足防爆安全距离的要求；拌和楼应充分利用地形，减少工程量；其主要建筑物的基础应稳固，承载力满足要求；在使用期内应避免中途搬迁，不与永久建筑物干扰，与变电、输电设施保持足够的安全距离。

混凝土系统应尽可能集中布置，只有在建筑物分散、高程相差太大、集中布置运距过远、两岸交通联系不便或因砂石料场分散、混凝土系统集中，导致骨料运距太远或不方便的情况，才采用分散布置拌和楼。

混凝土系统内部布置应利用地形高差呈台阶形布置，减少物料提升能量消耗。水泥、粉煤灰和掺和料储料设施应尽量靠近拌和楼，以缩短运距。制冷、供热也应尽量缩短管线以减少能量损失。进出料应分设在不同高程，并使进料和出料方向错开。出料高程一方面应与混凝土运输线路相适应，同时应使运输车辆或所载料罐上方有足够的净空。出料能力应能满足多品种、多标号混凝土的发运，保证连续供料。出料线路应顺直、疏通，设置必要的避车线，避免进出车辆相互干扰。

拌和楼是集中布置的混凝土工厂，常按工艺流程分层布置，分为进料、储料、配料、拌和及出料共 5 层，其中配料层是全楼的控制中心，设有主操纵台，如图 5-26 所示。

骨料和水泥，用皮带机和提升机分别送到储料层的分格料仓内，料仓有 5～6 格骨料，有 2～3 格装水泥和掺和料。每格料仓下装有配料斗和自动秤，称好的各种材料汇入集料斗内，再用回转式给料器送入待料的拌和机内。拌和用水则由自动量水器量好后，直接注入拌和机。拌好的混凝土卸入出料层的料斗，待运输车辆就位后，开启气动弧门出料。各层设备可由电子传动系统操作。

为了控制骨料超逊径引起的质量问题，可以运送混合骨料至拌和楼顶进行二次筛分。图 5-27 为贵州乌江东风电站楼顶二次筛分拌和楼示意图。它是在传统拌和楼料仓层上加了一层筛分层。采用这种生产工艺，能够在切实控制骨料超逊径的同时，解决远距离、分级轮换供料不能保证生产需要等方面的许多问题。其主要缺点：①噪声加剧，工作环境恶化；②拌和楼的动静荷载均有增加，对楼身和基础结构、电子称量系统等提出了更高的要求。

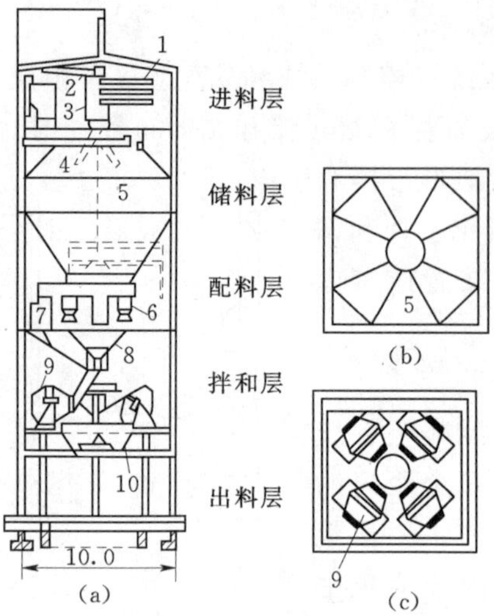

图 5-26 混凝土拌和楼

(a) 立面图；(b) 储料层平面图；(c) 拌和层平面图

1—进料皮带机；2—水泥螺旋运输机；3—受料斗；

4—分料器；5—储料仓；6—配料斗；7—量水器；

8—集料斗；9—拌和机；10—混凝土出料斗

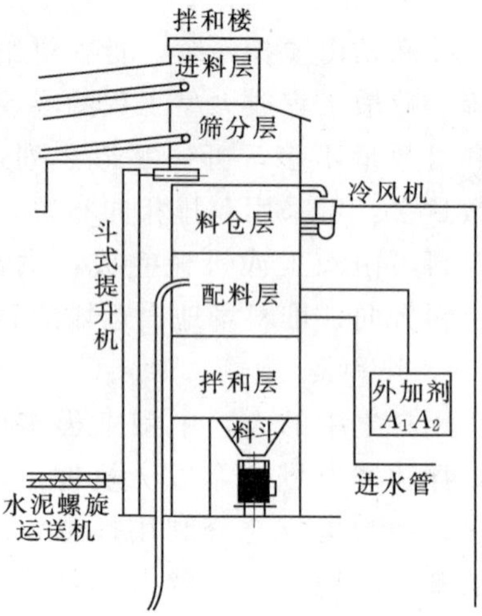

图 5-27 乌江东风水电站楼顶二次筛分拌和楼

一座拌和楼通常装 2～4 台 1000L 以上的锥形拌和机，呈巢形布置。拌和楼的生产容量有 4×3000L、2×1600L、3×1000L 等，国内外均有成套设备可选用。其典型布置如图 5-26 所示。一般拌和楼顶储料仓的容量需满足拌和机连续拌和时 1.5～2.0h 的骨料需求量、3～6h 的水泥需求量。沉重的料仓及其配料、拌和设备，除了要求有钢筋混凝土的基础和支承柱外，楼身多用型钢搭建装配而成，以便完工后拆移到其他地方继续使用。

由于拌和楼的生产率高、设备配套、管理方便、运行可靠、占地少，故在大中型混凝土工程中应用较普遍。

4. 混凝土生率的确定

在施工阶段混凝土系统生产率一般根据施工组织设计安排的高峰月混凝土浇筑强度计算，其计算公式为

$$P=\frac{Q_{max}}{mn}K_h \tag{5-8}$$

式中 P——混凝土系统的生产率，m^3/h；

Q_{max}——高峰月混凝土浇筑强度，m^3/月；

m——月工作日数，一般取 25d；

n——日工作小时数，一般取 20h；

K_h——小时不均匀系数，一般取 1.5。

5. 混凝土拌和时的投料顺序

图 5-28 为全造壳法的投料顺序，在同等强度下，采用全造壳法拌制混凝土，可节约水泥 15%；在水灰比不变的情况下，可提高混凝

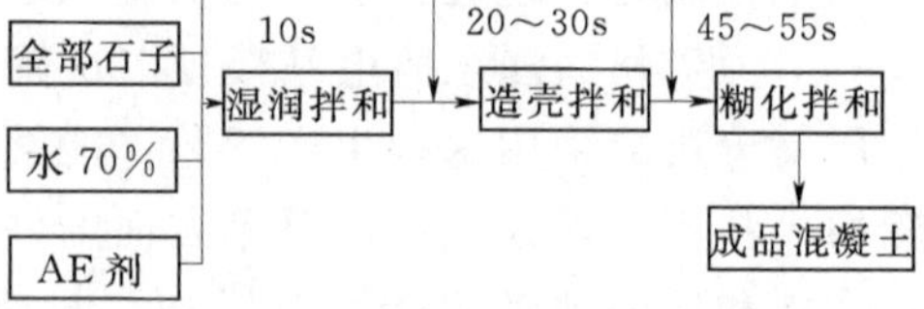

图 5-28 全造壳法投料顺序

土强度 10%～30%。

二、混凝土的运输、入仓

混凝土运输是连接拌和与浇筑的中间环节。运输过程包括水平和垂直运输，其设备应配合协调；在运输过程中要求混凝土不初凝、不分离、不漏浆、无严重泌水、无过大的温度变化，能够保证混凝土入仓温度的要求。所以，装、运、卸不仅应合理安排，还应满足生产流程各环节的质量要求。运输中每转运一次，增加一次分离的机会，应尽量减少转运总次数，并使转运自由跌落高度不大于 2m，否则，应加设缓降器以防止骨料分离。水平运输道路要平顺，盛料容器和车厢应严密不漏，从装料到入仓卸料过程宜控制在 30～60min 以内，以防止浇筑时混凝土发生初凝。显然，夏季作业运输时间应更短，以控制混凝土温度回升，冬季作业运输时间也不应太长，防止混凝土热量损失太多。

从混凝土出机到浇筑仓前，主要完成水平运输，从浇筑仓前至仓里主要完成垂直运输，下面分别介绍两者采用的运输、提升设备。

（一）混凝土的水平运输设备

通常混凝土的水平运输有有轨和无轨运输两种，前者一般用轨距 762mm 或 1000mm 的窄轨机车拖运平台车完成，平台车上除放 3～4 个盛料的混凝土罐外，还应留出一个放空罐的位置，以便卸料后起吊设备可以放置空罐。大型平板车如图 5－29 所示。

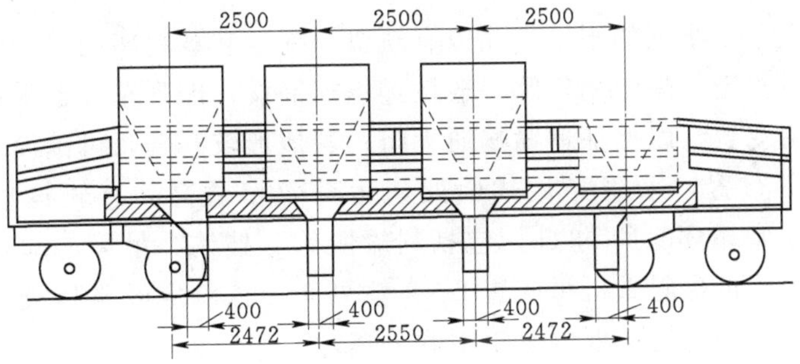

图 5－29 大型平板车载运混凝土立罐

放置在平台车上的混凝土盛料容器常用立罐。罐壳为钢制品，装料口大，出料口小，并设弧门控制，用人力或压气启闭，如图 5－30 所示。立罐容积有 $1m^3$、$3m^3$、$9m^3$ 几种，容量大小应与拌和机及起重机的能力相匹配。例如，$3m^3$ 罐自重 1.7t，盛料 $3m^3$ 约 8t，共约 10t，可与 1000L、1500L、3000L 的拌和机和 10t 的起重机匹配。$6m^3$ 罐则与 20t 起重机相匹配。为了方便卸料，可在罐的底部附设振动器，利用振动作用使塑性混凝土料顺利下落。立罐多用平台车运输，也有将汽车改装后载运立罐的，这样运输较为机动灵活。

汽车运输有用自卸车直接盛装混凝土，运送并卸入与起重机不脱钩的卧罐内，再将卧罐吊运入仓卸料；也有将卧罐直接放在车厢内到拌和楼装料后运至浇筑仓前，再由起重机吊入仓内。卧罐的外形及放置如图 5－31 所示。

尽管汽车运输比较机动灵活，但成本较高，混凝土容易漏浆和分离，特别是当道路不平整时，其质量难以保证。故通常仅用于建筑物基础部位、分散工程或机车运输难以到达的部位，作为一种辅助运输方式。

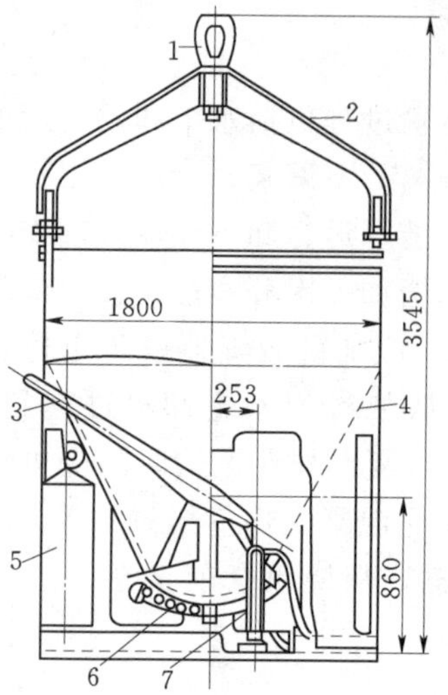

图 5-30 混凝土立罐结构图（单位：mm）
1—吊环；2—吊梁；3—操作杆；4—罐壁；
5—储气罐；6—斗门；7—支架

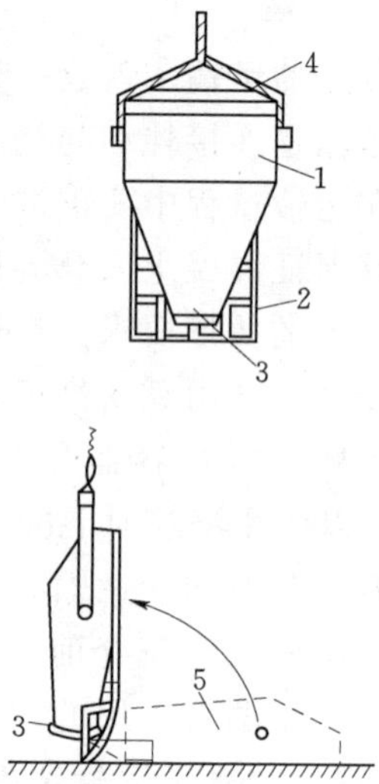

图 5-31 混凝土卧罐
1—盛料斗；2—滑架；3—斗门；
4—吊梁；5—平卧状态

综上所述，大量混凝土的水平运输以有轨机车拖运装载料罐的平台车更为普遍。若地形陡峭，拌和楼布置于一岸，则轨路一般按进退式铺设，即列车往返采用进退出入；若运输量较大，则采用双轨，以保证运输畅通无阻；若地形较开阔，可铺设环形线路，效率较高；若拌和楼两岸布置，采用穿梭式轨路，运输效率更高。有轨运输，当运距为 1～1.5km 时，列车正常循环时间约 1h，包括料罐脱钩、挂钩、吊运、卸料、空回多次往复时间。视运距长短，每台起重机可配置 2～4 辆列车。铁路应经常检查维修，保持行驶平稳、安全，有利于减轻运送的混凝土泌水和分离。

（二）混凝土的垂直运输设备

垂直运输主要采用各类起重机械。

1. 门式起重机

门式起重机又称门机，如图 5-32 所示。它的机身下部有一个门架，可供车辆通行，这样便可使起重机和运输车辆在同一高程行驶。它运行灵活，操纵方便，可起吊物料做径向和环向移动，定位准确，工作效率较高。门机的起重臂可上扬收拢，便于在较拥挤狭窄的工作面上与相邻门机共浇一仓，有利于提高浇筑速度。国内常用的 10/20t 门机，最大起重幅度 40/20m，轨上起重高度 30m，轨下下放深度 35m。为了增大起重机工作的空间，国内新产 20/ 60t 的高架门机，其轨上高度可达 70m，既有利于高坝施工，减少栈桥层次和高度，又适宜于中低坝降低或取消起重机行驶的工作栈桥。图 5-33 为 10/30t 高架门机外形图。

2. 塔式起重机

塔式起重机又称塔机或塔吊。为了增加起吊高度，可在移动的门架上加设高达数十米的钢塔。其起重臂可铰接于钢塔顶，能仰俯，也有臂固定，由起重小车在臂的轨道上行驶，完成水平运动，以改变其起重幅度，如图 5-34 所示。塔机的工作空间比门机大，由于机身

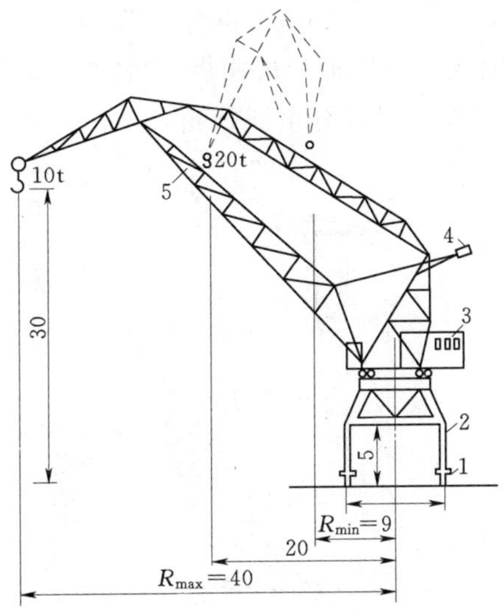

图 5-32 10/20t 门式起重机（单位：m）
1—行驶装置；2—门架；3—机房；
4—活动平衡重；5—起重臂

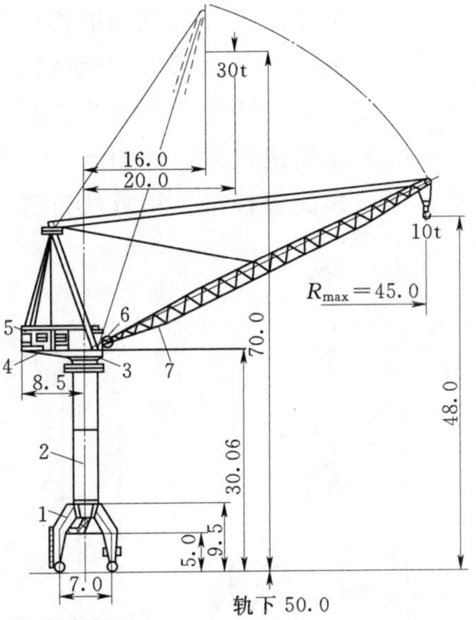

图 5-33 10/30t 高架门机（单位：m）
1—门架；2—高架塔身；3—回转盘；4—机房；
5—平衡重；6—操纵台；7—起重臂

高，其灵活性比门机差。在行驶轮旁设有夹具，工作时夹具夹住钢轨保持稳定。当有六级以上大风时，必须停止行驶工作。因塔顶系借助钢丝绳的牵引旋转，所以它只能向一个方向旋转 180°或 360°后再反向旋转，而门机却可随意旋转，故相邻塔机运行的安全距离要求较严，对 10/25t 塔机而言，起重机相向运行，相邻的中心距不小于 85～87m；当起重臂与平衡重相向时，不小于 58～62m；当平衡重相向时，不小于 34m。若分高程布置塔机，则可使相近塔机在近距离同时运行。由于塔机运行的灵活性较门机差，其起重能力、生产率都较门机低。

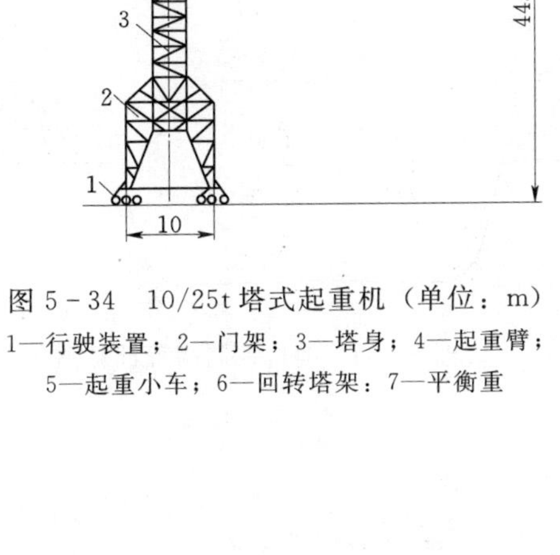

图 5-34 10/25t 塔式起重机（单位：m）
1—行驶装置；2—门架；3—塔身；4—起重臂；
5—起重小车；6—回转塔架；7—平衡重

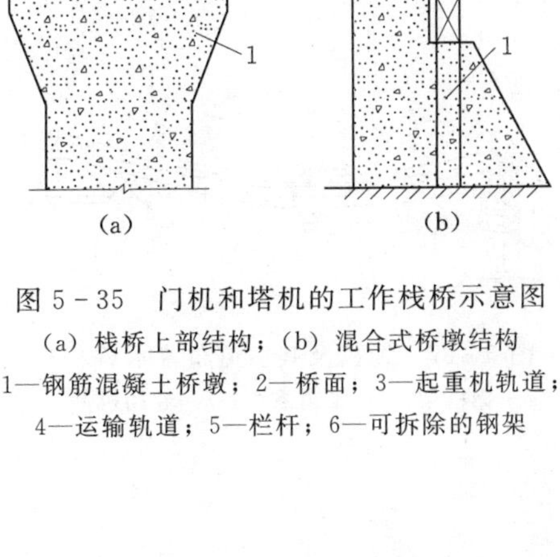

图 5-35 门机和塔机的工作栈桥示意图
(a) 栈桥上部结构；(b) 混合式桥墩结构
1—钢筋混凝土桥墩；2—桥面；3—起重机轨道；
4—运输轨道；5—栏杆；6—可拆除的钢架

为了扩大工作范围，门机和塔机多安设在栈桥上。栈桥桥墩可以是与坝体结合的钢筋混凝土结构，也可以是下部为与坝体结合的钢筋混凝土，上部是可拆除回收的钢架结构。桥面结构多用工具式钢架，跨度为20～40m。上铺枕木、轨道和桥面板。桥面中部为运输轨道，两侧为起重机轨道，如图5-35所示。栈桥布置型式有单线栈桥，双线栈桥，主、辅栈桥，多线多高程栈桥，坝外栈桥等（图5-36）。

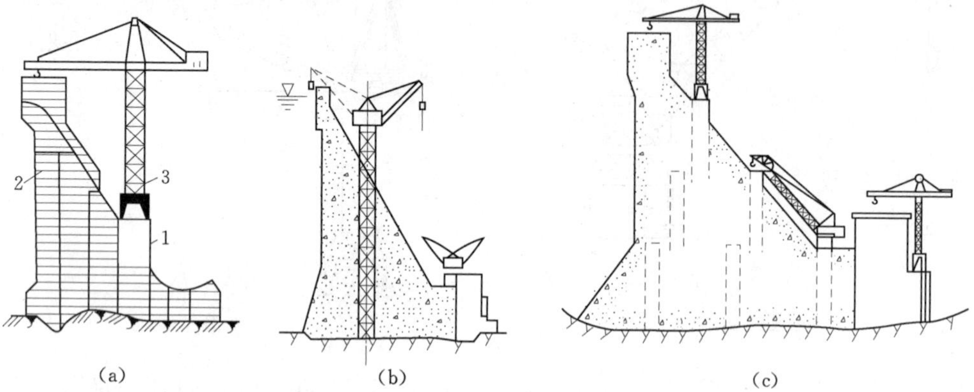

图5-36　栈桥布置型式示意图
（a）单线栈桥；（b）双线栈桥；（c）多线多高程栈桥
1—栈桥墩；2—浇筑坝体；3—塔机

3. 缆式起重机

缆式起重机是以在两端支架间的柔性承载索上移动的起重小车吊运混凝土罐的起重机械。支架分设在河流两岸，有固定式、平行移动式和辐射式三种类型。在我国，自1980年以来，缆机的应用得到了很大发展，如隔河岩、龙羊峡、白山、安康、东江、东风、万家寨等工程均使用了缆式起重机。

平移式缆索起重机具有首尾两个可移动的钢塔架，在首尾塔架顶部凌空架设承重缆索。行驶于承重索上的起重小车靠牵引索牵引移动，另用起重索起吊重物（图5-37）。机房和操纵室均设在首塔内，用工业电视监控操纵。尾塔固定、首塔沿弧形轨道移动者，称为辐射式缆机；两端固定者，称为固定式缆机，俗名“走线”。平移式缆机工作控制面积为一个矩形；辐射式缆机的控制面积为一个扇形。前者运行灵活，控制面积大，但设备投资、基建工程量、能源消耗和运行费用都大于后者。辐射式缆机的优缺点恰与之相反。

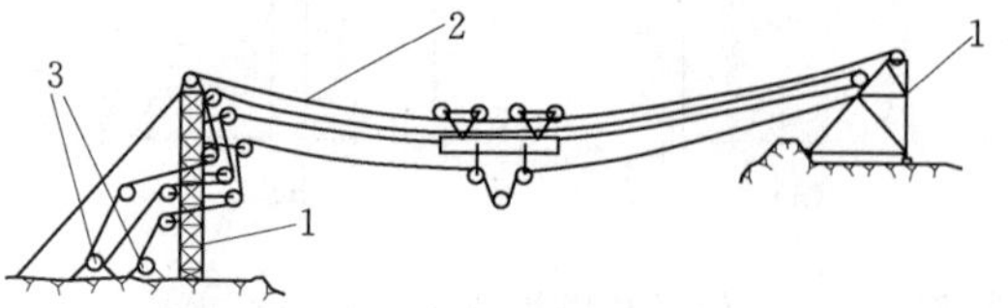

图5-37　缆机及其索道布置示意
1—钢塔架；2—索道系统；3—卷扬机

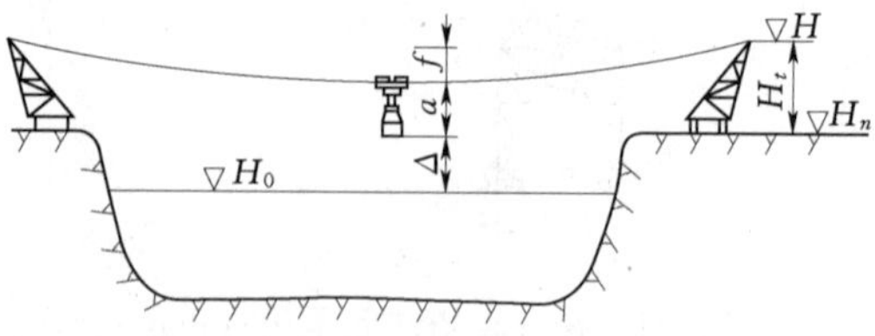

图5-38　缆机控制高程计算图

缆机的起重量通常为10～20t，最高达50t。其跨度和塔架高度视建筑物的外形尺寸和缆机所在位置的地形情况经专门设计而定。要确定塔架高度H，就应先确定塔顶控制高程H，其关系如图5-38所示。

塔架高度H_t

$$H_t=H-H_n \tag{5-9}$$

塔顶控制高程H

$$H=H_0+\Delta+a+f \tag{5-10}$$

式中　H_0——缆机浇筑部位的最大高程，m；

Δ——吊物最低安全裕度，不小于1m；

a——吊罐底至承重索的最小距离，可取6～10m；

f——满载时承重索的垂度，一般取跨度L的5%；

H_n——轨道顶面高程，m。

缆机质量要求最高的部件是承受载重小车移动的承重索，它要求用光滑、耐磨、抗拉强度很高的高强钢丝制成，价格高昂。缆机的跨度一般为600～1000m，跨度太大不仅垂度大，且承重索和塔架承受的拉力过大。缆机起重小车的行驶速度可达360～670m/min，起重提升速度一般为100～290m/min。通常，缆机吊运混凝土每小时8～12罐。20t缆机月浇筑强度可达5万～8万m^3/月。为提高其生产率，当今多采用高速缆机，仓面无线控制操作，定位准确，卸料迅速。为缩短吊运循环时间，应尽可能将混凝土拌和楼布置靠近缆机，以便料罐不脱钩，直接从拌和楼接料；若拌和楼不在缆机控制范围内，可采用特制的运料小车，向不脱钩的料罐供料。运料小车从拌和楼接混凝土料后，由机车拖运至缆机控制范围内，对准不脱钩的料罐，将混凝土经倾斜滑槽卸入料罐。这样就省去了装料的脱钩和挂钩时间，如图5-39所示。

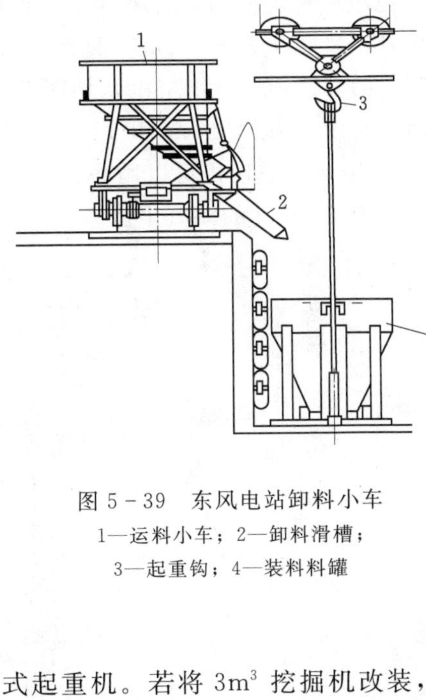

图5-39　东风电站卸料小车
1—运料小车；2—卸料滑槽；3—起重钩；4—装料料罐

4. 履带式起重机

将履带式挖掘机的工作机构改装，即成为履带式起重机。若将3m^3挖掘机改装，当起重20t、起重幅度18m时，相应起吊高度23m；当要求起重幅度达28m时，起重高度13m，相应起重量为12t。这种起重机起吊高度不大，但机动灵活，常与自卸汽车配合浇筑混凝土墩、墙或基础、护坦、护坡等。

5. 塔带机

早在20世纪20年代，带式运输机就曾用于混凝土运输，由于用带式运输机输送混凝土易产生分离和砂浆损失，因而影响了它的推广应用。

近些年来，国外一些厂商研制开发了各种专用的混凝土带式运输机，从以下三方面来满足运输混凝土的要求。

（1）提高整机和零部件的可靠性。

（2）力求设备轻型化，整套设备组装方便、移动灵活、适应性强。

（3）配置保证混凝土质量的专用设备。

塔带机是集水平运输和垂直运输于一体，将塔机和皮带运输机有机结合的专用皮带机，要求混凝土拌和、水平供料、垂直运输及仓面作业一条龙配套，以提高效率。塔带机布置在坝内，要求大坝坝基开挖完成后快速进行塔带机系统的安装、调试和运行，使其尽早投入正常生产。输送系统直接从拌和厂受料，拌和机兼作给料机，全线自动连续作业。机身可沿立柱自升，施工中无需搬迁，不必修建多层、多条上坝公路，汽车可不出仓面。在简化施工设施、节省运输费用、提高浇筑速度、保证仓面清洁等方面，充分反映了这种浇筑方式的优越性。

墨西哥惠特斯（Huites）大坝第一次成功地用 3 台罗泰克（ROTEC）塔带机为主要设备浇筑混凝土，用 2 年多时间浇筑了 280 万 m^3 混凝土，高峰年浇筑强度达 210 万 m^3，高峰月浇筑强度达 24.8 万 m^3，创造了混凝土筑坝技术的新纪录。

长江三峡工程用 6 台塔（顶）带机，1999～2000 年共浇筑了 330 万 m^3 混凝土，单台最高月产量 5.1 万 m^3，最高日产量 3270m^3。三峡工程采用的美国罗泰克（ROTEC）公司制造的 TC2400 型塔带机，如图 5-40 所示，混凝土供料采用汽车送料至受料斗，然后由两条跨度分别为 90m 和 120m 胶带机喂料，最大坡角达 26.3°，输送能力最大可达 6.38m^3/min。塔带机可以用来运送干硬性及坍落度较小的常态混凝土，并可运送最大骨料粒径为 150mm 的混凝土。

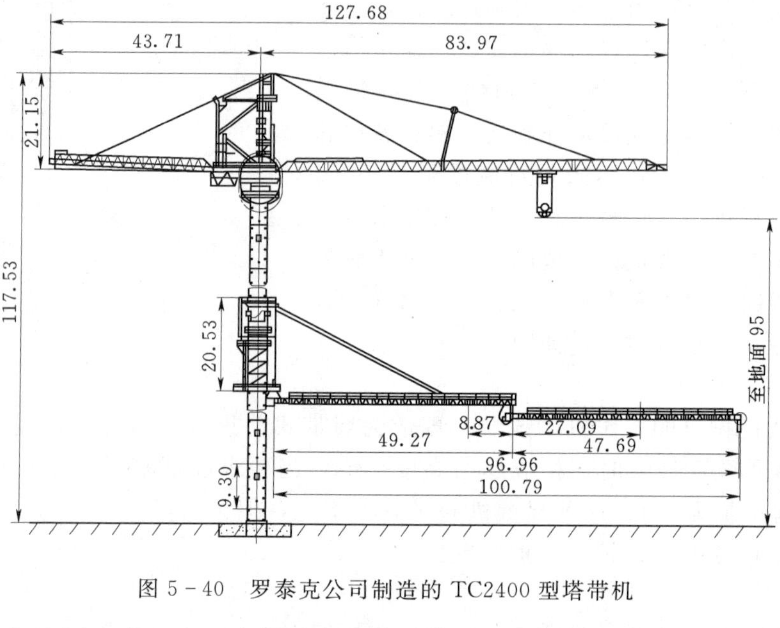

图 5-40 罗泰克公司制造的 TC2400 型塔带机

塔带机一般为固定式，专用皮带机也有移动式的，移动式又有轮胎式和履带式两种，以轮胎式应用较广，皮带长度为 32～61m，CC200 型胎带机为目前最大规格，布料幅度达 61m，浇筑范围 50～56m，一般较大的浇筑块可用一台胎带机控制整个浇筑仓面。

塔带机是一种新型混凝土浇筑运输设备，它具有连续浇筑、生产率高、运行灵活等明显优势。随着塔带机运输浇筑系统的不断完善，在未来大坝混凝土施工中将会获得愈益广泛的应用。

6. 混凝土泵

混凝土泵可进行水平和垂直运输，能将混凝土输送到难以浇筑的部位，运输过程中混凝土拌和物受周围环境因素的影响较小，运输浇筑的辅助设施及劳力消耗较少，是具有相当优越性的运输浇筑设备。这种设备简单灵活，但生产率低，适于混凝土级配小、坍落度大、配筋稠密和仓面狭小部位的运输（如隧洞的混凝土衬砌）。然而，由于它对于混凝土坍落度和最大骨料粒径有比较严格的要求，限制了它在大坝施工中的应用。

（三）混凝土入仓

采用起重机进行混凝土垂直运输时，通常都是通过混凝土吊罐入仓。泵送混凝土和皮带机输送的混凝土可以直接入仓，或再通过一段溜槽入仓。无论通过什么手段入仓，混凝土自由落体的高度都不得大于 2m。当混凝土卸料高度大于 2m 时，要通过溜筒来降低混凝土下落的速度，以防止混凝土发生离析。

第四节　混凝土坝施工

一、大坝分缝分块

混凝土的浇筑方式由于多种条件的限制，不可能将整个坝体连续不断地一次浇筑完毕，需要采取分缝分块的方式，将坝体划分成许多浇筑块进行混凝土浇筑。混凝土坝的分缝分块，首先沿坝轴线方向，将坝的全长划分为 15～20m 左右的若干坝段。坝段之间的缝统称为横缝。重力坝的横缝一般与伸缩沉陷缝结合，是不需要接缝灌浆处理的结构缝，又称为永久缝。拱坝的横缝由于有传递应力的要求，需要进行接缝灌浆处理，称为临时缝。其次，每个坝段又常用纵缝划分成若干坝块，也有整个坝段不再设缝而进行通仓浇筑的。在坝体高度方向，常因不可能一次从基础浇到坝顶，需要分块上升，上下块之间就形成了水平施工缝。非结构性的横缝、坝段纵缝、浇筑块之间的垂直缝和水平缝都是临时缝，又称施工缝，都需要进行处理，否则会影响坝的整体性。坝段分缝分块型式如图 5－41 所示。

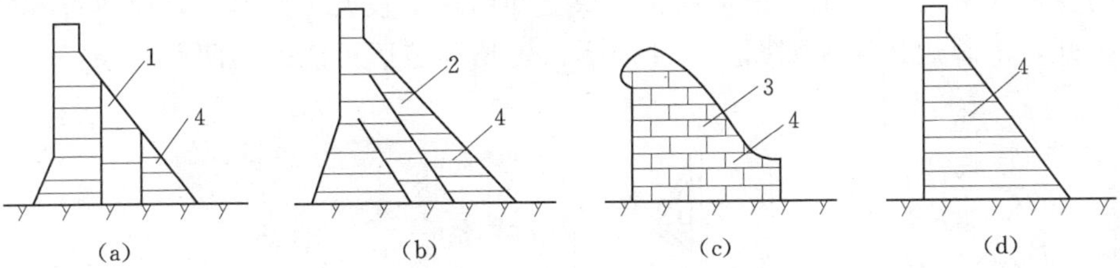

图 5－41　分缝分块型式

(a) 竖缝分块；(b) 斜缝分块；(c) 错缝分块；(d) 通仓浇筑

1—竖缝；2—斜缝；3—错缝；4—水平施工缝

1. 竖缝分块

竖缝分块是用平行于坝轴线的铅直缝把坝段分成为若干柱状体，所以又称为柱状分块。在施工中习惯于将一个坝段的几个柱状体从上游到下游依次编号为：1 仓、2 仓、…。

这种分缝分块型式始于20世纪30年代末美国胡佛坝的施工，因而被称为传统的分缝分块型式，也是我国使用最广泛的一种分缝分块型式。

为了恢复因竖缝而破坏的坝体整体性，需进行接缝灌浆处理，或用膨胀混凝土回填宽缝。预留的宽缝又称预留宽槽，槽宽一般1m左右。宽槽两侧的柱状体可各自单独上升而不必限制相邻块高差。宽槽的缝面处理及混凝土回填的劳动条件差，从而限制了这种分缝方式的应用。目前普遍应用的是灌浆竖缝。

沿竖缝方向存在着剪应力，而灌浆形成的接缝面的抗剪强度较低，需设置键槽以增强缝面抗剪能力。键槽的两个斜面应尽可能分别与坝体的两组主应力相垂直，从而使两个斜面上的剪应力接近于零，如图5-42所示。键槽的形式有两种：不等边直角三角形和不等边梯形，我国多采用前者。为了施工方便，各条竖缝的键槽往往做成统一的形式。

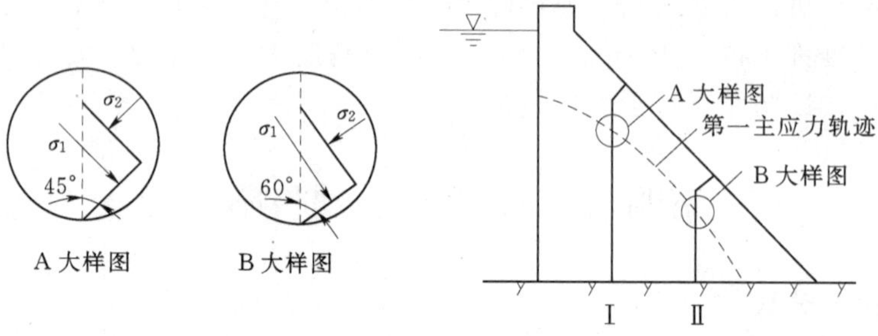

图5-42 坝体主应力与竖缝键槽

σ_1，σ_2—第一、第二主应力；Ⅰ，Ⅱ—竖缝编号

如图5-43所示，为了便于键槽模板安装并使先浇块拆模后不形成易受损的突出尖角，三角形键槽模板总是安装在先浇块的铅直模板内侧面上，直角的对边是铅直的。为了使键槽面与主应力垂直，若上游块先浇，则应使键槽直角的短边在上、长边在下。反之，下游块先浇，则应长边在上、短边在下。施工中应注意这种键槽长短边随浇筑顺序而变化的关系。

在施工中由于各种原因常出现相邻块高差。混凝土浇筑后会发生冷却收缩和压缩沉降导致的变形。如果相邻块高差过大，当后浇块浇筑后，因为先浇块的变形已大部分完成而后浇块的变形才刚开始发生，于是在相邻块之间出现了较大的变形差，使得键槽的突缘及上斜边拉开，下斜边挤压，如图5-44所示。键槽面挤压可能引起两种后果：一是接缝灌

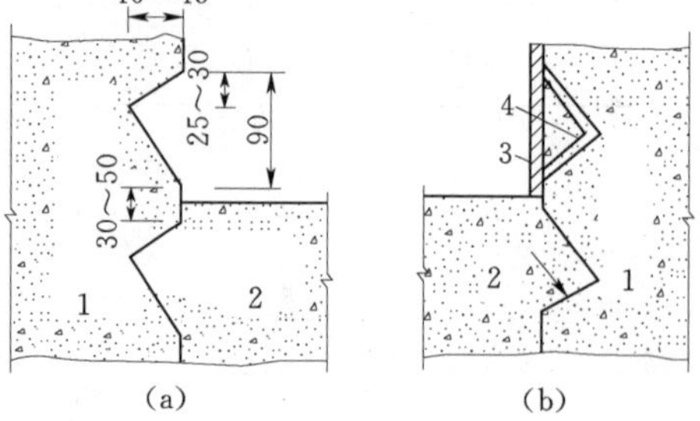

图5-43 键槽模板（单位：cm）

(a) 上游块先浇；(b) 下游块先浇

1—先浇块；2—后浇块；3—铅直模板；4—键槽模板

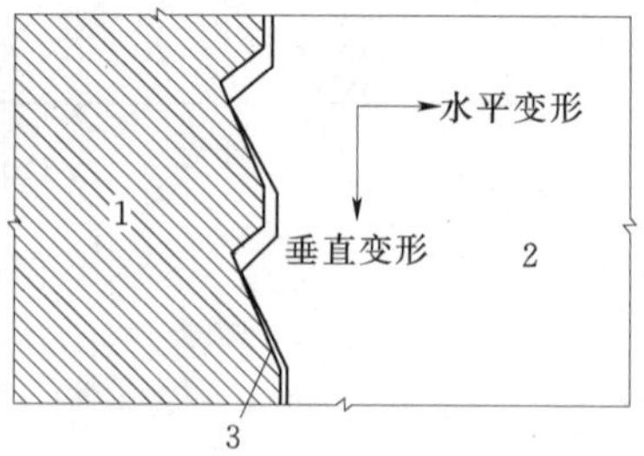

图5-44 键槽面的挤压

1—先浇块；2—后浇块；3—键槽挤压面

浆时浆路不通，影响灌浆质量；二是键槽被剪断。所以，相邻块高差要作适当控制。我国相关规范规定，相邻坝块的高差一般不超过10～12m。高差控制多少，除与坝块温度及分缝间距等有关以外，还与先浇块键槽下斜边的坡度密切相关。当长边在下，坡度较陡，对避免挤压有利；当短边在下，坡度较缓，容易形成挤压。所以，有些工程施工时，把相邻块高差区分为正高差和反高差两种。上游块先浇（键槽长边在下）形成的高差称为正高差，一般按10～12m控制。下游块先浇（键槽短边在下）形成的高差称为反高差，从严控制为5～6m。

采用竖缝分块时，分缝间距越大，块体水平断面越大，竖缝数目和缝的总面积越小，接缝灌浆及模板作业工作量越少，但温度控制要求越严。如何处理它们之间的关系，要视具体条件而定。从混凝土坝施工发展趋势看，明显地朝着尽量减少竖缝数目，直至取消纵缝进行通仓浇筑的方向发展。

关于浇筑块高度，我国和加拿大曾经采用过高块浇筑，块高达到10m甚至20m以上。高块浇筑的优点是减少了水平施工缝及其处理工作量。但立模困难，对温控不利，所以没有推广应用。目前浇筑块高度多在3m以下。

2. 斜缝分块

斜缝分块是大致沿两组主应力之一的轨迹面设置斜缝，缝是向上游或下游倾斜的。斜缝分块的主要优点是缝面上的剪应力很小，使坝体能保持较好的整体性。按常理，斜缝可以不进行接缝灌浆。如柘溪大头坝倾向上游的斜缝只做了键槽、加插筋和凿毛处理；但也有灌浆的，如桓仁大头坝的斜缝。

斜缝不能直通到坝的上游面，以避免库水渗入缝内。在斜缝终止处应采取并缝措施，布置骑缝钢筋或设置并缝廊道，以免因应力集中导致斜缝沿缝端向上发展。

斜缝分块同样要注意均匀上升和控制相邻块高差。高差过大则两块温差过大，容易在后浇块上出现温度裂缝。

斜缝分块的主要缺点是坝块浇筑的先后顺序受到限制，如倾向上游的斜缝就必须是上游块先浇、下游块后浇，不如竖缝分块那样灵活。

3. 错缝分块

错缝分块是用沿高度错开的竖缝进行分块，又叫砌砖法。浇筑块不大，通常块长20m左右，块高1.5～4m，对浇筑设备及温控的要求相应较低。因竖缝不贯通，也不需要接缝灌浆。然而施工时各块相互干扰，影响施工速度；浇筑块之间相互约束，容易产生温度裂缝，尤其容易使原来错开的竖缝变为相互贯通。20世纪50年代以前，前苏联在低坝中采用较多。目前这种分块方式已很少采用。

4. 通仓浇筑

通仓浇筑即不设纵缝，一个坝段只有一个仓。由于不设纵缝，纵缝模板、纵缝灌浆系统以及为达到灌浆温度而设置的坝体冷却设施都可以取消，是一种先进的分缝分块方式。由于浇筑块尺寸大，对于浇筑设备能力，尤其对于控制水平提出了更高的要求。第一个通仓浇筑坝是美国的布尔肖斯坝，该坝高度为87m，建成于1952年，它首次采用骨料预冷技术来降低混凝土浇筑温度。迄今采用此种方法建成的规模最大的是美国德沃歇克坝，1972年建成，该坝高219m，最大坝底宽153m。它进行通仓浇筑的主要做法是：

(1) 基础部位从最高温度下降到稳定温度不允许超过16.7℃，为此要求基础混凝土最高温度不超过24℃。

(2) 对不同高程提出不同的设计强度，从基础部位的90d龄期19.9MPa变化到顶部10.3MPa，严格控制水泥用量，掺粉煤灰54～41kg/m³。

(3) 混凝土浇筑温度限制在4.4～7.2℃之间，为此采用以预冷骨料为主的混凝土降温措施。

(4) 浇筑块厚度1.5m，最大间歇期短于14d。

(5) 基础部位埋水管进行初期通水冷却。

(6) 严格限制相邻坝段高差：3月1日～11月30日，不超过6m；其余各月不超过4.5m。

(7) 特别注意表面保护。

我国已有铜街子坝（坝高82m）和五强溪坝（坝高87.5m）采用了通仓浇筑。随着施工水平的提高，今后会有更多的通仓浇筑坝出现。

二、混凝土浇筑的工艺流程

混凝土浇筑的施工过程包括：浇筑前的准备，混凝土的入仓铺料、平仓振捣和浇筑后的养护。

（一）浇筑前的准备

浇筑前的准备包括基础面的处理、施工缝处理、立模、钢筋及预埋件安设等。

1. 基础面处理

对于砂砾地基，应清除杂物，整平基面，再浇10～20cm低标号混凝土作垫层，以防漏浆；对于土基，应先铺碎石，盖上湿砂，压实后，再浇混凝土；对于岩基，应清除表面松软岩石、棱角和反坡，并用高压水枪冲洗，最后，再用压缩空气吹至岩面无积水。

2. 施工缝处理

施工缝是指完全由于施工的原因而形成的混凝土的接缝，施工时希望缝两面的混凝土能尽可能牢固地结合。因此，首先必须将老混凝土表面含游离石灰的水泥膜（乳皮）清除，并使表层石子半露，然后将乳皮碎屑冲洗干净并除去表面积水，再在上面铺设一层砂浆后就可以浇筑新混凝土了。砂浆层厚度约1～2cm，不宜太厚，砂浆强度应稍高于混凝土的设计强度。

去除乳皮的方法有人工凿毛、机械凿毛、机械刷毛、压力水冲毛、风砂枪冲毛、高压水冲毛机冲毛和喷洒缓凝剂等。其中以人工凿毛、机械凿毛、压力水冲毛和高压水冲毛机冲毛最常采用。

(1) 人工凿毛。人工凿毛主要用于小结构面，工效较低。

(2) 机械凿毛。机械凿毛是利用手气锤、多头手电锤进行凿毛。

(3) 压力水冲毛。压力水的水压力一般为0.4～0.6MPa。冲毛时间一般控制在混凝土初凝后至终凝前。由于混凝土的初凝、终凝时间受气温等影响有所变化，采用压力水冲毛不易掌握好冲毛时间，难以保证冲毛质量，且混凝土损耗较大，不宜在大型工程中和重要部位使用。

(4) 高压水冲毛机冲毛。高压水冲毛机是一种高效、经济、优质的缝面处理设备。冲毛的水压力一般为25～35MPa，最大为50MPa，冲毛一般在混凝土浇筑后24h～14d之后进行。目前采用我国研制生产的高压水冲毛机型号主要有HCM－1型和XQZ80/35型，其中XQZ80/35型高压水冲毛机水压力为35MPa，流量为80L/min，机重1200kg，冲毛效率为90～120m^2/h。

3. 模板、钢筋和预埋件的安设

在安装模板时应注意，模板的拼接缝并不是越小越好。对于坍落度不大于8cm的混凝土，模板的拼接缝只要不大于2mm，非但不会影响混凝土的表面质量，而且有利于排气，从而能有效地防止混凝土表面出现麻面现象。

预埋件有两类，一类是设备安装所需要的，如预埋螺栓、预埋套筒等，对这一类预埋件，要采取可靠的固定措施以保证其位置的准确性；另一类预埋件是为永久观测用的各类传感器，在施工时要特别注意对传感器的保护，确保传感器不因混凝土的浇筑振捣而受到损坏。

4. 开仓前的仓面检查

仓面准备就绪，风、水、电及照明布置妥当后，经质检部门全面检查，发给准浇证后，才允许开仓浇筑。一经开仓则应连续浇筑，避免因中断而出现冷缝。

开仓前仓面检查的主要内容有：

(1) 浇筑仓的位置、形状、尺寸、仓面清洁及模板安装质量。

(2) 钢筋的规格、数量、保护层厚度、表面清洁的检查。

(3) 预埋件的检查。

(二) 入仓铺料

混凝土入仓铺料多采用平层浇筑法。平浇法是沿仓面的某一边逐条逐层有序、连续地铺填，如图5－45所示。铺料层厚与振动设备性能、混凝土稠度、来料强度和气温高低有关，一般为30～60cm。当采用振捣器组振捣时，层厚可达70～80cm。

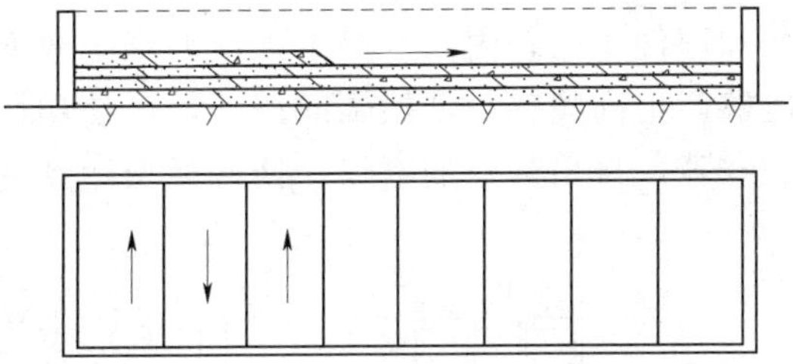

图5－45 平层浇筑法示意图

层间间歇超过混凝土初凝时间会出现冷缝，使层间的抗渗、抗剪和抗拉能力明显降低。如气温一定，仓面尺寸和浇筑铺层厚度应与混凝土运输浇筑能力相适应。换言之，当允许层间间隔时间 t (h) 已定后，为不出现冷缝，混凝土的生产率的计算公式为

$$P \geqslant \frac{AH}{(t-t_1)K} \tag{5-11}$$

式中 P——混凝土的生产率，m^3/h；

K——时间延误系数，取0.8～0.85；

A——同时浇筑的混凝土体的最大面积之和，m；

H——混凝土铺料层的厚度，一般为0.3m；

t——混凝土初凝时间，h；

t_1——混凝土运输浇筑时间，h。

显然，分块尺寸和铺层厚度受混凝土运浇能力的限制。若分块尺寸和铺层厚度已定，要使层间不出现冷缝，应采取措施增大运浇能力。若设备能力难以增加，则应考虑改变浇筑方法，可采用斜层浇筑法或阶梯浇筑法，如图 5-46（a）、（b）所示。阶梯法浇筑的前提是薄层浇筑，根据吊运混凝土的设备能力和散热的需要，浇筑块高宜在 1.5m 以内，阶梯宽不小于 1.0m，斜面坡度不陡于 1：2。对斜层浇筑，层面坡度不宜大于 10°。采用以上两种浇筑法时，为保证振捣密实，宜采用低坍落度（3～5cm）的混凝土。

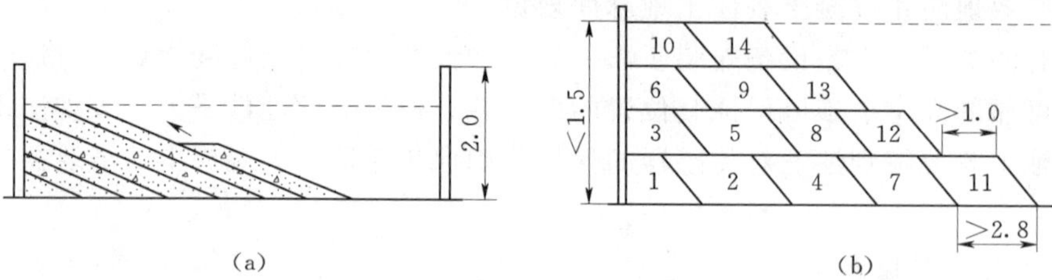

图 5-46 平层浇筑法示意图

（a）斜层浇筑法；（b）阶梯浇筑法

1，2，3，…，14—阶梯浇筑顺序

（三）平仓与振捣

1. 平仓

平仓是将卸入仓内成堆的混凝土摊铺到要求的厚度。小型仓面一般采用人工平仓、手持振捣器振捣；大型仓面用平仓振捣机进行平仓振捣。平仓振捣机类似于小型推土机，其推土刀片用于平仓，尾部有 3～6 个振捣器用于振捣，如图 5-47 所示。它适用于仓面大、钢筋和埋件少的仓内，振捣干硬性混凝土效率更高。振捣是保证混凝土密实的关键。振捣器能够产生高频率、低振幅的振动，可使塑性混凝土液化，骨料相互滑移，砂浆充填骨料间的空隙，排出其中的空气，使混凝土达到密实。

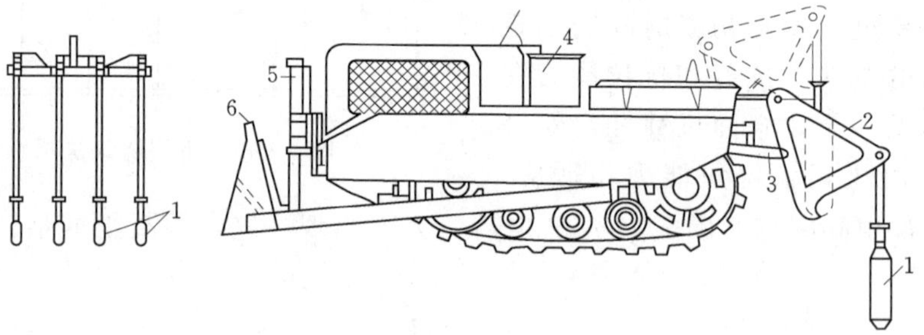

图 5-47 平仓机振捣

1—振捣器；2—起吊架；3—臂杆；4—司机台；5—活塞缸；6—推土刀片

2. 振捣器

在施工现场使用的振捣器有内部振捣器、表面振捣器和附着式振捣器，使用得最多的是内部振捣器。

内部插入式振捣器应用最广泛，而又以电动硬轴式振捣器在大体积混凝土振捣中应用较普遍，其振动影响半径大，捣实质量好，使用较方便；软轴式振捣器应用在钢筋密集、结构单薄的部位，有 B50 型、ϕ63 型等，频率分别为 6000 次/min和 11560 次/min 两种。风动式振捣器是借助高压风驱动带有偏心块的主轴旋转而产生偏心振动，国产 HZ5X80 型、CFZ10 型，其振动频率为 8400～17400 次/min，耗风量为 1.1～1.3m^3/min，风压为 0.6MPa。由 0.8～1.2kW 的电动机驱动的电动硬轴插入式振捣器，国产 HZ6P80D 型、HZ6X30 型，自重分别为 11kg 和 26.4kg，前者使用 42V 电压，安全灵活，其结构如图 5-48 所示。

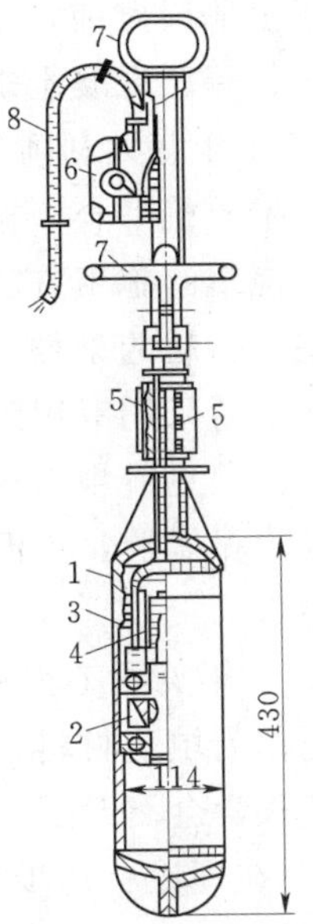

图 5-48　电动硬轴插入式振捣器

1—振动棒外壳；2—偏心块；3—电动机定子；4—电动机转子；5—橡皮弹性连接器；6—电动机开关；7—把手；8—外接电缆

3. 振捣

混凝土振捣时间以 15～25s 为宜。实际上，一般是按以下现象来判断振捣是否充分，即混凝土停止下沉并出现薄而均匀的表层水泥浆，振捣器四周不再冒气泡。振捣时间过短，达不到振捣密实的要求，振捣时间过长，会引起混凝土分离。振捣时间过长或过短，都会影响混凝土的质量。

振动影响半径与振动力大小和混凝土的坍落度有关，一般为 30～50cm，须通过试振确定。为了避免漏振，应使振点均匀排列，有序进行振捣。振点间距约为影响半径的 1～1.5 倍，并应使振捣器插入下层混凝土约 5cm，以利于上下层结合。振动过程中不应使振捣器碰到钢筋，还应与模板保持 1/2 影响半径的距离。

（四）混凝土养护

养护是保证混凝土强度增长，不发生开裂的必要措施。混凝土浇筑完毕后，在一定的时间内应保持适当的温度和足够的湿度，形成良好的混凝土硬化条件，这就是混凝土的养护工作。对于大体积混凝土，保温是指对混凝土表面的保温，其内部在养护初期则还要采取降温措施，以便尽可能减小混凝土的内外温差，防止裂缝。

养护方法有洒水养护和养护剂养护两种。采用洒水养护，最好能在混凝土表面覆盖草袋，再用带孔的水管定时洒水。采用养护剂养护，是在养护表面喷一层养护剂，等养护剂干燥成膜后再在上面覆盖保温材料。养护时间与浇筑结构特征和水泥发热特性有关，一般是从浇筑完毕后 12～18h 开始，养护持续期应符合《水工混凝土施工规范》（DL/T 5144—2001）的要求，一般结构不少于 14d，重要结构不少于 28d。

第五节　碾压混凝土坝施工

采用碾压土坝的施工方法修建混凝土坝，是混凝土坝施工技术的重大变革。碾压混凝土是水泥用量和用水量都较少的干硬性混凝土，通常配比中掺入一定比例的粉煤灰等粉状掺合料。碾压混凝土筑坝是用搅拌机拌和，自卸汽车、皮带运输机等设备运输，用摊铺机将混凝土薄层摊铺，用振动碾压实的方法筑坝。

一、碾压混凝土筑坝技术发展概况

1964年意大利阿尔卑惹拉坝采用了类似土坝的不分块施工方法，使用汽车运送混凝土料，推土机平仓，振捣器振捣，通仓薄层浇筑。这种新的筑坝方式，不仅改善了坝体分缝分块浇筑的施工方法和结构形式，而且节约了大量模板材料及安装工程量，为机械化作业创造了优越的条件。这种变革不仅加快了筑坝速度，降低了成本，还通过切缝形成横缝，在上游采用专用防渗面板等构造，为大坝分缝及防渗结构设计提出了新的思路。尔后瑞士在大狄克逊坝工程采用了坍落度仅1～3cm、胶凝材料和用水量较低的干贫混凝土和大型强力振捣器，不但节省了水泥用量，改善了坝体温度控制条件，而且提高了坝体混凝土的质量。

1970年美国工程师学会召开了“混凝土快速施工”会议，拉裴尔提出在砂石毛料中加水泥作为填筑材料，用高效率的土石方机械运输和压实方法筑坝的概念。1972年美国土木工程学会召开了“混凝土坝经济施工”会议，坎农的论文《用土料压实方法建造混凝土坝》，在理论上初步形成了碾压混凝土筑坝的设想。

1974年巴基斯坦塔贝拉坝的泄洪隧洞出水口被洪水冲垮，修复工作必须在春季融雪之前完成，工期要求十分紧张，施工速度必须极其快速。于是，采用天然骨料和低水泥用量拌和的碾压混凝土进行修复，在42d时间里填筑了35万m^3碾压混凝土，证明了碾压混凝土快速施工是可行的。

碾压混凝土坝从设想到成为现实，历时十分短暂。1980年出现了世界上第一座碾压混凝土坝——日本岛地川重力坝。该坝高89m，上游面用3m厚的常态混凝土起防渗作用，坝体碾压混凝土的胶凝材料用量为120kg/m^3，其中粉煤灰占30%。碾压层厚度50～75cm，每一碾压层碾压完毕后，停歇1～3d再继续填筑上升，用切缝机切缝形成坝体横缝。这就是世界上第一代可实用的碾压混凝土筑坝方法——RCD方法（Roller compacted Dam-Concrete Method)。这种新方法与传统的柱状浇筑法相比，在建坝速度、降低造价、改善坝体温度场状况和简化温度控制措施等方面均具有明显的优越性，因而在日本很快取得了共识并得到推广应用。

1982年美国建成了世界上第一座全断面碾压混凝土重力坝——柳溪坝。该坝高52m，坝长543m，不设纵横缝；内部碾压混凝土的胶凝材料用量仅66kg/m^3；碾压层厚度30cm，连续碾压上升。在实践中逐渐形成了以美国为代表的RCC方法（Roller compacted concrete)。由于RCC方法连续碾压上升，节省了碾压层间的间歇时间，施工速度远比日本的RCD方法更为快捷，使大型施工机械在大仓面施工中得以充分发挥效率，大坝混凝土省却了所有温度控制措施，造价降低更为显著。但施工中由于混凝土胶凝材料用量过低，施工工艺也比较粗放，坝体的混凝土质量和均质性存在不少缺陷。

中国自1979年考察了日本的岛地川坝的碾压混凝土（RCD方法）建坝技术后，相继从坝工设计、温度控制、混凝土材料与配合比到混凝土施工工艺，展开了全面的试验研究和探索工作，并参照国外碾压混凝土筑坝的经验和教训，对碾压混凝土筑坝技术，提出了一系列新方法和新措施。

1986年在福建成功地建成了中国第一座碾压混凝土重力坝——坑口电站混凝土重力

坝。该坝高 58.6m，坝顶长 122.5m，不分缝，全断面碾压连续上升，碾压层厚度下部 56cm，上部 33cm，胶凝材料用量为 140kg/m³，其中粉煤灰占 57%，坝体上游面用 6cm 的沥青砂浆作防渗层。自坑口坝建成以后，碾压混凝土坝在我国获得迅速发展，并形成了一套具有中国特点的碾压混凝土筑坝技术，即“高掺粉煤灰、中胶凝材料用量、大仓面薄层铺筑、连续碾压上升”的技术模式。这种模式是吸取了 RCD 方法和 RCC 技术的若干优点以确保必要的混凝土质量，减少水泥用量以简化温度控制，连续浇筑以加快浇筑上升速度，同时力求避免 RCD、RCC 两种方法中的缺点。十多年来沿着这一技术方向在工程建设中不断得到改进提高，混凝土质量已能完全满足各种设计指标要求，整套技术已臻成熟。

二、碾压混凝土筑坝技术的特点

（1）采用低稠度干硬混凝土。碾压混凝土的稠度用 *VC* 值（Vibrating Compaction）来表示，即在规定的振动台上将碾压混凝土振动达到表面液化所需时间（以 s 计）。*VC* 值是检测碾压混凝土的可碾性，并用来控制碾压混凝土相对压实度。*VC* 值的大小应兼顾既要压实混凝土，又不至于使碾压机具陷车。国内 *VC* 值通常控制在 10±5s。随着混凝土制备技术和浇筑作业技术的改进，混凝土的稠度也在逐渐降低，较低的 *VC* 值便于施工，可提高碾压混凝土的层间结合和抗渗性能。

（2）掺粉煤灰，简化温控措施。由于碾压混凝土是干贫混凝土，要求掺水量少，水泥用量也很少。为保持混凝土有必要的胶凝材料，必须掺入大量粉煤灰。这样不仅可以减少混凝土的初期发热量，增加混凝土的后期强度，简化混凝土的温控措施，而且有利于降低工程成本。当前我国碾压混凝土坝广泛采用中胶凝材料，低水泥用量，高掺粉煤灰的干硬混凝土，胶凝材料一般在 150kg/m³ 左右，粉煤灰的掺量占总胶凝材料的 50%～70%，而且选用的粉煤灰要求达到Ⅱ级以上。中等胶凝材料用量使得层面泛浆较多，有利于改善层面间结合，但对于较低高度的重力坝而言，可能会造成混凝土强度的过度富裕，可以考虑使用较低胶凝材料用量的混凝土。日本 RCD 方法粉煤灰掺量较少，少于或等于胶凝材料总量的 30%。美国 RCC 方法粉煤灰掺量较高，一般为胶凝材料总量的 70%左右。

（3）采用通仓薄层填筑。碾压混凝土坝不采用传统的柱状浇筑法，而采用通仓薄层浇筑。这样可增加散热效果，取消冷却水管预埋，减少模板工程量，简化仓面作业，有利于加快施工进度。碾压层的厚度不仅与碾压机械性能有关，而且与采用的设计准则和施工方法密切相关。RCD 方法碾压层厚度通常为 50cm、75cm、100cm，间歇上升，层面需作处理；而 RCC 方法则采用碾压层厚 30cm 左右，层间不做处理，连续碾压上升。

（4）大坝横缝采用切缝法或形成诱导缝。混凝土坝一般都设横缝，分成若干坝段以防止裂缝。碾压混凝土坝也是如此，但碾压混凝土坝是若干个坝段一起施工，所以横缝要采用振动切缝机切缝，或设置诱导孔等方法形成横缝。坝段横缝填缝材料一般采用塑料膜、铁片或干砂等。

（5）靠振动压实机械使混凝土达到密实。普通流态混凝土靠振捣器械振捣使混凝土达到密实，碾压混凝土靠振动碾碾压使混凝土达到密实。碾压机械的振动力是一个重要指标，在正式使用之前，碾压机械应通过碾压试验来检验其碾压性能、确定碾压遍数及行走的速度。

三、碾压混凝土原材料及配比

(一) 胶凝材料

碾压混凝土一般采用硅酸盐水泥或矿渣硅酸盐水泥，掺30%～65%粉煤灰，胶凝材料用量一般120～160kg/m³，《水工碾压混凝土施工规范》(SL 53—94) 中规定，大体积建筑物内部碾压混凝土的胶凝材料用量不宜低于130kg/m³，其中水泥熟料用量不宜低于45kg/m³。

(二) 骨料

与常态混凝土一样，可采用天然骨料或人工骨料，骨料最大粒径一般为80mm，迎水面用碾压混凝土自身作为防渗体时，一般在一定宽度范围内采用二级配碾压混凝土。碾压混凝土砂率比一般常态混凝土高，二级配砂率范围为32%～37%，三级配砂率范围为28%～32%。对砂的含水率的控制要求比常态混凝土严格，砂的含水量不稳定时，碾压混凝土施工层面易出现局部集中泌水现象。砂的含水率在混凝土拌和前应控制在6%以下。砂的细度模数控制在2.4～3.0之间。各种骨料级配可参照表5-9选取。

表5-9　建议骨料粒径级配表

最大粒径 D_{max} (mm)	各级骨料粒径百分率			
	120～80mm	80～40mm	40～20mm	20～5mm
120	20%～35%	20%～32%	20%～30%	20%～5%
80		20%～40%	20%～40%	25%～0
40			40%～55%	45%～0
20				100%

(三) 外加剂

一般应掺用缓凝减水剂，并掺用引气剂，增强碾压混凝土抗冻性。

(四) 碾压混凝土配合比

碾压混凝土配合比应满足工程设计的各项指标及施工工艺要求，主要有以下内容。

(1) 混凝土质量均匀，施工过程中粗骨料不易发生分离。如减小骨料最大粒径，增加胶凝材料总量，选用适当的外加剂，增大砂率等都是有效防止骨料分离措施。

(2) 工作度（稠度）适当，拌和物较易碾压密实，混凝土容重较大。一般来说，碾压混凝土愈软（*VC*值愈小）压实愈容易，但是碾压混凝土过软，会出现陷碾现象。

(3) 拌和物初凝时间较长，易于保证碾压混凝土施工层面的良好黏结，层面物理力学性能好。可采用拌和物中掺入缓凝剂，以延长混凝土保塑时间。

(4) 混凝土的力学强度、抗渗性能等满足设计要求，具有较高的拉伸应变能力。由于碾压混凝土不同于常态混凝土的工艺特点，所以与常态混凝土配合比设计有如下差异：常态混凝土配合比设计强度是以出机口随机取样平均值为其设计强度，使用常规的通用计算公式；而碾压混凝土由于受到混凝土出机至混凝土碾压结束工艺条件的制约，往往产生骨料分离、出机到碾压结束时间过长、稠度丧失过多、碾压不实等不利因素影响，以致坝体碾压混凝土实际质量要低于出机口取样质量，为此在配合比设计中应适当考虑这一情况，并留有一定余地。

（5）对于外部碾压混凝土，要求具有适应建筑物环境条件的耐久性。一般通过对胶凝材料总量及砂子细颗粒含量的最低用量（小于 0.15mm 颗粒含量占 8%～12%）作为必要限制，来确保碾压混凝土的耐久性。

（6）碾压混凝土配合比经现场试验后调整确定。

四、碾压混凝土施工工艺

碾压混凝土通常的施工程序是先在下层块铺砂浆，汽车运输入仓，平仓机平仓，振动压实机压实，在拟切缝位置拉线，机械对位，在振动切缝机的刀片上装铁皮并切缝至设计深度，拔出刀片，铁皮则留在混凝土中，切完缝再沿缝无振碾压两遍。这种施工工艺在国内具有普遍性，其工艺流程如图 5-49、图 5-50 所示。

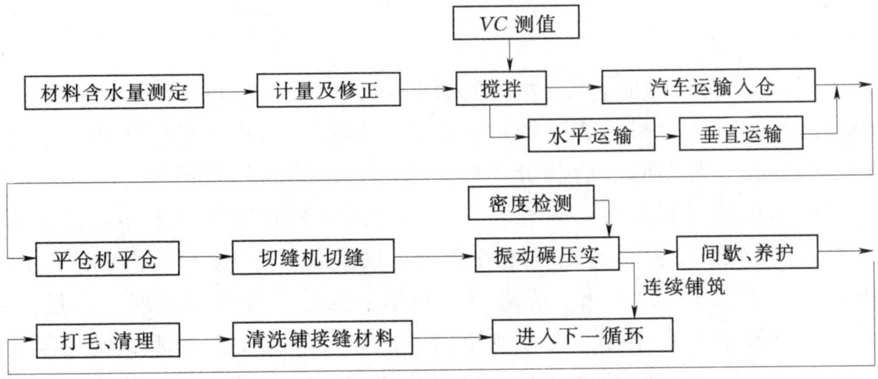

图 5-49　碾压混凝土施工工艺流程图

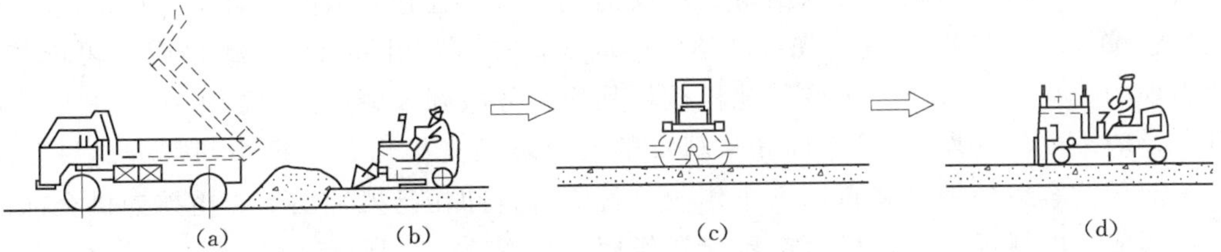

图 5-50　碾压混凝土施工作业流程图

（a）自卸汽车供料；（b）平仓机平仓；（c）切缝机切缝；（d）振动碾压实

（一）现场碾压试验

在完成室内碾压混凝土配合比设计所提供的初试值的基础上，应进行现场碾压试验。试验场地一般是利用临时围堰、护坦或大型临时设备基础等。其试验目的如下：

（1）校核与修正碾压混凝土配合比设计各项参数。

（2）确认碾压混凝土施工工艺各项参数。如碾压混凝土入仓与收仓方式，混凝土运输卸料、摊铺及预压，横缝施工，碾压混凝土压实厚度及遍数，碾压混凝土放置时间及其质量变化，模板结构物周边部位混凝土施工措施等。

（3）检验、检测所使用的碾压混凝土施工设备的适用性，工作效率，以便确认施工设备配置数量，确定碾压混凝土条带摊铺厚度、宽度与长度。

（4）实地操作并熟悉碾压混凝土筑坝技术的施工工艺，解决施工中可能发生的问题，确认碾压混凝土可能达到的质量指标。

（5）制定适合本工程的碾压混凝土施工规程。

实践证明在现场碾压试验之前用砂石料进行工艺模拟演练，可以收到良好的效果。

（二）拌和

拌制碾压混凝土宜优先选用强制式搅拌设备，也可采用自落式等其他类型搅拌设备。无论采用哪种搅拌设备，必须保证搅拌混凝土的均匀性和混凝土填筑能力。

碾压混凝土的拌和时间，应通过现场混凝土拌和均匀性试验确定，不宜少于60s。各种原材料的投料顺序一般为砂→水泥→粉煤灰→水→石子。不能实现如上投料顺序，也可允许砂石一齐首先投入拌和机，但胶凝材料和水必须滞后于砂石投放，以免胶凝材料沾罐和水的渗漏损失。

（三）运输

运输碾压混凝土要选择适合坝址场地特性的运输方式，尽可能做到少转运，运输速度快。宜采用自卸汽车、皮带机、真空溜槽，必要时缆机、门机、塔机等机具也可采用。无论采用哪种运输设备，都要防止骨料分离以及水和水泥浆的超量损失。

采用自卸汽车运输混凝土直接入仓时，在入仓前应将轮胎清洗干净，洗车槽距仓口的距离应有不小于20m的脱水距离，并铺设钢板，防止泥土、水等污物带入仓内。车辆在仓内的行驶速度不应大于10km/h，应避免急刹车、急转弯等有损混凝土质量的动作。

真空溜槽是靠溜槽内负压控制混凝土下滑速度，所以真空溜槽垂直输送混凝土，应保证溜槽的真空度，真空溜槽的坡度和防止骨料分离措施应通过现场试验确定。

（四）卸料

碾压混凝土施工宜采用大仓面薄层连续铺筑，汽车进仓卸料时，宜采用退铺法依次卸料，且宜按梅花形依次堆放，先卸1/3，移动1m左右，再卸2/3，卸料应尽可能均匀，堆旁出现的分离骨料应用人工或其他机械将其均匀分散到未碾压的混凝土面上。为减少骨料分离，应采取“一堆三推”，即先从料堆的两个坡角先推出，后推中间部分。只要摊铺层的表面积能容以摊铺机和自卸汽车作业，就应将料卸在已摊铺层上，由摊铺机全部推移原位，形成新的摊铺面，这样可起到搅拌作用，如图5-51所示。

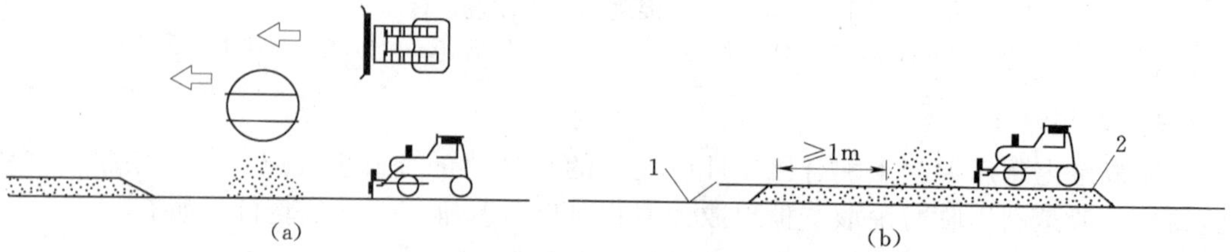

图5-51 碾压混凝土摊铺示意图

(a) 一堆三推；(b) 将料全部推移

1—已铺砂浆；2—条带起始点

（五）平仓摊铺

在摊铺碾压混凝土前，通常先在建基面上铺一层常态垫层混凝土找平，其厚度根据坝高、坝址地质及建基面起伏状态而定，一般厚1.0～2.0m，在常态混凝土中可布置灌浆廊道和排水廊道。但由于垫层混凝土受岩基约束过大，极易开裂，宜尽可能减薄。例如大朝山工程，建基面上仅用0.5m厚常态混凝土找平，即开始碾压混凝土铺筑。

碾压混凝土入仓虽可用不同的运输工具，但摊铺方法基本相同。不论采用自卸汽车直接入仓，还是负压溜管入仓，或是斜坡运输车通过集料斗再用自卸汽车入仓，摊铺时都要注意防止骨料分离。

我国常采用碾压层厚为30cm，最大骨料粒径为80mm的三级配碾压混凝土。碾压混凝土仓面施工常采用平层通仓法，该法具有在大仓面条件下高效、快速施工的特点，施工质量好。为了在大仓面条件下减小浇筑作业面积、缩短层间间隔时间，可采用斜层平推法和台阶法，如图5-52所示。工程实践表明，斜层平推法可以用较小的浇筑能力浇筑较大面积的仓面，达到减少投入、提高工效、降低成本的目的。特别是在气温较高的季节，采取这种施工方法效果更为明显。如江垭碾压混凝土坝应用斜层平推铺筑法后，1997年11月的浇筑量达12万m^3，为江垭工程施工最高纪录。此前采用通仓平层铺筑法施工的月最高浇筑量为9.95万m^3。

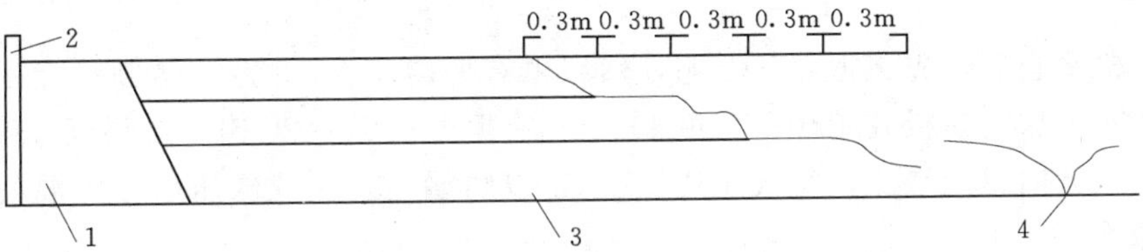

(a)

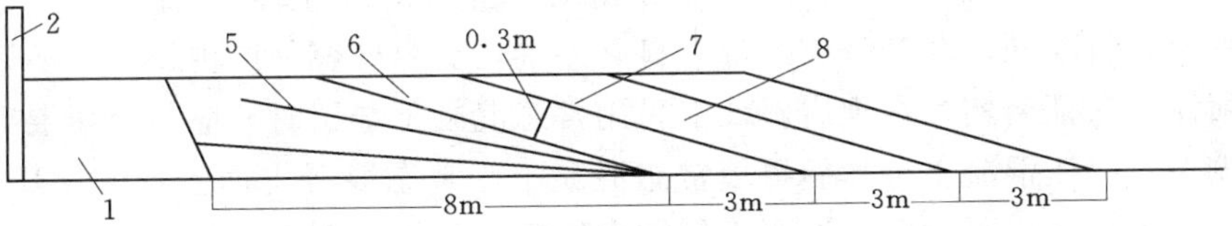

(b)

图5-52　摊铺方法示意图

(a) 台阶法摊铺；(b) 斜层平推法摊铺

1—常态混凝土或变态混凝土；2—模板；3—前一条块砂浆；4—后一条块砂浆；5—第一条带；6—第二条带；7—第三条带；8—斜层（1∶10）摊铺、一次碾压

仓面常用推土机摊铺找平，宜平行坝轴线方向摊铺，其宽度与自卸汽车相近。为了保证推平后没有凹凸不平的现象，普定碾压混凝土拱坝对D85推土机履带板进行了削齿处理，台班产量达600m^3。较小仓面曾用D35平仓推土机，效果较好。江垭碾压混凝土重力坝采用湿地推土机3台，其中重19t的D65P8两台，重7t的D31P 1台。卸料时如发现大骨料滚落集中，需用人工及时将其铲开，铺在砂浆较多处，以免碾压后大骨料集中于层面，形成漏水通道。

在碾压混凝土坝过程中也可以布置廊道和泄水设施。若廊道设置在底部常态混凝土中，则与一般施工方法无大差别。若廊道设置于碾压混凝土中，则以采用预制混凝土廊道模板为好，吊装就位后，在廊道模板周边小心摊铺碾压混凝土，用手扶振动碾压实。

在设置泄水钢管时要特别注意管壁与碾压混凝土的结合，通常在管壁周围浇筑常态混凝土，以保证结合紧密。

（六）碾压

碾压混凝土施工最重要的环节是碾压。碾压混凝土特别干硬，骨料间阻力很大，仅靠自重不能克服。在振动作用下骨料颗粒周围虽出现局部液化现象，但仍必须增加压重使骨料在不同位置产生不等的位移，此时骨料表面胶凝材料暂时出现分离，使封闭的气泡在连续振动和碾压下随渗液排出，仓面有时会出现少量泌水，促使骨料与砂浆进一步密实，达到设计要求的密度。

根据碾压层厚、仓面尺寸、碾压混凝土和易性、骨料最大粒径和性质，振动碾的机动性、压力、碾轮尺寸、频率、振幅、速度等，以及其他方面的因素选择碾压设备。若采用人工骨料，由于骨料间阻力较大，宜选择较重的振动碾。

摊铺平整后的仓面宜向上游倾斜，不能倾向下游，以利于坝体稳定。

我国碾压混凝土多采用 BW 系列振动碾压实。这种碾有各种不同重量，重型碾用于坝体内部，在靠近模板特别是上游面二级配碾压混凝土防渗区，用轻型或其他手扶小型振动碾。

在推土机平仓后，先无振碾压 2 遍，然后再有振碾压 6～8 遍，达到设计密度后，再无振碾压 2 遍。靠近模板处用轻碾（重 1～5t）有振碾压 10～20 遍。在碾压过程中，一般都是顺坝轴线方向纵向碾压，每次压边 15cm，以防漏压，保证碾压后碾压混凝土的密度都能达到标准。

当上下游有常态混凝土时，交界处要形成 45°交错斜坡，保证结合良好。但由于异种混凝土的胶凝材料不同，温升、收缩都有显著差别，交界处容易产生裂缝，所以在碾压和振捣时必须注意保证密实。在坝肩斜坡上采用常态混凝土垫层时，应与碾压混凝土顺序交叉上升，先填筑碾压混凝土，然后再填常态混凝土，常态混凝土面宜低于碾压混凝土面，再用高频振捣器从基岩侧向碾压混凝土侧方向振捣，并插入下层混凝土 5cm 左右。

（七）成缝及层间处理

碾压混凝土施工，通常采用大面积通仓填筑，坝体的横向伸缩缝可采用“振动切缝机造缝”或“设置诱导孔成缝”等方法形成。造缝一般采用“先切后碾”的施工方法，填缝材料一般采用塑料膜、金属片或干砂，成缝面积不应小于设计面积的 60%。诱导孔成缝即是碾压混凝土浇筑完一个升程后，沿分缝线用手风钻钻孔并填砂诱导成缝。

我国碾压混凝土采用的碾压层厚多为 30cm。对于高坝，特别是高 100m 以上的坝，多达数百层面，如果处理不好，会成为坝体的薄弱环节，轻者成为渗漏通道，影响碾压混凝土的耐久性，严重时甚至会影响大坝的安全运行。因此，层面结合良好，提高层面抗剪强度成为高碾压混凝土重力坝的关键课题之一。

碾压混凝土坝一般有两种层面：一种是正常的间歇面，层面处理采用刷毛或冲毛清除乳皮，露出无浆膜的骨料，再铺厚 1～1.5cm 砂浆或灰浆，可继续铺料碾压，特别是采用二级配全断面碾压混凝土做防渗层时，这层浆能起相当重要的作用。另一种是连续碾压的临时施工层面，一般不进行处理，但在全断面碾压混凝土坝上游面防渗区，必须铺砂浆或水泥浆，防止层面漏水。

在高坝建设上，为控制抗剪断强度（f，c），龙滩工程在设计阶段对层面胶结强度作了10种工况的现场碾压混凝土和相应的抗剪断试验，试验成果表明采用以下措施可以提高层间结合强度。

(1) 适当提高胶凝材料含量。

(2) 尽量缩短上层铺料碾压时间，保证在下层碾压混凝土初凝前完成。

(3) 在配合比中适当增加缓凝外加剂。

(4) 切实防止骨料分离和骨料中掺杂软弱颗粒。

(5) 在层面上铺一薄层砂浆或水泥粉煤灰浆。

(6) 防止仓面污染。

如下层碾压混凝土已初凝，上层才开始铺料碾压，会影响层间黏结强度，所以判断碾压混凝土拌和物的初凝时间相当重要。我国研制的混凝土拌和物初凝时间测定仪（贯入阻力仪，图5-53)，可在现场测试碾压混凝土的初凝时间。

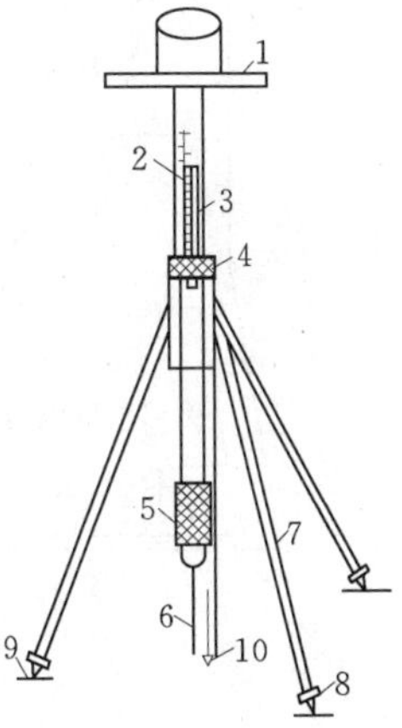

图5-53 碾压混凝土初凝时间现场测定仪示意图

1—承重盘；2—刻度尺；3—滑杆；4—卡环；5—测杆螺丝；6—测杆；7—三脚架；8—支架升降螺丝；9—支架垫板；10—垂球

(八) *碾压混凝土的养护和防护*

碾压混凝土是干硬性混凝土，受外界的条件影响很大。在大风、干燥、高温气候条件下施工，要避免混凝土表面水分散失，应采取喷雾补偿等措施，在仓面造成局部湿润环境，同时在混凝土拌和时适当将*VC*值调小。

没有凝固的混凝土遇水会严重降低强度，特别是表层混凝土几乎没有强度，所以在混凝土终凝前，严禁外来水流入。当降雨强度超过3mm/h时，应停止拌和，并迅速完成进行中的卸料、平仓和碾压作业。刚碾压完的仓面应采取防雨保护和排水措施。

碾压混凝土终凝后立即开始洒水养护。对于水平施工缝和冷缝，洒水养护应持续至上一层碾压混凝土开始铺筑为止；对永久外露面，宜养护28d以上。刚碾压完的混凝土不能洒水养护，可用毯子或麻袋覆盖防止表面水分蒸发，且起到养护作用。低温季节应对混凝土的外露面进行保温养护，特别在温度骤降的时候，更应加强混凝土的保温措施。

从施工组织安排上应尽量避免夏季和高温时段施工。由于碾压混凝土主要采取薄层浇筑，靠自然散热冷却，加之采用干硬性混凝土，本身用水量就少，夏季高温施工，表面水分极易蒸发，一方面容易干燥开裂；另一方面危害更大的是难以充分压实，造成表层疏松，形成漏水通道。显然，碾压混凝土受气候条件的限制较常态混凝土更加严格。在夏季作业时，在施工组织安排和施工技术要求上，应制订更周密的措施。

五、碾压混凝土坝防渗结构设计

碾压混凝土RCC与RCD方法很重要的一个区别是防渗体结构不同。RCD一般采用常态混凝土防渗，即“金包银”的结构形式，如图5-54 (a) 所示。

RCC防渗体的结构形式较多，如在上游面设0.3～0.9m的二级配碾压混凝土防渗层；6cm厚的沥青砂浆作防渗层；6cm厚钢筋混凝土面板防渗层；PVC膜防渗；碾压混凝土表面喷涂防渗材料等，如图5-54 (b) 所示。目前很多大坝采用变态混凝土作为上游防渗体，并取得了很好的效果。

我国一些碾压混凝土重力坝和碾压混凝土拱坝技术特征，见表5-10和表5-11。

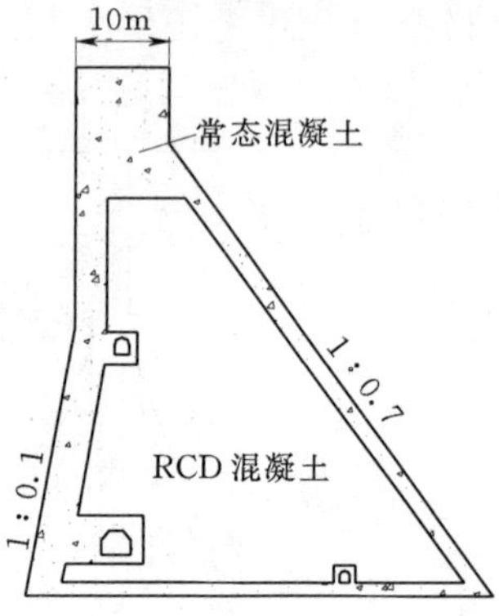

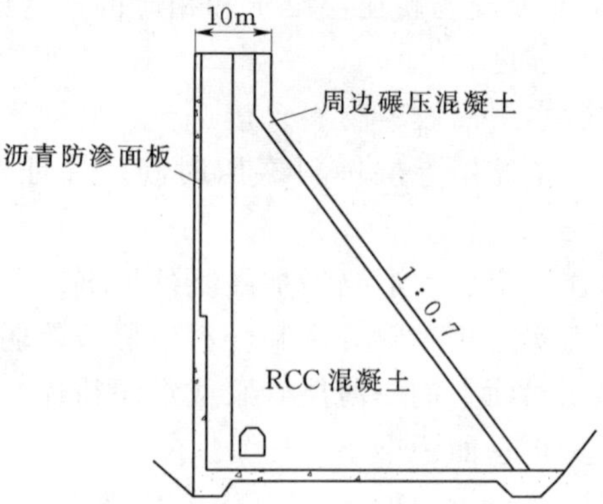

图 5-54 RCD与RCC断面结构形式

(a) RCD碾压混凝土坝断面；(b) RCC碾压混凝土坝断面

表 5-10　70m以上高度的碾压混凝土重力坝技术特征

工程名称	坝高 H (m)	顶长 L (m)	顶宽 B (m)	下游坝坡	上游坝坡	构造特点
铜街子	88	1029	14	1∶0.75	下部 1∶0.2	金包银，坝段长 30m 左右
水口	101	792	20	1∶0.75	竖直	金包银，坝段长 24m 左右
岩滩	111	525	20	1∶0.65	竖直	金包银，坝段长 20m 左右
观音阁	82	1040	10.3	1∶0.70	竖直	金包银，坝段长 20m 左右
桃林口	82	524	10.3	1∶0.63	竖直	金包银，坝段长 20m 左右
碗窑	83	390	8.5	1∶0.70	竖直	金包银，坝段长 24m 左右
花滩	85.3	173	8	1∶0.75	竖直	金包银，坝段长 24m 左右
涌溪Ⅲ	81	180	8	1∶0.73	竖直	二级配 RCC 防渗，不设横缝
石板水	83	445	12	1∶0.70	竖直	二级配 RCC 防渗，坝段长 20m 左右
江垭	131	327	12	1∶0.80	竖直	变态混凝土＋二级配，RCC 防渗，坝段长 35m 左右
汾河	87	250	15	1∶0.75	竖直	变态混凝土＋二级配，RCC 防渗，坝段长 20m 左右
大朝山	115	480	16	1∶0.70	竖直	变态混凝土＋二级配，RCC 防渗，坝段长 18m 左右
棉花滩	111	300	7	1∶0.75	竖直	变态混凝土＋二级配，RCC 防渗，坝段长 50m 左右
通口	73.5	347	7	1∶0.75	竖直	变态混凝土＋二级配，RCC 防渗，坝段长 50m 左右
百色	130	734	12	1∶0.77	下部 1∶0.2	变态混凝土＋二级配，RCC 防渗，坝段长 2×30m 左右

续表

工程名称	坝高 H (m)	顶长 L (m)	顶宽 B (m)	下游坝坡	上游坝坡	构造特点
索风营	120	250	12	1∶0.70	下部 1∶0.25	变态混凝土＋二级配，RCC 防渗，坝段长 40m 左右
周宁	73	201	6.5	1∶0.70	竖直	变态混凝土＋二级配，RCC 防渗，坝段长 40m 左右
龙滩	196	736	37	1∶0.70	下部 1∶0.25	变态混凝土＋二级配，RCC 防渗，坝段长 20m 左右

表 5-11　碾压混凝土拱坝技术特征

工程名称	坝高 H (m)	顶长 L (m)	顶宽 B (m)	底宽 B (m)	B/H	L/H	混凝土体积 RCC/VCC (m^3)	完建或开工年份	防渗结构
普定	75	197	4.5	28	0.37	2.2	103000/137000	1993	二级配碾压混凝土
温泉堡	48	187	5.0	14	0.29	3.2	55000/62000	1994	PVC 膜面层
溪柄	64	95.5	4.0	12	0.19	1.2	26000/29000	1996	二级配 RCC＋变态混凝土＋防渗涂层
红坡	55.2	244	4.5	26	0.47	4.4	70000/80000	1998	二级配 RCC＋变态混凝土
石门子	110	171	5.0	30	0.27	1.3	190000/205000	2001	二级配混凝土＋变态混凝土＋防渗涂层＋RCC 掺用 MgO
龙首①	80	141	5.0	13.5	0.17	1.76	176000/32000	2000	二级配混凝土＋变态混凝土＋防渗涂层＋RCC 掺用 MgO
沙牌	132	250	9.5	28	0.21	1.8	349000/372000	2002	二级配混凝土＋变态混凝土＋防渗涂层＋RCC 掺用 MgO
蔺河口	100	311	6.0	28	0.28	1.76	223000/320000	2000 开工	二级配混凝土＋变态混凝土＋防渗涂层＋下部 RCC 掺用 MgO
招徕河①	107	205.5	6.0	18.5	0.17	2.06	180000/210000	2002 开工	二级配混凝土＋变态混凝土＋防渗涂层＋下部 RCC 掺用 MgO
鱼蔺河	83	167.3	5.0	20.0	0.24	2.01	120000/0.600	2002 开工	二级配混凝土＋变态混凝土＋防渗涂层＋下部 RCC 掺用 MgO

① 为双曲拱坝，VCC 为常规混凝土。

第六节　混凝土的温度控制

一、混凝土的温度变化过程及其裂缝特性

为了明确混凝土温度控制的技术标准、控制方法及其实现途径，应首先弄清混凝土的

温度变化过程及与温度变化密切相关的裂缝问题。

（一）混凝土的温度变化过程

混凝土在凝固过程中，由于水泥水化，释放大量水化热，使混凝土内部温度逐步上升。对尺寸小的结构，由于散热较快，温升不高，不致引起严重后果；但对大体积混凝土，最小尺寸也常在3～5m以上，而混凝土导热性能随热传导距离呈线性衰减，大部分水化热将积蓄在浇筑块内，使块内温度升达30～50℃，甚至更高。由于内外温差的存在，随着时间的推移，坝内温度逐渐下降而趋于稳定，与多年平均气温接近。大体积混凝土的温度变化过程，可分为如图5-55所示的3个阶段，即温升期、冷却期（或降温期）和稳定期。显然，混凝土内的最高温度T_{max}等于混凝土浇筑入仓温度T_p与水化热温升值T_r之和。由T_p到T_{max}是温升期，由T_{max}到稳定温度T_f是降温期，之后混凝土体内温度围绕稳定温度随外界气温略有起伏。T_{max}与T_f之差称混凝土体的最大温差，记为ΔT。

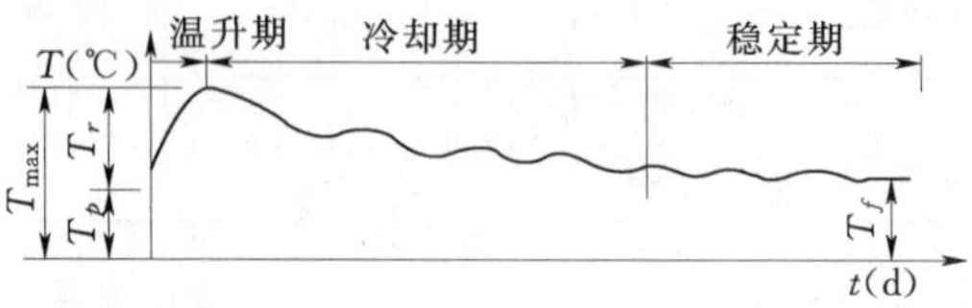

图5-55　大体积混凝土的温度变化过程

很明显，要确定T_{max}，须先根据水泥品种和用量，确定水泥水化热引起的温升T_r，同时还须确定混凝土的入仓温度T_p，T_p的计算公式为。

$$T_p = T_b + \Delta t \tag{5-12}$$

$$T_b = \frac{\sum C_i G_i T_i}{\sum C_i G_i}$$

式中　Δt——混凝土出拌和机到入仓的温度变化值，℃；

T_b——混凝土的拌和温度，℃；

i——混凝土组成材料的编号；

C_i——混凝土中材料i的比热，kJ/(kg·℃)，水和水泥的比热分别为4kJ/(kg·℃)、0.8kJ/(kg·℃)，骨料的比热为0.8～0.96kJ/(kg·℃)；

G_i——混凝土中材料i的用量，kg/m³；

T_i——拌和混凝土时材料i的温度，℃。

当拌和温度与气温相近时，可取$\Delta t=0$；当气温高于拌和温度时，温度有回升，Δt取正值；当气温低于拌和温度，有热量损失，Δt取负值。Δt绝对值的大小主要取决于混凝土拌和温度与气温的差值以及盛料容器的隔热措施、运输时间和转运次数。其值约为拌和温度与气温差绝对值的15%～40%。

水温可用当地月平均水温；水泥温度视运输和储存条件而定，可取30～60℃；骨料温度通常接近月平均气温，使用前数周内受阳光照射，其温度约比月平均气温高3～5℃。

（二）混凝土的温度裂缝

混凝土的温度变化过程与裂缝产生关系密切。大体积混凝土的温度变化必然引起温度变形，温度变形若受到约束，势必产生温度应力。由于混凝土的抗压强度远高于抗拉强度，在温度压应力作用下不致破坏的混凝土，当受到温度拉应力作用时，常因抗拉强度不足而产生裂缝。随着约束情况的不同，大体积混凝土温度裂缝有以下几种。

1. 表面裂缝

混凝土浇筑后，其内部由于水化热温升，体积膨胀，如遇寒潮，气温骤降，表层降温收缩。内胀外缩，在混凝土内部产生压应力，表层产生拉应力。各点温度应力的大小，取决于该点温度梯度的大小。在混凝土内处于内外温度平均值的点应力为零，高于平均值的点承受压应力，低于平均值的点承受拉应力，如图 5-56 所示。

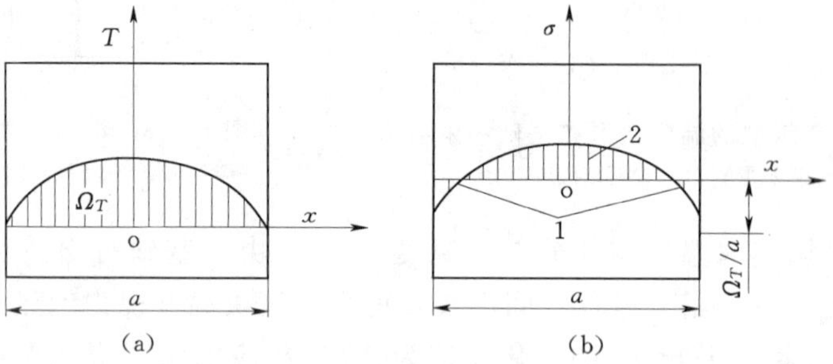

图 5-56 混凝土浇筑块自身约束的温度应力
(a) 温度分布；(b) 温度应力分布
1—拉力区；2—压力区

混凝土的抗拉强度远小于抗压强度。当表层温度拉应力超过混凝土的允许抗拉强度时，将产生裂缝，形成表面裂缝。这种裂缝多发生在浇筑块侧壁，方向不定，数量较多。由于初浇的混凝土塑性大，弹模小，限制了拉应力的增长，故这种裂缝短而浅，随着混凝土内部温度下降，外部气温回升，有重新闭合的可能。

图 5-56 中 Ω_T 为浇筑块内温度分布线的包络面积，a 为结构物或浇筑块的宽度，故 Ω_T/a 是平均温度。设一横坐标通过这一平均温度线，则横坐标上下的正负温度应力包络的面积彼此相等。沿结构物或块宽方向温度应力 σ 的计算公式为

$$\sigma=\alpha E\left(T_x-\frac{\Omega_T}{a}\right) \tag{5-13}$$

式中 α——混凝土的线膨胀系数，一般取 $8\times10^{-6}\sim1\times10^{-5}$；

E——混凝土的弹性模量；

T_x——横坐标 x 点的温度,℃。

2. 贯穿裂缝和深层裂缝

变形和约束是产生应力的两个必要条件。由温度变化引起温度变形是普遍存在的，有无温度应力关键在于有无约束。人们不仅把基岩视为刚性基础，也把已凝固、弹模较大的下部老混凝土视为刚性基础。这种基础对新浇不久的混凝土产生温度变形所施加的约束作用，称为基础约束（图 5-57）。这种约束在混凝土升温膨胀期引起压应力，在降温收缩时引起拉应力。当此拉应力超过混凝土的允许抗拉强度时，就会产生裂缝，称为基础约束裂缝。由于这种裂缝自基础面向上开展，严重时可能贯穿整个坝段，故又称为贯穿裂缝（图 5-58）。此种裂缝切割的深度可达 3～5m，故又称为深层裂缝。裂缝的宽度可达 1～3mm，且多垂直基面向上延伸，既可能平行纵缝贯穿，也可能沿流向贯穿。

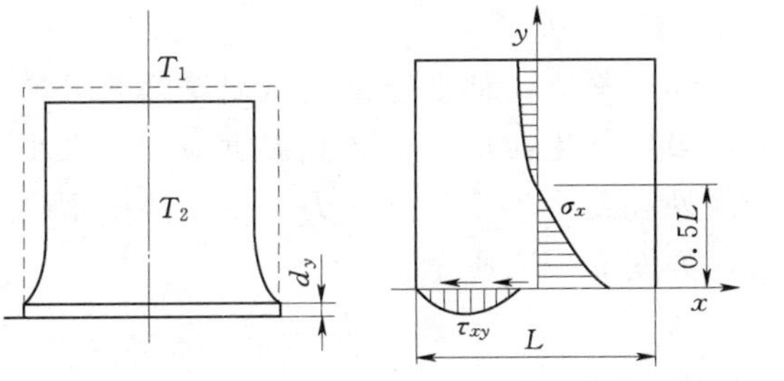

图 5-57 混凝土浇筑块的温度变形和基础约束应力

(a) 基础约束变形;(b) 基础约束应力

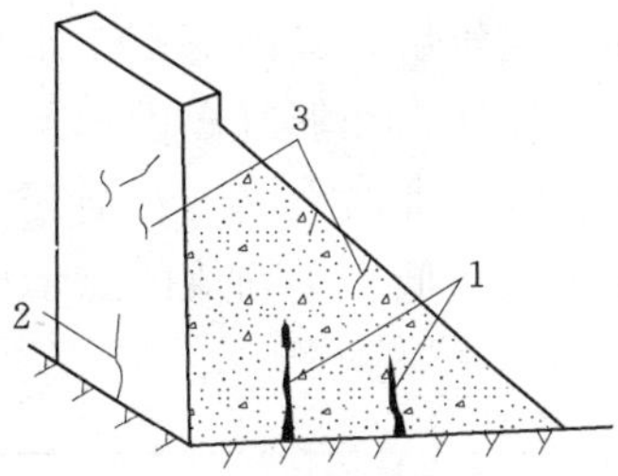

图 5-58 混凝土坝温度裂缝

1—贯穿裂缝;2—深层裂缝;3—表面裂缝

新浇筑的浇筑块其内温呈均匀分布,温度为 T_1,由于基础对塑性混凝土的变形无约束,故无应力发生。由于温升过程时间不长,可将浇筑块温升视为绝热温升,其内温均匀上升至 T_2,温度发生了 T_2-T_1 的变化,记为 ΔT,相应的温度应变为 $\varepsilon_T=\alpha\Delta T$。由于升温过程浇筑块尚处于塑性状态,变形自由,故无温度应力发生。事实上,只有降温结硬的混凝土在接近基础面部分才受到刚性基础的双向约束,难以变形。冷却收缩时浇筑块对基础产生挤压,基础对混凝土则产生大小相等、方向相反的拉应力,当此拉应力大于混凝土的抗拉强度,则将引起贯穿裂缝。温度变化引起变形 ε_T 为基础的约束应力产生的变形 ε_σ 所抵消,表现为紧贴基础部位无变形发生,根据变形相容条件有

$$\varepsilon_T+\varepsilon_\sigma=\alpha\Delta T+\frac{(1-\mu)\sigma}{E}=0$$

得

$$\sigma=-\frac{E\alpha\Delta T}{1-\mu} \tag{5-14}$$

式中 σ——温度应力;

ε_T、ε_σ——浇筑块温升引起的应变和基础约束产生的应变;

μ——混凝土的泊松比,可取为 0.16~0.2;

其余符号意义同前。

显然,对于浇筑块混凝土,E、α、μ 均为常量,温度应力的大小只决定于温度变差 ΔT。

式(5-13)是将混凝土浇筑块视为弹性体,对紧贴基础表面一层混凝土推导出来的约束应力值。其实混凝土是弹塑性材料,在应力持续作用下将产生徐变,会引起应力松弛,即徐变应力将抵消部分弹性应力。此外,离基础面越高,约束影响越小,加之老混凝土和基岩均非绝对刚体,综合以上影响因素对式(5-14)加以修正,可以表达为

$$\sigma=-\frac{E\alpha\Delta TRK_p}{1-\mu} \tag{5-15}$$

式中 K_p——混凝土的松弛系数,通常取 0.5;

R——约束影响系数,离基础面越远 R 值越小,其值除与混凝土和基础的弹性模量之比 E/E_r 有关外,也与混凝土浇筑块高度与其边长比 h/L 有关,取值大小可查表 5-12。

表 5-12 基础约束影响系数

E/E_r \ h/L	0.1	0.2	0.5
2	0.57	0.44	0.42
5	0.37	0.30	0.28

因此，大体积混凝土紧靠基础产生的贯穿裂缝，无论对坝的整体受力还是防渗效果的影响比浅层表面裂缝的危害都大得多。表面裂缝虽然可能成为深层裂缝的诱发因素，对坝的抗风化能力和耐久性有一定影响，但毕竟其深度浅、长度短，一般不形成危害坝体安全的决定因素。

二、大体积混凝土温度控制的标准

大体积混凝土温度控制要根据坝址区水文和气象资料，混凝土原材料的热、力学指标，混凝土配合比及施工条件，计算坝体温度场和应力场确定坝体混凝土温度控制标准、基础允许温差、坝体设计允许最高温度，提出坝体混凝土的分缝分块、相邻坝块坝段的高差、混凝土浇筑层厚和间歇期、混凝土浇筑温度及坝内初、中、后期通水冷却标准等温度控制措施。有条件时宜用系统分析方法确定各种措施的最优组合。高混凝土坝可采用计算机仿真浇筑分析施工期各混凝土浇筑块的温度变化和温度应力分布情况，确定温度控制措施。

（一）基础容许温差

基础温差指基础约束区内混凝土最高温度与稳定温度（或准稳定温度）之差。基础容许温差一般根据建筑物分块尺寸、混凝土力学性能、基岩弹性模量与混凝土弹性模量的比值和混凝土浇筑上升情况，参照规范及已建或在建工程施工经验确定，对于基岩面上薄层混凝土块及基岩弹性模量比混凝土弹性模量高出较多者，以及基础约束区内混凝土不能连续浇筑上升者，应核算基础约束区内混凝土温度应力，不能满足防裂要求时，应考虑减小分缝分块尺寸。

温度控制标准实质上就是将大体积混凝土内部和基础之间的温差控制在基础约束应力小于混凝土容许抗拉强度以内，即

$$\sigma \leqslant \frac{\sigma_p}{K} \tag{5-16}$$

式中　σ_p——混凝土的抗压强度，Pa；

　　K——安全系数，一般取 1.3～1.8，工程等级高的取大值，等级低的取小值。

用基础约束应力作为控制标准，则式（5-15）可改写为

$$T_p + T_r - T_f = \Delta T \leqslant \frac{(1-\mu)\sigma_p}{KK_p RE_\alpha} \tag{5-17}$$

当用混凝土的拉伸应变 ε_p 来控制，则有

$$T_p + T_r - T_f = \Delta T \leqslant \frac{(1-\mu)\varepsilon_p}{KK_p R_\alpha} \tag{5-18}$$

应当指出：在确定大体积混凝土温度控制标准时，须把理论分析同已建工程的经验紧密结合起来。温度控制的理论分析，忽略了不少实际因素，诸如混凝土材料的非均质性、浇筑块各向温度变化的非均匀性、骨料的性质和类型、基岩面的起伏程度和基岩的吸热作用等。基础温差 ΔT 的控制标准可根据现行设计标准，并结合工程的实际情况确定。表 5-13 是基岩与混凝土弹模相近的基础容许温差控制标准。

实践证明，控制混凝土的极限拉伸值，对于防止大体积混凝土产生裂缝具有同等重要的意义。设计部门对施工单位提出基础温差控制标准的同时，也提出混凝土容许的极限拉伸值的限制。

表 5-13　　混凝土基础容许温差 ΔT　　单位：℃

控制部位离基岩面高度	浇筑块长边尺寸 L（m）				
	≤16	17～20	21～30	30～40	40 至通仓
（0～0.2）L	26～25	24～22	22～19	19～16	16～14
（0.2～0.4）L	28～27	26～25	25～22	22～19	19～17

（二）上下层温差

当下层混凝土龄期超过 28d 成为老混凝土时，其上层混凝土浇筑应控制上、下层温差，对上层混凝土短间歇均匀上升的坝块且浇筑高度大于 0.5L（L 为浇筑块长边尺寸）时，容许新老混凝土面上下各 $L/4$ 范围内，上层混凝土最高平均温度与新混凝土开始浇筑时下层实际平均温度之差不大于 15～20℃；浇筑块侧面长期暴露时，或上层混凝土浇筑高度小于 0.5L 时，或非连续上升时应加严上下层温差标准。

（三）坝体最高温度控制标准

由于坝体内外温差过大可能引起混凝土表面出现裂缝，必须控制坝体内外温差。在设计中为了便于掌握，一般将内外温差转化为控制坝体最高温度。任何部位，包括基础约束区及脱离基础约束区，其最高温度均不得超过坝体最高温度。坝体最高温度控制标准一般参照部分已建工程经验，兼顾内外温差要求和实际施工条件确定。表 5-14 为三峡工程对均匀上升浇筑块，其各季节坝体混凝土最高温度控制标准。

表 5-14　　三峡工程混凝土最高温度控制标准　　单位：℃

月　份	12～2	3、11	4、10	5、9	6～8
R90～200 号	23～24	26～27	31	33～34	35～38
R90～250 号	24～26	28～29	31～33	34～35	37～39

（四）混凝土浇筑温度控制标准

混凝土浇筑温度最高不应超过 25～30℃，最低应保证混凝土不结冰。

（五）表面保护标准

气温骤降期间对混凝土表面进行保护是防止混凝土表面裂缝的有效措施。新浇混凝土遇日平均气温在 2～4d 内连续下降超过 6～9℃时，强约束区和特殊部位龄期 2～3d 以上，一般部位龄期 3～4d 以上必须进行表面保护。

三、大体积混凝土的温度控制措施

温度控制的具体措施常从混凝土的减热和散热两方面着手。所谓减热是减少混凝土内部的发热量，如降低混凝土的拌和出机温度，以降低入仓浇筑温度 T_p；减少混凝土的水化热温升 T_r，以降低混凝土可能达到的最高温度 T_{max}。所谓散热是采取各种散热措施，如增加混凝土的散热面，在混凝土温升期采取人工冷却降低其最高温升，当到达最高温度后，采取人工冷却措施，缩短降温冷却期，将混凝土块内的温度尽快地降到灌浆温度，以便进行接缝灌浆。

（一）合理分缝分块

工程实践和理论分析表明，长边尺寸小于 15m 的混凝土柱状块体对温控防裂措施的要求相对较低。长边尺寸大于15m时，温度应力随尺寸增加而增加，温度控制措施也应随之从严。块体长宽比宜控制在1～2的范围，长宽比大于2.5对防裂不利。

（二）降低混凝土的最高温度

1. 降低水化热温升

（1）减少每立方米混凝土的水泥用量。其主要措施有：

1）根据坝体的应力场对坝体进行分区，对于不同分区采用不同标号的混凝土。

2）改善骨料级配，增大骨料粒径，对少筋混凝土坝可埋放大块石，以减少每立方米水泥用量。

3）大量掺粉煤灰，掺和料的用量可达水泥用量的25%～40%。但是，混凝土的受拉徐变会随粉煤灰掺量的增加而减少，受压徐变不变或增加，从而使混凝土的温度徐变应力有一定的恶化，必须引起高度重视。

4）采用高效减水剂不仅能节约水泥用量约20%，使28d龄期混凝土的发热量减少25%～30%，且能提高混凝土早期强度和极限拉伸值，但应注意高效减水剂对混凝土干缩值增加的影响。有资料表明，聚羧酸（PCE）系高效减水剂具有减缩功能。

（2）采用低热水泥。过去采用的低热硅酸盐水泥，因早期强度低，成本高，已逐步被淘汰。目前多用中热水泥。近年已开始生产低热微膨胀水泥，它不仅水化热低，且有微膨胀作用，对降温收缩还可以起到补偿作用，减小收缩引起的拉应力，有利于防止裂缝的发生。吉林白山水电站就采用了低热水泥，起到了防止裂缝发生的显著作用。

2. 降低混凝土浇筑温度

（1）加冰、冷却水拌和及预冷骨料等措施。混凝土拌和时，将部分拌和用水改为冰屑，利用冰的低温和冰融解时吸收潜热的作用，可将混凝土温度最大降低约20℃。规范规定加冰量不大于拌和用水量的80%。加冰拌和，冰与拌和材料直接作用，冷量利用率高，降温效果显著。但加冰越多，拌和时间有所增长，相应会影响生产能力。若采用冰水拌和或用地下低温水拌和，则可避免这一弊端。

（2）合理安排浇筑时间。在施工组织上安排春、秋季多浇，夏季早晚浇，正午不浇，这是降低入仓温度最经济有效的措施。

（3）对骨料进行预冷。当加冰拌和不能满足要求时，通常采取骨料预冷的办法。骨料预冷的方法有以下几种。

1）水冷。使粗骨料浸入循环冷却水中30～45min，或在通入拌和楼料仓的皮带机廊道、地弄或隧洞中装设喷洒冷却水的水管。喷洒冷却水皮带段的长度，由降温要求和皮带机运行速度而定。

2）风冷。可在拌和楼料仓下部通入冷气，冷风经粗骨料的空隙，由风管返回制冷厂后再循环制冷。细骨料砂难以采用冰冷，若用风冷，又由于砂的空隙小，效果不显著，故只有采用专门的风冷装置吹冷。

3）真空气化冷却。利用真空气化吸热原理，将放入密闭容器的骨料利用真空装置抽气，并保持真空状态约半小时，使骨料气化降温冷却。

以上预冷措施，需要设备多，费用高。不具备预冷设备的工地，宜采用一些简易的预冷措施，例如，在浇筑仓面上搭凉棚、在料堆顶上搭凉棚、限制堆料高度、由底层经地垅取低温料，采用地下水拌和，北方地区可利用冰窖储冰，以备夏季混凝土拌和使用等。

3. 加速混凝土散热

（1）采用自然散热冷却降温。采用低块薄层浇筑可增加散热面，并适当延长散热时间，即适当增长间歇时间。在高温季节已采用预冷措施时，则应采用厚块浇筑，缩短间歇时间，防止因气温过高而热量倒流，以保持预冷效果。

（2）在混凝土内预埋水管通水冷却。在混凝土内预埋蛇形冷却水管，通循环冷水进行降温冷却。水管通常采用直径 20～25mm 的薄钢管或薄铝管，每盘管长约 200mm。为了节约金属材料，可用塑料软管充气埋入混凝土内，待混凝土初凝后再放气拔出，清洗后以备重复利用。冷却水管的布置，平面上呈蛇形，断面上呈梅花形（图 5-59），也可布置成棋盘形。蛇形管弯头由硬质材料制作，当塑料软管放气拔出后，弯头仍留于混凝土内。

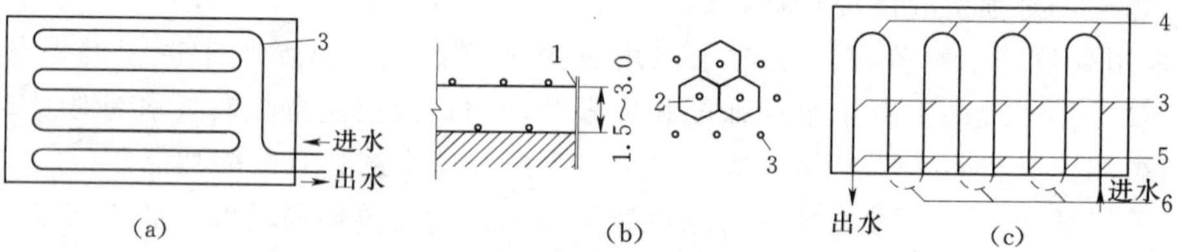

图 5-59 冷却水管平面布置图

(a) 蛇形水管平面布置；(b) 冷却水管分层排列；(c) 塑料拔管平面布置

1—模板；2—每一根冷却水管冷却的范围；3—冷却水管；4—钢弯管；

5—钢管（$L=20\sim30$cm）；6—胶皮管

前期通水冷却目的在于削减温升高峰，减小最大温差，防止贯穿裂缝发生。前期通水冷却通常在混凝土浇后几小时便开始，持续十天半月，达到预定降温值方停止。

中期通水冷却的目的是削减混凝土浇筑体的内外温差，预防表面或深层裂缝的有效措施之一。中期通水一般历时 2 个月左右，将浇筑体温度降至略高于年平均气温。

后期通水冷却的目的是使混凝土柱状块体达到接缝灌浆的温度。一般采用通河水和通制冷水相结合方法，以满足大坝分期冷却、灌浆的要求。

（三）采用具有延迟膨胀性的水泥混凝土

采用内含 MgO 的水泥拌制的混凝土或外掺 MgO 的微膨胀混凝土都具有很好的延迟膨胀性，可以有效地防止大体积混凝土的温度裂缝，自 20 世纪 90 年代开始，外掺 MgO 的微膨胀混凝土已在我国大型水电站的主体工程中相继应用，并取得了显著的技术经济效益。

（四）控制相邻块的高差

控制相邻块的高差不超过 8～12m。

（五）表面保护

表面保护是防止因气温骤降而引起混凝土产生表面裂缝的主要措施之一，应根据设计提出的表面保护标准确定不同部位、不同条件的表面保温要求，应重视基础约束区、上游面及其他重要结构部位的表面保护，尤其应重视防止气温骤降的冲击，在施工中加强气象预报，及时进行表面保护。进行表面保护要注意以下几个方面。

(1) 保温材料。应选择保温效果好且便于施工和安全的材料。保温后混凝土表面等效放热系数β需由计算分析确定，长江流域一般可选择β值为1.5～4W/(m^2·℃)，重要工程、重要结构部位、坝块尺寸大和气温年变化幅度大及气温骤降频繁者选择偏低值。

(2) 当日平均气温在2～3d内连续下降不小于6～8℃时，28d龄期内混凝土表面(顶、侧面)必须进行表面保护，顶面保护持续到上层混凝土上升时止。

(3) 对于永久暴露面或因特殊原因长期间歇的暴露面，在低温季节浇筑的混凝土需在入秋时及时进行表面保护。保护持续时间至少经历1～2个低温季节。

(4) 每年入秋时应将大坝泄水孔道、廊道、竖井等孔洞进出口用保温材料进行封堵。

(5) 低温季节在拆模后应立即采取表面保护措施，当正值气温骤降时一般推迟至气温骤降期过后再行拆模。

第七节 混凝土的冬夏季作业

一、混凝土冬季作业

混凝土在低温时，水化作用明显减缓，强度增长受到阻滞。实践证明，当气温在－3℃以下时，混凝土易受早期冻害，其内部水分开始冻结成冰，使混凝土疏松，强度和防渗性能降低，甚至会丧失承载能力。故规范规定日平均气温稳定在5℃以下或最低气温稳定在－3℃以下时，作为低温季混凝土施工的气温标准。另从保证混凝土施工质量和经济效果考虑，规定：当日平均气温低于－20℃或日最低气温低于－30℃时，一般应停止浇筑混凝土。

实验表明，塑性混凝土料受冰冻影响，强度发展有如下变化规律：受冻后的混凝土，若在正温中融解并重新硬结时，强度可继续增长。不少工程因偶然事故使混凝土受冻，甚至早期受冻，当恢复加热养护后强度继续增长，其28d强度仍接近标准养护强度。然而，混凝土受冻越早，对其强度增长越不利。此外，混凝土的坍落度越大，水灰比越大，受冻对其强度和抗渗性能影响越大。

1. 混凝土允许受冻的标准

目前，国际上已广泛使用“成熟度”检验混凝土是否允许受冻的标准。“成熟度”是英国绍尔根据其试验，发现混凝土在低于－10℃时，强度停止增长，得到成熟度计算式。

用普通硅酸盐水泥，其计算公式为

$$R=\sum(T+10)\Delta t \tag{5-19}$$

用矿渣大坝水泥，其计算公式为

$$R=\sum(T+5)\Delta t \tag{5-20}$$

式中 R——成熟度,℃·h；

T——混凝土在养护期内的温度,℃；

Δt——养护期的时间，h。

上两项试验中如果是掺加化学外加剂，该常数值应通过试验确定。

《水工混凝土施工规范》(DL/T 5144—2001)对混凝土允许受冻的临界强度规定为：大体积混凝土应不低于7MPa，相应混凝土强度可达到在标准养护28d强度的40%以上。

如现按1800℃·h的成熟度为标准，对普通硅酸盐水泥拌制的混凝土强度，也可达到在标准养护28d强度的40%以上。两项衡量标准较接近。

2. 混凝土冬季施工

混凝土冬季施工要做好保温防冻措施，其气温标准、保温防冻措施要根据施工总进度及技术经济比较论证后确定。冬季进行混凝土施工作业通常采取以下措施。

(1) 施工组织上合理安排。将混凝土浇筑安排在有利的时期进行，保证混凝土的成熟度达到1800℃·h后再受冻。

(2) 创造混凝土强度快速增长的条件。冬季作业中采用高热或快凝水泥，减少水灰比，加速凝剂和塑化剂，加速凝固，增加发热量，以提高混凝土的早期强度。当气温在－5～5℃之间时，可掺2%～3%的氯化钙，但对钢筋混凝土结构，氯化钙的含量不应超过2%。

(3) 增加混凝土拌和时间。冬季作业混凝土的拌和时间一般应为常温的1.5倍。

在拌和时要求对拌和机进行预热，且对拌和温度做如下限制：对大体积混凝土一般不大于12℃，对薄壁结构不大于25℃。同时要求在各种情况下拌和温度应保证入仓浇筑温度不低于5℃。

(4) 减少拌和、运输、浇筑中的热量损失。应采取措施尽量缩短运输时间，以减少转运次数。装料设备应加盖，侧壁应保温；配料、卸料、转运及皮带机廊道等处应增加保温措施。此外，应使老混凝土面及模板在浇筑混凝土前加温到5～10℃，混凝土表面加热深度应大于10cm。

(5) 预热拌和材料。当气温在3～5℃以下时可加热水拌和，但水温不宜高于60℃，否则会使混凝土产生假凝。若加热水尚不能满足要求，再加热干砂和石子。加热后的温度，砂子不能超过60℃，石子不能高于40℃。水泥只是在使用前一两天置于暖房内预热，升温不宜过高。骨料通常采用蒸汽加热。可用蒸汽管预热，也可直接将蒸汽喷入料仓的骨料中。这时蒸汽所含水量应从拌和加水量中扣除。但在现场实施中难以控制，故一般不宜采用蒸汽直接预热骨料或水浸预热骨料。预热料仓与露天料堆预热相比具有热量损耗小、防雨雪条件好、预热效果也好的优点。但土建工程量较大、工期长、投资多，只有在最低月平均气温在－10℃以下的严寒地区，混凝土出机口温度要求高时才采用料仓预热方式，而最低月平均气温在－10℃以上的一般寒冷地区，采用露天料堆预热已基本满足预热要求，这是国内若干实际工程的经验总结。

(6) 增加保温、蓄热和加热养护措施。

3. 冬季混凝土养护的方法

冬季混凝土可以采用以下几种养护方法。

(1) 蓄热法。将混凝土内部水化热保存起来，保证混凝土在结硬过程中强度不断增长。通常采用锯末、稻草、芦苇或保温模板严密覆盖。保温模板是双层木板，中间填塞锯末隔热。蓄热法是一种不另采取加热措施的简单而经济的养护方法，应优先采用。只有采用蓄热法不满足要求时，才增加其他养护措施。

(2) 暖棚法。对体积不大、施工集中的部位可搭建暖棚，棚内安设蒸汽管路或暖气包加温，使棚内温度保持在15～20℃以内。搭建暖棚费用很高，包括采暖费，可使混凝土单价提高50%以上，故规范规定，只有当日平均气温低于-10℃时，才必须在暖棚内浇筑。吉林白山水电站混凝土冬季作业采用暖棚法养护，取得了良好的施工效果。

（3）电热法。在浇筑块内插上电极，利用交流电通电到混凝土内部，以混凝土自身作为电阻，把电能转变成加热混凝土的热能。当采用外部加热时，可用电炉或电热片，在表面铺一层被盐水浸泡的锯末，并在其中通电加热。电热法耗电量大，每立方米混凝土耗电70～200kW·h，故只有在电价低廉、小构件混凝土冬季作业中使用。

（4）蒸汽法。采用蒸汽养护，适宜的温度和湿度可使混凝土的强度迅速增长，甚至1～3d后即可拆模。常压下养护效果视送入温度而定。温度低于60℃效果不够好，在60℃养护两昼夜可达常温下28d强度的70%，在80～90℃左右养护效果最理想，但施工现场的保温条件，很难保持这个温度。蒸汽模板兼有保温蓄热和加热升温的效果。这种模板把模板板面间的棱角削去，在模板内壁形成三角形沟槽，然后在内壁钉铁皮覆盖沟槽形成蒸汽通道。构件在通气养护前，最好先在常温下养护数小时，使混凝土逐步适应温度的变化，有利于强度的增长。另外，温度升降要匀缓，最大升温速率不超过25℃/h，最大降温速率不超过35℃/h。由于热损大，通蒸汽约需三昼夜，使构件混凝土强度达到设计强度的70%以上后，再降温冷却到15～20℃方可拆模。蒸汽养护成本较高，一般只适用于预制构件的养护。

二、混凝土夏季作业

夏季气温较高，如气温超过30℃不采取冷却降温措施，便会对混凝土质量产生不良影响。其不良后果主要表现在混凝土容易产生假凝问题、工作度降低、初凝过快、混凝土内部水化热难以散发，当气温骤降或水分蒸发过快时易引起表面裂缝。浇筑块体冷却收缩时，因基础约束会引起贯穿裂缝，破坏了坝的整体性和防渗性。所以规范规定，当气温超过30℃时，混凝土生产、运输、浇筑等各个环节应按夏季作业施工。如前所述，混凝土的夏季作业，就是采取一系列的预冷降温、加速散热以及充分利用低温时刻浇筑等措施来实现的。必须指出的是，混凝土温度控制措施的费用很高，宜以满足降温要求为约束条件，以混凝土降温冷却及浇筑总费用最低为目标来确定夏季作业降温冷却的最佳组合。另外，根据实际气温，实时确定经济降温方式的组合以及提供必要的供冷量，这样既可保证混凝土的施工质量，又达到经济节约的目的。系统优化和计算机仿真技术为混凝土温度的实时控制提供了可能。

第八节 混凝土工程施工质量控制

为了获得符合设计要求的混凝土，必须从原材料开始，到新拌混凝土以及硬化混凝土进行全过程的质量检测和控制。按施工过程先后顺序考虑，混凝土施工质量检测和控制主要包括：原材料的质量检测和控制，新拌混凝土的检测与控制，浇筑过程中混凝土的检测与控制，硬化混凝土试样及芯样的检测。

一、原材料的质量检测和控制

混凝土原材料的质量应满足国家颁发或部委颁发的水泥、混合材料、砂石骨料和外加剂的质量标准，必须对原材料的质量进行检测与控制，并建立一套科学的质量管理方法。对原材料进行检测的目的是检查原材料的质量是否符合标准，并根据检测结果调整混凝土配合比和改善生产工艺，评定原材料的生产控制水平。根据有关规范并参考施工经验，原材料的检测项目和抽样频数列于表5-15。影响混凝土施工质量的因素很多，而水工混凝土建筑物的建造质量对国计民生又关系重大，因此要特别加强对混凝土的施工、施工中和施工后的质量控制。

表5-15　原材料检测项目一览表

材料名称	检测项目	取样地点	抽样频数	检测目的	控制目标
水泥	标号，凝结时间，安定性，稠度，细度	水泥厂	1/(200～400)t	检定出厂水泥质量是否符合国家标准	±0.5%
	快速检定标号	拌和厂	1/浇筑块，或1/400t	验证水泥活性	±0.2%
混合材料	细度，需水量比，烧失量，密度，强度比	仓库	1/(200～400)t,1/d	检定活性，评定均匀性	
砂	表面含水量	拌和厂	1/2h	调整混凝土加水量，筛分厂生产控制，调整配合比	
	细度模数	拌和厂，筛分厂	1/班		
	含泥量	拌和厂，筛分厂	必要时		
石	超逊径	拌和厂，筛分厂	1/班	筛分厂生产控制，调整配合比	
	含泥量	拌和厂，筛分厂	必要时	筛分厂生产控制	
	表面含水率	拌和厂	1/2h	调整混凝土加水量	
外加剂	有效物含量（或密度）	拌和厂	1/班	调整加入量	

二、拌和混凝土质量的检测与控制

混凝土质量检测与控制的重点是出拌和机后未凝固的新拌混凝土的质量，目的是及时发现施工中的失控因素，加以调整，避免造成质量事故。同时也成型一定数量的强度检测试件，用于评定混凝土质量是否满足设计要求和评定混凝土施工质量控制水平。

表5-16　混凝土各组分称量的允许偏差

材料	允许偏差（%）
水泥、混合材料	±1
砂、石	±2
水、外加剂溶液	±1

每盘混凝土各组成材料称量准确与否是影响混凝土质量的重要因素。因此，应对衡器定期进行检验。水泥、砂、石和混合材料应按重量计，水和外加剂可按重量折成体积计，称量误差不应超过表5-16中的规定。混凝土检测项目和抽样次数见表5-17。

表5-17　混凝土检测项目和抽样次数

检测对象	检测项目	取样地点	抽样频数	检测目的
新拌混凝土	坍落度	拌和机口	1次/2h	检测和易性
	水灰比		1次/2h	控制强度
	含气量		1次/2h	调整剂量
	湿度		根据需要	冬夏季施工及温度控制
硬化混凝土	抗压强度（以28d龄期为主，适量7d、90d强度）	拌和机口	1次/2h或1次/(150～300m^2)	验收混凝土强度，评定混凝土生产控制水平

为了使抽样能真实反映混凝土质量情况，在抽样时必须注意以下两点。

（1）检测人员应严格遵守操作规程，把试验误差控制在允许范围内，否则将因增大试验操作的变异而影响正确的统计评定。

（2）随机抽样是获得正确统计评价的首要一环。检测人员应完全避免有选择的抽样。在决定抽样方案时应把人为因素减至最低限度。目前一般多采用定时定点抽样。

三、浇筑过程中混凝土的检测与控制

混凝土出拌和机以后，经运输到达仓内，不同环境条件和不同运输工具对于混凝土的和易性产生不同的影响。由于水泥水化作用的进行，水分的蒸发以及砂浆损失等原因，会使混凝土坍落度降低。如果坍落度降低过多，超出了所用振捣器性能范围，则不可能获得振捣密实的混凝土。因此，仓面应进行混凝土坍落度检测，每班至少 2 次，并根据检测结果，调整出机口坍落度，为坍落度损失预留余地。

混凝土振捣以后，上层混凝土覆盖以前，混凝土的性能也在不断发生变化。如果混凝土已经初凝，则会影响与上层混凝土的结合。因此，检查已浇混凝土的状况，判断其是否初凝，从而决定上层混凝土是否允许继续浇筑，是仓面质量控制的重要内容。混凝土温度的检测也是仓面质量控制的项目，在温控要求严格的部位则尤为重要。为了与机口取样作比较，在浇筑仓面也取一定数量的试样。

四、硬化混凝土的检测

混凝土硬化以后，是否符合设计要求，可进行以下各项检查。

（1）用物理方法（超声波、γ 射线、红外线等）检测裂缝、孔隙和弹模等。

（2）钻孔压水，并对芯样进行抗压、抗拉、抗渗等各种试验。

（3）大钻孔取样，1m 或更大直径的钻孔不仅可把芯样加工后进行各种试验，而且人可进入孔内检查。

（4）由坝内埋设的仪器（如温度计、测缝计、渗压计、应力应变计、钢筋计等）测建筑物运行时各种性状的变化。

五、混凝土施工质量的评定

混凝土的施工质量好坏，最终反映在它的抗压、抗拉、抗渗及抗冻等指标上。由于其余各项指标与抗压指标均有一定联系，同时抗压强度又便于在工地试验室测定，所以评定混凝土的施工质量，统一以抗压强度作为主要指标，具体指标参见有关施工规范。

混凝土施工质量评定的标准主要有两个：一是设计强度是否有足够的保证率；二是强度的均匀性是否良好。大量实测资料表明，混凝土抗压强度的变化规律符合正态分布。为了分析方便，常将正态分布变换为标准型正态分布。标准型正态分布的表达式为

$$y=\frac{1}{\sqrt{2\pi}}e^{-\frac{t^2}{2}} \tag{5-21}$$

式中 y——几率密度；

e——自然对数之底；

t——几率参数。

正态分布与标准型正态分布的坐标对应关系如图 5－60 所示。图中 R 为正态分布横坐标，t 为标准型正态分布的横坐标。

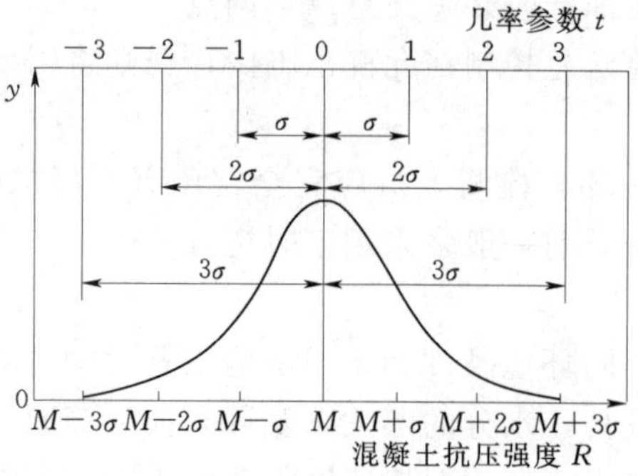

图 5-60　正态分布与标准型正态分布

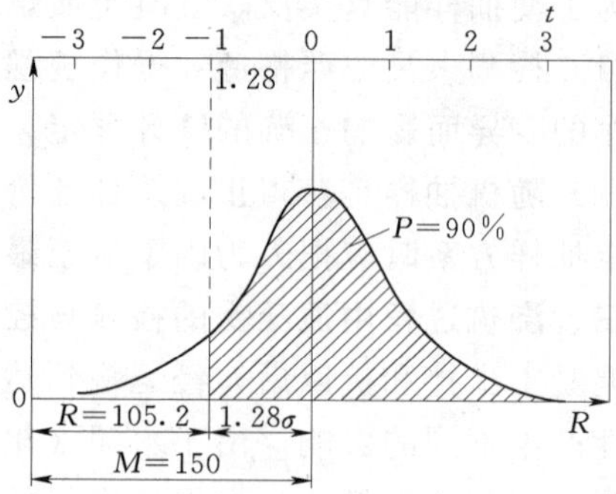

图 5-61　R 的保证率

超过某一抗压强度 R 以上所有强度出现的几率，称为该抗压强度 R 的保证率，为阴影全部积分面积，如图 5-61 所示。其相互关系的表达式为

$$R=M+\sigma t \tag{5-22}$$

式中　R——混凝土抗压强度，MPa；

M——混凝土平均抗压强度，MPa；

σ——混凝土抗压强度的标准离差，MPa；

t——几率参数。

几何参数 t 与 R 的保证率关系见表 5-18。

表 5-18　几何参数 t 与 R 的保证率关系

几何参数 t	−0.50	−0.84	−1.00	−1.04	−1.28	−1.50	−2.00	−2.33	−3.00
$R=M+\sigma t$	$M-0.5\sigma$	$M-0.84\sigma$	$M-\sigma$	$M-1.04\sigma$	$M-1.28\sigma$	$M-1.5\sigma$	$M-2\sigma$	$M-2.33\sigma$	$M-3\sigma$
R 的保证率 P（%）	69.00	80.00	84.15	85.20	90.00	93.30	97.70	99.00	99.90

现场混凝土试件 28d 龄期的强度，可按月按标号作为一个统计单位，进行以下统计计算。

（1）平均强度。

$$M=\frac{\sum_{i=1}^{n}R_i}{n} \tag{5-23}$$

式中　R_i——每组（3 个）试件的抗压强度平均值；

n——试件的组数。

（2）标准离差 σ。

$$\sigma=\sqrt{\frac{1}{n-1}\sum_{i=1}^{n}(R_i-M)^2} \tag{5-24}$$

（3）离差系数 C_v。

$$C_v=\frac{\sigma}{M} \tag{5-25}$$

（4）强度保证率 P。强度保证率的确定参见《水工混凝土施工规范》（DL/T 5144—2001）。

思　考　题

1. 概念：超径与逊径；冷缝与施工缝；出机温度与浇筑温度；预冷与预热；风冷与水冷；初凝、终凝和假凝。

2. 绘制框图说明骨料生产的基本过程及骨料加工厂的工艺流程。

3. 如何进行骨料料场的规划？料场规划应考虑哪些原则和因素？

4. 钢筋的加工工序有哪些？对钢筋的加工有哪些要求？

5. 模板有哪些质量要求？按使用特点，模板分为几类？各类模板的适用条件如何？

6. 什么叫出料系数？确定国产拌和机的生产能力是否都要考虑出料系数？为什么？

7. 混凝土的水平和垂直运输一般采用哪些设备？有何优缺点？

8. 混凝土浇筑有哪些工序？各工序的主要技术要求是什么？

9. 简述碾压混凝土施工的特点。说明碾压混凝土坝的施工工艺流程以及每道工序采用的施工机械设备。

10. 确定大体积混凝土浇筑块的尺寸应考虑哪些因素？

11. 为什么大体积混凝土基础约束贯穿裂缝发生在后期，表面裂缝发生在早期，前者危害较大，后者危害较小？

12. 降低大体积混凝土内部的最高温升有哪些措施？哪些降温措施效果较显著？降低浇筑温度有何限制？如何限制？

13. 混凝土冬季作业可采取哪些措施？哪种措施费用低而效果好？

14. 混凝土冬季有哪几种养护方法？各种养护方法适用于什么情况？

15. 混凝土施工质量控制的施工前控制有哪些内容？

第六章　地 下 洞 室 工 程

水工隧洞是在山体或地下的岩、土体中开挖形成洞室，可用于灌溉、发电、供水、泄水、输水、施工导流和通航。除了平洞（扩大可成地下厂房）外，尚有竖井、斜井等，都属于水工地下洞室建筑物。斜井倾角为6°～48°，缓于此倾角的为平洞，陡于此倾角的为竖井。

由于岩体与土体的性质不同，岩体中隧洞的施工与土体中隧洞的施工有很大的不同，但都包括开挖、出渣、临时支护和永久支护，还有相应的辅助作业。

水工隧洞施工具有以下特点：施工场地受到限制，施工干扰大，施工组织复杂；工程地质和水文地质条件复杂多变，围岩安全稳定性突出；地下通风、采光、除尘等施工条件相对较差，劳动强度大。

地下洞室工程施工目前主要有两类方法，一是传统的钻爆法施工，二是掘进机施工。对于资金充足，隧洞地质条件变化不大的长隧洞宜选用掘进机施工。本章详细介绍了洞室钻爆法施工，在钻爆法施工中首先要根据洞径大小和地质条件等因素明确施工程序，其次钻孔爆破循环作业中重点是根据隧洞岩性选择爆破参数。

围岩的稳定是隧洞工程施工成败的关键问题，喷锚支护是现代地下洞室施工中对围岩进行保护与加固的主要技术措施。在喷锚支护中必须特别重视支护结构、支护构筑时机、围岩应力状态及围岩变形过程四者之间的关系。

现浇混凝土衬砌施工和一般混凝土及钢筋混凝土施工基本相同，隧洞混凝土衬砌主要采用泵送混凝土施工，当前普遍采用钢模台车、针梁模板、滑升模板等技术。

隧洞施工环境和条件相对较差，作业空间狭小，工序交叉多、干扰大，通风散烟和地下排水困难，安全问题比较突出，辅助作业不可轻视。

第一节　地下洞室的施工程序

一、地下洞室的施工程序

施工程序是施工各工序的先后顺序和相互关系，应在总体规划的基础上合理安排，以保证均衡、连续、有节奏地完成各个工序。隧洞施工程序如图6-1所示。

二、平洞施工工作面

平洞一般是指坡度平缓的有压或无压引水隧洞、导流洞、交通洞等。平洞施工工作面不仅影响到施工进度的安排，而且与施工布置也有密切关系。一般来说，平洞开挖至少有进出口两个工作面。如果洞线较长，工期紧迫，仅靠进出口两个工作面不能按期完工，则应考虑开挖施工支洞或竖井以增加工作面。

工作面的数目可按式（6-1）进行估算，即

$$\left(\frac{L}{NV}+\frac{l_{\max}}{v}\right)\leqslant[T] \quad (6-1)$$

式中　$[T]$——平洞施工的限定工期，月；

L——平洞的全长，m；

N——工作面的数目；

V——平洞施工的综合进度指标，m/月；

$l_{\max}$——施工支洞（或竖井）的最大长度（或高度），m；

v——施工支洞（或竖井）的综合进度指标，m/月。

在确定工作面的数目和位置时，还应结合平洞沿线的地形地质条件、洞内外运输道路和施工场地布置、支洞或竖井的工程量和造价，通过技术经济比较来选择。如果永久性支洞或竖井（如交通洞、通风洞、调压井）可以利用时，应优先考虑，以节省临时工程的费用。对于临时性的支洞与竖井，应尽量选在施工、运行比较方便的位置。

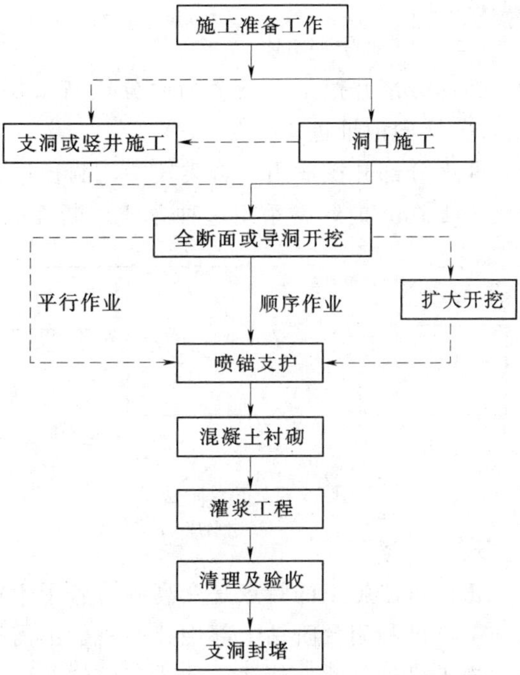

图 6-1　地下洞室的施工程序

三、平洞开挖方法

平洞开挖有全断面开挖、断面分部开挖和导洞开挖等方法。开挖方法的选定主要依据工程地质条件，断面大小，施工机械的作业高度和范围，平洞长度及施工期限等因素综合考虑。各开挖方法的主要特征和适用条件如下所述。

（一）全断面开挖

全断面开挖是将整个设计断面一次开挖成洞（图 6-2），衬砌或支护在全洞贯通以后或者掘进相当距离以后进行，视围岩允许暴露时间和总的施工安排而定。

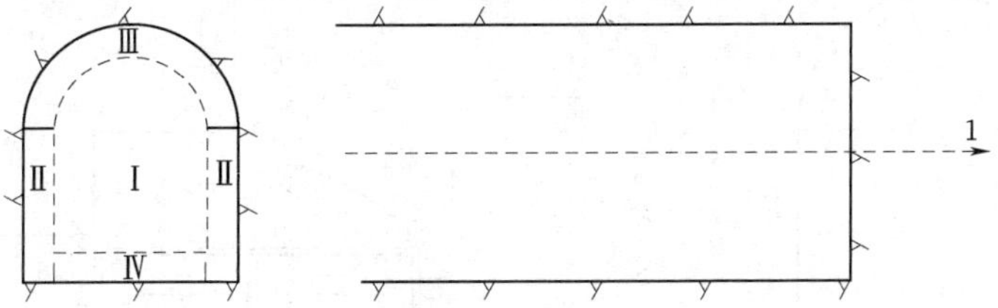

图 6-2　全断面开挖

Ⅰ—开挖；Ⅱ，Ⅲ，Ⅳ—衬砌顺序；1—掘进方向

这种方法适用于围岩坚固稳定，岩石坚固系数 $f\geqslant8\sim10$，有大型开挖衬砌设备，设备开挖能力与开挖断面能相适应，平洞轴线不过长的情况。采用这种方法，洞内工作场面比较大，施工组织因工作面宽而比较容易安排，施工干扰也较易解决，有利于提高平洞施

工速度。

（二）断面分部开挖

断面分部开挖是将整个断面分成若干层（多为两层或三层，层数太多出渣运输不方便），分层向前推进。

断面分部开挖适用于岩质较差，洞径过大的平洞开挖。当隧洞高度大于 8m，断面面积大于 130m² 时，常采用这种方式。断面分部开挖又称台阶法，可分为正台阶法和反台阶法。

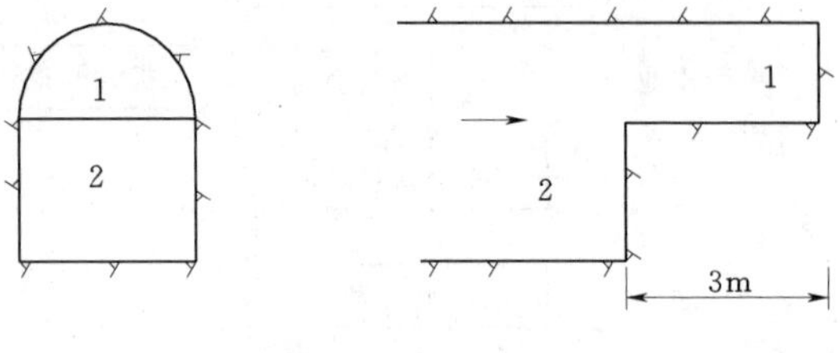

图 6-3　正台阶法
1，2—开挖顺序

1. 正台阶法

当隧洞断面较高时，常把断面分成1～3个台阶，自上而下施工。一般顶部第一层最小高度应不小于 3m，超前掘进的距离，应保证人员和设备安全，一般为 3～4m，超前过大，上部爆破堆渣过多，清渣不方便。如图 6-3 所示。

正台阶法施工的特点是变高洞为若干个中低洞，可利用小型钻孔机械进行大断面洞室的施工，可利用台阶钻上部炮孔而一般不需搭设脚手架。上部钻孔与下部出渣可以平行作业，施工机动灵活，能适应地质条件的变化，但施工干扰较大，施工组织复杂。

2. 反台阶法

反台阶法是一种自下而上的分部开挖方法，在形态上与正台阶法相反。反台阶法下部断面的开挖与全断面法基本相同，上部反台阶因有多个倒悬临空面，可提高钻爆效果。

反台阶法施工的特点是工作面较宽敞，排水条件好，施工布置方便，可利用爆破料堆钻上部台阶孔，无需搭设或少搭设作业平台，临空面多，爆破效率较高，施工速度快。

反台阶法应注意的问题是要防止上部台阶崩落的石渣堵塞下部已掘进的坑道，从而影响其他作业。主要处理措施有：①在上部台阶开挖段下沿设置漏斗棚架，使上部台阶的石渣堆集在棚架上，通过漏斗溜入底层运输工具运出洞外；②将下部断面延伸到施工支洞处，或全部打通下部断面，从另一洞口出渣，如图 6-4 所示。

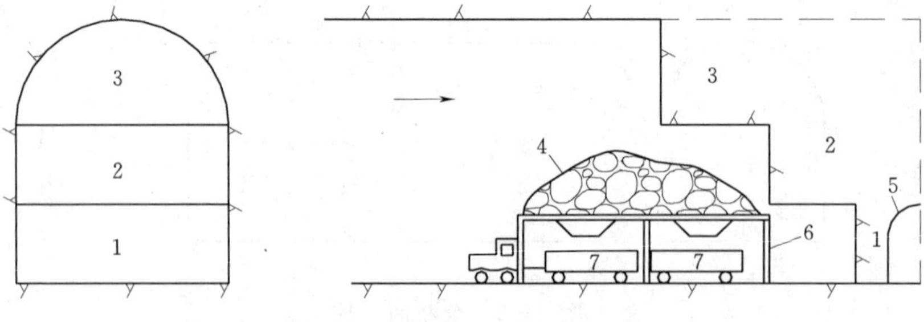

图 6-4　反台阶法施工示意图
1，2，3—台阶序号；4—上台阶堆渣；5—施工支洞；6—漏渣棚架；7—运渣工具

反台阶法适用于在岩质较坚硬、完整的地层中开挖隧洞；在松软的岩层中不用或慎用。

（三）导洞扩大法开挖

导洞扩大法开挖是在隧洞断面中先开挖一个导洞，然后再在导洞的基础上扩大至全断面的爆破开挖法。

导洞的形状和尺寸应根据导洞的位置、山岩压力及开挖工作需要，如出渣运输、通风、排水等要求来确定。由于导洞的断面较小，一般在 $10m^2$ 左右，有利于围岩的稳定，其灵活性比分部开挖更大。因此，这种方法除了具有分部开挖的特点外，还可以通过导洞的开挖进一步探明地质情况，利用导洞解决排水问题。导洞挖通后，还可以改善洞内通风条件。

导洞与扩大部分的开挖次序，有专进法和并进法两种。前者是导洞贯通后再扩大；后者是导洞掘进一定距离（一般为10～15m）后，进行扩大部分开挖，然后导洞与扩大部分同时并进。专进法有利于通风和全面了解地质情况，但洞内施工设施一般要二次铺设，费时费工。

按照导洞在设计断面中的相对位置，导洞扩大法可分为上导洞法、下导洞法、中导洞法、双导洞法。

1. 上导洞法

上导洞法又称拱顶掘进，其开挖程序如图 6－5 所示。它适用于地质条件不好，但地下水不严重，机械化程度不高的情况。其优点是先开挖顶部，可及时进行支护，安全问题比较容易解决，顶部开挖易于控制，下部扩大施工方便。其缺点是导洞上部石渣要翻运出洞，施工排水也不方便。在不良地质条件下，要组织开挖与衬砌交叉作业，施工干扰大，施工组织复杂。

2. 下导洞法

下导洞法又称拱下掘进，其开挖程序如图 6－6 所示。它适用于地质条件好，洞线较长、断面不大、机械化程度不高的场合。其优点是洞内施工设施可以一次铺设，出渣道路不必翻修，地下水严重时，排水方便，扩大开挖时利用岩石自重提高爆破效果，出渣方便。其缺点是顶部扩大时，施工困难，自重爆落，岩石块度不易控制。

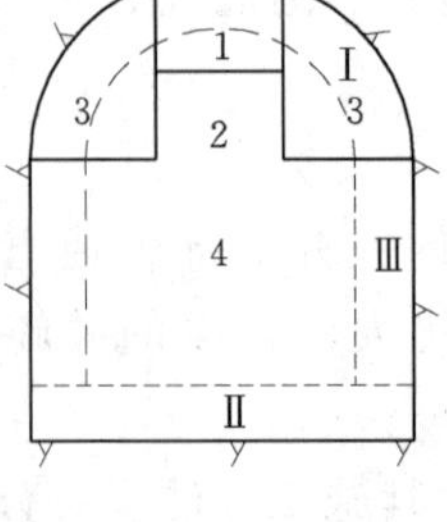

图 6－5　上导洞开挖

1—上导洞；2，3，4—开挖顺序；

Ⅰ，Ⅱ，Ⅲ—衬砌顺序

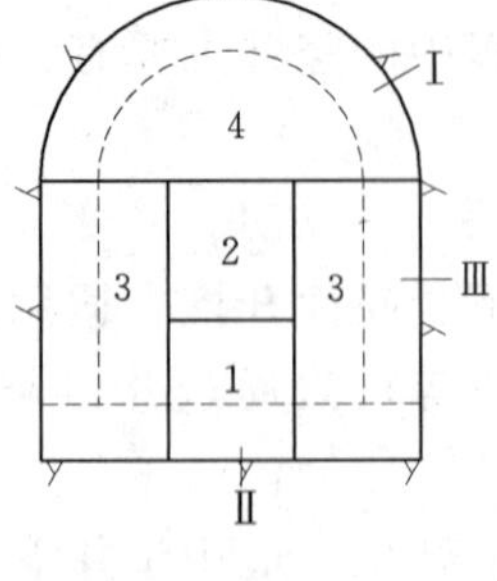

图 6－6　下导洞开挖

1—下导洞；2，3，4—开挖顺序；

Ⅰ，Ⅱ，Ⅲ—衬砌顺序

3. 中导洞法

中导洞法即导洞在断面中部，导洞开挖后向四周全面扩大。其开挖程序如图 6－7 所

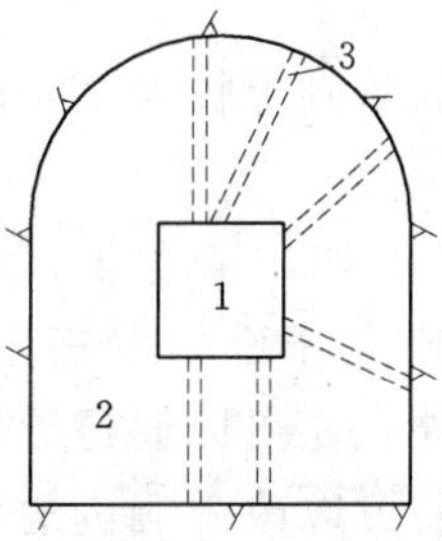

图6-7　中导洞开挖
1—中导洞；2—扩大部分；3—辐射钻孔

示。这种方法适用于岩石坚硬，不需临时支撑，洞径大于5m，且有柱架式钻机的场合。其优点是扩大钻孔可以和出渣平行作业。其缺点是辅助钻孔爆破难以控制周边轮廓形状，对周边岩石扰动较大。

4. 双导洞法

双导洞开挖有双侧导洞和上下导洞两种方式。前者适用于岩层松软破碎，地下水严重，断面较大，需要边开挖边衬砌的情况。后者适用于断面很大，缺少大型开挖设备，地下水严重的情况，其上导洞用来向四周扩大，下导洞用来出渣和排水，上下导洞用斜井或直井连通。两种导洞的施工顺序如图6-8、图6-9所示。

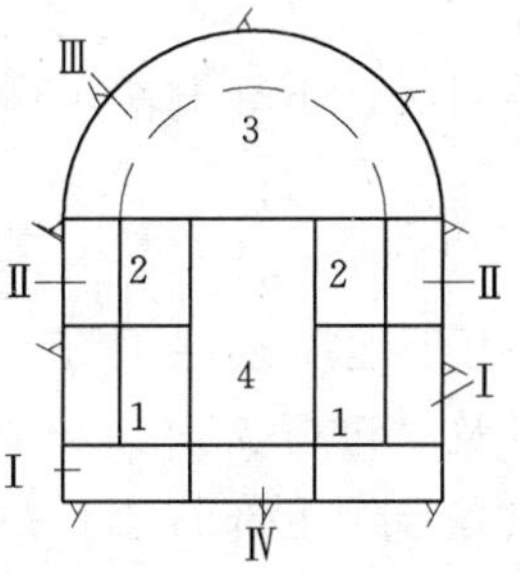

图6-8　双侧导洞开挖
1，2，3，4—开挖顺序；
Ⅰ，Ⅱ，Ⅲ，Ⅳ—衬砌顺序

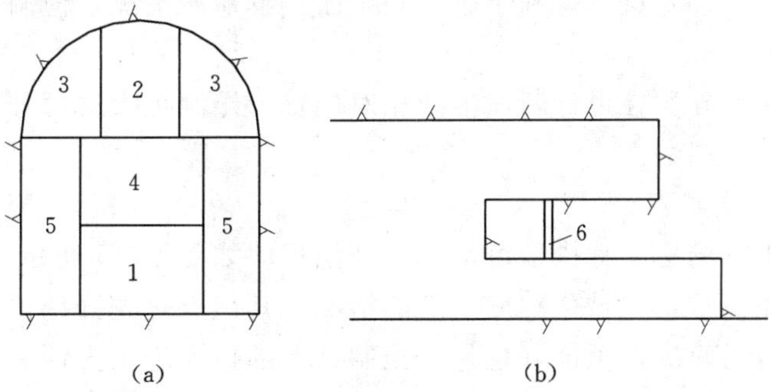

图6-9　上下导洞开挖
(a) 横断面；(b) 纵断面
1，2，3，4，5—开挖顺序；6—溜渣井

四、竖井和斜井开挖

水工地下洞室建筑物除了平洞、地下厂房外，尚有竖井、斜井等。竖井的高度大，而断面相对较小；斜井是指倾角为6°～48°的斜洞。

（一）竖井开挖

水利水电工程中的竖井主要有：闸门井、高压管道井、通风井、进水口竖井以及施工竖井。

1. 小断面竖井开挖方法

(1) 自上而下全断面开挖。适用于井深在50m以内或井下部无通道的深井开挖。因人员、设备、出渣等均需通过井口竖直运输，施工干扰大，较深的井施工条件差，且不安全。

(2) 自下而上开挖。适用于井下部有通道的竖井，其施工方法又可分为深孔分段爆破法、吊罐法和爬罐法。

1) 深孔分段爆破法。深孔分段爆破法是一组平行深孔，分段自下而上爆破，形成所需断面和深度的竖井。由于钻孔的偏斜误差，很难使每个深孔平行，随着孔深增加，深孔底部不是相差很远，就是太近，有的甚至贯通，给施工带来很大困难。因此，根据目前钻孔精度水平，该法主要适用于井深小于50m的竖井。

2）吊罐法。吊罐法是先在竖井井口沿竖井中心线钻一个直径为100～150mm的钻孔，在竖井上部安放绞车，绞车上的钢丝绳沿中心钻孔下放，钢丝绳的下端系一个吊罐，施工人员利用吊罐进行钻爆作业，爆破时将吊罐下放至竖井下部的避炮洞，如图6-10所示。吊罐法只适用于中硬以上的岩石，在松软、破碎的岩石条件下不宜采用。不适宜打盲竖井和倾角小于65°的斜井。

3）爬罐法。爬罐法是自下而上利用爬罐上升，浅孔爆破，下部出渣，如图6-11所示。该法适用于上部没有通道的盲井或深度大于80m的竖井，还可用于倾角较小的斜井。开挖过程中可利用爬罐进行支护作业，该法较吊罐法安全，机械化程度高，适用性广。其缺点是设备投资大，维修较复杂，开挖准备工程量大。

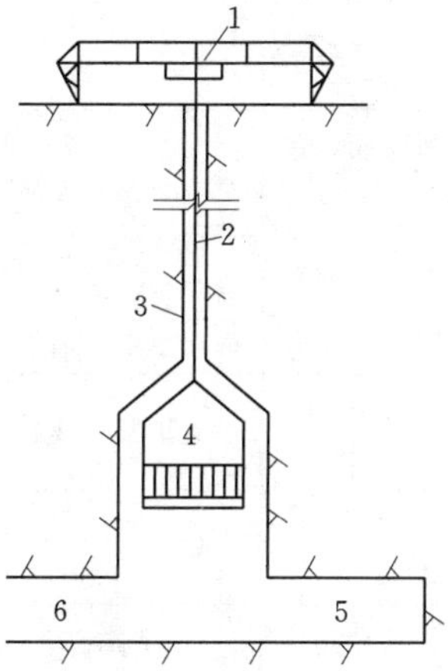

图6-10　吊罐法开挖

1—起重机；2—吊索；3—中心孔；4—吊罐；5—避炮洞；6—交通洞

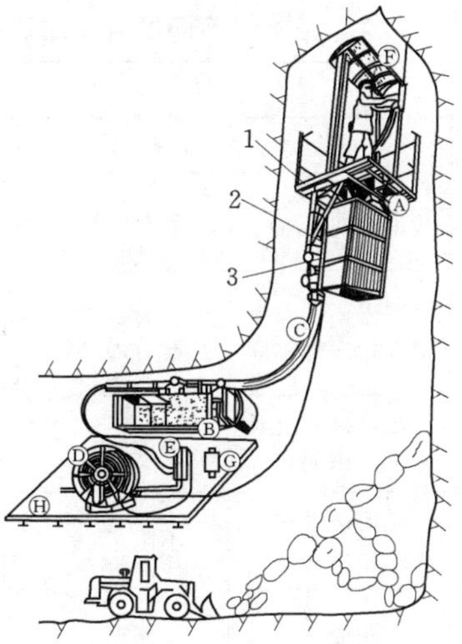

图6-11　爬罐法开挖

1—作业平台；2—驱动机构；3—吊笼；Ⓐ—爬罐工作状态；Ⓑ—爬罐避炮位置；Ⓒ—轨道；Ⓓ—电缆盘；Ⓔ—风水阀门；Ⓕ—安全护盖；Ⓖ—信号装置；Ⓗ—井脚平台

（3）天井钻开挖。天井钻开挖即利用大型钻机开挖。国外生产的天井钻机开挖最大直径可达7.0m，开挖深度达600～900m，开挖斜度45°～90°；我国生产的天井钻机开挖最大直径为2.0m，开挖深度90m。

2. 大、中断面竖井开挖方法

大、中断面竖井开挖一般均采用先导井后扩挖的施工方法。导井施工方法同小断面竖井开挖方法。在地质条件好时，一般用自下而上，在导井内钻辐射孔，分段爆破、井底出渣的开挖方法；在地质条件较差时，一般采用自上而下分段爆破，利用导井溜渣至井底出渣，边开挖边衬砌。

（二）斜井开挖

随斜井坡度及工作面大小不同，其开挖及出渣方法不同。当斜井坡度大于45°时，其开挖方法与竖井开挖基本相同。当斜井坡度小于45°时，参考下列方法。

1. 小断面斜井开挖

小断面斜井一般采用自上而下分段钻孔全断面方法开挖，当坡度不大于25°时，可采用斗车出渣；当坡度不小于25°时，采用箕斗出渣。

2. 大、中断面斜井开挖

大、中断面斜井一般采用导井扩大法施工。当坡度在45°左右可以自行溜渣时，可以自上而下分段钻孔爆破，利用导井溜渣从底部出渣；当坡度在35°左右不能自行溜渣时，可采取自下而上分段钻孔爆破，边开挖边铺设钢板或钢轨进行溜渣，从井底出渣的方法。

在竖井及斜井的开挖中应注意进行井口的加固，井口边坡较高时，还应按边坡稳定要求加固井台边坡。井台周围应设排水设施，防止地表水进入井内。大型竖井上部开挖一定深度后，应及时进行临时支护或永久支护，以保证上部围岩稳定。不同围岩中建议的开挖方法及注意事项见表6-1。

表6-1　不同围岩中建议的开挖方法及注意事项

断面	项目	围岩分类				
		Ⅰ	Ⅱ	Ⅲ	Ⅳ	Ⅴ
小断面	开挖方法	全断面	全断面	全断面	全断面或分台阶开挖	全断面或分台阶开挖，必要时先衬顶拱
	支护类型	不需要，对个别危石局部锚固	一般不需要，必要时局部锚固	局部和系统锚固，加强检查及观测	喷混凝土，系统锚固	喷混凝土，系统锚固，必要时加设可缩性钢支撑或超前加固围岩
	支护与开挖面间距（m）	视爆破安全及施工组织而定	不限	＜20～30	＜10	支护紧跟或超前加固
	每次循环进尺（m）	视爆破及施工组织而定	不限	≤3.0	≤1.5	≤0.5～1.0
中断面	开挖方法	全断面	全断面	全断面正、反台阶法	正、反台阶法或支撑拱法	支撑拱法或核心支撑法
	支护类型	不需要，对个别危石局部锚固	一般不需要，必要时局部锚固，加强检查	全断面或顶拱系统锚固，局部喷混凝土	系统锚固，必要时及时封闭底拱	系统锚固，钢支撑或混凝土衬砌，必要时超前加固
	支护与开挖面间距（m）	视爆破安全及施工组织而定	不限	＜20～30	＜10～15	支护紧跟或超前加固
	每次循环进尺（m）	视爆破安全及施工组织而定	一般≤3，若支护及时可适当加大	全断面≤1～2	顶拱≤1～2	顶拱≤0.5～1.0
大断面	开挖方法	全断面，中心导洞辐射孔法，台阶法	全断面，中心导洞辐射孔法，台阶法，下导洞辐射孔法	全断面，台阶法，下导洞辐射孔法	台阶法，下导洞辐射孔法，支撑拱法	支撑拱法，核心支撑法，下导洞辐射孔法
	支护类型	一般不需要，对危石锚固，加强检查	顶拱系统锚固，必要时加钢筋网	系统锚固，顶拱加钢筋网，喷混凝土或混凝土衬砌	系统喷锚，必要时加钢筋网，喷锚或顶拱衬砌混凝土	全断面加钢筋网喷锚，混凝土衬砌，必要时超前加固
	支护与开挖面间距（m）	视爆破安全及施工组织而定	≤20	≤10	支护紧跟开挖面	支护紧跟或超前加固
	每次循环进尺（m）	视爆破安全及施工组织而定	全断面≤3.0	全断面≤1～1.5，导洞≤3.0	导洞≤1.5	导洞≤0.5～1.0

第二节　岩体中的钻孔爆破法开挖

当前地下洞室开挖的方法有钻爆法和掘进法，钻孔爆破法主要工序有钻孔、装药、堵塞、起爆、通风散烟、安全检查、支护、出渣等。从钻孔起，到完成爆破出渣，通常称为一个作业循环。施工前，要根据设计图纸、地质条件、爆破器材性能及凿岩机械设备性能等条件进行钻爆设计。设计内容包括：钻孔作业布置及设备，炮孔种类及布置，单位耗药量及装药量，炮孔数目及钻孔深度的确定，有关钻爆参数的选择，起爆方式及网络设计等。其中钻孔作业是钻爆施工中的关键工作，其施工时间通常约占一个作业循环的二分之一，费用约占总费用的25％。

一、炮孔种类及做法

钻爆法的炮孔按其所在的位置、爆破作用、布置方式和有关参数的不同可分为掏槽孔、崩落孔（或称辅助孔）和周边孔。

（一）掏槽孔

针对隧洞开挖爆破一般只有一个自由面的特点，为提高爆破效率，通常在开挖面的中部布置几个炮孔，爆破时首先起爆，在开挖面上炸出一个槽腔，为后续炮孔的爆破创造新的自由面。这些首先起爆的炮孔称为掏槽孔。

掏槽孔按其布孔形式的不同，一般可分为斜掏槽孔、直掏槽孔和混合掏槽孔三类。

斜掏槽孔是指掏槽孔方向与工作面斜交的掏槽方法，斜掏槽孔方式有锥形掏槽和楔形掏槽。直掏槽孔是指所有掏槽孔均垂直于工作面，炮孔之间相距较近且保持互相平行，其中有一个或数个不装药的空孔，作为装药炮孔爆破时的辅助自由面。直掏槽孔方式主要有龟裂（一字形）掏槽、桶形掏槽和螺旋形掏槽。表6-2为部分工程直孔掏槽主要参数。

表6-2　部分工程直孔掏槽主要参数

工程名称	岩性	孔深（m）	炮孔直径（mm）	药卷直径（mm）	炮孔间距（m）	装药量（kg/孔）	平均循环进尺（m）	炮孔利用系数（%）
隔河岩引水隧洞	石灰岩 页岩	4.5	45	32	0.25～0.3	3.0	3.7	82
三峡茅坪溪泄水隧洞	花岗岩	4.0	45	32	0.2	2.7	3.3	82
天生桥一级引水隧洞	泥岩 砂岩	3.0	50	32	0.3	2.4～2.5	2.0	67
广蓄引水隧洞	花岗岩 片麻岩	4.5	48	43	0.2	5.25	4.0	89

1. 锥形掏槽

各掏槽孔以相等或近似相等的角度向工作面中心轴线倾斜，孔底趋于集中，但互相并不贯通，爆破后形成锥形槽。炮孔倾角（炮孔与开挖掌子面的最小夹角）一般为60°～70°，孔底距离为0.2～0.4m，孔数3～6个，通常呈三角锥形、正锥形和圆锥形。如图6-12（b）所示。

2. 楔形掏槽

通常由两排相对称的倾斜炮孔组成，爆破后形成楔形槽，如图 6－12（a）所示。楔形掏槽可分为垂直楔形掏槽和水平楔形掏槽两种。楔形掏槽孔的倾角一般为 55°～80°，孔底距离一般为 0.1～0.3m。

3. 龟裂掏槽

掏槽孔布置在一条直线上，彼此间严格平行，装药孔与空孔间隔布置，爆破后形成一条横缝，为崩落孔创造自由面。龟裂掏槽一般由 5～9 个炮孔组成，间距为 10～20cm。

4. 桶形掏槽

桶形掏槽又称角柱形掏槽，各掏槽孔互相平行且呈对称形式（有些也可布置成非对称形式），空孔直径可与装药孔相同，也可采用 ϕ75～100mm 大直径空孔，以增大自由面的作用。如图 6－13（a）所示。桶形掏槽装药孔的装药长度一般不小于炮孔深度的 90%，第一响炮孔到空孔的距离应不大于 1.5 倍空孔直径。

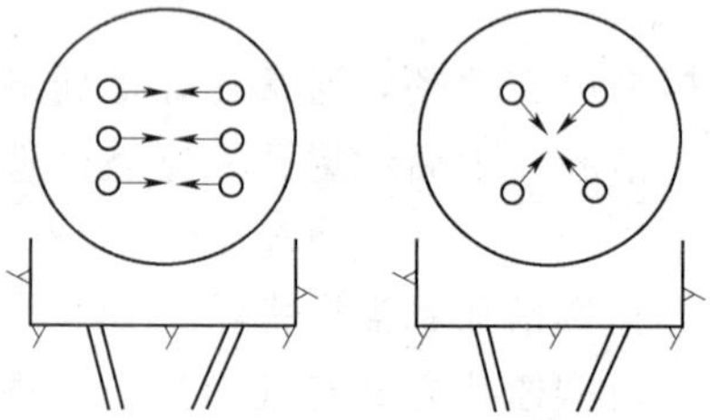

（a）　（b）

图 6－12　各种掏槽孔示意图

（a）楔形掏槽；（b）锥形掏槽

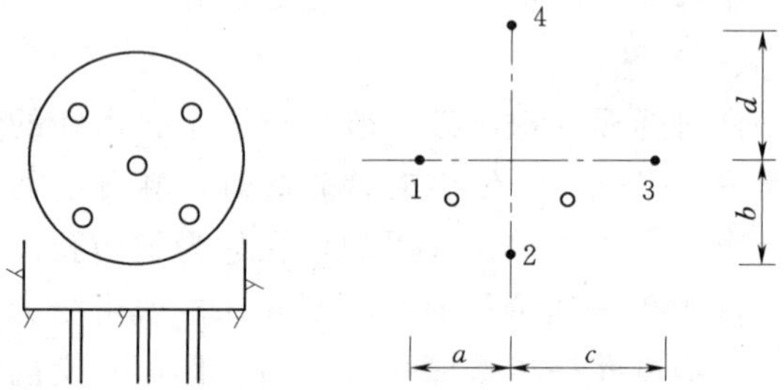

（a）　（b）

图 6－13　掏槽孔形式

（a）桶形掏槽；（b）螺旋形掏槽

• —装药孔；1，2，3，4—起爆顺序；

○ —空孔；a，b，c，d—数值依次递增

5. 螺旋形掏槽

螺旋形掏槽是由桶形掏槽发展而来的，其特点是各装药孔至空孔的距离依次递增，呈螺旋线布置，并由近及远顺序起爆，如图 6－13（b）所示。它能充分利用自由面，扩大掏槽效果。在此基础上又发展了双螺旋形掏槽。

斜掏槽孔的优点是所需掏槽孔数少，掏槽体积大，易将岩石抛出，有利于其他炮孔的爆破；缺点是掏槽孔深度受到隧洞断面限制，因而影响到每个掘进循环的进尺。

直掏槽孔的优点是孔深不受隧洞断面限制，可进行较深炮孔的爆破，加大一个掘进循环的进尺；便于凿岩台车钻孔或多台风钻同时钻孔；钻孔方向好掌握，操作方便；缺点是掏槽体积小，需掏槽孔数较多。

（二）崩落孔

布置在掏槽孔与周边孔之间的炮孔称为崩落孔。其作用是扩大掏槽孔炸出的槽腔，崩落开挖面上的大部分岩石，同时为周边孔创造自由面。崩落孔的布置主要是确定炮孔间距和最小抵抗线。炮孔间距和最小抵抗线根据岩石强度和炸药爆炸性能，由现场生产试验确定。如使用国产 2 号岩石硝铵炸药，崩落孔的经验值见表 6－3。

表 6-3　　崩落孔间距参考值

岩性	软岩	中硬岩	坚硬岩	特硬岩
孔距（cm）	100～120	80～100	60～80	50～60

（三）周边孔

沿隧洞设计轮廓布置的炮孔称为周边孔。其作用是炸出较平整的隧洞断面轮廓，减少超欠挖。具体方法有预裂爆破和光面爆破。

预裂爆破可以起到降低崩落孔爆破对围岩的破坏，适用于稳定性较差、控制要求较严的软弱围岩开挖，如大断面洞室分台阶的下部岩体和有特殊轮廓要求的关键部位开挖。但预裂爆破孔距比光面爆破的小，要相应地增加炮孔数量，增大钻孔工程量，且较难控制。

光面爆破是一种控制岩体开挖轮廓的爆破技术。其特点是密孔小药量、滞后于掏槽孔和崩落孔起爆。光面爆破易于掌握、技术成熟，广泛应用于地下建筑物开挖爆破中。下面主要介绍光面爆破。

光面爆破的爆破参数包括孔距 a，最小抵抗线 w、炮孔密集系数 m、不耦合系数 k、炸药类型和装药结构等。

1. 周边孔间距 a（m）

周边孔间距 a 是控制开挖轮廓面平整程度的基本因素，根据工程经验，光面爆破的炮孔间距 a 与炮孔直径 d 的关系为

$$a=(10\sim18)d \tag{6-2}$$

2. 炮孔密集系数 m 和最小抵抗线 w

炮孔密集系数 m 为间距 a 与最小抵抗线 w 的比值，即

$$m=\frac{a}{w} \tag{6-3}$$

瑞典朗格福尔斯建议取 $m=0.5\sim0.8$ 时，得到的平整度较好，见表 6-4。

表 6-4　　隧洞光面爆破参数一般参考值

钻爆参数 / 围岩条件	炮孔间距 a（m）	最小抵抗线 w（m）	线装药密度 Δ（kg/m）	适用条件
坚硬岩	0.55～0.70	0.60～0.80	0.30～0.35	炮孔直径 d 为 40～50mm，药卷直径为 20～50mm，炮孔深度为 1.0～3.5m
中硬岩	0.45～0.65	0.60～0.80	0.20～0.30	
软岩	0.35～0.50	0.40～0.60	0.08～0.12	

二、隧洞爆破的参数设计

（一）炮孔直径

炮孔直径对凿岩生产率、炮孔数目、单位体积耗药量和洞壁的平整程度均有影响，必须根据岩性、凿岩设备和工具、炸药性能等综合分析，合理选用孔径。一般隧洞开挖爆破的炮孔直径在 32～50mm 之间，药卷与孔壁之间的间隙一般为炮孔直径的 10%～15%。

（二）炮孔深度

合适的炮孔深度有助于提高掘进速度和炮孔利用率。炮孔深度一般根据以下因素

确定。

（1）围岩的岩性。

（2）凿岩机允许钻孔长度、操作技术条件和钻孔技术水平。

（3）掘进循环施工的要求。

一般可根据经验和工程类比确定钻孔深度。对于大中断面水工隧洞开挖，Ⅰ～Ⅱ类围岩条件下，钻孔深度为3～4.5m；Ⅲ～Ⅳ类围岩条件下，钻孔深度为2～3m。对于小断面隧洞，钻孔深度一般为1.2～2.0m。

（三）单位体积耗药量

爆破单位体积岩体耗用炸药量，取决于岩性、断面大小、炮孔直径和炮孔深度等各种因素，目前尚无完善的理论计算方法。一般可根据工程类比进行初步估算。表6-5、表6-6给出了隧洞开挖爆破单位耗药量参考值和国内部分水工隧洞开挖爆破实际单位耗药量值。

表6-5　隧洞开挖爆破所需的单位耗药量参考值

开挖断面面积（m^2）	单位耗药量（kg/m^3）			
	Ⅰ类	Ⅱ～Ⅲ类	Ⅲ～Ⅳ类	Ⅳ～Ⅴ类
4～6	2.9	2.3	1.8	1.6
7～9	2.5	2.0	1.6	1.3
10～12	2.25	1.8	1.5	1.2
13～15	2.1	1.7	1.4	1.2
16～20	2.0	1.6	1.3	1.1
40～43	1.4	1.1	—	—

表6-6　国内部分水工隧洞开挖爆破参数

工程项目	隔河岩电站引水洞	三峡茅坪溪泄水洞	广蓄电站引水洞	广蓄电站尾水洞	广蓄电站交通洞
围岩岩性	石灰岩、页岩	花岗岩	花岗片麻岩	花岗片麻岩	花岗片麻岩
断面面积（m^2）	100	68（上半部）	81.7	83.8	48.3
开挖方式	全断面	全断面	全断面	全断面	全断面
炮孔个数（个）	200～220	149	197	166	118
炮孔密度（个/m^2）	2.0～2.2	2.2	2.4	2.0	2.48
单位耗药量（kg/m^3）	1.35～1.5	1.25	1.8	1.2	1.43

（四）每一循环总装药量

每一循环总装药量目前多采用体积公式计算，其计算公式为

$$Q=qLs \tag{6-4}$$

式中　Q——一个循环的总装药量，kg；

q——爆破每立方米岩石所需的炸药量，kg/m^3；

L——炮孔深度，m；

s——开挖断面面积，m^2。

（五）炮孔数量确定

炮孔数量主要与开挖断面、炮孔直径、岩石性质和炸药性能有关。炮孔数量过少会影响爆破效果；过多会增加钻孔工作量，从而影响掘进速度。确定其计算原则应是炮孔数量正好容纳一次爆破循环的总装药量，即

$$N=\frac{qsL}{L\alpha\gamma}=\frac{qs}{\alpha\gamma} \tag{6-5}$$

式中　N——炮孔数量，不包括不装药的掏槽部位的空孔数；

L——炮孔长度，m；

s——开挖断面面积，m^2；

α——炮孔装药系数，即装药长度与炮孔全长的比值，可参考表6-7；

γ——炸药的线装药密度，kg/m，可参考表6-8。

表6-7　炮孔装药系数 α 值

围岩类型 / 炮孔名称	Ⅰ	Ⅱ	Ⅲ	Ⅳ、Ⅴ
掏槽孔	0.65～0.80	0.60	0.55	0.50
崩落孔	0.55～0.70	0.50	0.45	0.40
周边孔	0.60～0.75	0.55	0.45	0.40

表6-8　2号岩石铵梯炸药的线装药密度值

药卷直径（mm）	32	35	38	40	45	50
γ（kg/m）	0.78	0.96	1.10	1.25	1.59	1.90

（六）总装药量的分配

每一循环总装药量计算出来后，即可进行分配。根据炮孔不同的分区位置，不同的作用，需要不同的装药量。

1. 掏槽孔装药量

$$q_{cut}=(1.15\sim1.25)\frac{Q}{N} \tag{6-6}$$

式中　q_{cut}——掏槽孔平均每孔装药量，kg/孔；

Q——每一循环进尺的炸药用量，kg；

N——开挖断面上的总装药孔数。

2. 周边孔装药量

$$q_p=(0.5\sim0.9)aWL_pq \tag{6-7}$$

式中　q_p——周边孔平均每孔装药量，kg/孔；

a——周边孔的孔距，m；

W——周边孔的最小抵抗线，m；

L_p——周边孔的孔深，m；

q——单位耗药量，kg/m^3。

3. 崩落孔装药量

$$q_n=\frac{Q-(q_{cut}N_{cut}+q_pN_p)}{N-(N_{cut}+N_p)} \tag{6-8}$$

式中　q_n——崩落孔平均每孔装药量，kg/孔；

N_{cut}——掏槽孔数；

N_p——周边孔数；

其余符号意义同前。

三、钻孔爆破法作业顺序

（一）准备工作

钻孔前应做好充分准备，钻孔机械一旦投入工作，就要连续运转，直到钻孔结束。钻孔准备工作包括工作面清理、风水电干线的延长以及钻孔机械零部件的配备等。

（二）炮孔布置

一般按先布置掏槽孔，再布置周边孔，最后布置崩落孔。

掏槽孔一般应布置在开挖面中央偏下部位，其深度应比其他孔深 15～20cm。为爆出平整的开挖面，除掏槽孔和底板炮孔外，所有掘进孔底应落在同一平面上。底板炮孔深度一般与掏槽孔相同。

周边孔应严格按照设计位置布置。断面拐角处应布置炮孔。为满足机械钻孔需要和减少超欠挖，周边孔设计位置应考虑 0.03～0.05 的外插斜率，并应使前后两循环炮孔的衔接锯齿形的齿高最小。锯齿高一般不应大于 15cm。

崩落孔应在整个断面上均匀布置，一般其抵抗线为炮孔间距的 60%～80%。当炮孔深度超过 2.5cm 时，靠近周边孔的内圈崩落孔应与周边孔有相同的倾角。

（三）钻孔

钻孔应尽可能选用高效率的钻孔机械和设备来完成。近 20 年来，钻孔机械发展迅速，特别是液压凿岩台车已得到普及。我国除小型隧洞仍采用手风钻钻孔开挖外，大、中型隧洞大部分已采用液压凿岩台车钻孔，如图 6-14 所示。液压凿岩台车操作方便，钻孔速度快，每分钟进尺约 1.8～2.0m，大大提高了隧洞开挖速度，改善了钻孔作业环境。

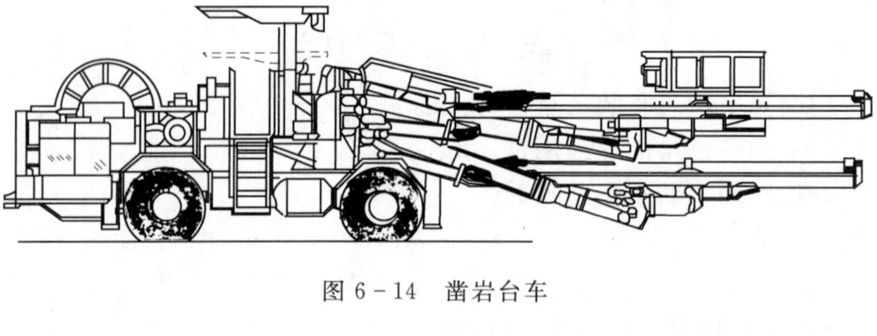

图 6-14　凿岩台车

（四）装药起爆

钻孔结束，按钻爆设计的要求装药、堵塞和连接引爆线路。这些工作应由专业炮工来完成，以确保质量和安全。当通过检查，确认引爆线路连接正确，人员设备已撤离到安全区域以后，方可起爆。

只有采用正确的起爆顺序才能达到理想的爆破效果。正确的起爆顺序是：先爆的炮孔应为后爆的炮孔减小岩石的夹制作用和增大自由面，创造更好的爆破条件。即应先爆掏槽炮孔，后爆崩落孔，再爆底板孔、侧墙孔、顶拱孔。目前，在无瓦斯与煤尘爆炸危险的水工隧洞中进行爆破开挖，多采用塑料导爆管起爆系统起爆。

（五）出渣运输

出渣运输作业约占洞室开挖作业循环时间的一半左右。组织好高效有序出渣运输作业，对地下工程快速施工十分重要。

平洞出渣可分为有轨（轨道式）和无轨（轮胎式或履带式）两大类。表 6－9 为出渣工作主要配套设备参考表。

表 6－9　出渣工作主要配套设备参考表

类别	装载设备	运输设备	
		运输设备	牵引设备
有轨	1. 铲斗式装载机（电动或风动）； 2. 带运输机的铲斗装载机（电动或风动）； 3. 立爪式装载机、耙渣机（电动或风动）	1. 矿车"V"形斗车，侧卸矿车，底卸矿车； 2. 梭车； 3. 槽式列车	1. 蓄电池式电动机车； 2. 架线电动车； 3. 内燃机车
无轨	1. 轮胎式铲斗装载机（电动或风动）； 2. 轮胎式立爪装载机（内燃、电动、风动）； 3. 轮胎式或履带式装载机（内燃、前卸、后卸、三向卸）； 4. 缆索或液压式短臂挖掘机（自行或驮行，内燃或电动）； 5. 轮胎式自行装岩运输机（内燃、后卸、双向行驶）	1. 装运机（风动），双向短距离自行； 2. 轮胎式梭车（内燃），双向自行； 3. 自卸汽车（内燃，刚性底盘或铰接式底盘），后卸、倒卸或底卸，单向行驶或双向行驶	

出渣运输设备常见的配套方式有以下两种。

（1）棚架漏斗装渣，机车牵引斗车出渣，如图 6－15 所示。该法适用于机械化程度不高的场合。

（2）装岩机装渣，机车牵引斗车或矿车出渣。该法适用于小断面的平洞、施工支洞、导洞或大断面分部开挖的平洞。

采用有轨运输出渣，洞内宜设双车道；如用单车道时，应设错车线，其有效长度应符合最长车组的要求。线路要求和行车规则详见窄轨道的有关规定。表 6－10 资料可供参考。

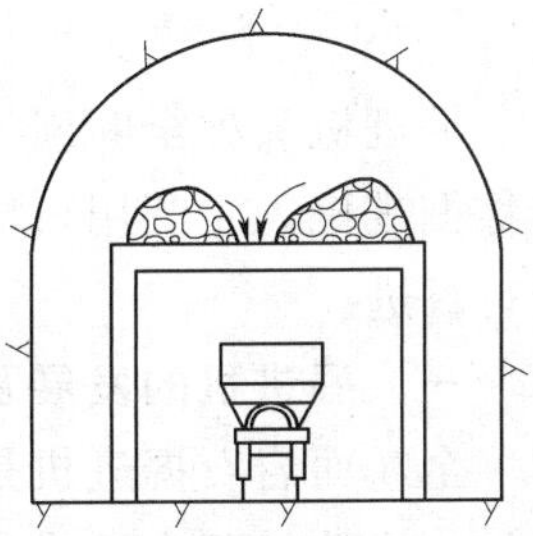

图 6－15　棚架漏斗出渣

表 6－10　窄轨运输线路和行车要求参考表

项目	要求
曲线半径	洞内≥7d，洞外≥10d，d 为机车的轴距（m）
纵坡	线路 3‰～2‰，会车编组站≤5‰，卸渣线终端上坡道≤10‰
安全净距	双车道两列车间距≥20cm，与洞壁或支撑间净距≥20cm

续表

项目	要　求
人行道宽度	单车道≥70cm，乘人车停车处≥100cm
行车速度	洞内≤10km/h，通过弯道、道岔≤8km/h，调车或人员和稠密地段 3km/h（人行速度）
同向列车间距	≥50m

道路的要求应符合矿山道路的规定，行车密度小于 25 辆/h，行车速度一般为 25km/h，在作业区范围内为 10km/h。

（六）临时支护

洞室开挖以后，应避免围岩出现有害的松弛。为了预防塌方或松动掉块，发生事故，应根据地质条件、洞室断面，开挖方法和暴露时间等因素，对开挖出来的空间进行必要的临时性支护。只有当岩层坚硬完整，经地质鉴定后，才可以不设临时支护。

临时支护与开挖面之间的距离和时间间隔，决定于地质条件和施工方法等因素，一般要求在开挖之后，围岩变形松动到足以破坏之前安设完毕，尽可能做到随开挖随支护。在松软岩层中，支护应尽量靠近开挖面；在良好的岩层中，支护距开挖面可以远一些。

临时支护的形式很多，有木支护、钢支护、预制混凝土或钢筋混凝土支护、喷混凝土支护和锚杆支护等，可根据地质条件，材料来源、安全经济等要求来选择。

临时支护应具有足够的强度和稳定性，能适应围岩松动变形、掉块，爆破震动等情况。

此外，临时支护要结构简单，便于就地安装和拆除，不过分占用洞室和空间。预计难以拆除的支护，应采用喷锚支护或钢支撑，且安设在衬砌断面以外，不影响永久衬砌的施工。

第三节　掘进机开挖岩体隧洞的施工

掘进机又称全断面岩石掘进机，英文缩写 TBM（Tunnel Boring Machine Fullface），简称掘进机。它利用机械破碎岩石的原理，完成开挖、出渣、衬砌联合作业，连续不断地进行掘进。

一、掘进机的发展及应用

全断面岩石掘进机是 20 世纪 50 年代初在美国发展起来的地下工程施工机械，70 年代日趋成熟，至今已成为一种具有高科技水平的隧洞施工机械。在国外使用 TBM 掘进隧洞已很普遍，多用于 3km 以上的长洞。如连接英法两国的英吉利海峡隧道，三条洞总长 150km（单洞长 50km），采用 11 台掘进机施工，只用了三年半全部贯通，创造了月掘进 1487m 的纪录。

我国从 20 世纪 60 年代起开始研制掘进机，到 20 世纪 80 年代后期，随着改革开放进程的加快，引进国外先进技术与设备，掘进机在我国得到进一步应用和发展，并广泛应用于水利、电力、铁路、煤炭、矿山、交通及城市地下工程等。如引大入秦、引黄入晋的长隧道均采用了 TBM 施工，并创造了月最高进尺 1637m 的纪录。

二、掘进机的基本结构及工作原理

全断面隧洞掘进机，可按用户不同的要求，针对不同的地质条件设计为不同形式及断面尺寸的掘进机。它是按不同断面尺寸，将刀具布置在切割机构（刀盘）上，通过刀具的公转与自转破碎岩石，并实现装渣、出渣、支护、衬砌、回填灌浆等工序的平行连续流水作业的综合机械设备。其施工工艺如图 6-16 所示。

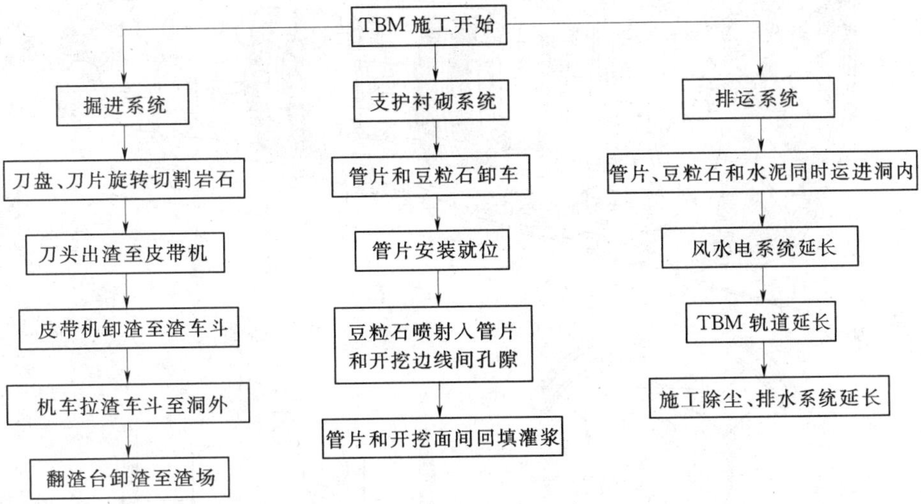

图 6-16 TBM 施工工艺图

（一）基本结构

掘进机由主机和配套系统两大部分组成。主机用于破岩、装载、转载；配套系统用于出渣、支护、衬砌、回填、灌浆等。

主机由切割机构（刀盘）、传动系统、支撑和掘进机构、机架、出渣运输机构和操作室组成。

配套系统主要包括运渣运料系统、支护装置、激光导向系统、供电系统、安全装置、供水系统、通风防尘系统、排水系统、注浆系统等。

（二）基本工作原理

根据破碎岩石的基本工作原理，掘进机可分为两类：

（1）滚压式。主要靠机械推动力，使装在刀盘上滚刀的旋转和顶推，用挤压和切割的联合作用破碎岩体。

（2）切削式。借助于安装在刀盘上若干个削刀的剪切作用破碎岩石。

本节以 Robbins 公司 MK 双支撑式掘进机为例，说明其构造与工作情况，如图 6-17 所示。

掘进机由刀盘、导向壳体、传动系统、主梁、推进油缸、水平支撑装置、后支撑及除渣皮带机等组成。

掘进机的核心部分是主机系统，主机系统主要由带刀具的刀盘、刀盘驱动和推进系统组成。主机刀盘上安装有一定数量的盘形滚刀，当刀盘旋转时，盘形滚刀划出的痕迹是以刀盘中心为圆心的、间距均匀的同心圆切槽。在掘进时，支撑系统把主机架牢固地锁定在

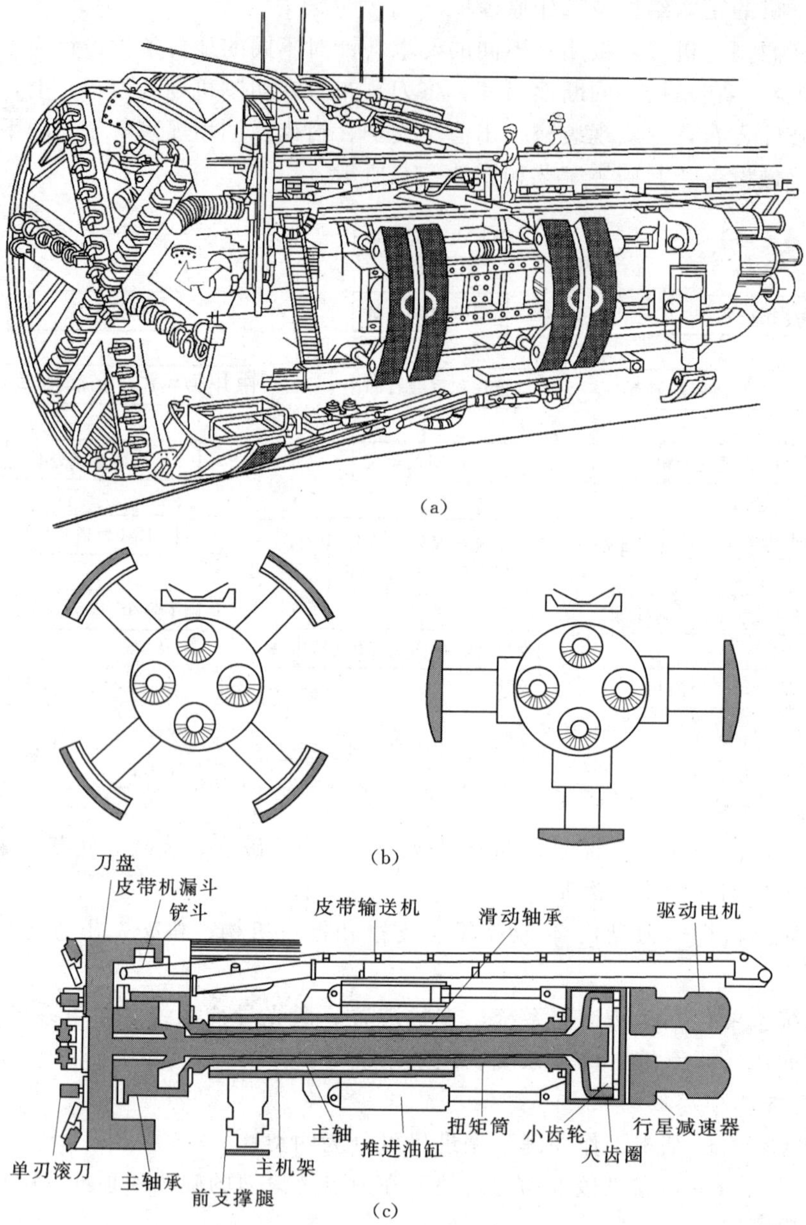

图 6-17 Robbins公司MK双支撑式掘进机构造图

(a) Robbins MK型双支撑式掘进机外形；(b) Robbins MK型双支撑式掘进机的支撑结构；(c) Robbins MK型双支撑式掘进机结构简图

开挖的隧道洞壁上，承受刀盘扭矩和推进力的反力。推进油缸以支撑系统为支点，把推力施加给主机架和刀盘，推动刀盘破岩掘进。在推力作用下，安装在刀盘上的盘形滚刀紧压岩面，随着刀盘的旋转，盘形滚刀绕刀盘中心轴公转，并绕自身轴线自转。硬岩掘进机的刀具组成目前是单刃盘形刀具，在刀盘强大的推力、扭矩作用下，滚刀在掌子面固定同心圆切缝上滚动，当推力超过岩石的强度时，盘形刀下的岩石直接破碎，盘形刀贯入岩石，掌子面被盘形滚刀挤压碎裂而形成多道同心圆沟槽。随着沟槽深度的增加，岩体表面裂纹加深扩大，当超过岩石的剪切和拉伸强度时，相邻同心圆沟槽间的岩石成片剥落，此为破岩原理。盘形滚刀破岩机理如图 6-18 所示。崩落在隧底的岩渣被随刀盘旋转的均布在刀盘上的铲斗、刮板收集到主机内的皮带机上，通过皮带机系统转载后，运送至后配套将石渣转载于主洞连续皮带机上，送至洞外，为了避免粉尘危害，掘进机头部装有喷水及吸尘设备，在掘进过程中连续喷水、吸尘。

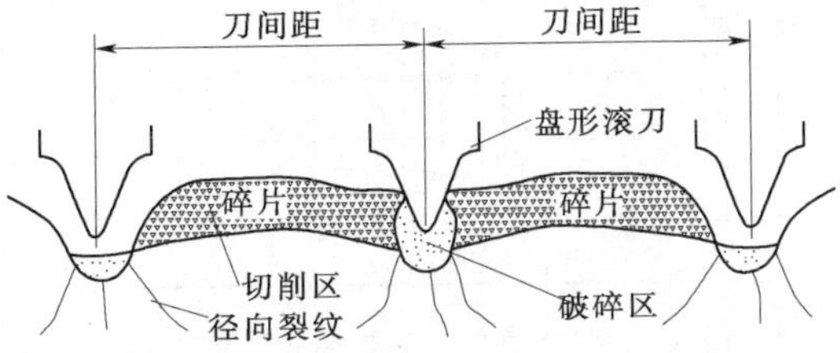

图 6-18　盘形滚刀破岩机理

掘进机的型号很多，但工作循环则大同小异，图 6-19 为掘进机的工作循环图。全断面掘进机的掘进循环由掘进作业和换步作业组成。在掘进作业时：伸出水平支撑板→撑紧洞壁收起后支撑→刀盘旋转，启动皮带机→推进油缸向前推进刀盘，使盘型滚刀切入岩石，由水平支撑承受刀盘掘进时传来的反作用力和反扭矩→岩面上被破碎的岩渣在自重下掉落到洞底，由刀盘上的铲斗铲起，然后落入掘进机皮带机后输出→当掘进油缸将掘进机头、主梁、后支撑向前推进一个行程时，掘进机停止作业，掘进机开始换步。

在换步作业时：刀盘停止回转→伸出后支撑，撑紧洞壁→收缩水平支撑，使支撑靴板离开洞壁→收缩推进油缸，将水平支撑向前移一个行程。

换步结束后，准备再掘进。再伸出水平支撑，撑紧洞壁→收起后支撑→回转刀盘→伸出推进油缸，新的掘进行程开始。

三、掘进机的分类

TBM 掘进技术经过近半个世纪的发展完善，目前已臻成熟。掘进机的型式按不同功能、要求，有以下几种分类。

（一）按围岩地质条件划分

1. 硬岩掘进机

硬岩掘进机也叫开敞式掘进机，掘进机的各种设备直接暴露在围岩当中。横向支撑作用于围岩上，岩壁提供前进的支撑力，依靠滚刀的滚压来破碎岩石，适用于比较完整的岩石。

2. 软岩掘进机

软岩掘进机适用于松软及含水地层，整个机器设备处在坚固的钢筒（护盾）和衬砌内。盾构机则是典型的软岩掘进机。

3. 复合掘进机

由于长隧洞岩层地质条件比较复杂，要求掘进机既适应软岩，又适合硬岩，典型的就是双护盾掘进机。

（二）按护盾型式划分

按护盾型式可划分为开敞式掘进机，单护盾掘进机，双护盾掘进机，多护盾掘进机，盾构掘进机。

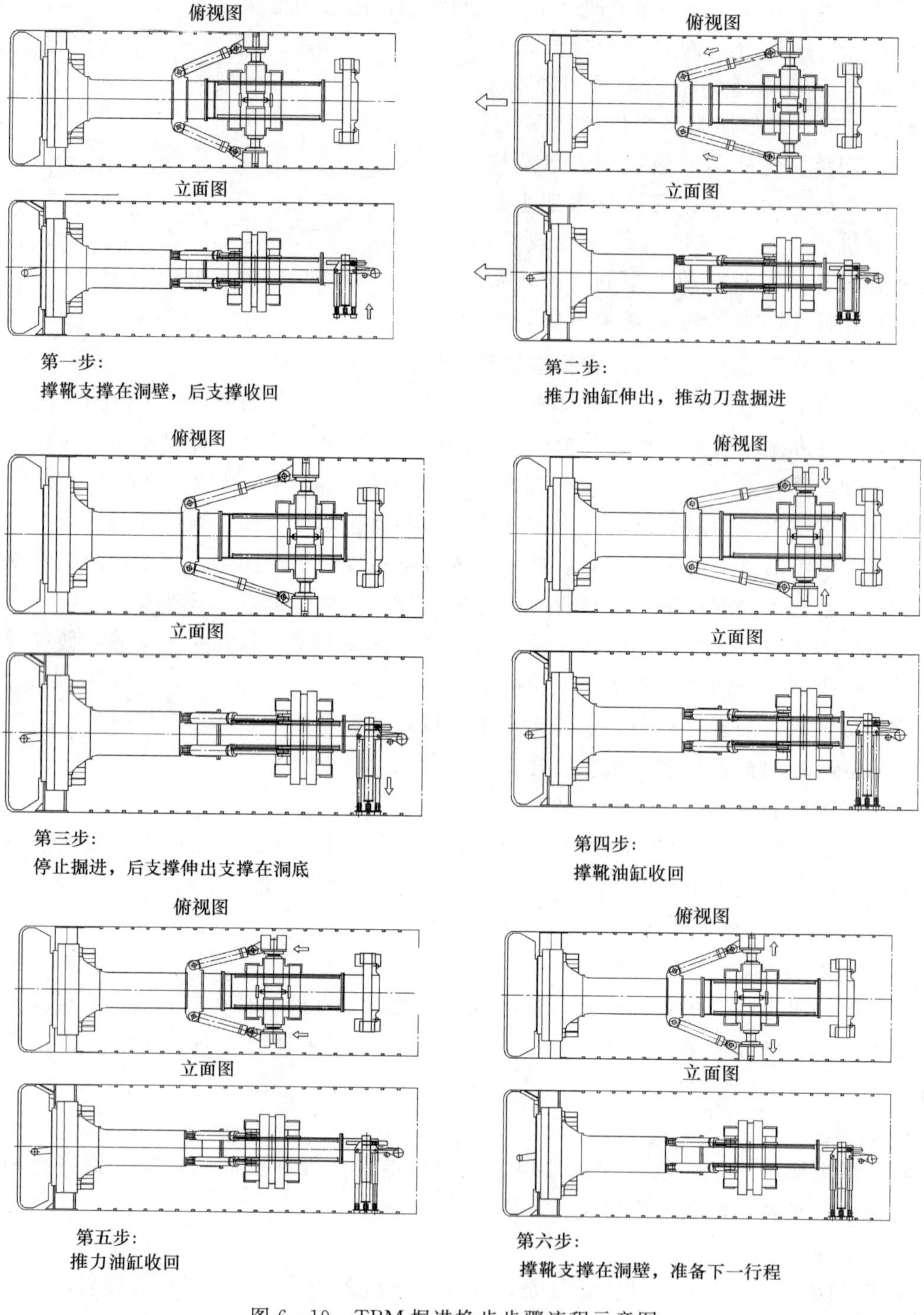

图 6－19 TBM 掘进换步步骤流程示意图

（三）按掘进机直径大小划分

按掘进机直径大小可划分为微型掘进机（0.3～1.0m），小型掘进机（1.0～3.0m），中型掘进机（3.0～8.0m），大型掘进机（>8.0m）。

（四）按开挖断面形状划分

按开挖断面形状可划分为单圆形断面的掘进机，双圆形断面的掘进机，多圆形断面的掘进机，不规则断面的掘进机。

（五）按隧洞底坡坡度划分

按隧洞底坡坡度可划分为平洞掘进机，竖井掘进机，斜井掘进机。

四、掘进机的优缺点

（一）掘进机优点

（1）快速。掘进机可以实施连续掘进，能同时完成破岩、出渣、支护（衬砌）等作业，对围岩的适应性强，在抗压强度5～300MPa的岩体中掘进速度比钻爆法快50%左右。

（2）优质。掘进机实施机械破岩，避免了爆破作业，成洞周围岩层不受爆破振动而破坏，洞壁完整光滑，开挖后糙率仅为$n=0.0151\sim0.0176$，而钻爆法$n=0.333$；超挖量小，一般小于开挖断面积的5%，而钻爆法常大于20%。分析表明，与钻爆法相比，由于糙率小，水头损失也小，过水断面可减少30%左右；超挖量小，可节省支护衬砌量50%左右。

（3）经济。掘进机施工长隧洞，减少了用钻爆法进行长洞开挖所需的支洞、相应的各种临时建筑设施、交通道路、风、水、电设施等投资；由于超挖量小，可节省大量衬砌费用；掘进机施工速度快，缩短了工期，极大地提高了经济效益和社会效益。

（4）安全。由于掘进机开挖与衬砌完全在40mm厚的钢护盾内进行，杜绝了围岩掉块、塌方引起的安全事故，避免了爆破施工可能造成的人员伤亡，事故大大减少。对围岩扰动小，抑制了岩爆。

（5）改善劳动条件。掘进机采用电力驱动，无爆破后的烟尘废气，而且掘进机自身具有完善的通风除尘系统，解决了长隧洞施工通风的困难问题。工作区环境良好，对人体健康无不良影响，改善了劳动条件，减轻了体力劳动量。

（二）掘进机的缺点

（1）设备较贵，初期投资大。当洞长较短时，采用掘进机施工并不经济。根据美国和挪威等国的实践经验表明，长度大于直径600倍的长隧洞使用掘进机比较经济合理。

例如，美国路易斯水工隧洞，洞径2.4m，在相同施工条件下掘进机的施工费用约为钻爆法的88%，而设备费用却为钻爆法的3～4倍。

（2）不适于变洞径施工。掘进机直径目前可由1.2～12m，对于一定的掘进机设备，其洞径变化不能大于±10%。

（3）要求隧洞转弯半径大。因为整套掘进机机身较长，一般为16～20m，加之机后联接的辅助设备限制了转弯半径不能小于150～450m。

（4）不适于地质条件复杂，变化大的岩层。有大规模岩溶、涌水、断层等，掘进机难发挥其优势；坚硬多节理的岩体对掘进机工作不利，速度减慢，刀具磨损严重。

（5）运输及维修工作复杂。掘进机设备大、长、重，运输安装要有大型设备配合，刀具更换、电缆延伸、机器调整等辅助工作占时较长，机械的使用率只有50%左右，而且一旦机器发生故障，就会影响全部工程施工。

五、TBM施工准备工作

（1）建成场内主要交通道路，平整掘进机的组装场，修建检修间。

（2）掘进机运输和组装。因掘进机重达数百吨，需拆开运输，一般采用大型拖车可满足大件运输要求。每组装一台掘进机大约需30～60d。

（3）准备掘进机工作面。通常要用钻爆法开挖洞口，并向前开挖一段隧洞，开挖出的这段隧洞长度要大于掘进机刀盘到支撑板后缘的距离。修平掌子面，并将隧洞边墙和底板衬砌好，以支撑掘进机的支撑板。若洞口有条件浇筑相同长度的混凝土导墙时，可以不开挖这段隧洞。

（4）建立风、水、电系统。

1）供水。设备冷却水一般要求水压在0.15～0.2MPa，刀盘要求高压喷水0.6～1.0MPa。耗水量按机械性能或按单位时间最大破岩体积的10%～20%估计。

2）供电。掘进机本身附有变压器，供应主机、出渣带式输送机、排水泵、除尘等辅助设备动力，以及作业区的照明用电。主机的供电电压一般为6kV。其他供电与一般隧洞施工方法相同。

3）通风除尘。通风可采用吸出式、压入式或混合式。

掘进机刀盘上开挖产生的粉尘主要靠喷水，使掌子面粉尘湿润沉降。另外利用橡胶密封的挡尘板，将工作面与人的活动区域分开，减少粉尘浓度，并采取通风使空气中有害物质浓度降低至允许范围。

通风量的计算公式为

$$Q_0 = Av \tag{6-9}$$

式中 Q_0——通风量，m^3；

A——隧洞断面面积，m^2；

v——排尘风速，0.5～1.0m/s。

采用压入式通风方式时，风量应大于负压通风量的20%。

（5）筹建混凝土管片预制厂（仅对盾构掘进机）。需要时可选择靠洞口附近布置管片预制厂，内设混凝土拌和厂、水泥库、钢筋加工厂、空压站、锅炉房和蒸汽养护室等。

六、掘进机掘进技术的发展趋势

从钻爆法技术发展到TBM掘进技术，其发展的动力是源于人们对快速、安全、文明隧洞施工的追求。同样，TBM掘进技术的未来也将以此为动力而得到发展。因此，未来的掘进机应该在功能、造价、自动化程度及使用灵活性等方面优于目前的掘进机。

从目前的发展趋势来看，TBM掘进机可能走向两极化：一是造价低廉、功能单一，适用于单一地质条件的掘进机；二是造价昂贵，适用于复杂地质的多功能掘进机。

从隧洞衬砌方面，目前与TBM掘进技术（仅对盾构掘进机）相配套的主要是预制混凝土管片衬砌技术，这是目前在隧洞需要加强支护条件下保证掘进机快速掘进的主要手段。但是，管片支护中存在接缝多、错台大等问题，虽然通过增加导向杆、连接销等辅助件能在很大程度上限制错台，但接缝问题很难从根本上得到解决。将来除了在解决接缝问题上想办法外，还可能从挤压混凝土技术上有所突破，也就是在混凝土中掺入钢纤维，采用泵送混凝土的办法，将钢纤维混凝土直接送到围岩与模板之间，从而将TBM掘进技术与现浇混凝土技术相结合，最终从根本上解决管片接缝问题。

第四节　盾构机开挖土体中隧洞的施工

一、盾构工法

盾构施工法是在土体中暗挖隧洞的一种施工方法，它使用盾构机在地下掘进，在防止软基开挖面崩塌或保持开挖面稳定的同时，在机内安全地进行隧洞的开挖和衬砌作业。其施工过程需先在隧洞某段的一端开挖竖井或基坑，将盾构机吊入安装，盾构机从竖井或基坑的墙壁开孔处开始掘进，并沿设计洞线推进直至到达洞线中的另一竖井或隧洞的端点。

盾构工法的选择，关键是比较各种盾构工法的特征。其中，选择适合土质条件并确保工作面稳定的盾构机种及合理辅助工法最重要。所以，盾构机的选型原则是因地制宜，尽量提高机械化程度，减少对环境的影响。

盾构是盾构机的简称，全名称盾构隧道掘进机（Tunnel Boring Machine），是一种隧道掘进的专用工程机械，它是一个横断面外形与隧道横断面外形相同，尺寸稍大，利用回旋刀具开挖，内藏排土机具，自身设有保护外壳，用于暗挖隧道的机械。

二、盾构机的原理

盾构机的基本工作原理，是一个圆柱体的钢结构组件沿隧洞轴线边向前推进边对土壤进行挖掘。该圆柱体组件的壳体即护盾，它对挖掘出的还未衬砌的隧洞段起着临时支撑的作用，承受周围土层的压力，有时还承受地下水压以及将地下水挡在外面。挖掘、排土、衬砌等作业在护盾的掩护下进行。

三、盾构机的特点

用盾构机进行隧洞施工具有自动化程度高、节省人力、施工速度快、一次成洞、不受气候影响、开挖时可控制地面沉降、减少对地面建筑物的影响和在水下开挖时不影响水面交通等特点，在隧洞洞线较长、埋深较大的情况下，用盾构机施工更为经济合理。现代盾构掘进机集光、机、电、液、传感、信息技术于一体，具有开挖切削土体、输送土渣、拼装隧道衬砌、测量导向纠偏等功能，而且要按照不同的地质进行“量体裁衣”式的设计制造，可靠性要求极高，广泛应用于地铁、铁路、公路、市政、水电等隧道工程。

四、盾构机的种类

盾构的分类较多，可按盾构切削面的形状、盾构自身构造的特征、尺寸的大小、功能，挖掘土体的方式，掘削面的挡土形式，稳定掘削面的加压方式，施工方法，适用土质的状况等多种方式分类。下面按照盾构组合命名分类进行阐述。

（一）全敞开式盾构机

全敞开式盾构机的特点是掘削面敞露，故挖掘状态是干态状，所以出土效率高，适用于掘削面稳定性好的地层。对于稳定性差的冲积地层应辅以压气、降水、注浆加固等措施。

1. 手掘式盾构机

手掘式盾构机即手工掘削盾构机的前面是敞开的，所以盾构的顶部装有防止掘削面顶端坍塌的活动前檐和使其伸缩的千斤顶。掘削面上每隔 2～3m 设有一道工作平台，即分割间隔为 2～3m。另外，在支撑环柱上安装有正面支撑千斤顶。掘削面从上往下，掘削时按顺序调换正面支撑千斤顶，掘削下来的沙土从下部通过皮带传输机输给出土台车。掘削工具多为鹤嘴锄、风镐、铁锹等。

2. 半机械式盾构机

半机械式盾构机是在人工式盾构机的基础上安装掘土机械和出土装置，以代替人工作业。掘土装置有铲斗、掘削头及两者兼备三种形式。具体装备形式为：①铲斗、掘削头等装置设在掘削面的下部；②铲斗装在掘削面的上半部，掘削头在下半部；③掘削头装在掘削面的中心；④铲斗装在掘削面的中心。

3. 机械式盾构机

机械式盾构机前部装有旋转刀盘，故掘削能力大增。掘削下来的砂土由装在掘削刀盘上的旋转铲斗，经过斜槽送到输送机。由于掘削和排土连续进行，故工期缩短，作业人员减少。

（二）部分开放式盾构机

部分开放式盾构机即挤压式盾构机，其构造简单、造价低。挤压盾构适用于流塑性高、无自立性的软黏土层和粉砂层。

1. 半挤压式盾构机（局部挤压式盾构机）

在盾构的前端用胸板封闭以挡住土体，使其不致发生地层坍塌和水土涌入盾构内部的危险。盾构向前推进时，胸板挤压土层，土体从胸板上的局部开口处挤入盾构内，因此可不必开挖，使掘进效率提高，劳动条件改善。

2. 全挤压式盾构机

在特殊条件下，可将胸板全部封闭而不开口放土，构成全挤压式盾构。

3. 网格式盾构机

在挤压式盾构的基础上加以改进，可形成一种胸板为网格的网格式盾构，其构造是在盾构切口环的前端设置网格梁，与隔板组成许多小格子的胸板；借土的凝聚力，用网格胸板对开挖面土体起支撑作用。当盾构推进时，土体克服网格阻力从网格内挤入，把土体切成许多条状土块，在网格的后面设有提土转盘，将土块提升到盾构中心的刮板运输机上并运出盾构，然后装箱外运。

（三）封闭式盾构机

1. 泥水式盾构机

泥水式盾构机是通过加压泥水或泥浆（通常为膨润土悬浮液）来稳定开挖面，其刀盘后面有一个密封隔板，与开挖面之间形成泥水室，里面充满了泥浆，开挖土料与泥浆混合由泥浆泵输送到洞外分离厂，经分离后泥浆重复使用。

2. 土压式盾构机

土压式盾构机是把土料（必要时添加泡沫等对土壤进行改良）作为稳定开挖面的介质，刀盘后隔板与开挖面之间形成泥土室，刀盘旋转开挖使泥土料增加，再由螺旋输料器旋转将土料运出，泥土室内土压可由刀盘旋转开挖速度和螺旋输出料器出土量（旋转速度）进行调节。它又可细分为削土加压盾构、加水土压盾构、加泥土压盾构和复合土压盾构。

五、盾构机的发展历程

盾构机问世至今已有近180年的历史，其始于英国，发展于日本、德国。近30年来，通过对土压平衡式、泥水式盾构机中的关键技术的探索，如盾构机的有效密封，确保开挖面的稳定、控制地表隆起及塌陷在规定范围之内，刀具的使用寿命以及在密封条件下的刀具更换，对一些恶劣地质如高水压条件的处理技术等方面研究解决，使盾构机有了很快的发展。盾构机技术仍有巨大的发展余地。目前的盾构机几乎全是针对具体项目规范和地质条件而量身订做。希望在不久的将来，能够实现盾构机设计目标：一台全球通用的机器，功能强大足以应付任何项目。这将从两个方面大大地降低费用，一是设计制造的标准化，二是推进二手机器市场。材料科学的发展将能够制造功能更强、缺陷更少的切割刀具，使得机器可以运行数百英里而无须停顿更换刀具。最后，应该很快可以实现机器的地面控制，从而避免为保证隧道内人员安全而采取的各种昂贵措施。这在一些小型隧道上已经实现。

第五节　新奥法与喷锚支护

一、新奥法

（一）新奥法特点

新奥法是奥地利隧道工程新方法（New Austrian Tunneling Method—NATM）的简称。新奥法以其突出的优越性，在理论研究和应用推广中获得了很大的发展。我国在20世纪70年代末引进该技术并在应用中取得了显著的成就。

传统的隧洞工程是采用刚度大的厚壁衬砌结构来承受围岩压力，开挖过程中采用木支撑或钢木支撑作为临时支护，从开挖到永久衬砌结束，需经较长的时间过程。新奥法则视岩体为具有弹性、塑性及黏性的连续介质，研究开挖过程中围岩的本构关系及与支护结构的相互作用。利用围岩的残余强度，发挥围岩自身及支护结构的联合稳定作用，注意开挖过程中支护的时间与空间效应，强调在适当时机支护的意义。

新奥法的支护结构一般包括一次支护及二次支护。一次支护一般为喷锚临时支护，二次支护一般为现浇混凝土衬砌，一次支护及二次支护构成永久支护。

新奥法的设计包括结构设计及施工设计两部分，两者是紧密结合的。新奥法的设计主要采用工程类比法，在设计中将本工程的地质条件等情况与类似的已建工程进行对比分析，初步确定设计方案。在施工的全过程中，自始至终通过对围岩动态的量测监控，监视围岩是否安全稳定，确定适时的支护时间，并通过现场量测验证及修改完善设计方案。

（二）新奥法的基本原则

新奥法施工应符合岩石力学的原理，遵从岩体应力分布和变化的规律，归纳如下：

（1）在隧洞开挖过程中，应尽量避免过多地破坏、扰动围岩，防止围岩松动。开挖后应适时地封闭开挖表面及支护，最佳时间是开挖后岩体产生了一定的变形，完成了初期的应力重分布。此时支护，将使支护承受较小的压力，进而可以简化支护结构，支护应力求与围岩紧密联结。因此，常用喷射混凝土的方法支护。

（2）围岩在未开挖时处于三维应力状态，在三维应力状态下围岩是稳定的。开挖使围岩成为二维应力状态，而在二维应力状态下的围岩强度是很低的，因此应尽量避免出现这种不利的应力状态。开挖后适时的支护，可使开挖面受到侧向约束，恢复与保持围岩原来的三维应力状态，并在围岩内形成一个较小的支撑圈，与支护结构联合作用，使围岩达到新的稳定平衡。

(3) 支护结构尺寸及支护时间通常需通过施工现场变形量测来确定。一般采用多种项目量测不同部位的围岩变位，并观测混凝土内部及混凝土与围岩接触面的应力以及锚杆所承受的拉力等。通过观测可以确定洞室是否趋于稳定。

(4) 选择合理的开挖方法并注意排水。

（三）新奥法的设计与施工

1. 设计

新奥法是利用粘、弹、塑性理论的研究成果，着眼于围岩变位的稳定来设计支护结构。由于围岩条件及地质情况的复杂性以及围岩稳定的多因素影响，目前对支护结构设计尚没有成熟的理论计算方法。工程中用工程类比法确定初选方案，然后通过现场变形量测进行完善和调整。

初选设计施工方案的内容主要包括：根据隧洞的断面形状及尺寸，确定隧洞开挖的方式方法及主要机械设备、喷锚支护及现浇混凝土衬砌结构尺寸及施工方法；确定现场量测项目及实施方法。

2. 施工

(1) 开挖。开挖可与支护交叉进行。

(2) 一次支护。一次支护为喷锚支护，包括初喷混凝土、打锚杆、设置钢筋网、立钢拱架及复喷混凝土等工序。初喷混凝土厚度一般为 3～5cm，如设计的一次支护喷混凝土较厚，可采用多次复喷，每次复喷混凝土厚度约 5～8cm。

(3) 二次支护。二次支护通常为现浇混凝土衬砌。二次支护一般不应承受围岩变位的荷载，因此应在一次支护基本稳定后实施，一般约在完成一次支护 3～6 个月后进行。多数采用新奥法施工的水工隧洞，尤其是比较重要的永久工程，都有二次支护。二次支护可以提高安全度、减小糙率，并起到防渗作用。

3. 现场量测

现场量测是新奥法确保工程安全，指导施工，修改完善设计的一个重要手段。

现场量测项目分为必测项目及选测项目。必测项目是新奥法的重点量测项目，包括隧洞内目测观察、内空变位量测、锚杆拉拔抗力量测、顶板下陷量测等，主要用以判断围岩稳定状态、判断支护结构的工作状态及指导设计施工，这类量测方法简单，费用少，但作用很大。选测项目是有特殊需要时进行的补充量测，包括围岩内变位、锚杆轴向力、支护层应力、围岩压力及围岩物理力学性能等，主要用以判断围岩松动状态及喷锚支护效果，这类量测项目多而复杂，费用大，除了有特殊量测任务的地段外，一般只选其中一些必不可少的项目进行，如锚杆轴向力量测，主要是了解锚杆中的应力分布状态，判断是否需要修改锚杆设计长度及数量。

二、喷锚支护

喷锚支护的目的是维护围岩的稳定。喷混凝土的作用是封闭岩面和裂隙，防止岩体的风化，提高表层岩石的整体性；锚杆的作用则是提高深层岩石的整体性。表 6－11 为喷锚支护的型式，可供设计参考。

表 6－11　　隧洞喷锚支护类型及设计参数选择表

围岩级别	隧洞跨度 B（m）	
	$B \leq 5$	$5 < B \leq 10$
Ⅰ	不支护	5cm 厚喷射混凝土
Ⅱ	5cm 厚喷射混凝土	1. 8～10cm 厚喷射混凝土； 2. 5cm 厚喷射混凝土，设置 1.5～2.0m 长的锚杆
Ⅲ	1. 8～10cm 厚喷射混凝土； 2. 5cm 厚喷射混凝土，设置 1.5～2.0m 长的锚杆	1. 12～15cm 厚喷射混凝土，必要时配置钢筋网； 2. 8～10cm 厚喷射混凝土，设置 2.0～2.5m 长的锚杆，必要时配置钢筋网
Ⅳ	8～10cm 厚喷射混凝土，设置 1.5～2.0m 长的锚杆	10～15cm 厚钢筋网喷射混凝土，设置 2.0～2.5m 长的锚杆，必要时采用仰拱
Ⅴ	12～15cm 厚钢筋网喷射混凝土，设置 1.5～2.0m 长的锚杆，必要时采用仰拱	15～20cm 厚钢筋网喷射混凝土，设置 2.0～3.0m 长的锚杆，采用仰拱，必要时加设钢架

三、锚杆与钢筋网支护

1. 锚杆的种类与形式

按照锚固机能，锚杆大致可分为以下几种形式。

（1）全粘结式
- 水泥浆全粘式锚杆
- 水泥砂浆全粘式锚杆（砂浆锚杆）
- 树脂全粘式锚杆

（2）端头锚固式
- 机械式内锚头锚杆
  - 楔缝式锚杆
  - 楔头式锚杆
  - 胀壳式锚杆
- 粘结式内锚头锚杆
  - 水泥砂浆内锚头锚杆
  - 快硬水泥卷内锚头锚杆
  - 树脂内锚头锚杆

（3）摩擦式
- 缝管式锚杆
- 楔管式锚杆

（4）预应力式
- 先涨拉后灌浆预应力锚杆
- 先灌浆后涨拉预应力锚杆

（5）混合式。同时具有上述四种形式中两种以上功能的锚杆。

各种类型锚杆构造如图 6－20 所示。

2. 锚杆的布置及参数选择

洞室中锚杆的布置和锚杆参数的选择，应根据围岩特性和洞室跨度，通过试验确定。

锚杆材料以选用高强度的螺纹钢或其他变截面钢筋为好，其直径一般为 16～25mm。锚杆的安装方向在有明显节理的岩层里，应尽可能地垂直于节理面；如节理面不明显，则应垂直于洞壁表面。

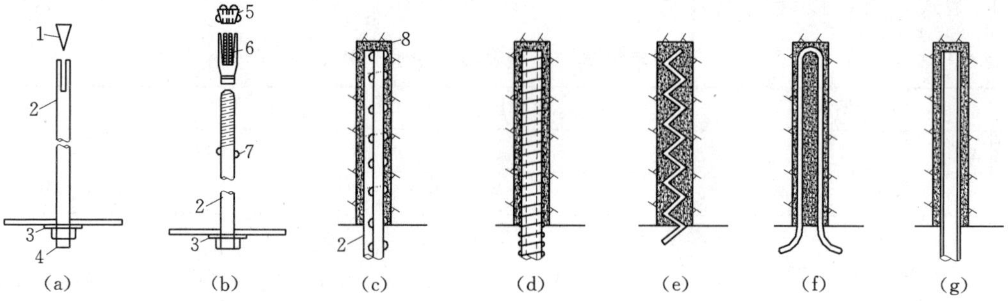

图6-20　锚杆形式

(a) 楔缝式锚杆；(b) 胀壳式锚杆；(c) 螺纹或竹节钢筋砂浆锚杆；(d) 中空螺纹或竹节钢筋砂浆锚杆；(e) 波浪形钢筋砂浆锚杆；(f) 倒"U"形钢筋砂浆锚杆；(g) 钢管砂浆锚杆

1—楔块；2—锚杆；3—垫板；4—螺帽；5—锥形螺帽；6—胀圈；7—突头；8—水泥砂浆或树脂

锚杆的布置有局部锚杆和系统锚杆。

(1) 局部锚杆。锚杆嵌入岩层，把可能坍落的岩块栓定在内部稳定的岩体上，起到悬吊作用保证洞顶围岩的稳定。如按悬吊作用考虑，楔缝式锚杆的有效长度应使锚头穿过可能松动坍落的岩层，锚固在稳定的岩层中，锚入稳定围岩的长度一般为40～50倍锚杆直径。普通砂浆锚杆也应有一小段嵌入稳定岩层中的锚固长度。

(2) 系统锚杆。锚杆将裂隙发育的岩体串联在一起，阻止了岩块沿裂隙转动或滑移，保持了裂隙间的挤压结合，形成拱形的连续压缩带，构成一个承受山岩压力的岩石承重拱。系统锚杆不一定要求达到不松动的围岩。锚杆长度可采用节理岩块厚度的3倍，使锚杆锚固到头两层之后的节理岩块上，将一组组岩块构成整体结构。

通常锚杆的长度采用1.5～2.5m。考虑到靠近洞壁表面的岩层可能松动，锚杆的最小长度不宜小于1m。锚杆间距与围岩节理裂隙的间距及锚杆长度有关。为了保证锚固效果，锚杆间距应小于平均裂隙间距的3倍，同时锚杆间距也不宜大于其锚固深度的1/2。Ⅳ、Ⅴ类围岩中锚杆间距宜为0.5～1.0m，并不得大于1.25m，一般以每平方米一根锚杆为宜，呈梅花形均匀交错布置，横向（垂直于洞轴）间距可较纵向（顺洞轴）间距略密些。

3. 钢筋网支护

当隧洞跨度较大或围岩较破碎时，可采用钢筋网支护。钢筋网除了可在混凝土喷射以前防止锚杆间松动岩块的脱落以外，还可以提高喷混凝土的整体性，防止喷混凝土产生收缩并提高抗震动的能力。

钢筋网的纵向钢筋直径一般为6～10mm，环向钢筋直径一般为6～12mm，不宜采用过粗的钢筋。网格间距一般为20～30cm，最小不应小于10cm。钢筋网的喷混凝土保护层厚度不应小于5cm，钢筋网与锚杆宜用电焊连接，钢筋网的交叉点应绑扎牢固，最好隔点焊接，隔点绑扎，施工中应保证钢筋网和岩面紧密相贴。

四、喷混凝土施工

喷混凝土是将水泥、砂、石和外加剂（速凝剂）等材料，按照一定比例拌和后装入喷射机中，用压缩空气将混合料压送到喷头处，与水混合后高速喷到作业面上，快速凝固而成一种薄层支护结构。喷射机械如图 6-21 所示。

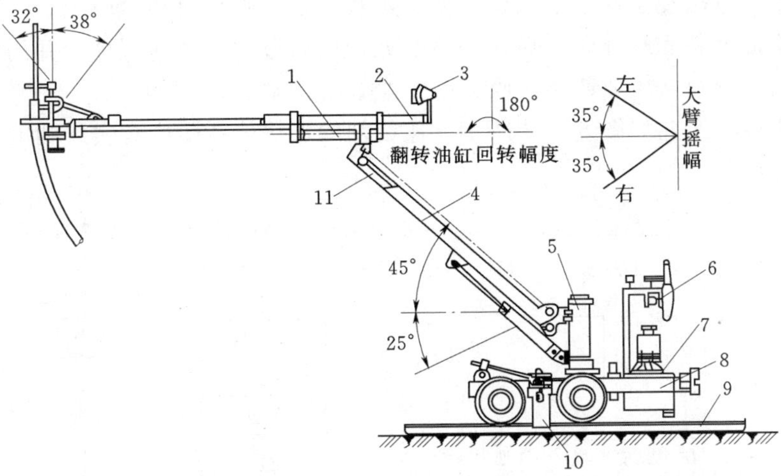

图 6-21 喷射机械

1—翻转油罐；2—伸缩油罐；3—探照灯；4—大臂；5—转筒；6—风水系统；
7—液压系统；8—车架；9—钢轨；10—卡轨器；11—拉杆

这种支护结构在凝固初期，有一定强度和柔性，能适应围岩的松弛变形，减少围岩的变形压力。喷混凝土不但与围岩的表面有一定黏结力，而且能充填围岩的缝隙，将分离的岩面黏结成整体，提高围岩的自身强度，增强围岩抵抗位移和松动的能力；喷混凝土还能封闭围岩，防止风化，缓和应力集中，是一种高效、早强、经济的轻型支护结构。

（一）喷混凝土原材料

1. 水泥

喷混凝土所用的水泥，应优先选用不低于 32.5MPa 的普通硅酸盐水泥，以使喷射混凝土掺入速凝剂后凝结快，保水性好，早期强度增长快，收缩小。

2. 砂石料

砂石料应优先选用磨圆度较好的天然砂和卵石，也可采用机制的砂石料。砂的细度模数宜控制在 2.5～3.0 范围内，砂子过细会使混凝土干缩增大，过粗则会增加回弹；石料的最大粒径宜控制在 20mm 以内，且大于 15mm 的颗粒应控制在 20%以下，以减少反弹。

3. 水

一般能供饮用的自来水和清洁的天然水都可使用。隧洞中的混浊水和一切含有影响水泥正常凝结、硬化有杂质的水不能使用。

4. 速凝剂

为加快喷混凝土硬化过程，提高早期强度，增加一次喷射的厚度，提高喷混凝土在潮湿含水地段的适应能力，宜在喷混凝土中掺加速凝剂，其掺量为 2%～4%。

（二）喷混凝土施工工艺及参数确定

喷混凝土的施工方法有干喷和湿喷两种。

干喷是将水、砂、石和速凝剂加微量水干拌后，用压缩空气输送到喷嘴处，然后与适量水混合，喷射到岩石表面。也可以将干混合料压送到喷嘴处，再加液体速凝剂和水进行喷射。这种施工方法便于调节加水量，控制水灰比，但喷射时粉尘较大。

湿喷是将混合料和水拌匀以后送到喷嘴处，然后添加液体速凝剂，并用压缩空气补给能量进行喷射。湿喷法主要改善了喷射时粉尘较大的缺点。

喷混凝土施工工艺如图 6-22 所示。速凝剂的加法，在图中有实线和虚线两种，但以实线流程为好。

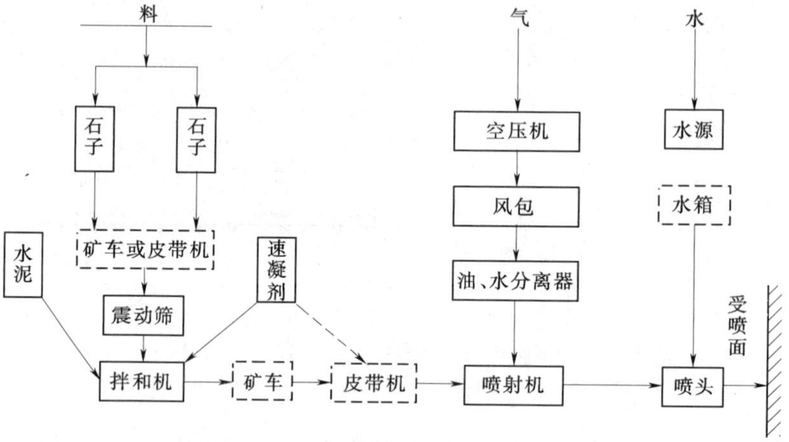

图 6-22　干喷混凝土工艺流程图

为了保证喷混凝土的质量，必须注意控制有关的施工参数，主要有以下几项。

1. 工作风压

工作风压指喷射机正常作业时喷射机工作室内的压力。风压大，喷射速度高，混凝土回弹量大，粉尘多，水泥耗量大；风压小，则混凝土不密实，易发生堵塞。

加料前或加料后风压的估算公式为

$$P_1=0.001L \tag{6-10}$$

$$P_2=1+0.0013L \tag{6-11}$$

式中　P_1——加料前空载压力，MPa；

P_2——加料后工作压力，MPa；

L——输料管水平长度，m。

垂直向下输料时，风压与运距的关系，与水平输料相近；垂直向上输料时，由于克服重力，一般每增高 10m，风压要加大 0.02～0.03MPa。

2. 工作水压

喷头处的水压必须比该处风压高 0.1～0.5MPa，并要求水压稳定，保证射水具有较强的穿透混合料的能力，混合料充分湿润，掺合均匀。

3. 喷混凝土料配比

选择喷混凝土配合比，既要考虑混凝土强度和其他物理力学性能的要求，又要考虑施工工艺的要求。一般情况下，干喷法时水泥与骨料之比宜为 1：4.0～1：4.5；湿喷法时水泥与骨料之比宜为 1：3.5～1：4.0。原始配合比中水泥用量为 450～500kg/m³，砂率

50%～60%，水灰比 0.4～0.5。

4. 喷射角度与方向

喷射时，喷嘴一般应垂直于岩面，并稍微向刚喷射的部位倾斜，效果比较好，如图 6－23 所示。

当喷射方向与岩面垂直时，粗骨料与岩石或混凝土面相接后，总有一部分按垂直的相反方向弹回，这时回弹物刚好受到喷射料束的约束，抵消了部分回弹能量，有利于嵌入混凝土层中。而喷头微向刚喷射的部位倾斜，可使喷出的料束有相当部分直接冲入黏塑状态的混凝土中，减少与岩石撞击，减少回弹。

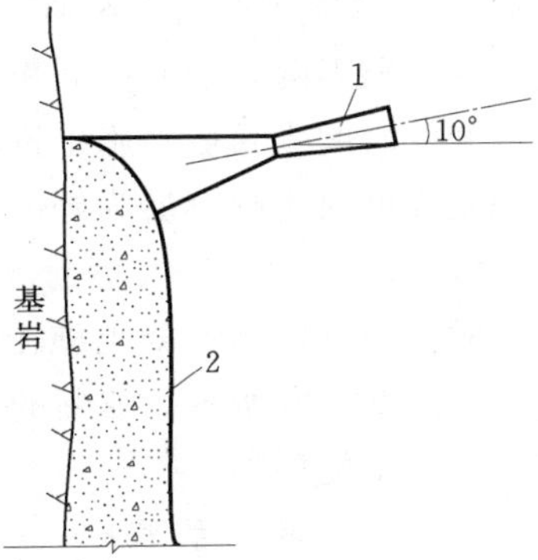

图 6－23　喷射方向与受喷面夹角图

1—喷嘴；2—喷射混凝土

5. 喷射距离

最优距离以能看清喷射情况、料束集中、回弹最小、混凝土强度最高为准。一般为 1.0m 左右。图 6－24 为喷射距离与回弹率、混凝土抗压强度的关系示意图。

6. 一次喷射厚度

一次喷射厚度主要由混凝土颗粒间的凝聚力和喷射层与受喷面之间的黏结力而定，并与喷射方向与水平面的夹角有关。在不掺速凝剂的情况下，其关系如图 6－25 所示。喷边墙时，夹角为 0°，一次喷射厚度 7～8cm；喷顶拱时，夹角为 90°，一次喷射厚度 3～4cm；掺速凝剂时，一次喷射厚度可增加 1 倍左右。工程中一次喷射厚度，边墙一般不超过 10cm，顶部一般不超过 5cm。

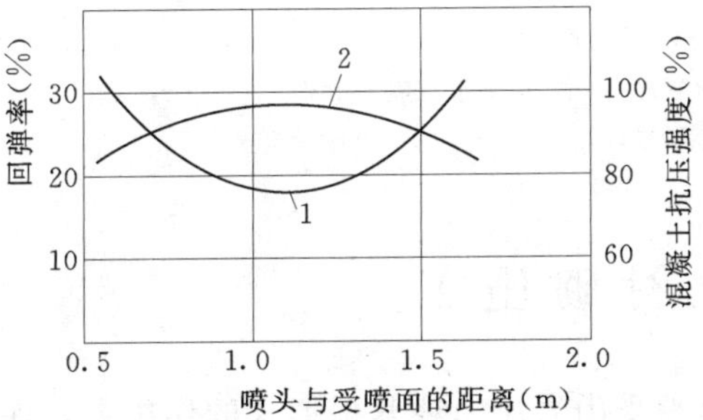

图 6－24　喷距、回弹率和混凝土强度关系

1—喷射距离与回弹率的关系；

2—喷射距离与混凝土强度的关系

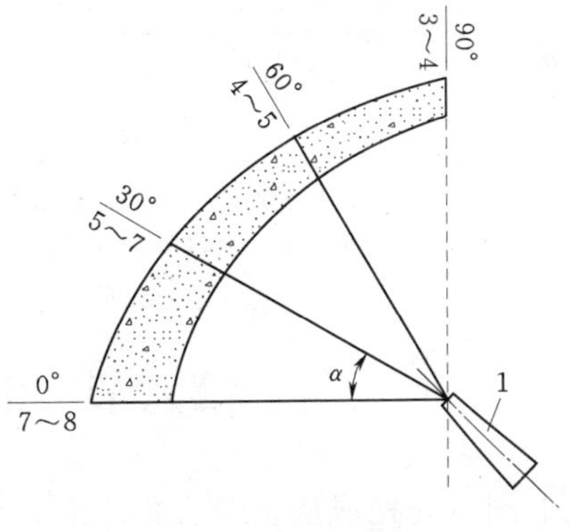

图 6－25　一次喷射厚度与喷射方向关系图

1—喷嘴；$\frac{0°}{7\sim8}$…表示$\frac{\text{喷射方向与水平面夹角}}{\text{喷射厚度（cm）}}$

一次喷射厚度的计算公式为

$$D=k+4\cos\alpha \tag{6-12}$$

式中　D——一次喷射厚度，cm；

k——常量，取 3～4，cm；

α——喷射方向与水平面的夹角，(°)。

7. 分层喷射的间歇时间

分层喷射时，层间的间歇时间与水泥品种、速凝剂型号、掺量和施工温度等因素有关。间歇时间太长影响施工进度，太短喷层容易脱落。一般应掌握在前层混凝土终凝后并有一定强度时再喷续层为好。

8. 喷射区的划分与喷射顺序

洞室内壁面喷混凝土施工，一般是先墙后拱，自下而上，先凹后凸，分区段顺序进行，如图 6-26 所示。喷嘴的运动要呈螺旋形划圈，划圈直径 30cm 左右，并一圈套半圈地前进，不能漏喷。

9. 喷射混凝土的养护

喷射混凝土的水泥含量高，凝结速度快，为保证其强度增长，防止混凝土收缩开裂，一般在喷完后 2～4h 开始洒水养护，并保持混凝土的湿润状态，养护时间不小于 14d。

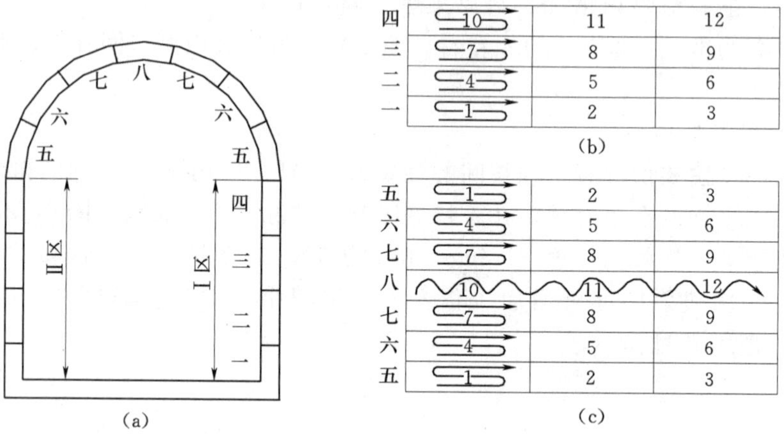

图 6-26　喷射区段和喷射顺序

(a) 喷射分区；(b) 侧墙Ⅰ、Ⅱ区喷射顺序；(c) 顶拱Ⅲ区喷射顺序

Ⅰ，Ⅱ—分区号；一，二，…，八—顺序号；1，2，…，12—分段号

第六节　混凝土衬砌施工

地下洞室开挖成型临时支护之后，为了永久承受山岩压力或其他形式的作用力，保持围岩稳定，防止风化，封堵洞壁渗漏水，形成整齐平顺的洞室轮廓，保证建筑物的正常使用，还要进行二次支护。混凝土衬砌是常用的二次支护型式。一次支护及二次支护构成永久支护。隧洞混凝土衬砌施工有现浇混凝土、预填骨料压浆和预制构件安装等方法，现浇混凝土衬砌施工与一般混凝土及钢筋混凝土施工基本相同。本节结合洞室混凝土衬砌施工的特点，进行介绍。

一、平洞衬砌的分缝分块

平洞一般较长，由于结构设计要求和施工能力的限制，一般沿洞长方向分段进行混凝土浇筑，这就需要分缝、分块。

（一）平洞衬砌的分段及浇筑顺序

纵向通常要分段进行浇筑。当结构上设有永久伸缩缝时，可以利用永久缝分段；当永久缝间距过大或无永久缝时，则应设施工缝分段；分段长度一般为4～18m，视平洞断面大小，围岩约束特性以及施工浇筑能力而定。

分段确定后，为争取分段浇筑混凝土的连续性，常采用的浇筑顺序有跳仓浇筑、分段流水浇筑、分段留空档浇筑。

1. 跳仓浇筑

图6－27（a）为按分段编号，先浇①、③、⑤、…段，后浇②、④、⑥、…段。

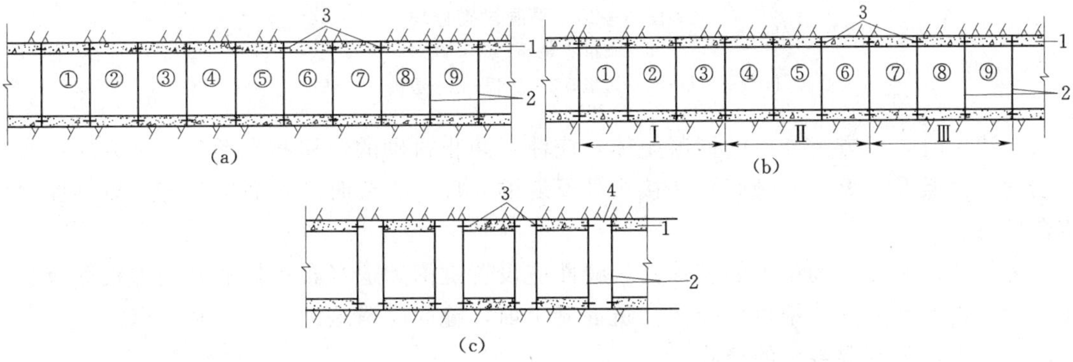

图6－27　平洞衬砌分段浇筑顺序

（a）跳仓浇筑；（b）分段流水浇筑；（c）分段空档浇筑

Ⅰ，Ⅱ，Ⅲ，…—大段序号；①，②，③，…—小段序号

1—衬砌混凝土；2—段间分缝；3—止水；4—空档

2. 分段流水浇筑

如图6－26（b）所示，将全洞分成若干个大段（Ⅰ、Ⅱ、Ⅲ、…），每个大段又分成若干个小段（①、②、③、…），按照一定的次序组织流水施工。如先浇①、④、⑦、…段，再浇②、⑤、⑧、…段，最后浇③、⑥、⑨、…段。

3. 分段留空档浇筑

如图6－26（c）所示，在浇筑段之间预留空档，相邻浇筑段的施工互不干扰，有利于及时进行大面积衬砌，可防止围岩风化、掉块和坍落。其缺点是：增加了施工缝面的处理工作，空档宽度1m左右，以后回填施工比较困难。这种方法一般只在地质条件不好时才采取。

（二）平洞衬砌分块

衬砌施工在横断面上可一次浇筑，也可分块浇筑，主要取决于施工设备、技术条件和断面大小。一般情况下分成底拱（底板）、边拱（边墙）和顶拱。分缝界面常设在衬砌结构的转折点附近或结构内力较小的部位。如图6－28所示。

横断面上浇筑的顺序是先底拱（底板），后边拱（边墙）和顶拱。在地质条件较差时，要求先浇顶拱，后浇边拱和底拱。有时为了满足开挖与衬砌平行作业的要求，在洞底还未清理成型以前，先浇好边拱和顶拱，最后浇筑底拱。采取后两种浇筑顺序，由于在浇筑了

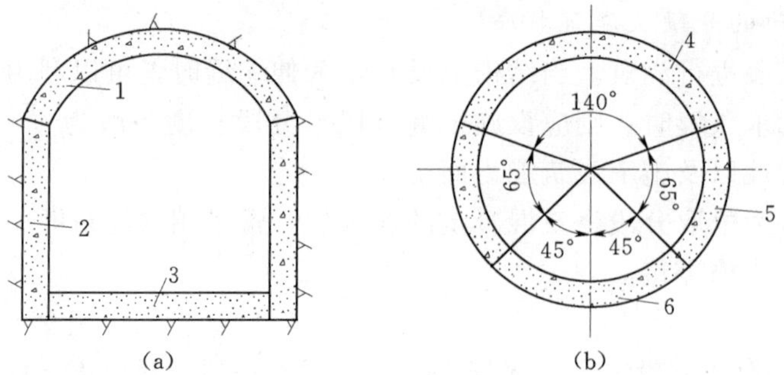

图 6-28　平洞衬砌分块

(a) 圆拱直墙形；(b) 圆形

1，4—顶拱；2—边墙；3—底板；5—边拱；6—底拱

顶拱、边拱时，下方无支撑的混凝土体，应注意防止衬砌的位移和变形，在下方应设有足够刚度的模板及支撑，并做好分块接头处反缝的处理，必要时应作灌浆处理，以确保缝面结合良好。

为保证横断面衬砌结构的整体性，缝面应设置键槽和适当布置插筋。受力钢筋应直接通过缝面，且在分缝处不得切断。浇筑混凝土前，缝面应凿毛清洗，以利结合。

二、平洞衬砌混凝土的模具

（一）组合模板架立

在模板架立和混凝土浇筑之前，要做好一切准备工作，如修帮、清渣、搭设脚手架、预埋仪器、钢筋绑扎等工作。

1. 底板（底拱）立模

当底拱中心角不大，比较平缓时，可只架设两边端头模板，不用表面模板，在混凝土浇筑后，用弧形板将表面刮成圆弧即可。当中心角较大时，一般采用悬吊模板，如图 6-29 所示，施工时先立端部模板，再立弧形模板的桁架，然后随着混凝土的浇筑，逐渐自中间向两旁安装悬吊模板。混凝土运输的支撑一般不能和模板桁架连在一起，以免仓面震动引起模板移动。

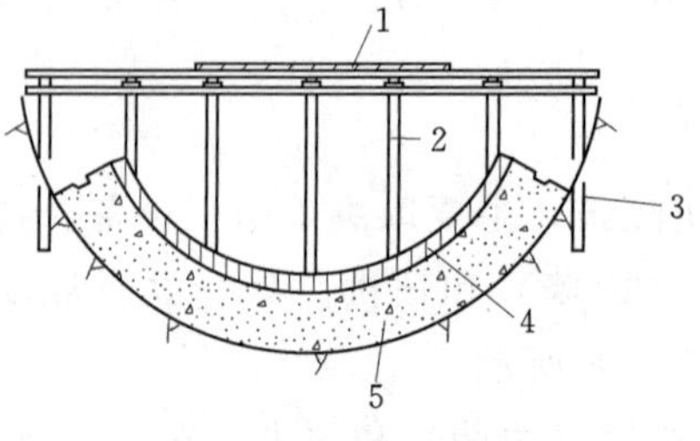

图 6-29　底拱悬吊模板

1—仓面板；2—模板桁架；3—桁架支柱；4—弧形模板；5—已浇混凝土

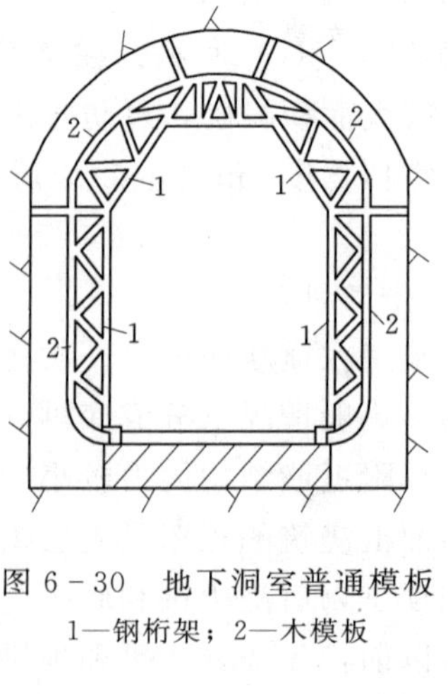

图 6-30　地下洞室普通模板

1—钢桁架；2—木模板

2. 边拱（边墙）、顶拱立模

边拱（边墙）、顶拱立模常用桁架式模板，桁架材料常用木结构或钢结构。钢结构模板适合多次重复使用，也可制成可移动的钢模台车。木模板可以修建成各种形状特殊的曲面，如渐变段、岔道段等，但大多数只能使用一次，周转率低，耗材多。地下工程中比较常用的是钢木混合模板，如图 6 - 30 所示。

（二）隧洞钢模台车

钢模台车是一种可移动的多功能隧洞衬砌模板车，如图 6 - 31 所示。根据需要它可作顶拱钢模、边拱（墙）钢模以及全断面钢模使用。按其机动型式可分为轨道门架式（自行或非自行）、轮胎式（包括汽车底盘式、轮胎门架式）。按操作方式分为全手动（手动螺杆垂直千斤顶和水平撑杆）、电动及手动（电动螺杆垂直千斤顶和手动水平撑杆）、全液压（液压垂直千斤顶和水平撑杆）。

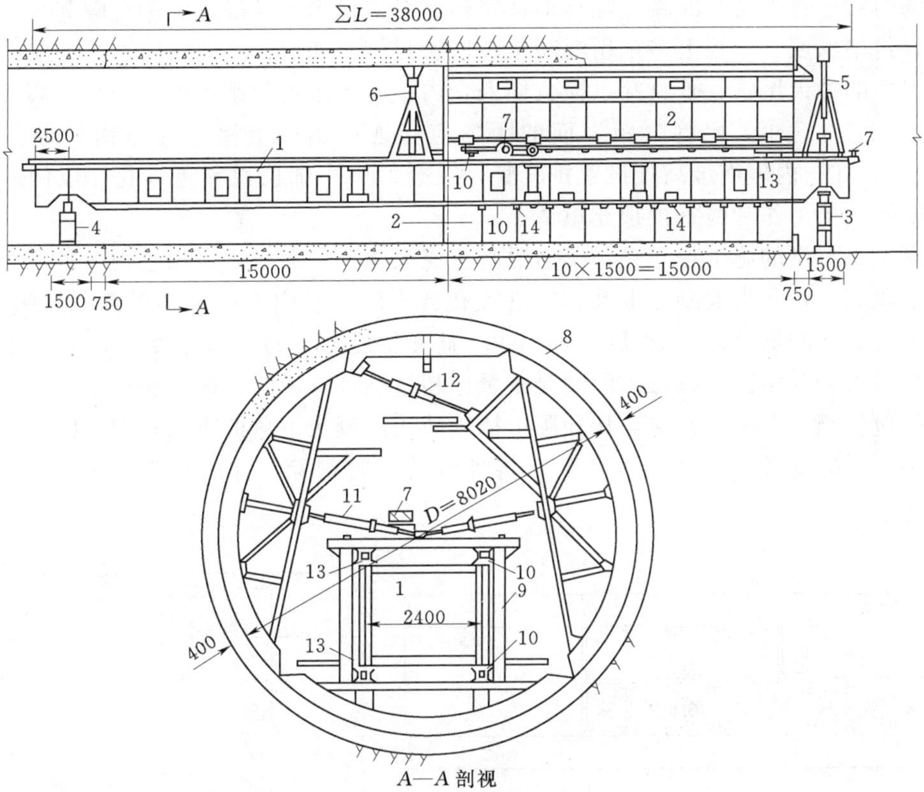

图 6 - 31　针梁式钢模台车示意图

1—针梁；2—钢模；3—前支座液压千斤顶；4—后支座液压千斤顶；5—前抗浮液压千斤顶平台；6—后抗浮液压千斤顶平台；7—行走装置系统；8—混凝土衬砌；9—针梁的梁框；10—装在梁框上的轮子，供钢模行走用；11—手动螺栓千斤顶，供伸缩边模用；12—手动螺栓千斤顶，供伸缩顶模用；13—针梁下钢轨，供针梁行走用；14—千斤顶定位螺栓

三、衬砌混凝土浇筑

（一）泵送混凝土浇筑

衬砌混凝土浇筑的有效工具是混凝土泵，比较适应洞内狭窄的施工条件，完成混凝土

的运输和浇筑。混凝土泵浇筑，多用于顶拱和边拱（边墙）。混凝土泵的导管可铺设在地面或工作平台上，在进入浇筑段时，才升高到模板上面。依靠混凝土泵的连续压送，将混凝土浇入仓内。

为保证泵送混凝土施工的正常进行，须注意：①泵送混凝土的骨料最大粒径，一般不超过导管内径的40%，宜选用二级配骨料；②坍落度宜采用10～18cm，使用中途停泵时间不得超过40min，如停泵时间超过了40min，应每隔5min启动活塞往复2～3次，以避免管道由于混凝土凝结而阻塞；③管道端部应尽量布置在高处，以便增加浇筑范围，但要估算垂直管的折合长度（相当于水平管段运送长度），折算值为垂直升高1m管段相当于8m水平管，1个90°弯头相当于12m水平管，1个45°弯头相当于6m水平管，一段长5～8m的橡胶软管相当于30m水平钢管；④混凝土浇筑完后应泵送清水冲洗管路及混凝土泵缸体与活塞等处。

平洞的衬砌封拱是在混凝土浇筑即将完毕前将拱顶未充满混凝土的空隙和预留的进出窗口予以封堵回填。工程上多采用混凝土泵尾管封拱，如图6-32所示。在混凝土泵导管末端接上短的冲天尾管，垂直穿过模板伸入仓内。冲天尾管间距一般4～6m，离浇筑段端部约1.5m左右；冲天尾管口距岩面的距离应保证压出的混凝土能自由扩散，一般为20cm左右；在仓内岩面最高处设置排气管，在仓的中央部位设置进人孔，以便进入仓内进行必要的辅助工作和检查拱顶充填情况。

混凝土泵封拱的施工程序是：①当混凝土浇至顶拱仓面时，撤出仓内各种器材，尽量筑高两端混凝土；②当混凝土上升到与进人孔齐平时，仓内人员全部撤离，封闭进人孔，同时增大混凝土的坍落度（达14～16cm），加快混凝土泵的压送速度，并连续压送混凝土；③当通气管开始漏浆或压入的混凝土量已超过预计方量时，停止压送混凝土；④去掉尾管上的包住预留孔眼的铁箍，从孔眼中插入防止混凝土下落的钢筋；⑤拆除导管，只留下冲天尾管；⑥待顶拱混凝土凝固后，将外伸的尾管割除，并用灰浆抹平。如图6-33所示。

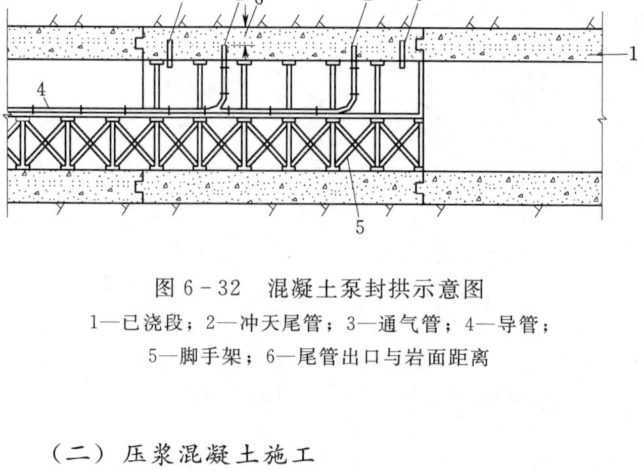

图6-32 混凝土泵封拱示意图

1—已浇段；2—冲天尾管；3—通气管；4—导管；5—脚手架；6—尾管出口与岩面距离

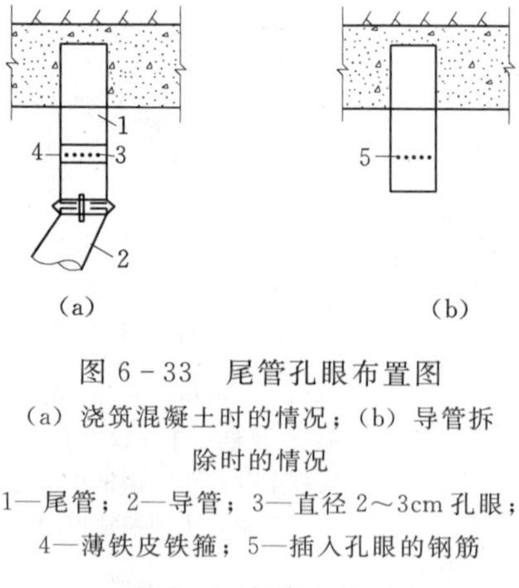

图6-33 尾管孔眼布置图

(a) 浇筑混凝土时的情况；(b) 导管拆除时的情况

1—尾管；2—导管；3—直径2～3cm孔眼；4—薄铁皮铁箍；5—插入孔眼的钢筋

（二）压浆混凝土施工

压浆混凝土又称预填骨料压浆混凝土，它是将组成混凝土的粗骨料预先填入立好的模板中，尽可能振实以后，再利用灌浆泵把水泥砂浆压入，凝固成结石。这种方法适用于钢筋密集，预埋件复杂、不容易浇筑和振捣的部位。洞室衬砌封拱或钢板衬砌回填混凝土时，用这种方法施工，可以明显减轻仓内作业的工作强度和干扰。

四、衬砌后的回填与固结灌浆

衬砌混凝土达到一定强度并得到充分收缩后，一般都需要进行灌浆处理，以起到衬砌的作用。根据目的不同，可分回填灌浆和固结灌浆。

回填灌浆主要是利用水泥浆料填充混凝土与岩壁或与钢板之间的空隙的灌浆工程，以改善传力条件和减少渗漏，尤其是拱顶部分。一般回填灌浆孔深入岩石 0.2～0.3m，孔排距 2～4m，通常在衬砌强度达 70%以上进行。

固结灌浆主要是加固围岩。固结灌浆一般深入岩体 2～5m，孔排距 2～4m，通常在回填灌浆完成 7～14d 后进行。这两种灌浆范围、孔距、孔深和灌浆压力，应根据地质条件、衬砌结构型式、内外水压力大小、围岩防渗和加固要求以及施工条件等因素，通过灌浆试验确定。

第七节　地下洞室施工的辅助作业

通风、消烟、除尘、排水、照明和风水电供应等，是地下洞室施工中的辅助作业。做好这些辅助作业可以改善施工人员作业环境，为加快地下工程施工创造良好的条件。

一、通风、消烟及除尘

洞室空气和外界空气不易对流，洞内温度、湿度和二氧化碳气体会增高；若钻孔爆破，粉尘和有毒气体、烟雾难以消散，影响身体健康和施工安全。洞室通风以后空气的质量，应符合洞内作业卫生标准。表 6-12 为洞内空气和粉尘的卫生要求。

表 6-12　　　　洞内空气和粉尘的卫生要求

<table>
<tr><td colspan="2" rowspan="2">项　　目</td><td colspan="2">最高允许含量</td><td colspan="2" rowspan="2">备　　注</td></tr>
<tr><td>按体积计（%）</td><td>mg/m³</td></tr>
<tr><td colspan="2">氧气（O_2）</td><td>>20</td><td></td><td colspan="2" rowspan="2">一氧化碳最高允许含量与作业时间</td></tr>
<tr><td colspan="2">二氧化碳（CO_2）</td><td><0.5</td><td></td></tr>
<tr><td colspan="2">甲烷（CH_4）</td><td><1</td><td></td><td>作业时间</td><td>最高允许含量（mg/m³）</td></tr>
<tr><td rowspan="5">有害气体单独存在</td><td>一氧化碳（CO）</td><td><0.0024</td><td>30</td><td rowspan="3">1h 内
30min 以内 15～20min</td><td>50</td></tr>
<tr><td>二氧化碳（CO_2）</td><td><0.0004</td><td>8</td><td>100</td></tr>
<tr><td>二氧化硫（SO_2）</td><td><0.00052</td><td>15</td><td>200</td></tr>
<tr><td>硫化氢（H_2S）</td><td><0.00066</td><td>10</td><td colspan="2" rowspan="2">反复作业的间隔时间应在两小时以上</td></tr>
<tr><td>醛类（丙希醛）</td><td></td><td>0.3</td></tr>
<tr><td colspan="2">含 10%以上游离二氧化硅的粉尘</td><td></td><td>2</td><td colspan="2" rowspan="3">含 80%以上游离二氧化硅的粉尘
不宜超过 1mg/m³</td></tr>
<tr><td colspan="2">含 10%以下游离二氧化硅水泥粉尘</td><td></td><td>6</td></tr>
<tr><td colspan="2">含 10%以下游离二氧化硅的其他粉尘</td><td></td><td>10</td></tr>
</table>

（一）通风方式

洞内通风，除洞长小于 40m 可采用自然通风外，工程中多采用机械通风，机械通风的基本形式有压入式、吸出式和混合式三种。

1. 压入式通风

压入式通风是通过通风管将新鲜空气直接送到工作面附近，使污浊空气冲淡，并经由洞身排至洞外。风管的端部与工作面的距离一般不宜超过 $6\sqrt{S}$m，S 为以平方米计的开挖断面面积。

此法的优点是施工人员在比较集中的工作面附近能够很快地获得新鲜的空气；缺点是污浊空气容易扩散到整个洞室。它适用于大于 200m 长的隧洞和竖井。

2. 吸出式通风

吸出式通风是通过风管将工作面前的污浊空气吸走并排至洞外，新鲜空气由洞口流入洞内。此法的优点是工作面处的污浊空气能在较短时间内经由管路吸出，避免了沿整个洞室流通扩散；缺点是新鲜空气流到工作面比较缓慢，且易遭污染，对较长的平洞尤为明显。它适用于小于 200m 隧洞和深 300m 以上的竖井，但易形成炮烟停滞区，一般不单独使用。

为保证风管的吸出效果，其端部又不被爆破的飞石所破坏，应使风管端部至工作面的距离保持为 $3\sqrt{S}$m，一般不大于 10m。

3. 混合式通风

混合式通风是在经常性供风时用压入式，爆破后进行定期通风时用吸出式，将上述两种方式结合起来使用，以充分发挥各自的优点。

有时为了充分发挥风机效能，加快换气速度，施工中常利用帆布、塑料布或麻袋等制成帘幕，防止炮烟扩散，使排除污浊气体的范围缩小。帘幕设在靠近工作面处，但要有一定的防爆距离，一般为 12～15m。掘进时，随着开挖面推进，帘幕亦需相应地向前移动。有条件时也可以设置水幕或压气水幕来代替帆布一类的帘幕。它适用于长洞、井的通风，是长洞、井快速通风的常用方式。

在改善通风的同时，还要重视粉尘和有害气体的控制。湿钻凿岩、爆破后喷雾降尘、出渣前对石渣喷水防尘等，都是降低空气中粉尘含量行之有效的措施。洞内施工严禁使用汽油发动机；使用柴油机时，宜加设废气净化装置以减少洞内空气的污染。

（二）通风量计算

通风量的计算，可根据下列三种情况，分别计算，取其中最大者，并应根据通风方式和长度考虑漏风增加值，漏风系数一般取 1.2～1.5。

1. 按工作面同时工作的最多人数计算

$$Q=mq \tag{6-13}$$

式中 Q——通风量，m^3/min；

m——同时在工作面工作的最多人数，人；

q——每人所需的通风量，可采用 $3m^3/min$。

2. 按爆破炸药量计算

$$Q=\frac{AB}{1000\times 0.02\% t}=\frac{5AB}{t}=10A \tag{6-14}$$

式中 A——工作面上一次爆破的最大炸药量，kg；

B——每千克炸药产生的一氧化碳气体量，可按40L计算；

1000——$1m^3$等于1000L；

0.02%——爆破后连续通风使一氧化碳浓度降至0.02%时，即可进入工作面工作；

t——通风时间，可采用20min。

3. 按洞内最小风速计算

$$Q=60VS \tag{6-15}$$

式中　S——洞室断面面积，m^2；

V——洞内允许最小风速，大断面隧洞不小于0.15m/s，小断面隧洞不小于0.25m/s。

二、风、水、电及排水

在洞室开挖过程中，关于供风、供水、供电、照明及排水等辅助作业，虽不像钻孔爆破、出渣运输等工作那样，直接影响开挖掘进速度、质量和安全，但对于保证钻爆和运输作业的正常进行都有影响。在整个开挖循环作业中，必须统筹考虑，不能疏漏。

对所有必要的辅助作业，不仅在循环作业图表中要安排一定的时间，使风水电管线的延续或拆移有切实的保证，而且在制定开挖施工技术规程和措施计划时，对于各项辅助作业都要提出相应的技术标准和要求。

所有辅助作业都应与开挖掘进工作密切配合。输送到工作面的压缩空气，不仅风量要充足，而且风压不应低于0.5MPa；施工用水的数量、质量和压力，应满足钻孔、喷水、喷锚作业、混凝土衬砌、灌浆、消防和生活等方面的要求；洞内的供电线路，宜按动力、照明、电力起爆的不同需要，分别架设，并注意防水和绝缘的要求；洞内照明，为安全考虑应采用36V或24V的低压电，保证洞室沿线和工作面的照明亮度；洞内排水系统必须畅通，保证工作面和路面没有积水。

思　考　题

1. 地下建筑工程施工与地面工程施工比较有哪些特点？
2. 平洞开挖方式有哪些？各有什么特点？
3. 钻爆法开挖平洞的炮孔类型、作用和布置要点是什么？
4. 地下厂房开挖时，应注意哪些原则？
5. 竖井和斜井开挖的特点及它们的施工方法？
6. 平洞开挖钻爆设计的主要任务有哪些？
7. 掘进机应用的范围及其优、缺点。
8. 新奥法的基本原则是什么？
9. 锚杆的主要种类有哪些？其作用如何？
10. 影响喷混凝土质量的主要因素有哪些？
11. 泵送混凝土应注意哪些技术问题？
12. 什么叫封拱？如何进行封拱？

第七章　施 工 总 组 织

第一节　水利工程基本建设程序

基本建设的特点是投资多，建设周期长，涉及的专业和部门多，工作环节错综复杂。为了保证工程建设顺利进行，达到预期的目的，在基本建设的实践中，逐渐总结出一套大家共同遵守的工作顺序，这就是基本建设程序。基本建设程序是基本建设全过程中各项工作的先后顺序和工作内容及要求。

按建设程序进行水利水电工程建设是保证工程质量和投资效果的基本要求，是水利水电工程建设项目管理的重要工作。为此水利部于 1995 年 4 月 21 日发布施行了《水利工程建设项目管理规定》（水建〔1995〕128 号），于 1998 年 1 月 7 日发布施行了《水利工程建设程序管理暂行规定》（水建〔1998〕16 号）。水利工程建设程序一般分为：项目建议书、可行性研究报告、初步设计、施工准备（包括招标设计）、建设实施、生产准备、竣工验收、后评价等阶段。

一、项目建议书

项目建议书应根据国民经济和社会发展长远规划、流域综合规划、区域综合规划、专业规划，按照国家产业政策和国家有关投资建设方针进行编制，是对拟进行建设项目的初步说明。主要从宏观上分析项目建设的必要性、建设条件的可行性、获利的可能性。即从国家或地区的长远需要分析建设项目是否有必要，从当前的实际情况分析建设条件是否具备，从投入与产出的关系分析是否值得投入资金和人力。

项目建议书编制一般委托有相应资格的设计单位承担，并按国家规定权限向上级主管部门申报审批。

二、可行性研究报告

可行性研究是综合应用工程技术、经济学和管理科学等学科基本理论对项目建设的各方案进行的技术、经济比较分析，提出评价意见，推荐最佳方案，论证项目建设的必要性、技术可行性和经济合理性。可行性研究报告是项目立项决策依据，同时也是项目办理资金筹措、签订合作协议、进行初步设计等工作的依据和基础，一经批准，不得随意修改和变更。可行性研究报告的内容一定要做到全面、科学、深入、可靠。

可行性研究报告，按国家现行规定的审批权限报批。申请项目可行性研究报告，必须同时提出项目法人组建方案及运行机制、资金筹措方案、资金结构及回收资金办法，并依照有关规定附具有管辖权的水行政主管部门或流域机构签署的规划同意书，对取水许可预申请的书面审查意见，审批部门要委托有项目相应资质的工程咨询机构对可行性研究报告进行评估，并综合行业归口主管部门、投资机构（公司）、项目法人（或项目法人筹备机构）等方面的意见进行审批。

项目可行性报告批准后，应正式成立项目法人，并按项目法人责任制实行项目管理。

三、初步设计

初步设计是根据批准的可行性研究报告和必要而准确的设计资料，对设计对象进行通盘研究，阐明拟建工程在技术上的可行性和经济上的合理性，规定项目的各项基本技术参数，编制项目的总概算。设计是复杂的综合性很强的技术工作，它建立在全面正确的勘测、调查工作之上。不仅设计前要有大量的勘测、调查、试验工作，在设计中以及工程施工中都要有相当细致的勘测、调查、试验工作。

初步设计是解决建设项目的技术可靠性和经济合理性问题。因此，初步设计具有一定程度的规划性质，是建设项目的“纲要”设计。初步设计要提出设计报告、初设概算和经济评价三项资料。主要内容包括：工程的总体规划布置，工程规模（包括装机容量、水库的特征水位等），地质条件，主要建筑物的位置、结构型式和尺寸，主要建筑物的施工方法，施工导流方案，消防设施、环境保护、水库淹没、工程占地、水利工程管理机构等。对灌区工程来说，还要确定灌区的范围，主要干支渠道的规划布置，渠道的初步定线、断面设计和土石方量的估计等。还应包括各种建筑材料的用量，主要技术经济指标，建设工期，设计总概算等。

对大中型水利水电工程中一些水工、施工中的重大问题，如新坝型、泄洪方式、施工导流、截流等，应进行相应深度的科学研究，必要时，应有模型试验成果的论证。

初步设计任务应择优选择有项目相应资格的设计单位承担，依照有关初步设计编制规定进行编制。初步设计报批前，一般由项目法人委托有相应资格的工程咨询机构或组织专家，对初步设计中的重大问题进行咨询论证。设计单位根据咨询论证意见，对初步设计文件进行补充、修改和优化。初步设计由项目法人组织审查后，按国家现行规定权限向主管部门申报审批。

四、施工准备

项目在主体工程开工之前，必须完成各项施工准备工作，其主要内容包括：落实施工用地的征地、拆迁；完成施工用水、电、通信、道路和场地平整等工程；建设生产、生活必须的临时工程；准备施工图纸；完成施工招标工作，择优选定监理单位施工单位和材料设备供应厂家。这一阶段的工作对于保证项目开工后能否顺利进行具有决定性作用。

施工准备工作开始前，项目法人或其代理机构，必须按照规定向水行政主管部门办理报建手续，项目报建须交验工程建设项目的有关批准文件。工程项目进行项目报建登记后，方可组织施工准备工作。工程建设项目施工，除某些不适应招标的特殊工程项目外（须经水行政主管部门批准），均须实行招标投标。

水利工程项目进行施工准备必须满足如下条件：初步设计已经批准；项目法人已经建立；项目已列入国家或地方水利建设投资计划，筹资方案已经确定；有关土地使用权已经批准；已办理报建手续。

五、建设实施

建设实施阶段是项目法人按照批准的建设文件，组织工程建设，保证项目建设目标的实现。项目法人或其代理机构必须按审批权限，向主管部门提出主体工程开工申请报告，经批准后，主体工程方能正式开工。

主体工程开工须具备如下条件：前期工程各阶段文件已按规定批准，施工详图设计可以满足初期主体工程施工需要；建设项目已列入国家或地方水利建设投资年度计划，年度建设资金已落实；主体工程招标已经决标，工程承包合同已经签订，并得到主管部门同意；现场施工准备和征地移民等建设外部条件能够满足主体工程开工需要。

施工是把设计变为具有使用价值的建设实体，必须严格按照设计图纸进行，如有修改变动，要征得设计单位的同意。施工单位要严格履行合同，要与建设、设计单位和监理工程师密切配合。在施工过程中，各个环节要相互协调，加强科学管理，确保工程质量，全面按期完成施工任务。要按设计和施工验收规范验收，对地下工程，特别是基础和结构的关键部位，一定要在验收合格后，才能进行下一道工序施工，并做好原始记录。

六、生产准备

生产准备是项目投产前所要进行的一项重要工作，是建设阶段转入生产经营的必要条件。项目法人应按照建管结合和项目法人责任制的要求，适时做好有关生产准备工作。生产准备应根据不同类型的工程要求确定，一般应包括如下主要内容：

（1）生产组织准备。建立生产经营的管理机构、配备生产人员、制定相应管理制度。

（2）招收和培训人员。按照生产运营的要求，配备生产管理人员，并通过多种形式的培训，提高人员素质，使之能满足运营要求。有条件时，生产管理人员要尽早介入工程的施工建设，参加设备的安装调试和工程验收，熟悉情况，掌握好生产技术和工艺流程，为顺利衔接基本建设和生产经营阶段做好准备。

（3）生产技术准备。主要包括技术资料的汇总、运行技术方案的制定、岗位操作规程制定和新技术准备。

（4）生产的物资准备。主要是落实投产运营所需要的原材料、协作产品、工器具、备品备件和其他协作配合条件的准备。

（5）正常的生活福利设施准备。

七、竣工验收

当建设项目的建设内容全部完成，并经过单位工程验收，符合设计要求并按有关规定的要求完成了档案资料的整理工作；完成竣工报告、竣工决算等必需文件的编制后，项目法人按规定向验收主管部门提出申请，根据国家和部颁验收规程，组织验收。工程规模较大、技术较复杂的建设项目可先进行初步验收。不合格的工程不予验收；有遗留问题的项目，对遗留问题必须有具体处理意见，且有限期处理的明确要求，并落实责任人。

水利水电工程按照设计文件所规定的内容建成以后，在办理竣工验收以前，必须进行试运行。如工程质量不合格，应返工或加固处理。

竣工验收程序，一般分两个阶段：单项工程验收和整个工程项目的全部验收。对于大型工程，因建设时间长或建设过程中逐步投产，应分批组织验收。验收之前，项目法人要组织设计、施工等单位进行初验，待施工单位对初验的问题作出必要的处理之后，再向主管部门提交验收申请，根据国家和部颁验收规程，组织验收。

项目法人要系统整理技术资料，绘制竣工图，分类立卷，在验收后作为档案资料，交生产单位保存。项目法人要认真清理所有财产和物资，编好工程竣工决算，报上级主管部门审批。竣工决算编制完成后，须由审计机关组织竣工审计，审计报告作为竣工验收的基本资料。

水利水电工程把上述验收程序分为阶段验收和竣工验收，凡能独立发挥作用的单项工程均应进行阶段验收，如截流、下闸蓄水、机组启动、通水等。

竣工验收是工程完成建设目标的标志，是全面考核基本建设成果、检验设计和工程质量的重要步骤。竣工验收合格的项目即从基本建设转入生产或使用。

八、后评价

后评价是工程交付使用并生产运行1～2年后，对项目的立项决策、设计、施工、竣工验收、生产运行等全过程进行系统评价的一种技术经济活动。通过后评价达到肯定成绩、总结经验、研究问题、提高项目决策水平和投资效果的目的。评价的内容主要包括：

（1）影响评价。通过项目建成投入生产后对社会、经济、政治、技术和环境等方面所产生的影响来评价项目决策的正确性。如项目建成后没达到决策时的目标，或背弃了决策目标，则应分析原因，找出问题，加以改进。

（2）经济效益评价。通过项目建成投产后所产生的实际效益的分析，来评价项目投资是否合理，经营管理是否得当，并与可行性研究阶段的评价结果进行比较，找出两者之间的差异及原因，提出改进措施。

（3）过程评价。前述两种评价是从项目投产后运行结果来分析评价的。过程评价则是从项目的立项决策、设计、施工、竣工投产等全过程进行系统分析。

基本建设过程大致上可以分为三个时期，即前期工作时期、工程实施时期、竣工投产时期。从国内外的基本建设经验来看，前期工作最重要，一般占整个过程的50%～60%的时间。前期工作搞好了，其后各阶段的工作就容易顺利完成。

第二节 施 工 组 织 设 计

一、施工组织设计的作用

施工组织设计是研究施工条件、选择施工方案、对工程施工全过程实施组织和管理的指导性文件，是编制工程投资估算、设计概算和招标投标文件的主要依据。认真做好施工组织设计，对于合理选定工程设计方案，做好施工准备工作，加强施工计划性，建立正常施工秩序，保证工程质量，降低工程造价等具有重要作用。

水电工程建设规模大、涉及专业多、涉及范围广，面临洪水的威胁和受到某些不利的地质、地形条件的影响，施工条件往往较其他工程要复杂困难得多。因此，施工组织设计工作就显得更为重要。目前，国家基本建设体制已由过去的计划经济内包方式，改为市场经济招标承包方式，对施工组织设计的质量、水平、效益的要求也越来越高。在编制招标文件阶段，施工组织设计是确定标底和评标的技术依据，其质量的好坏直接关系到能否选定合适的承包单位和提高工程效益等问题。投标单位在投标时如想在竞争中取胜，也必须做好施工组织设计，才能提出合适的有竞争性的报价。

二、施工组织设计的编制原则

水利水电工程施工组织设计必须遵循国家的方针政策，确保优质、经济、快速地完成施工任务。尽管各阶段施工组织设计的内容和深度有所不同，都应遵循下列基本原则：

（1）执行国家有关方针政策，严格执行国家基建程序和有关技术标准、规程规范，并符合国内招标、投标规定和国际招标、投标惯例。

（2）保证工程按期并争取提前完工，尽早投入使用，迅速发挥工程效益和投资效益。

（3）根据需要与可能，采取机械化施工，加速施工进度，提高劳动生产率。

（4）尽可能节约人力、财力、物力，尽量利用原建筑、已有的设备和前期建成的永久建筑物，减少临时设施工程，节约投资。尽量减少施工用地，不占或少占农田。

（5）结合国情积极开发和推广新技术、新材料、新工艺和新设备，凡经实践证明技术经济效益显著的科研成果，应尽量采用，努力提高技术效益和经济效益。

（6）统筹安排，综合平衡，妥善协调各分部分项工程，达到均衡施工。

（7）充分掌握自然条件，科学地安排施工顺序与进度，尽量利用枯水季节施工，并采取充分可靠合理的季节性施工措施，争取全年施工。

（8）创造良好的施工条件，保证施工安全。

（9）结合实际，因地制宜。

三、施工组织设计的编制依据

施工组织设计要认真贯彻国家经济建设方针，设计工作必须依据以下各项进行。

（1）可行性研究报告及审批意见、设计任务书、上级单位对本工程建设的要求或批件。

（2）工程所在地区有关基本建设的法规或条例、地方政府对本工程建设的要求。

（3）国民经济各有关部门（铁道、交通、林业、水利、旅游、环保、文物、城乡供水等）对本工程建设期间有关要求及协议。

（4）当前水电工程建设的施工装备、管理水平和技术特点。

（5）工程所在地区和河流的自然条件（地形、地质、水文、气象特征和当地建材情况等）、施工电源、水源及水质、交通、环保、旅游、防洪、灌溉排水、航运、过木、供水等现状和近期发展规划。

（6）当地城镇现有修配、加工能力，生活、生产物资和劳动力供应条件，居民生活、卫生习惯等。

（7）施工导流及通航过木等水工模型试验、各种材料试验、混凝土配合比试验、重要结构模型试验、岩土物理力学试验等成果。

（8）工程有关工艺试验或生产性试验成果。

（9）勘测、设计各专业有关成果。

四、施工组织设计的内容

施工组织设计是从施工角度对建筑物的位置、型式及枢纽布置进行方案比较，选定施工方案并拟定施工方法、施工程序及施工进度；计算工程量及相应需要的建筑材料、施工设备、劳动力及工程投资；进行工地各项业务的组织，确定场地布置和临时设施等。

初步设计中施工组织设计主要包括以下几部分。

1．施工条件分析

施工条件主要有：工程所在地点，对外交通运输，枢纽建筑物及其特征；地形、地质、水文、气象条件；主要建筑材料来源和供应条件；当地水源、电源情况，施工期间通航、过鱼、供水、环保等要求；对工期、分期投产的要求；施工用地、居民安置以及与工程施工有关的协作条件等。

施工条件分析需在简要阐明上述条件的基础上，着重分析它们对工程施工可能带来的影响和后果。

2. 施工导流

在周密地分析研究水文、气象、地形、地质、水文地质、枢纽布置及施工条件等基本资料前提下，划分导流时段，选定导流标准，确定导流设计流量；选择导流方案及导流挡水、泄水建筑物的型式，确定导流建筑物的布置、构造与尺寸；拟定导流挡水建筑物的修建、拆除与泄水建筑物的堵塞方法以及河道截流、拦洪度汛和基坑排水的措施等。根据导流条件确定导流标准和导流流量，选择导流方案和导流建筑物型式及尺寸，截流设计及施工措施和基坑排水等问题。

3. 主体工程施工

根据工程规模和特点，对主体工程施工程序、施工方法、施工强度、施工布置、施工进度和主要施工机械进行分析比较和选择，拟定主体工程的机电设备和金属结构安装方法。

4. 施工交通运输

施工交通运输分对外交通运输和场内交通运输。

对外交通运输是在弄清现有对外交通和发展规划的情况下，根据工程对外运输总量、运输强度和重大部件的运输要求，确定对外交通运输方式，选择线路的标准和线路，规划沿线重大设施与国家干线的连接，并提出场外交通工程的施工进度安排。

场内交通运输应根据施工场区的地形条件和分区规划要求，结合主体工程的施工运输，选定场内交通主干线路的布置和标准，提出相应的工程量。施工期间，若有船、木过坝问题，应作出专门的分析论证，提出解决方案。

5. 施工辅助设施和大型临建工程

根据工程任务和要求，拟定主要施工辅助设施（如土石料场、骨料场、混凝土拌和系统、钢筋、木材加工场、预制厂等）和大型临建工程（如导流设施、缆机平台、过河桥涵等）的规模和布置。

6. 施工总布置

根据工地地形、地貌、枢纽布置和各项临时设施布置的要求，对施工场地进行分区规划，确定分期分区布置方案和各承包单位的场地范围，对土石方的开挖、堆料、弃料和填筑进行综合平衡，提出各类房屋分区布置一览表，估计用地和施工征地面积，提出用地计划，研究施工期间的环境保护和植被恢复的可能性。

7. 施工总进度

根据工程规模、导流程序和上级规定的工期要求，拟定整个工程，包括准备工程、主体工程和结尾工程的施工进度。对导流截流、拦洪度汛、封孔蓄水、供水发电等控制环节以及工程应达到的形象面貌，需作出专门的论证；对土石方、混凝土等主要工种工程的施工强度以及劳动力、主要建筑材料、主要机械设备的需用量，要进行综合平衡；要分析施工工期和工程费用的关系，提出合理工期的推荐意见。

8．主要技术供应计划

根据工程规模和施工总进度安排，通过定额资料分析，对主要的工种劳动力，建筑材料、施工机械设备及粮煤等生活物资列出需要量供应计划。

此外，在施工组织设计中，必要时还需提出进行试验研究和补充勘测的建议，为进一步深入设计和研究提供依据。

在完成上述设计内容时，还应提出如下附图：施工场外交通图；施工总布置图；施工转运站规划布置图；施工征地规划范围图；施工导流方案综合比较图；施工导流分期布置图；导流建筑物结构布置图；导流建筑物施工方法示意图；施工期通航布置图；主要建筑物土石方开挖施工程序及基础处理示意图；主要建筑物混凝土施工程序、施工方法及施工布置示意图；主要建筑物土石方填筑施工程序、施工方法及施工布置示意图；地下工程开挖、衬砌施工程序、施工方法及施工布置示意图；机电设备、金属结构安装施工示意图；砂石料系统生产工艺布置图；混凝土拌和系统及制冷系统布置图；当地建筑材料开采、加工及运输路线布置图；施工总进度表及施工关键路线图。

施工组织设计的内容虽然各有侧重、自成体系，但密切关联、相辅相成。弄清施工组织设计各部分内容之间的内在联系，对于搞好施工组织设计，做好现场施工的组织和管理，都有重要意义。

五、施工组织设计的类型

施工组织设计一般根据工程规模的大小和施工条件的不同，大致可分为：施工总组织设计、单项工程施工组织设计和分部（分项）工程施工组织设计。

（1）施工总组织设计是以一个水利水电工程项目为对象而编制的。它是整个建设项目施工的战略性部署，涉及范围广，内容较概括。一般是在初步设计或扩大初步设计批准后编制。

（2）单项工程施工组织设计是以枢纽中的主要工程项目为对象，如大坝、溢洪道、水电站等组成部分进行编制的。它是拟建工程施工的战术性安排，是施工总组织设计的具体化，内容较详细。一般是在技术设计会审后，由施工单位的项目主管工程师负责。

（3）分部（分项）工程施工组织设计是以施工难度较大或技术较复杂的分部（分项）工程为对象，结合施工单位的年度计划编制的。内容较具体详尽，又称施工作业计划。

第三节 施工进度计划

一、施工总进度的任务

施工总进度一般按指令性工期或合理性工期编制，其任务包括：分析工程所在地区的自然条件、社会经济条件、工程施工特性和可能的施工进度方案，研究确定关键性工程的施工分期和施工程序，协调平衡安排其他工程的施工进度，使整个工程施工前后兼顾、互相衔接、均衡生产，最大限度地合理使用资金、劳力、设备、材料，在保证工程质量和施工安全前提下，按时或提前建成投产、发挥效益，满足国家经济发展的需要。

施工总进度的各设计阶段及深度如下：

（1）工程前期规划阶段。根据已掌握的流域内的自然和社会条件及可能的施工方案，参照已建工程的施工指标，拟定轮廓性施工进度规划，匡算施工总工期、初期发电期、劳动力数量和总工日数。

（2）可行性研究阶段。根据工程具体条件和施工特性，对拟定的各坝址、坝型和水工枢纽布置方案，分别进行施工进度的分析研究，提出施工进度资料，参与方案选择和评价水工枢纽布置方案。在既定方案的基础上，配合拟定并选择导流方案，研究确定主体工程施工分期和施工程序，提出控制性进度表及主要工程的施工强度，初算劳动力高峰时人数和平均人数。

（3）初步设计阶段。根据主管部门对可行性研究报告的审批意见、设计任务和实际情况的变化，在参与选择和评价枢纽布置方案、施工导流方案的过程中，提出并修改施工控制性进度；对导流建筑物施工、工程截流、基坑抽水、拦洪、后期导流和下闸蓄水等工期要认真分析，进行方案比较，选择最优方案；对枢纽主体工程的土建、机电、金属结构安装等的施工进度要求其程序合理，均衡施工。

在编制单项工程施工进度的基础上，经综合平衡，进一步调整、完善、确定施工控制性进度，并提出施工总进度表及施工强度、劳动力需要量和总工日数等资料。

（4）技术设计（招标设计）阶段。根据初步设计编制的施工总进度和水工建筑物型式、工程量的局部修改，结合施工方法和技术供应条件，进一步调整、优化施工总进度。

二、施工总进度的编制原则

编制施工总进度时，应根据工程条件、工程规模、技术难度，依据我国施工组织管理水平和施工机械化程度，合理安排筹建及准备时间与建设工期，并分析论证项目业主对工期提出的要求。

编制施工总进度的原则如下：

（1）执行基本建设程序，遵照国家政策、法令和有关规程规范。

（2）采用先进、合理的指标和方法安排工期。对复杂地质、恶劣气候条件或受洪水制约的工程，宜适当留有余地。

（3）系统分析受洪水威胁的关键项目的施工进度计划，采取有效的技术和安全措施。

（4）单项工程施工进度与施工总进度相互协调，各项目施工程序前后兼顾、衔接合理、减少施工干扰、均衡施工。

（5）在保证工程质量与建设总工期的前提下，应研究提前发电和使投资效益最大化的施工措施。

三、施工总进度表述的类型

施工进度计划的设计成果，常以图表的形式来表述，有以下几种类型：

（1）横道图。横道图是传统的总进度表述形式。图上标有各单项工程主要项目的工程量、施工时段、施工工期、施工强度，并有经平衡后汇总的施工强度曲线和劳动力需要量曲线，必要时还可表示各期施工导流方式。其优点是图面简单明了、直观易懂。缺点是不能表示各分项工程之间的逻辑关系。

（2）网络图。这是系统工程在编制施工进度中的应用。其优点是能明确表示分项工程之间的逻辑关系，能标出控制工期的关键路线；缺点是不太明了、直观。

（3）横道图与网络图结合。吸取横道图和网络图的优点，在横道图基础上，对关键性工程项目之间加上逻辑关系，是20世纪80年代后期以后常用的表达形式。

四、施工进度计划的编制

1. 收集基本资料

施工总进度编制的合理与否，在很大程度上取决于原始资料的收集是否全面、准确，以及对资料是否进行了充分的分析研究。因此，在编制施工总进度之前和在工作过程中，要收集和不断完善所需的基本资料，主要包括：

（1）国家规定的工程施工期限或限期投入运转的顺序和日期，以及上级主管部门对该工程的指示文件。

（2）工程勘测和技术经济调查资料。如水文、气象、地形、地质、水文地质和当地建筑材料等自然条件资料，以及工程所在地区（和水库库区的）厂矿企业、矿产资源、库区淹没、文物保护、移民安置、地震和环保等资料。

（3）工程的规划设计和预算文件。包括工程的规划设计成果，主要建筑物的设计图纸，国家的投资分配和各项工程定额资料等。

（4）交通运输和技术供应的基本资料。主要包括对外交通运输方式、运输能力和发展情况，劳动力、建筑材料、机械设备等的供应情况，以及施工用电和通信等有关资料。

（5）国民经济各部门对施工期间的防洪、灌溉、航运、过木、供水等方面的要求。

2. 编制轮廓性施工进度

轮廓性施工进度，可根据初步掌握的基本资料和水工建筑物布置方案，结合其他专业设计文件，对关键性工程施工分期、施工程序进行粗略的研究之后，参考已建同类工程的施工进度指标，匡估工程受益工期和总工期。一般编制方法如下：

（1）同水工建筑物设计人员共同研究选定有代表性的设计方案，并了解主要建筑物的施工特性，初步选定关键性施工项目。

（2）根据对外交通和工程布置的规模及难易程度，拟定准备工程的工期。

（3）以拦河坝为主要主体建筑的工程，根据初拟的导流方案，对主体建筑物进行施工分期规划，确定截流和主体工程的基坑施工日期。

（4）根据已建工程的施工进度指标，结合本工程的具体条件，规划关键性工程项目的施工期限，确定工程受益日期和总工期。

（5）对其他主体建筑物的施工进度作粗略分析，编制轮廓性施工进度表。

轮廓性施工进度在工程规划阶段，是施工总进度的最终成果；可行性研究阶段，是编制控制性施工进度的中间成果，其目的是：①配合拟定可能的导流方案；②为了对关键性工程项目进行粗略规划，拟定工程受益日期和总工期，为编制控制性进度做好准备；在初步设计阶段，可不编制轮廓性施工进度。

3. 编制控制性施工进度

控制性施工进度与导流、施工方法设计等专业有密切联系，在编制过程中，应根据工程建设总工期的要求，确定施工分期和施工程序。以拦河坝为主要主体建筑的工程还应解决好导流和主体工程施工方法设计之间在进度安排上的矛盾，协调各主体工程在施工中的衔接关系。因此，控制性施工进度的编制，必然是一个反复调整的过程。

编制控制性施工进度时，应以关键性工程施工项目为主线，根据工程特点和施工条件，拟定关键性工程项目的施工程序，分析研究关键性工程的施工进度。而后以关键性施工进度为主线，安排其他各单项工程的施工进度，拟定初步的控制性施工进度表。计算并绘制施工强度曲线，经反复调整，使各项进度合理，施工强度曲线平衡。

控制性施工进度在可行性研究阶段，是施工总进度的最终成果；在初步设计阶段，是编制施工总进度的重要步骤，并作为中间成果提供给施工组织设计的各有关专业，作为设计工作的依据。

完成控制性施工进度的编制后，应基本解决施工总进度中的主要施工技术问题。

4. 施工进度方案比较

在可行性研究阶段或初步设计的前期，一般常有几个枢纽布置方案，对于具有代表性的枢纽方案，都应编制控制性施工进度表，提出施工进度指标和对枢纽方案的评价意见，作为枢纽布置方案比较的依据之一，同时对一个枢纽方案可能做出几种不同的施工方案。以拦河坝为主要主体建筑物的工程可有几种不同的导流方案，可编制出多个相应的施工进度方案，需要对施工进度方案进行比较和优选。

5. 编制施工总进度表

施工总进度表是施工总进度的最终成果，它是在控制性进度表的基础上进行编制的，其项目较控制性进度表全面而详细。在编制总进度表的过程中，可以对控制性进度作局部修改。对非控制性施工项目，主要根据施工强度和土石方、混凝土方平衡的原则安排。

6. 编写施工总进度研究报告

在施工总进度研究报告中，应列出基本资料，阐明总进度编制的依据，各方案主体建筑物的施工条件、施工程序、主要施工方法、方案比较。以拦河坝为主要主体建筑物的工程，阐明导流方案和相应的施工程序、方案比较意见，最后阐明选定方案的施工进度安排及主要技术经济指标。

五、编制施工总进度的主要工作内容

1. 列出工程项目

在施工总进度中，重要内容是拟定施工中各项工作的施工先后顺序和起止时间，从而起到制定和据此控制总工期的作用，因此编制施工总进度的首要工作是按照工程开展顺序和分期投产要求，将项目建设内容进行分解及合并，列出施工过程中可能涉及的工程项目。

一般情况下，一个建设项目的工程项目可能包括：单项工程、分部分项工程、各项准备工作、辅助设施、结束工作及工程建设所必需的其他施工项目等。在做工程项目划分时，主要工程项目应重点考虑，附属的及次要的工程项目可以做适当的合并。

工程项目划分完成后，根据这些项目的施工顺序和相互关系进行排序，依次填入总进度表中。总进度表中工程项目的填写顺序一般是：各项目准备工程、导流工程（包括基坑排水）、主体单项工程、次要单项工程、机电及金属结构安装工程（可以单列也可以合并在有关的单项工程中）、现场清理等结束工作。在各单项工程中，再按施工顺序列出各分部分项工程。如大坝工程中可列出基坑开挖、坝基处理、坝身填筑、坝顶工程、金属结构安装等。

工程项目列出表后，要结合具体项目与已建的类似项目进行对比，完善工程项目表，尽可能做到所列工程项目没有重复和遗漏。

2. 计算工程量

在列出工程项目后，依据所列项目，根据工程量计算规则《水利水电工程设计工程量计算规定》(SL 328—2005)、《水利工程工程量清单计价规范》(GB 50501—2007)，计算各项工程的工程量。工程量计算时，由于进度计划所对应的设计阶段不同，工程量计算精度也不一样。在工程规划阶段，可参照类似工程进行匡算；在可行性研究阶段，依据可行性研究设计图纸进行估算；在初步设计阶段，设计图纸内容更为全面，工程量精度加深；在技术设计阶段，各项工程设计图纸更为详细，工程量计算精度相应提高。

在项目实施时，由于各项工程可能分期、分批实施，因此，在编制工程进度计划时，要考虑实际需要，提出分期、分批的工程量。

3. 初拟施工进度

这是编制总进度的一项主要步骤。在草拟总进度计划时，应该做到抓住关键、分清主次、安排合理，保证各项工程的实施时间和顺序互不干扰、可能实现连续作业。在水利工程的实施中，与雨洪有关的、受季节性影响的以及施工技术复杂的控制性工程，往往是影响工程进度的关键环节，一旦这些项目的任何一个发生延误，都将影响整个工程进度。因此，在总进度中，应特别注意对这些项目的进度安排，以保证整个项目的如期进行。

对于堤坝式水电枢纽工程，其关键工程一般均位于河床，故施工总进度安排应以导流程序为主线，先将导流工程、围堰截流、基坑排水、坝基开挖、基础处理、施工度汛、坝体拦洪、水库蓄水和机组发电等关键性控制进度安排好，其中还应包括相应的准备工作、结尾工作和辅助工程的进度安排。这样构成整个工程进度计划的轮廓，再将不直接受水文条件控制的其他工程项目配合安排，即可拟成整个枢纽工程的施工总进度计划草案。

必须指出在初拟控制性进度时，对于围堰截流、蓄水发电等一些关键项目，一定要进行认真的分析论证，在技术措施、组织措施等方面都应该得到可靠的保证。不然延误了截流时机，或者影响了发电计划，将会对整个工期产生较大的影响，最终造成较大的国民经济损失。

对于引水式水电工程，引水建筑物的施工期限是控制总进度的关键，所以总进度计划应根据引水建筑物的施工特点进行安排，其他项目的施工进度再与之配合。

4. 论证施工强度

一项工程的施工进度，往往不仅是由工程本身决定，外部的施工条件（包括自然条件、人力、物力、财力）和所采用的施工方法也将影响工程的施工进度。因此在初拟一个施工总进度后，要考虑各种因素，对各项工程的施工强度要进行分析论证，特别是那些对总进度起控制作用的关键性工程的施工强度，一定要详尽论证，使编制的总进度计划合理、可靠、可行，能有效地指导施工作业。

论证施工强度的目的在于分析初拟的施工进度是否合理。在论证施工强度时，一般采用工程类比法。所谓类比法，就是参考已建类似工程的施工强度，通过对施工条件、施工方法等方面内容的比较来分析论证本工程的施工强度是否合理，能否实现。并以此来决定是否对初拟的施工进度进行调整。如果没有类似工程可供对比，则应通过施工设计，从施工方法、施工机械和生产能力、施工的现场布置、施工措施等方面进行论证。

在进行论证时不仅要研究各项工程施工期间所要求达到的平均施工强度，而且还要估计到施工期间可能出现的不均衡性。因为水利水电工程施工，常受各种自然条件的影响，如水文、气象等条件，在整个施工期间，要保持均衡施工是比较困难的。

5. 编制劳动力、材料、机械设备等需要量

根据拟定的施工总进度和定额指标，计算劳动力、材料、机械设备等的需要量，并提出相应的计划。这些计划应与器材调配、材料供应、厂家加工制造的交货日期相协调。所有材料、设备尽量均衡供应，这是衡量施工进度是否完善的一个重要标志。

6. 调整和修改

在完成初拟施工进度后，根据对施工强度的论证和劳动力、材料、机械设备等的平衡，就可以对初拟的总进度作出评价。它是否切合实际、各项工程之间是否协调、施工强度是否大体均衡、特别是主体工程要大体均衡。如果有不尽完善的地方，及时进行调整和修改。

对施工总进度的编制，在实际工作中并不是简单地划分为以上几个步骤，各个步骤也不是单独进行的，它们之间相互关联、互为先后，一个施工总进度的编制，往往要经过多次修改，不断完善才能最终确定。在施工过程中，随着新情况的不断出现，施工总进度也要求不断地进行调整、修正，才能有效地指导现场施工，进行进度控制。

六、施工的网络进度计划

网络计划技术能完整确切地反映各个工作项目之间互相依存和互相制约的关系，具有逻辑严密、主要矛盾突出、有利于计划的优化调整和电子计算机应用等特点，因此网络进度计划在国内外工程上得到了广泛的应用。

网络计划技术的基本原理是：首先应用网络图的形式表示工程各个施工过程的先后顺序和相互关系，其次分析各个施工过程在网络中的地位，找出关键工作和关键线路，再按照一定的目标不断改善计划安排，选择最优方案，并在计划执行过程中进行有效的控制与监督，保证以最小的消耗取得最大的经济效果。

网络计划的形式主要有双代号和单代号两种。单代号是在双代号基础上的简化。两者之间的根本区别是图形中的节点（○）与箭杆（→）使用方法不同。双代号网络中，箭杆代表作业，节点代表事件。在单代号中，节点代表作业，箭杆代表作业活动流向。我国目前多采用双代号网络图。但由于单代号网络图绘制比较容易，没有虚工作，且便于检查和修改等优点，因此在国内外日益受到重视。下面仅介绍双代号网络的关键线路法。

1. 关键线路法的网络进度编制程序

关键线路法的特点是每项工作的持续时间属肯定型。各项工作之间的衔接和联系是明确而完整的，即各项工作之间的逻辑关系是肯定的。当然在实际施工中往往很多工作的持续时间是非肯定型，需把非肯定型问题转化为肯定型问题后，才可以参照关键线路法计算各时间参数。

应用关键线路法编制网络进度的主要步骤如下：

（1）确定进度计划中各个工作项目（或工序、活动）。

（2）明确它们的施工顺序和逻辑关系。

（3）确定每个工作项目所需的持续时间。

(4) 按网络图的要求和规定，绘制整个工程的网络进度计划。

(5) 计算最早开始、最早结束、最迟开始、最迟结束、总时差、自由时差等时间参数，并确定关键线路。

(6) 检查网络进度是否符合国家计划的要求，是否与工程合同、银行贷款等约束条件相适应，否则应重新调整，直至满意为止。

2. 关键线路法网络图的基本概念

关键线路法网络图具有以下三个要素。

(1) 工作。工作（工序、活动）是网络图的主要组成部分。通常用一个箭号（→）来表示。一个箭号代表一项工作。对那些既不消耗时间又不消耗资源，只用它说明一项工作和另外几项工作之间的约束关系的工作称为虚工作，用虚箭线表示。

(2) 事件。在箭杆的箭头和箭尾画上圆圈（节点），用以标志前面一项工作或若干项工作的结束和后面一项或若干项工作的开始，我们把这种圆圈（节点）叫做事件。事件和工作不同，它是工作结束或开始的瞬间，且不耗用时间和资源。

(3) 线路。从总开始事件到总结束事件有不同的线路，其中工期最长的线路为关键线路，位于关键线路上的工作称之为关键工作，这些工作的快慢直接影响到总工期。关键线路和非关键线路随着主客观因素的变化也可能互相转化。如关键线路上的某些工作，由于采取了有效的技术措施缩短了工期，这时原来非关键线路也可能成为关键线路。

处于非关键线路上的工作都有时差，也就是可以有一定的机动时间或富裕时间。这意味着可以抽出一定的人力、物力去支援关键工作，以缩短工期。因此人们对此概括了两句话："向关键线路要进度，向非关键线路要节约"。

3. 绘图的基本原则

(1) 网络图必须正确表达各项工作的先后顺序、彼此之间的联系和互相制约与依存的关系，不能违背基本工艺或技术操作上的逻辑关系。

(2) 对事件的编号一般应使箭杆终点的编号大于起点的编号，并且每两个编号只能代表一项工作，不允许用多根箭杆同时连在两个相同的事件上。编号的方法有水平和垂直两种，如图 7-1 所示。

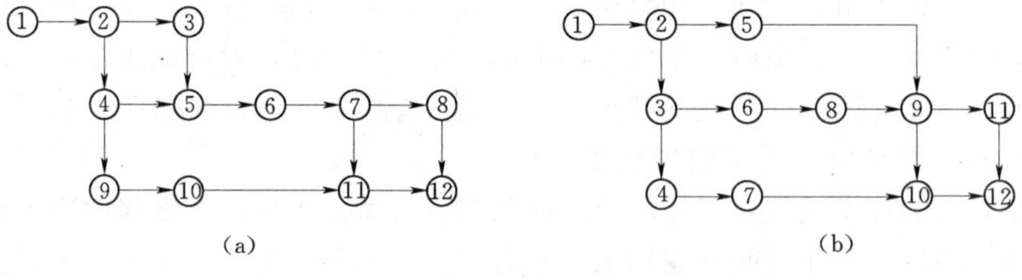

图 7-1 水平及垂直编号法

(a) 水平编号；(b) 垂直编号

(3) 网络图中不允许出现闭合回路。

(4) 在网络图中，不允许出现无节点或无结束节点的工作。

(5) 网络图中不允许出现无箭线或双箭线工作。

（6）网络图中交叉箭线用“过桥法”处理。

（7）当网络图的起点节点有多条外向箭线，或终点节点有多条内向箭线时，可采用“母线法”绘制。

4. 时间参数的计算

网络计划的时间参数有：①最早可能开工时间 ES；②最早可能完工时间 EF；③最迟必须完工时间 LF；④最迟必须开工时间 LS；⑤总时差 TF；⑥自由时差 FF。

时间参数计算的目的是为了确定影响施工进度的关键项目，找出施工时间最长的关键线路，为网络计划进一步优化调整提供科学依据。现以双代号网络图分别讨论如下。

（1）最早可能开工时间 ES。在网络图中任何一个工作，只有当它的紧前工作都完工后，才有可能开工，否则就会打乱施工秩序，引起混乱。因此，每个工作都有一个最早可能开工时间。

计算最早可能开工时间系从网络图的始端节点起，循着箭线的指向，顺序逐项进行，直到终端节点止。

如果网络图的节点编号是从 1 开始到 n 结束，并设定整个网络进度的起始时间为零，则各工作的最早的可能开工时间为：

$$ES_{1j}=0,1<j\leqslant n$$
$$ES_{ij}=\max_{h}(ES_{hi}+t_{hi}),2<j\leqslant n \tag{7-1}$$

式中　ES_{1j}——前节点为 1 的工作，即与网络图始端节点相联的工作的最早开工时间，均按零计算；

ES_{ij}——其他任意工作（i，j）的最早开工时间；

ES_{hi}——工作（i，j）的紧前工作（h，j）的最早开工时间；

t_{hi}——紧前工作（h，j）的延续时间。

（2）最早可能完工时间 EF。任意工作的最早可能完工时间为它的最早可能开工时间和本工作的延续时间之和，即

$$EF_{ij}=ES_{ij}+t_{ij},1\leqslant i<j\leqslant n \tag{7-2}$$

以网络终端节点 n 为后节点的工作（i，n），其最早可能完工时间的最大值，就是网络计划的总工期 T。故有

$$T=\max_{i}(EF_{in}) \tag{7-3}$$

（3）最迟必须完工时间 LF。最迟必须完工时间是指不致延误总工期的最迟完工时间，它等于紧后工作最迟开工时间的最小值。

计算最迟必须完工时间系从网络图的终端节点起，逆箭线指向，逆序逐项进行，直到始端节点止。

通常规定以 n 为总完工节点的工作（i，n），其最迟必须完工时间等于总工期 T，即

$$LF_{in}=T=\max_{i}(EF_{in}),1<i\leqslant n \tag{7-4}$$

其他各工作的最迟完工时间按定义有

$$LF_{ij}=T=\min_{k}(LF_{jk}-t_{jk}),1\leqslant i<j<n \tag{7-5}$$

这里，工作（j，k）为工作（i，j）的紧后工作。

（4）最迟必须开工时间 LS。任意工作最迟必须开工时间为最迟必须完工时间与该工作的延续时间之差，即

$$LS_{ij}=LF_{ij}-t_{ij},1\leqslant i<j\leqslant n \tag{7-6}$$

（5）总时差 TF。总时差是指不致延误总工期的机动时间。任意工作的总时差为

$$TF_{ij}=LS_{ij}-ES_{ij}=LF_{ij}-EF_{ij},1\leqslant i<j\leqslant n \tag{7-7}$$

（6）自由时差 FF。自由时差是指不致延误紧后工作最早开工时间的机动时间，它等于紧后工作最早开工时间的最小值与本工作最早完工时间之差，即

$$FF_{ij}=\min_{k}(ES_{jk})-EF_{ij},1\leqslant i<j\leqslant n \tag{7-8}$$

5. 关键工作与关键线路

在网络图上判别关键工作一般比较简捷方便，凡网络图上各个事件最早和最迟时间相等的工作，即可视为关键工作，将这些工作连接起来就是关键线路。然后再用总时差和自由时差是否为零等条件加以复核，如果都符合，则确定为关键线路。在非关键线路上的总时差必不等于零，这说明非关键线路上的工作一定有潜力可挖。因此可以将非关键工作的持续时间在时差允许的范围内适当地延长，降低施工强度，以抽调一部分人力、物力去支援关键线路上的薄弱环节，也可在时差的允许范围内，推迟非关键项目的开工时间去支援关键工作。

6. 网络计划的优化简介

网络计划编制以后，往往还有一个择优的过程，习惯上称之“优化”。优化的目的主要是检查所安排的工期是否符合国家计划或合同工期的要求，检查关键的材料、施工机械、劳动力等资源是否能满足工期要求和与工程进度相适应，检查工程预算成本和所安排的工期有无冲突，是否使费用超支过大等。如上述不符合就要设法调整和修正使之优化。

所谓优化、最优都是相对而言的。例如对于土方开挖，人工施工与机械化施工相比，当然后者优，而效率高的机械又比效率低的机械优，自动化的机械则更优。但当客观条件只有一般土方挖掘机械和人工开挖可供选择时，那自然是选择一般土方挖掘机械开挖方案为优，这实为上述的淘汰方案。很明显，脱离了具体条件片面地强调理论上或公式上的最优，有时不仅不能取得实效，反而会造成浪费。网络计划的优化，目前有工期优化、费用优化和资源优化三大类。

从目前我国建设施工的特点来看，优化的目标主要集中在如下两个方面。

（1）网络计划工期满足不了国家对建设项目规定的工期或达不到合同工期的要求，经过优化使之改进、加快。

（2）劳动力、施工机械等使用过于集中，需要通过优化加以均衡。

第四节　施工总布置

一、施工总布置的内容

施工总布置是施工场区在施工期间的空间规划。它是根据场区的地形地貌、枢纽布置和各项临时设施布置的要求，研究施工场地的分期分区分标布置方案，对施工期间所需的交通运输设施、施工工厂、仓库房屋、动力、给排水管线及其他施工设施作出平面立面布

置，从场地安排上为保证施工安全、工程质量、加快施工进度和降低工程造价创造环境条件。

施工总布置是施工组织设计的重要内容。可行性研究阶段，应着重就对外交通、场内主干线以及它们之间的衔接、主要料场、主要场区划分等问题作出评价。初步设计阶段，应分别就施工场地的划分，生产、生活设施的分区布置，料场、主要施工工厂、大型临时设施和场内主要交通运输线路的布置以及场内外交通的衔接等，拟定各种可能的布局方案，进行论证比较，选择合理的方案。技施设计和工程施工时，主要是在初步设计的基础上，对主要施工工厂进行工艺布置设计，对大型临建工程作出结构设计。

施工总体布置的成果，需标示在一定比例尺的施工场区地形图上，构成施工总体布置图，它是施工组织设计的主要成果之一。

施工总布置图一般应包括以下内容：一切地上和地下已有的建筑物和房屋；一切地上和地下拟建的建筑物和房屋；一切为施工服务的临时性建筑物和施工设施，主要有：①施工导流建筑物，如围堰、隧洞等；②交通运输系统，如公路、铁路、车站、码头、车库、桥涵等；③料场及其加工系统，如土料场、石料场、砂砾料场、骨料加工厂等；④各种仓库、料堆和弃料场等；⑤混凝土制备系统，如混凝土工厂、骨料仓库、水泥仓库等；⑥混凝土浇筑系统；⑦机械修配系统；⑧金属结构、机电设备和施工设备安装基地；⑨风、水、电供应系统；⑩其他施工工厂，如钢筋加工厂、木材加工厂、预制构件厂等；⑪办公及生活用房，如办公室、试验室、宿舍、医院、学校等；⑫安全防火设施及其他，如消防站、警卫室、安全警戒线等。众所周知，施工过程是一个动态过程，永久性建筑物将随施工进程，按一定顺序修建；临时性建筑物和临时设施也随着施工的需要而逐渐建造，用完后，拆除、转移或废弃。同时，随着施工的进展，水文、地形等自然条件也将有所变化，因此，研究施工总体布置，解决施工地区空间组织问题，必须同施工进度的时间安排协调起来。对于工期较长的大型水电工程，常需根据不同时期的现场特点，分期做出布置，既满足不同时期的需要，又作好前后阶段的衔接。

施工总布置的成果，除了集中反映在施工总体布置图上以外，还应提出各类临时建筑物、施工设施的分区布置一览表，它们的占地面积、建筑面积和建筑安装工程量；对施工征地做出估计，提出征地面积和征地使用计划，研究还地造田、征地再利用的措施；计算场地平整土石方工程量，对挖填方量进行综合平衡，提出有效挖方的利用规划；对重大施工设施的场址选择和大宗物料的运输进行合理的规划，提出施工运输的优选方案。

二、施工总布置的设计

一般说来，施工总布置规划要与水利水电工程建设管理要求相适应，主要考虑以下因素：

（1）综合分析水工枢纽布置、主体建筑物规模、型式、特点、施工条件以及工程所在地区的社会与自然条件。

（2）考虑建设管理模式、工程施工分标因素及其对施工总布置的影响。

（3）合理确定并统筹规划布置为工程施工服务的各种临时设施。

（4）妥善处理各施工区、段之间的关系和施工场地内外的关系。

（5）研究施工临时设施与永久建筑相结合以及利用工程区附近现有设施的可能性。

(6) 为保障工程施工质量，有利于施工安全和工程管理，加快施工进度，提高经济效益创造条件。

(7) 满足环境保护、水土保持要求，少占耕地，适应移民安置要求。

施工总布置要解决以下主要问题：

(1) 施工临时设施项目的划分、组成、规模和布置。

(2) 对外交通衔接方式、站场位置、主要交通干线及跨河设施的布置。

(3) 可利用场地的相对位置、高程、面积和征地费用。

(4) 供生产、生活设施布置的场地。

(5) 临建工程和永久设施的结合。

(6) 前后期结合和重复利用场地的可能性。

(7) 施工期对环境保护、水土保持的影响，提出渣场防护以及噪声、粉尘、生产生活废水等处理的必要措施。

三、施工总布置的步骤

对施工总体布置图的设计，由于施工条件多变，不可能列出一种一成不变的格局。根据实践经验，因地制宜，按场地布置优化的原理和原则，创造性地予以解决。

一般说来，设计施工总体布置图应该符合以下原则：①合理使用场地，尽量少占农田；②场区划分和布局符合有利生产、方便生活、易于管理、经济合理的原则，并符合国家有关安全、防火、卫生和环保等的专门规定；③一切临时建筑物和施工设施的布置，必须满足主体工程施工的要求，互相协调，避免干扰，尤其不能影响主体工程的施工和运行；④主要的施工设施、施工工厂的防洪标准，可根据它们的规模大小、使用期限和重要程度，在5～20年重现期内选用。必要时，宜通过水工模型试验，论证场地防护范围。

设计施工总布置图，大体可以按以下步骤进行。

1. 收集和分析基本资料

所收集的基本资料包括：施工场区的地形图，比例尺1：10000～1：1000；拟建枢纽的布置图；已有的场外交通运输设施、运输能力和发展规划；施工场区附近的居民点、城镇和工矿企业，特别是有关建筑标准、可供利用的住房、当地建筑材料、水电供应以及机械修配能力等情况，施工场区的土地状况；料场位置和范围；河流水文特征，包括在自然条件下和施工导流过程中不同频率上下游水位资料；施工地区的工程地质、水文地质及气象资料；施工组织设计中的有关成果，如施工方法、导流程序和进度安排等。

2. 列出临建工程项目清单

在掌握基本资料的基础上，根据工程的施工条件，结合类似工程的施工经验，编制拟临建工程项目单，估算它们的占地面积、建筑面积，明确它们的建筑标准、使用期限以及布置和使用方面的要求，对于施工工厂还要列出它们的生产能力、工作班制、水电动力负荷以及服务对象等情况。如有可能，宜结合施工分期分区的需要来编列清单，使临建工程的分片布置更加清晰。

3. 进行现场布置总体规划

施工现场总体规划是解决施工总体布置的关键，要着重研究解决一些重大原则问题。比如，施工场地是设在一岸还是分布在两岸？是集中布置还是分散布置？如果是分散布置，则主要场地设在哪里，如何分区？哪些临时设施要集中布置，哪些可以分散布置？主要交通干线设几条，它们的高程、走向如何布局？场内交通与场外交通如何衔接？以及临建工程和永久设施的结合、前期和后期的结合等。在工程施工实行分项承包的情况下，尤其要做好总体规划，明确划分各承包单位的施工场地范围，并按总体规划要求进行布置，使得既有各自的活动区域，又能避免互相干扰。

水电枢纽工程的布置和地形条件，直接影响到施工场地的布局，对于堤坝式水电站枢纽，由于电站厂房靠近大坝，工程比较集中，如果下游比较平坦开阔，常在枢纽轴线下游的一岸或两岸设立施工场地。当设在一岸时，则这一岸的选择常受电站厂房位置和对外交通线路引入的影响。若分设在两岸，则主要场地的确定，也受上述因素的影响。如果坝址位于峡谷地区，两岸地形陡峻，则施工场地常沿河流一岸或两岸的冲沟连绵分布，形成所谓“一条龙”的布置方式。直接影响工程施工的临时设施靠近施工现场，随着影响程度的减弱，逐渐向下游延伸。对于引水式水电站，由于电站厂房远离取水枢纽，施工场地常分设在厂房和取水枢纽两处，当引水建筑物较长时，有时还在两者之间设立辅助施工场地。

枢纽工程的组成不同，施工辅助设施的构成也不尽相同，其施工布置常有很大差异。对以混凝土建筑物为主体的枢纽工程，在进行施工总体布置时，当以砂石骨料开采、运输、加工、储存和混凝土的拌和、运输、浇筑为主线来规划布置各项施工工厂和临时设施。对以当地材料建筑物为主体的工程，其施工总体布置的重点应放在料场开采、加工、堆置和上坝线路等方面，并以此为主线来规划布置其他施工设施和施工工厂。

规划施工场地时，对水文资料要进行认真研究。主要场地和交通干线要满足防洪标准。在坝址上游布置临建工程时，要研究施工期间由于导流、截流、拦洪、蓄水等原因而引起的上游水位变化，保证在淹没前能顺利撤走。在峡谷冲沟内布置施工场地时，要注重冲沟的承雨面积，分析研究山洪突然袭击的可能。

根据我国水电工程施工的经验。对于各项临时建筑物和施工设施，宜根据具体情况，采取集中和分散相结合的布置方式。例如，砂石骨料的开采和加工，应根据料场的选择，力求做到集中开采，集中加工。大型混凝土制备系统，对峡谷枢纽，多选择集中布置的方案；在河面开阔的坝址，常考虑两岸分设拌和系统；至于施工初期的少量浇筑和零星分散的混凝土工程，可以设置临时拌和站或采用混凝土搅拌车来解决。机械修配系统除全工地设中心机修厂外，各工区宜分设机修站，解决即时零星的修配任务。全工地的交通运输系统及有关设施，如车站、车库、基地等，应统一规划，统一管理，而各工区宜分设停车场、修理间等，以满足运营方便的要求。仓库业务除设立集中的仓库区外，对于水泥、炸药、油料等专用仓库和各工区、各施工工厂的仓库，在保证安全的前提下，以分别布置在服务对象附近为好。临时公用房屋或居住房屋，一般都分散布置，形成与各工区相配合的生活区，但部分家属生活区可在离现场较远的地点适当集中。施工用电多以临时发电厂或中心变电站为中心，建立全工地统一的供电系统，由分区变电站供电。而供水、供风则往往是分区形成独立的系统。

在规划施工场地时，要十分注意场内运输干线的布置，主要有：两岸交通联系的线路；混凝土和水泥的运输线路；土石方上坝线路：砂石骨料运输线路；金属结构、机电设备的进厂线路；联系上下游的过坝线路等。可采取高低线统筹布置的方式，能结合的则尽量结合。两岸联系最好在坝址下游修建永久性跨河桥，以保证全年运输畅通。当对外交通采用标准轨专用线时，宜将专用线引入混凝土系统和水电站厂房，作为运送水泥、机电设备之用。砂石骨料运输线取决于料场、加工厂和混凝土系统的相对位置，常设专线运输。对外交通干线应从施工场区边沿引入，最好不穿过居住区。场内外交通干线要避免平面交叉，如无法避免时，其交角以在90°左右为宜。

在进行布置规划时，对于严重不良地质区，如滑坡体危害区和泥石流、沙暴、雪崩可能危害区，重点文物、古迹、名胜或自然保护区以及与重要资源开发有干扰的地区，均不应设置施工设施，以确保施工安全和避免发生不可挽回的损失。

4. 具体布置各项临时建筑物

在作出现场布置总体规划的基础上，通常是根据对外交通方式，按实际地形地貌，依一定顺序布置各项临时建筑物和施工设施。

当对外交通采用标准轨铁路或水路时，宜首先确定车站或码头的位置，以满足站台停车线、泊岸航深和线路设计等方面的专门要求，然后布置场内外交通的衔接和场内交通干线，再沿干线布置各项施工工厂和仓库等设施，最后布置办公、生活设施以及水、电和动力供应系统等。

如果对外交通采用公路时，则可与场内交通联成一个系统来考虑，再据以确定施工工厂、仓库、办公、生活以及水、电、动力系统的布置。

在具体布置各项临建工程时，以下意见可供参考。

(1) 对外运输专用线的铁路车站或汽车基地，宜布置在施工场区入口附近。铁路车站的地面坡度最好不超过2‰，有足够的临时堆场，机车库和检修支线宜在车站附近引出。

(2) 工地的一般器材仓库可以靠近车站布置，而油库、炸药库等危险物品仓库应单独布置，设立一定的警戒线，并和场内外交通联系起来。

(3) 混凝土工厂应设在主要浇筑对象附近，并和混凝土运输线路相协调。水泥仓库、骨料仓库、预制构件厂、钢筋加工厂、模板加工厂，在场地宽敞时都可以靠近混凝土工厂布置。如果地形条件不允许，至少应使水泥仓库、骨料仓库和混凝土工厂布置在一起，形成运输流水线。

(4) 机械修配厂的布置要考虑重型机械进出方便，最好设在交通干线侧旁。

(5) 码头、停泊处、木工厂（当木材由水路运来时）、供水抽水站均可布置在枢纽附近的河边，但要考虑河岸稳定、河水流速、水位变化等条件的影响。

(6) 空压机站、修理厂等多分散布置在石方开挖地点附近，布置时要考虑爆破的安全距离和压缩空气的输送距离。

(7) 闸门和金属结构安装基地常靠近主要安装地点，施工用金属结构和设备、钢管加工厂等，可以和它靠近，以便统一使用人力和物力。

(8) 水电站设备安装基地宜布置在水电站厂房附近。

(9) 中心变电站常设在比较僻静便于警戒的地方，临时发电厂或低压变电站应布置在电能需求量比较集中的地点，如混凝土系统、机械修配厂附近。对隧洞、地下厂房等施工厂区，需要布置由220V降至36V的变电压设备。

(10) 骨料加工厂应布置在料场附近，以免运输废弃料，并减轻现场干扰。

（11）弃料堆场的布置不能影响各项永久工程的施工和运行，弃料要一次到位，避免转运；尽可能利用开挖料渣填筑围堰，开拓施工场地等。

5. 评价、调整、修改和选定合理方案

布置了各项临时建筑物和施工设施以后，应对整个施工场地布置进行评价、协调和修正，检查临建工程与主体工程之间、各项临建工程之间有无矛盾干扰；生产和施工工艺是否协调；能否满足安全防火和环境卫生方面的要求；占用农田是否合理；如有不协调的地方，进行适当调整。

施工总体布置方案的优劣，涉及许多因素，可以从不同的角度进行评价，其评价因素大体有两类，一类是定性因素，一类是定量因素。

属于定性因素的指标主要有：①有利生产，易于管理，方便生活的程度；②在施工流程中，互相协调的程度；③对主体工程施工和运行的影响；④满足安全、防火、防洪、环保方面的要求；⑤临建工程与永久工程结合的情况等。

属于定量因素的指标主要有：①场地平整土石方工程量和费用；②土石方开挖利用的程度；③临建工程建筑安装工程量和费用；④各种物料的运输工作量和费用；⑤征地面积和费用；⑥造地还田的面积；⑦临建工程的回收率或回收费等。

选择施工总体布置方案时，就一个或几个因素进行评价，虽然比较便捷，但容易以偏概全，造成错觉，只有对以上因素做出综合评价，才能体现总体择优的原则。

综合评价的方法很多，其原理多源于系统分析的多目标规划。其中，经常用来对定性、定量因素进行综合评价的方法有：层次分析法、效用函数法、模糊分析法、专家评分法等。

第五节 施工流水作业

一个水利水电工程可分成若干个施工过程，而每个施工过程可以组织一个或多个施工班组来进行施工。如何组织各施工班组的先后顺序和平行搭接施工，是施工组织设计中要解决的最基本的问题。

一、流水施工的基本概念

由于建筑产品及其生产的特点不同，流水施工的概念、特点和效果与其他工业产品的流水作业也有所不同。在建筑安装工程施工中，可以采用依次施工、平行施工和流水施工等组织方式。

1. 依次施工组织方式

依次施工是将拟建工程项目分解成若干个施工过程，按照一定的施工顺序，前一个施工过程完成后，再进行后一个施工过程的施工；或者前一个工程完成后，再进行后一个工程的施工。这种施工组织方法，单位时间内投入的资源量较少，有利于资源供应的组织，施工现场的组织、管理也比较简单，但施工专业队（组）的工作是间歇性，物资资源的消耗也是间断性的，工作面没能充分利用，耗费的工期最长。

例如：某工程可以分为甲乙丙三段施工，每段工程的施工可以分为5个施工过程：①、②、③、④、⑤。其中各施工过程的作业时间依次为：①2d、②2d、③4d、④2d、

⑤3d，其依次施工顺序和进度如图 7－2 和图 7－3 所示。

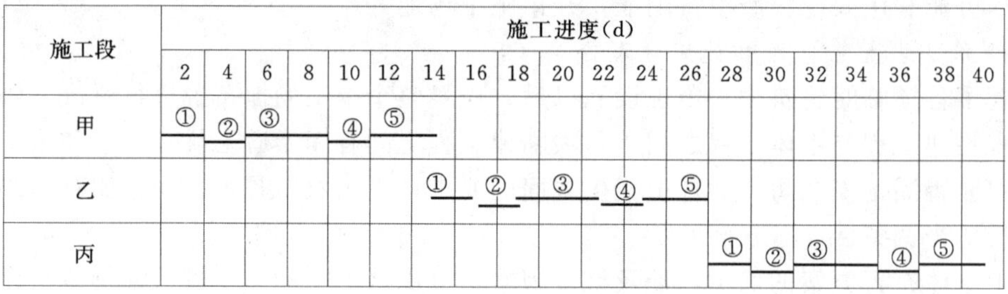

图 7－2　按施工段依次施工

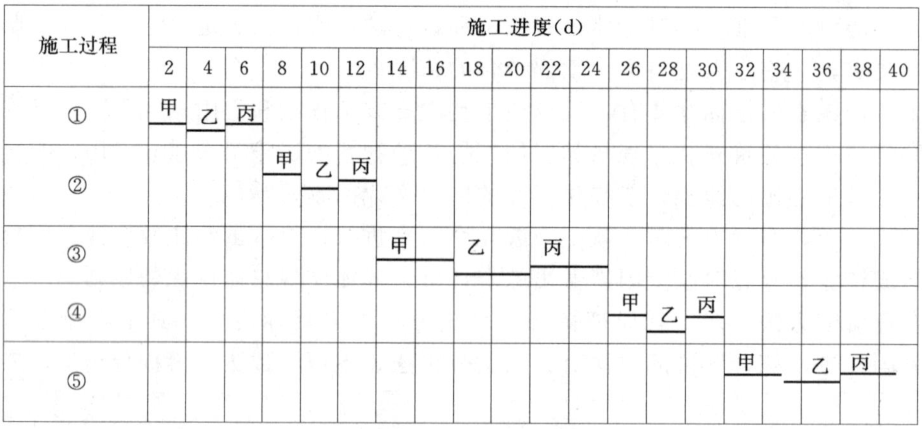

图 7－3　按施工过程依次施工

2. 平行施工组织方式

在拟建工程任务十分紧迫、工作面允许以及资源保证供应的条件下，可以组织几个相同的工作队，在同一时间、不同的空间上进行施工，这样的施工组织方式称为平行施工组织方式。这种施工方式由于充分利用了工作面，耗费的工期最短，但单位时间投入施工的资源消耗量成倍增长，施工现场组织、管理复杂，专业队不能连续作业，经济效益不佳。

如在上例中，若采用平行施工，工期缩短 2/3，工人增加两倍，材料消耗比较集中，现场临时设施也相应增加，如图 7－4 所示。

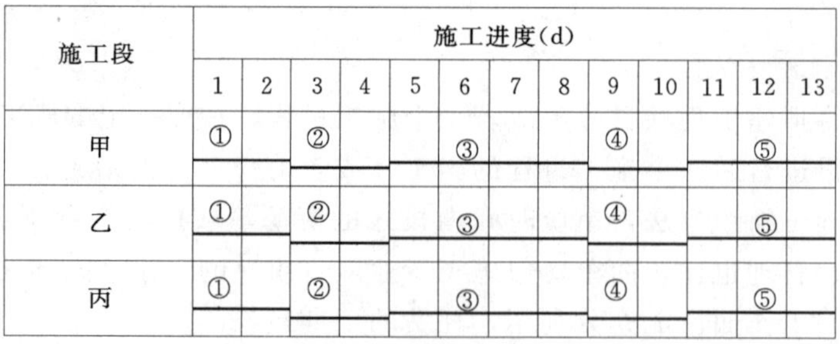

图 7－4　平行施工

3. 流水施工组织方式

流水施工方式是建立在分工协作的基础上，由依次施工和平行施工发展而来的。它将拟建工程项目全部建造过程，在工艺上分解为若干个施工过程，在平面上划分成若干个施工段，在竖向上划分为若干个施工层，然后按照施工过程组建专业工作队（或组），专业工作队按规定的施工顺序投入施工，完成第一施工段上的施工过程之后，专业工作人数、使用材料和机具不变，依次、连续地投入到第二、第三等后续施工段，完成相同的施工过程，并使相邻两个专业工作队，在开工时间上最大限度地、合理地搭接起来。如分层施工时，当第一施工层各个施工段的相应施工过程全部完成后，专业工程队依次地、连续地投入到第二、第三施工层，保证工程项目施工全过程在时间和空间上有节奏、均衡、连续地进行下去，直到完成全部工程任务。这种施工组织方式称为流水施工组织方式。

流水施工既克服了依次施工和平行施工组织方式的缺点，又具有它们两者的优点：①科学合理地利用了工作面，争取了时间，有利于缩短施工工期；②能够保持各施工过程的连续性、均衡性，有利于提高施工管理水平和技术经济效益；③由于实现了专业化施工，可使各施工班组在一定时期内保持相同的施工操作和连续、均衡的施工，更好地保证工程质量，提高劳动生产率；④单位时间投入施工的资源量较为均衡，有利于资源供应的组织工作。

同样，还以上例为例，如果采用流水施工，组织不同的专业队伍分别承担各施工过程的施工任务，其工人数同图 7－2 一样，而工期却缩短了 16d，与图 7－3 相比，工期虽然长了 10d，但工人数却少了 2/3，如图 7－5 所示。该图中，各施工队伍是连续作业的，而各施工过程却不连续，原因是各施工过程的劳动量不等，所需完成的时间不同。如果在不影响正常施工条件下，将第③施工过程的工人增加 1 倍，第⑤施工过程的工人增加 0.5 倍，这样所有过程均能在 2d 内完成，从而可以得到理想的施工过程和连续的流水施工组织效果。

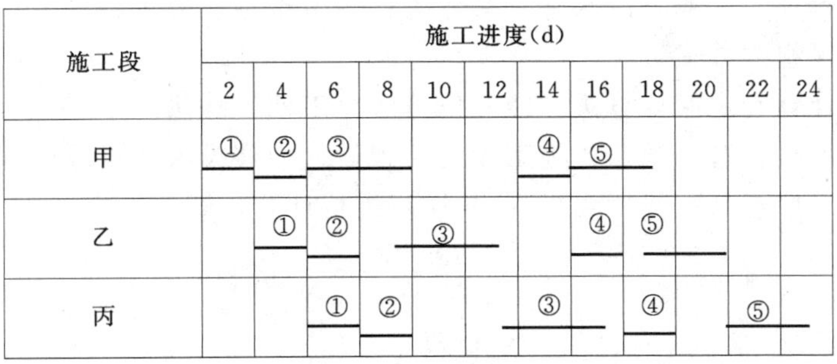

图 7－5　流水施工

二、流水施工分级

根据流水施工组织的范围划分，流水施工通常可划分如下：

（1）分项工程流水施工，也称为细部流水施工。它是一个专业工种使用统一的生产工具，依次连续不断地在各施工段中完成同一施工过程的流水施工。

（2）分部工程流水施工，也称为专业流水施工。它是在一个分部工程内部、各分项工程之间，将若干个工艺上密切联系的细部流水施工组合应用所形成的流水施工。

（3）单位工程流水施工，也称为综合流水施工。它是在一个单位工程内部组织起来的全部专业流水施工的总和。

（4）群体工程流水施工，也称为大流水施工。它是在若干个单位工程之间组织起来的全部综合流水施工的总和。

三、流水施工参数

流水施工参数是组织流水施工时，在时间和空间上需要加以确定的各项数据。流水参数之间是紧密联系相互制约的。

1．施工过程数 n

施工过程数的确定，与工程复杂程度、施工方法、计划粗细等有关，施工过程数应适当，过多、过细，不仅会给计划编制带来重点不突出、主次不分明的缺点，而且也会给计算工作增添麻烦；过少、过粗，又会使进度计划太笼统而失去指导施工的作用。

2．工段数 m

为了使工程能在较短的工期内完成，可以将工程划分成劳动量大致相等的若干段落，这些段落叫做施工段。

一般情况下，一个施工段内只安排一个施工过程的施工队组工作。在一个施工段上，只有前一施工过程的施工队组完工，腾出工作面后，后一施工过程的施工队组才能进入该段从事下一施工过程的工作。

施工段数划分亦应适当，过多了，势必要减少人机数而延长工期，若施工段数过少，又会引起资源供应过分集中，不便于组织流水施工。

3．流水节拍 t

施工队组在某一施工段上的作业时间称为流水节拍。它取决于两个因素：每段的工程量和施工队组的劳动效率（或每段的劳动量和施工队组的人机数）。

流水节拍的大小，可以反映出流水施工速度的快慢、节奏感的强弱和资源消耗量的多少。根据其数值特征，一般将流水施工又分为：等节拍专业流水、异节拍专业流水和无节奏专业流水等施工组织方式。

流水节拍的计算有定额计算法、经验估算法、工期计算法。

（1）定额计算法。这是根据各施工段的工程量、能够投入的资源量（人工数、机械台班数和材料量等）按式（7－9）或式（7－10）进行计算，即

$$t_i=\frac{Q_i}{S_iR_iN_i}=\frac{P_i}{R_iN_i} \tag{7-9}$$

$$t_i=\frac{Q_iH_i}{R_iN_i}=\frac{P_i}{R_iN_i} \tag{7-10}$$

$$P_i=\frac{Q_i}{S_i}(\text{或}=Q_iH_i)$$

式中　t_i——某专业工作队在第 i 施工段的流水节拍；

Q_i——某专业工作队在第 i 施工段要完成的工程量；

S_i——某专业工作队的计划产量定额；

H_i——某专业工作队的计划时间定额；

P_i——某专业工作队在第 i 施工段需要的劳动量或机械台班数量；

R_i——某专业工作队投入的工作人数或机械台班数；

N_i——某专业工作队的工作班次。

（2）经验估算法。它根据以往的施工经验进行估算。一般为了提高其准确程度，往往先估算出该流水节拍的最长、最短和正常（即最可能）3种时间，然后据此求出期望时间作为某专业工作队在某施工段上的流水节拍。因此，本法也称为3种时间估算法。一般按式（7-11）进行计算，即

$$t=\frac{a+4c+b}{6} \tag{7-11}$$

式中　t——某施工过程在某施工段上的流水节拍；

a——某施工过程在某施工段上的最短估算时间；

b——某施工过程在某施工段上的最长估算时间；

c——某施工过程在某施工段上的正常估算时间。

这种方法多适用于采用新工艺、新方法和新材料等没有定额可循的施工过程。

（3）工期计算法。对某些施工任务在规定日期内必须完成的工程项目，往往采用倒排进度法。具体步骤如下：

1）根据工期倒排进度，确定某施工过程的工作延续时间。

2）确定某施工过程在某施工段上的流水节拍。若同一施工过程的流水节拍不等，则用估算法；若流水节拍相等，则按式（7-12）进行计算，即

$$t=\frac{T}{M} \tag{7-12}$$

式中　t——流水节拍；

T——某施工过程的工作持续时间；

M——某施工过程划分的施工段数。

4. 流水步距 K

流水步距是指相邻两个施工过程或相邻两个专业队组相继投入同一施工段开始工作的时间间隔。如图7-6所示的基础工程，挖土与垫层相继投入第一段开始的时间相隔2d，即流水步距 $K=2$。其他相邻两个施工过程的流水步距均为两天。由图7-6可知，当施工段确定后，流水步距的大小直接影响工期。当施工段数不变，流水步距越小则工期越短。流水步距的个数取决于施工过程数（或施工队组数）。当施工过程数（或施工队组数）为 n 个时，则流水步距总数为 $n-1$。

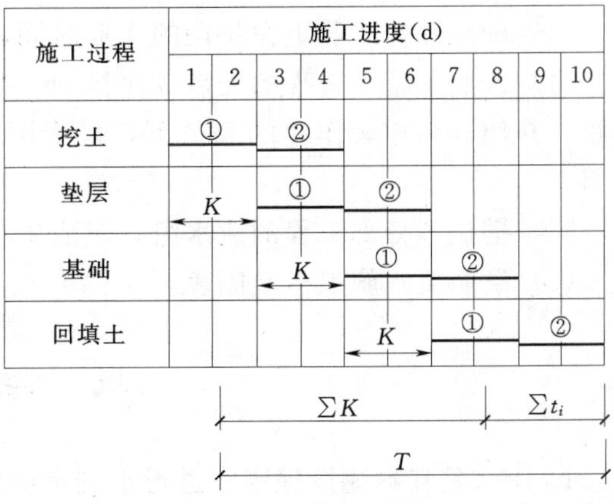

图7-6　流水施工进度图

流水步距大小又与流水节拍大小保持一定关系。例如：有甲、乙两个施工过程，分两段，流水节拍均为2d。如果工作面允许，各增加1倍人机使流水节拍缩到最短，

这样，流水步距也相应缩短，如果不增加人机数而增加施工段数，使每段人数达到饱和，也可缩短流水节拍（每段作业时间之和仍维持不变），达到流水步距最小，但此时因段数增加，工期较增加人机数的情况为长。

确定流水步距的基本要求是：始终保持相邻两个施工过程的先后顺序；保持各专业施工队伍的连续作业；尽量使前后两个施工过程能最大限度地搭接。

流水步距一般至少为一个工作班或0.5班的倍数。

5. 工期 T

流水施工的主要参数说明了流水施工过程的工艺关系，反映了它们在时间和空间的开展情况。它们的相互关系可集中反映在施工工期的计算式中。工期是指完成一项工程任务或一个流水组织施工所需的时间。

由图7-6可知，某一个工程项目的流水施工工期即为各流水步距之和加上最后投入施工的队组的流水节拍之和，即

$$T=\sum_{j=1}^{n-1}K_j+\sum Z+\sum_{i=1}^{m}t_i \tag{7-13}$$

式中 T——总工期；

K_j——流水步距（$j=1, 2, 3, \cdots, n-1$）；

n——施工过程数（或施工队组总数）；

$\sum Z$——某些施工过程要求的技术间歇时间总和；

m——最后一个施工过程（或施工队组）完成的施工段数；

t_i——最后施工队组的流水节拍（$i=1, 2, 3, \cdots, m$）。

四、流水施工的组织要点

(1) 将拟建工程（如一个单位工程，或各分部分项工程）的全部施工活动，划分组合为若干施工过程，每一施工过程交给按专业分工组成的施工队组或混合施工队组来完成。施工队组组成人数应考虑每个工人及每台机械所需的最小工作面和流水组织的需要。

(2) 将拟建工程每层的平面上划分为若干施工段，每个施工段在同一时间里，只供一个施工队组开展作业。

(3) 确定各施工队组在每段的作业时间，并使其连续均衡作业。

(4) 按照各施工过程的先后顺序排列，确定相邻施工过程（或施工队组）之间的流水步距，并使其在连续作业的条件下，最大限度地搭接起来，形成分部工程施工的专业流水组。

(5) 搭接各分部工程的流水组，组成单位工程流水施工。

(6) 绘制流水施工指示图表。

思考题

1. 什么是基本建设程序？进行水利水电工程建设，为什么必须遵循基本建设程序？

2. 何谓施工组织设计？它有何重要作用？

3. 编制施工进度计划的目的是什么？

4. 简述施工总进度计划编制的方法与步骤。

5. 施工总布置的内容包括哪些?

6. 网络进度的时间参数有哪些?一个项目的最早可能开工时间如何计算?

7. 组织施工有几种形式,简述他们的优缺点?

8. 某分部工程划分为 A、B、C、D 4 个施工过程,分 4 段组织施工,流水节拍为 2,试组织全等节拍专业流水施工。

第八章 施工招投标与施工管理

施工企业主要通过招投标途径获得工程建设项目。工程的施工招投标是确定工程建设承发包关系的一种方式，是工程建设项目实施阶段的必要环节，也是基本建设工作的基本内容之一，必须遵循《中华人民共和国招标投标法》。水利工程实行全面招标与投标制度，对确保工程质量、缩短建设工期、提高投资效益、降低工程造价、保护公平竞争以及推广应用先进技术和方法等具有十分重要的意义，同时也对水利工程的勘测设计质量、施工企业经营管理水平的提高以及工程建设市场的良性发展有着很好的促进作用。施工企业要编制具有竞争力的投标书，必须掌握编制概预算的有关规定和要求，了解它们的内容和编制方法。概预算是概算和预算的统称，是基本建设不同设计阶段确定工程建设费用的文件，是工程设计文件的重要组成部分。

工程建设的施工管理，是工程施工业务的有机组成部分。施工管理水平，对于缩短建设周期，降低工程造价，提高施工质量，保证施工安全至关重要。施工管理工作主要涉及到施工、技术、经济活动等。施工管理主要包括施工目标管理、施工计划管理、施工进度管理、施工组织管理、施工质量管理、施工成本管理、施工合同管理、施工信息管理和施工安全管理等。施工管理的主要任务是根据批准的基本建设计划、设计文件和施工合同所确定的要求，进行协调与优化，确定管理目标；然后在实施过程中按计划目标进行指挥、协调与控制；根据实施过程中反馈的信息调整原来的控制目标；通过施工项目的计划、组织、协调与控制，实现在施工过程中正确有效地使用人力、材料、机械设备和资金，以达到工程进度快、质量好、成本低、施工安全的目标。

本章内容主要包括水利工程概预算、施工招标与投标、施工计划管理、施工质量管理、施工成本管理和施工合同管理等。

第一节 水利工程估算、概算与预算

根据我国现行水利水电工程建设程序的规定，在工程建设的项目建议书和可行性研究阶段应编制投资估算；在初步设计阶段应编制初步设计总概算，又称设计概算，简称概算；在施工准备阶段编制施工图预算，又称工程预算，简称预算；根据初步设计概算和招标分标情况编制项目管理预算进行招投标，确定工程承发包合同价格；在项目施工阶段，应编制资金使用计划；在竣工验收阶段应编制竣工决算。

估算、概算、预算反映了不同设计阶段对工程建设费用的认识，其认识程度逐步加深，计算精度也逐渐提高并逐渐接近实际。原则上讲，要求估算能控制概算，概算能控制预算，预算能控制工程决算。水利水电工程建设程序与各阶段的工程概预算关系如图 8－1 所示。从图 8－1 中可以看出，基本建设不同阶段的工程概算是随着设计深度的加深而逐步深化的，其中设计概算、施工图预算和竣工决算是基本建设概预算的重要内容，三者的关系是缺一不可、有机联系。

在概预算范畴中，一般并不包括招投标活动中招标单位编制的标底和投标单位编制的标价，也不包括施工单位为了内部核算而编制的施工预算。标底、标价和施工预算等虽然也表征了工程建设的费用，但是，由于编制的出发点不同，指导思想不一，故其性质和作用同概预算是有区别的。

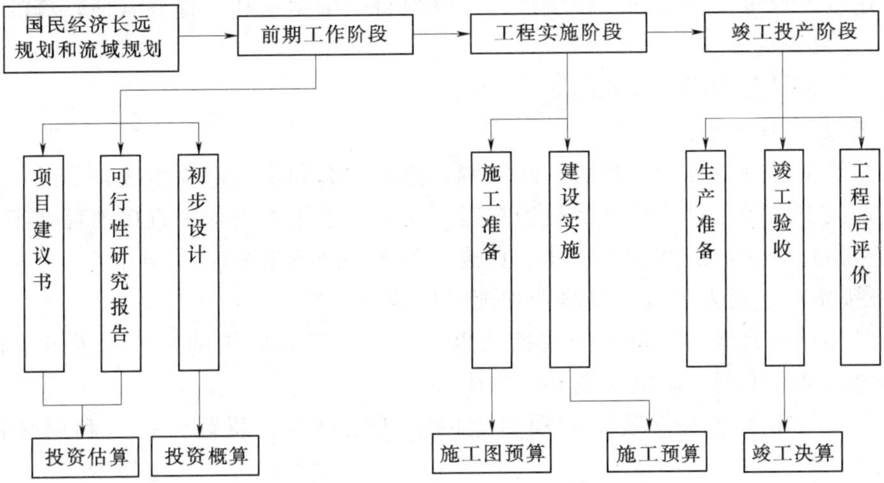

图 8-1　水利水电工程建设程序与概预算关系简图

一、概预算的性质和作用

初步设计阶段编制的概算（或补充初步设计的修正概算）是确定工程项目投资的文件，它从经济上对拟建的项目提出了充分论证。批准后的概算是国家控制基本建设项目投资，编制基本建设计划，以及建设单位筹措建设资金的重要依据。概预算一般是建设单位（业主）委托设计单位编写。

概算也是工程建设项目的一种计划价格（政府指导价），一般由建设单位掌握，可据以推行投资包干，建立承发包关系，控制建设资金和进行工程结算。因此，只有通过合同关系，按概算发给承包单位的那部分工程费用，才能以工程结算价款的形式，转入施工单位名下，成为衡量施工水平和工程实际造价的依据。

预算是按照技术施工设计或施工图设计而编制的，由它所确定的工程费用，比概算更为准确，对于作为商品的建筑安装工程来说，预算起到定价作用。因此，除了明确认定按概算进行投资包干，确定承发包关系的项目以外，通常都按工程预算作为衡量承发包价款的依据，并据以确定施工招标的标底。

概算和预算的性质和作用虽不相同，但它们的费用构成和编制方法，并没有原则差别，只是在项目划分、定额标准、计算粗细等方面有所不同。因此，下面的介绍除特别说明以外，对概算和预算都是适用的。

二、概预算费用的构成

（一）水利工程项目划分

水利工程的项目划分是根据现行水利部的有关规定，结合水利工程的性质、特点和组成内容来进行的。它适用估算和概算，而项目管理预算可对初设概算的项目进行合理调整。

水利工程按工程性质和功能划分为枢纽工程、引水工程及河道工程三大类。

按水利工程特点，水利工程概（估）算由工程部分与移民和环境两大部分组成。其中工程部分划分为建筑工程、机电设备及安装工程、金属结构设备及安装工程、施工临时工程和独立费用五部分，移民和环境部分划分为水库移民征地补偿、水土保持工程和环境保护工程三部分。其中工程各部分下设一级、二级、三级项目。在进行水利工程概算编制时，主体建筑工程量要计算到三级项目，三级项目是编制水利工程概（估）算的基础。

（二）费用构成

水利工程项目总费用构成如图 8-2 所示。

1. 建筑安装工程费

建筑安装工程费由直接工程费、间接费、企业利润和税金四项组成。

（1）直接工程费。直接工程费是指在建筑安装工程施工过程中直接消耗在工程项目上的活劳动和物化劳动，由直接费、其他直接费和现场经费组成。

1）直接费，包括人工费、材料费和施工机械使用费。

人工费是指列入概预算定额的直接从事建筑安装工程施工的生产工人开支的各项费用，内容包括基本工资、附助工资和工资附加费。

材料费是指用于建筑安装工程项目上的消耗性材料、装置性材料和周转性材料摊销费。

施工机械使用费是指消耗在建筑安装工程项目上的机械磨损、维修和动力燃料费用等。

2）其他直接费，是指基本直接费以外施工过程中发生的费用，包括冬雨季施工增加费、夜间施工增加费、特殊地区施工增加费和其他费用。

3）现场经费，包括临时设施费和现场管理费。

（2）间接费。间接费是相对于直接工程费而言的，是施工企业对建筑安装工程施工过程进行组织与经营管理所发生的各项费用，由企业管理费、财务费用和其他费用组成。

1）企业管理费，是施工企业为组织施工生产经营活动所发生的费用。

2）财务费用，是施工企业为筹集资金而发生的各项费用。

3）其他费用，是指企业定额测定费及施工企业进退场补贴费。

（3）企业利润，企业利润是指按规定应计入建筑、安装工程费用中的利润。

（4）税金，税金是指国家对施工企业承担建筑、安装工程作业收入所征收的营业税、城市维护建设费和教育附加费。

2. 设备费

设备费包括设备原价、运杂费、运输保险费和采购及保管费。

（1）设备原价，一般以出厂价（到岸价）或设计单位分析论证后的询价为设备原价。

（2）运杂费，指设备由厂家运至工地安装现场所发生的一切运杂费用。

（3）运输保险费，是指设备在运输过程中的保险费用。

（4）采购及保管费，是指建设单位和施工企业在负责设备的采购、保管过程中发生的各项费用。

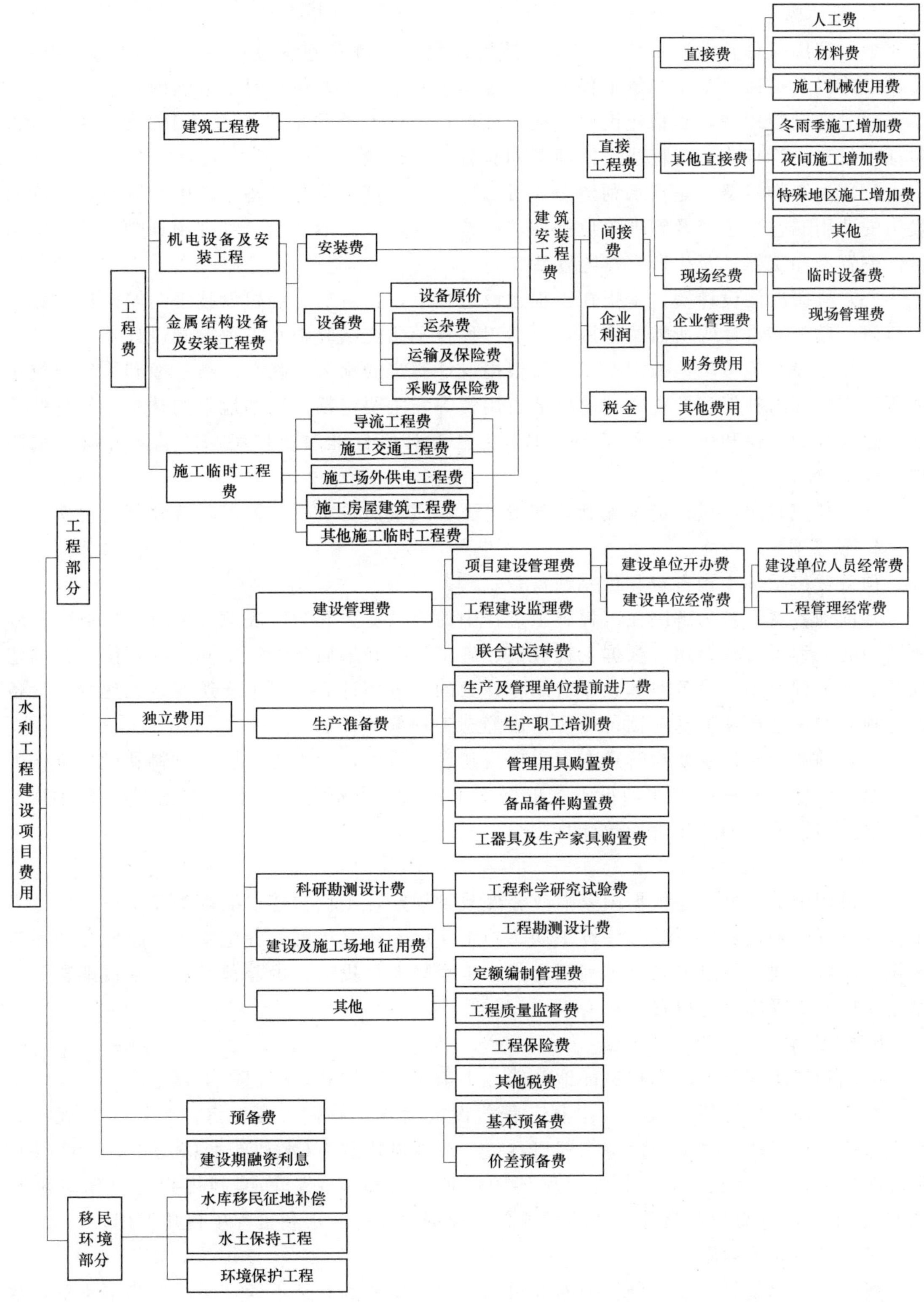

图 8-2　水利工程建设项目费用构成

3. 独立费用

独立费用又称其他基本建设支出，是指在生产准备和施工过程中与工程建设直接有关，又难以直接摊入某个单位工程的其他工程和费用，主要包括以下五项内容。

（1）建设管理费，是指建设单位在工程项目筹建和建设期进行管理工作所需的费用，包括项目建设管理费、工程建设监理费和联合试运转费。

（2）生产准备费，是指水利建设项目的生产、管理单位为准备正常生产运行或管理而发生的费用。包括生产及管理单位提前进厂费、生产职工培训费、管理用具购置费、备品备件购置费和工器具及生产家具购置费。

（3）科研勘测设计费，是指在工程建设过程中，为解决工程建设技术问题而进行必要的科研、勘测和设计等所需的费用，包括工程科学研究试验费和工程勘测设计费。

（4）建设及施工场地征用费，是指根据设计确定的永久、临时工程征地和管理单位用地所发生的征地补偿费即应缴纳的耕地占用税等，主要包括征用场地上的林木、作物的赔偿，建筑物的迁建和民居迁移费等，编制办法和计算标准参照移民和环境部分概算编制规定。

（5）其他费用，包括定额编制管理费、工程质量监督费、工程保险费和其他税费。

4. 预备费

预备费包括基本预备费和价差预备费。

基本预备费，是为解决在工程施工过程中的设计变更和为解决意外事故而采取的措施所增加的工程项目和费用。根据工程规模、施工年限和地质条件等不同情况，按工程的建筑及安装工程费用、设备费和独立费用合计数的百分率计算。以上建筑安装工程费、设备费、独立费用之和加上基本预备费便构成静态工程部分投资。

价差预备费，是主要为解决在工程项目建设过程中，因人工工资、材料和设备价格上涨以及费用标准调整而增加的投资。根据施工年限，以资金流量表的静态投资为计算基数。根据国家发布的年物价指数计算。

5. 建设期融资利息

建设期融资利息，是根据国家财政金融政策规定，工程在建设期内需要偿还并应计入工程总投资的融资利息。其与建设工期、施工年度、还息年度、各施工年份融资金额占当年投资比例、建设期融资利息等因素有关。工程静态总投资、价差预备费、建设期融资利息之和构成工程部分总投资。

6. 移民和环境部分费用构成

移民和环境部分由水库移民征地补偿、水土保持工程和环境保护工程组成。

水库移民征地补偿费执行《水利工程建设征地移民补偿投资概（估）算编制规定》，水土保持工程费执行《水土保持工程概（估）算编制规定》（水利部水总〔2003〕67 号），环境保护工程费执行《水利水电工程环境保护设计概（估）算编制规程》（SL 359—2006）。工程部分总投资与移民和环境部分总投资之和构成水利工程项目总费用。

三、概预算的编制

概预算的编制是一项十分复杂而细致的工作，要做到有条不紊，不漏项，不重复，数据计算准确，文字说明简洁。工程概预算的编制程序为：了解工程概况→调查研究、搜集资料→基础单价的编制→主要工程单价的编制→计算工程量→编制各种概预算表→编制说明书及附件，编制概预算的详细步骤如图 8-3 所示。

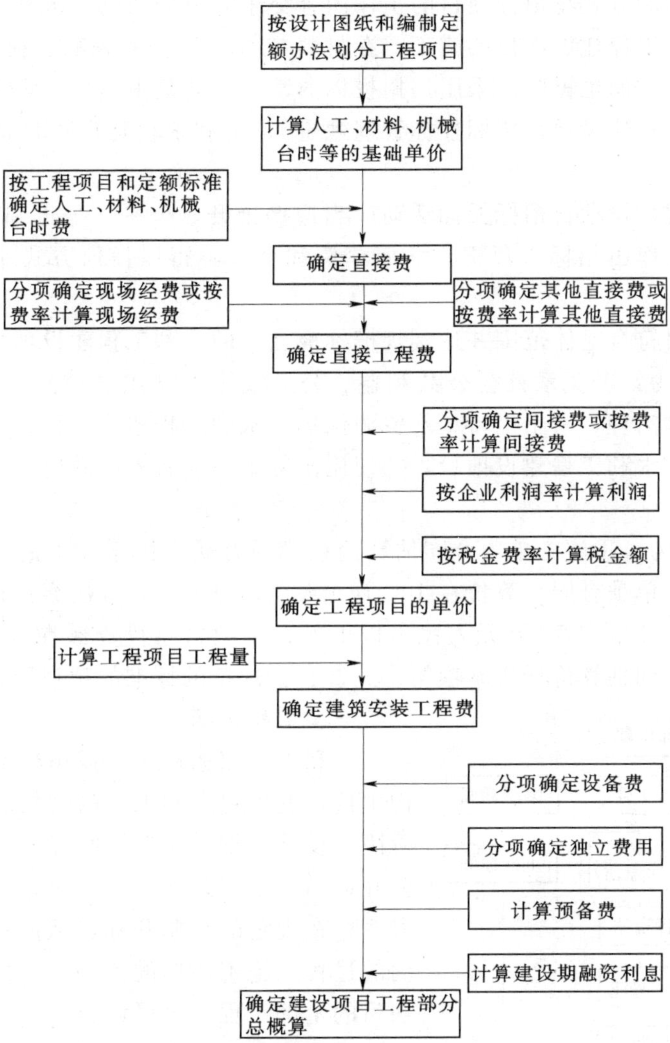

图 8-3　概预算编制程序

工程概预算是一定时期工程建设技术水平和管理水平的反映，要使工程概预算尽可能地反映工程建设实际需要的投资情况，在编制工程概预算时，必须了解和掌握它的特点，即科学性与客观性、政策性与严肃性。编制概预算时不能抬高或压低工程造价，一定要正确选用现行定额、标准、费率及价格。要严格执行国家颁布的各项政策、法令规定和制度。

第二节　工程招标与投标

工程项目招标是建设单位将拟建设项目的全部或部分工作内容和要求，以文件的形式招引有兴趣的项目承包单位，要求承包商按照规定条件各自提出完成该项目的计划和实施价格，业主从中择优选定建设时间短、技术力量强、质量好、报价低、信誉度高的承包单位，通过签订合同的方式将招标项目的工作内容交予完成的活动。水利水电工程招标与投标不仅广泛应用于工程建设项目的施工，在材料与机械设备的采购、科研攻关技术合作、勘测、规划设计等方面也被广泛采用。招投标的基本特征是平等性、竞争性和开放性。

根据《水利工程建设项目招标投标管理规定》，水利工程建设项目招标投标的基本要求如下：

(1) 水利工程建设项目招标投标活动应当遵循公开、公平、公正和诚实信用的原则。建设项目的招标工作由招标人负责，任何单位和个人不得以任何方式非法干涉招标投标活动。

(2) 建设项目符合具体范围并达到规模标准之一的水利工程建设项目必须进行招标。

1) 具体范围为：①关系社会公共利益、公共安全的防洪、排涝、灌溉、水力发电、引（供）水、滩涂治理、水土保持、水资源保护等水利工程建设项目；②使用国有资金投资或者国家融资的水利工程建设项目；③使用国际组织或者外国政府贷款、援助资金的水利工程建设项目。

2) 规模标准为：①施工单项合同估算价在200万元人民币以上的；②重要设备、材料等货物的采购，单项合同估算价在100万元人民币以上的；③勘察设计、监理等服务的采购，单项合同估算价在50万元人民币以上的；④项目总投资额在3000万元人民币以上，但分标单项合同估算价低于本项第①、②、③规定的标准的项目原则上都必须招标。

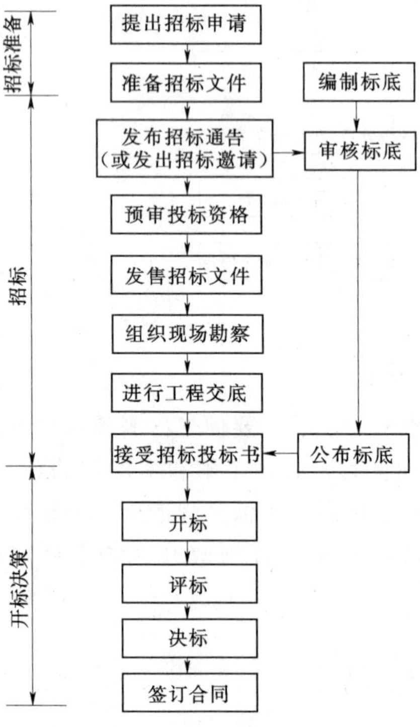

图8-4 施工招标过程

一、工程招标

水利工程招标是指建设单位或其委托授权的机构主持，就拟建水利工程的规模、工程等级、设计阶段、设计图纸、质量标准等有关条件，公开或非公开地邀请投标人报出工程价格、做出合理的实施方案，在规定的日期开标，从而择优选择工程承包商的过程。施工招标的范围，可以是一个水利工程项目的全部工程，也可以是单项工程、专项工程乃至分部分项工程；也可以是包工包料，也可以是包工、部分包料或包工不包料。工程招标过程大致经历招标准备、招标和开标决标三个阶段，如图8-4所示。招标按标底在开标前公开与否在形式上可分为明标招标和暗标招标两种。下面就其中几个主要问题作一些说明。

1. 招标文件

招标文件是发包单位为了选择承包单位对标底所作的说明，是承发包双方建立合同协议的基础。招标文件应由招标单位自行编制或委托有能力和资质的招标代理机构编制，主要应具备下列基本内容：

（1）商务文件，包括投标须知、合同条款、投标书及履约保函格式等。

（2）技术条款，包括技术标准、施工规范的有关规定、工程质量检验评定标准、工程计量规则、验收办法及要求。

（3）设计文件，包括设计说明书、设计文件和主要图纸、工程量清单、工程地质勘察实验资料及特殊工程要求等。

2. 标底

标底就是招标人招标时，对拟建的水利工程项目委托设计单位或咨询公司依据工程内容及有关规定计算的建成这项工程所需的造价。标底一般作为选定中标单位的一个重要参考指标，同时，标底也是业主对该工程造价的期望值。明标招标时，标底在招标文件中明确公布；暗标招标时，标底在开标前应保密。每一个项目只允许有一个标底，不得针对不同的投资单位而有不同的标底。

制定好的标底，经核实后应报主管部门备案，在开标前，要严格保密。泄露标底应严肃处理，直至追究法律责任。

3. 招标

招标申请经主管部门批准，招标文件准备好以后，就可以开始招标。招标阶段要进行的工作有：发布招标消息；接受投标单位的投标申请；对投标单位进行资格预审；发售招标文件，组织现场踏勘、工程交底和答疑；接受投标单位递送的标书等。

招标方式有：公开招标、邀请招标、议标等。招标类型按照工程建设业务范围可分为工程建设全过程招标、勘测设计招标、材料设备供应招标和工程施工招标等；按照工程的施工范围可分为全部工程招标、单项或单位工程招标、分部工程招标和专业工程招标等。

4. 开标

开标由招标单位主持，邀请投标单位、当地公证机关和有关部门代表参加。

经公证人确认标书密封完好，封套书写符合规定，当众由工作人员一一拆封，宣读标书要点，如标价、工期、质量保证、安全措施等，逐项登记，造表成册，经读标人、登记人、公证人签名，作为开标正式记录，由招标单位保存。投标后如果全部投标单位的报价超出标底过多，招标单位也可以宣布本次投标无效，另行组织招标。

5. 评标决标

开标以后，首先从投标手续、投标资格等方面排除无效标书，并经公证人员确认，然后由评标小组就标价、工期、质量保证、技术方案、信誉、财务保证等方面进行审查评议。

评标以后，通常按标价由低到高列出名单，并写出评价报告，推荐前几名作为候选中标单位，供招标单位抉择。从开标到决标的期限常无定规，一般为 5～15d，也有更长的。

中标通知发出后，承发包双方应约定时间就施工合同进行磋商，达成协议后正式签订合同，招标工作即告结束。

二、工程投标

施工单位在获知招标信息或得到招标邀请以后，应根据工程的建设条件、工程质量要求和自身的承包能力等主客观因素，首先决定是否参加投标，这是把握投标机会、制定投标策略的重要一步。

施工单位在决定参加投标以后，为了在竞争的投标环境中取得较好的结果，必须认真做好各项投标工作，主要有：设立投标工作机构；按要求办理投标资格审查；取得招标文件；仔细研究招标文件；弄清投标环境，制订投标策略；编制投标文件；按时报送投标文件；参加开标、决标过程中的有关活动。现就几个主要问题加以说明。

1. 投标工作机构

为了适应招标投标工作的需要，施工企业应设立投标工作机构，其成员应由企业领导以及熟悉招投标业务的技术、计划、合同、预算和供应等方面的专业人员组成。

投标工作班子的成员不宜过多，最终决策的核心人员，应限制在企业经理、总工程师和合同预算部门负责人范围之内，以利投标报价的保密。

2. 研究招标文件

仔细研究招标文件，弄清其内容和要求，以便全面部署投标工作。

3. 弄清投标环境

投标环境主要是指投标工程的自然、经济、社会条件以及投标合作伙伴、竞争对手和谈判对手的状况。弄清这些情况，对于正确估计工程成本和利润，权衡投标风险，制定投标策略，都有重要作用。

4. 制订投标策略

施工企业为了在竞争的投标活动中，取得满意的结果，必须在弄清内外环境的基础上，制订相应的投标策略，藉以指导投标过程中的重要活动。

5. 编制投标文件

编制投标文件是投标过程中的一项重要工作，若能利用计算机辅助编制投标文件，常可收到事半功倍的效果。参加文件编制的人员必须明确企业的投标宗旨，熟悉计费标准，了解本单位的竞争能力和对手的竞争水平，并做好保密的工作。

投标文件的主要内容应包括：施工组织设计纲要，工程报价计算，投标文件说明和附表等部分。

在施工组织设计纲要中，要提出切实可行的施工方案，先进合理的施工进度，紧凑协调的施工布置，以期在施工方法、质量安全、工程进度乃至文明施工等方面，对招标单位具有吸引力。在报价计算中，要提出拟向招标单位报送的标价及其计算明细表。

三、工程项目投标决策

工程投标是施工企业承揽工程任务的基本方法，但并不是每标必投。

1. 投标决策的原则

投标决策的正确与否，关系到能否中标和中标后的效益；关系到施工企业的发展前景和职工的经济利益。投标决策有三方面的含义：是投标，还是不投标？倘若去投标，是投什么性质的标？投标时，如何投？

投标决策可以分为投标决策的前期阶段和投标决策的后期阶段。

投标决策的前期阶段必须在投标人购买资格预审资料前完成。决策的主要依据是招标公告，以及公司对招标工程、业主情况的调研和了解的程度，如果是国际工程，还包括对工程所在国和工程所在地的调研、了解的程度。前期阶段必须对投标与否做出论证。通常情况下，对下列招标项目应放弃投标：

（1）本施工企业主营和兼营能力之外的项目。

（2）工程规模、技术要求超过本施工企业技术等级的项目。

（3）本施工企业生产任务饱满，而招标工程的盈利水平较低或风险较大的项目。

（4）本施工企业技术等级、信誉、施工水平明显不如竞争对手的项目。

如果决定投标，即进入投标决策的后期阶段，它是指从申报资格预审至投标报价（封送投标书）前完成的决策研究阶段。主要研究倘若去投标，是投什么性质的标，以及在投标中采取的策略问题。

2. 投标决策的分类

按性质分，投标有风险标和保险标；按效益分，投标有盈利标、保本标。

风险标：明知工程承包难度大、风险大，且技术、设备、资金上都有未解决的问题，但由于队伍窝工，或因为工程盈利丰厚，或为了开拓新技术领域而决定参加投标，同时设法解决存在的问题，即是风险标。投标后，如问题解决的好，可取得较好的经济效益，可锻炼出一支好的施工队伍，使企业更上一层楼；解决的不好，企业的信誉、效益就会受到损害，严重者可能导致企业亏损以至破产。因此，投风险标必须审慎。

保险标：对可以预见的情况从技术、设备、资金等重大问题都有了解决的对策之后再投标，谓之保险标。企业经济实力较弱，经不起失误的打击，则往往投保险标。当前，我国施工企业多数都愿意投保险标，特别是在国际工程承包市场上投保险标。

盈利标：如果招标工程既是本企业的强项，又是竞争对手的弱项；或业主意向明确；或本企业任务饱满，利润丰厚，才考虑让企业超负荷运转时，此种情况下的投标，称投盈利标。

保本标：当企业无后继工程，或已出现部分窝工，必须争取中标。但本企业对招标的工程又无优势可言，竞争对手又多，此时，就是投保本标，至多投薄利标。

四、工程项目投标报价技巧

工程项目投标报价技巧，是指工程项目承包商在投标过程中所形成的各种操作技能和诀窍。工程项目投标活动的核心和关键是报价问题，因此，工程项目投标报价的技巧至关重要。常见的投标报价技巧主要包括如下几种。

1. 不平衡报价

不平衡报价，是指在一个工程项目的总价基本确定的前提下，如何调整内部各个子项的报价，以期既不提高总价，不影响中标，又能在中标后使投标人尽早收回垫支于工程中的资金和获得较好的经济效益。但要注意避免畸高畸低现象，避免失去中标机会。通常采用的不平衡报价有下列几种情况：

（1）对能够早日结账的项目（如开办费、基础工程、土方开挖、桩基等）可以报以较高价，以利资金周转；对后期工程项目（如机电设备安装、装饰等），单价可适当降低。

（2）经过工程量核算，预计今后工程量可能增加的项目，其单价可适当提高，而工程量可能减少的项目，其单价可降低。

但是上述两种情况要统筹考虑，对于工程量有错误的早期工程，如不可能完成工程量表中的数量，则不能盲目抬高单价，需要具体分析后再确定。

(3) 设计图纸不明确或有错误，估计修改后工程量要增加的，可以提高单价；而工程内容不明确的，则可以降低一些单价。

(4) 没有工程量，只填报单价的项目（如疏浚工程中的开挖淤泥工作等），其单价应高。这样，既不影响总的报价，又可多获利。

(5) 暂定项目又叫任意项目或选择项目，对这类项目要做具体分析，因这一类项目要开工后由业主研究决定是否实施，由哪一家承包商实施。如果工程不分标，只由一家承包商施工，其中肯定要承担的单价要高些，不一定要承担的单价应低些。如果工程分标，该暂定项目有可能由其他承包商施工时，则不宜报高价，以免抬高总报价。

2. 零星用工单价高报

计工日的零星用工报价一般可稍高于工程单价表中的工资单价，因为零星用工不属于承包有效合同总价的范围，发生时实报实销，也可多获利。

3. 多方案报价法

有时招标文件中规定，可以提一个建议方案；或有时如果发现工程招标文件范围不很明确，条款不清楚或很不公正，或技术规范要求过于苛刻时，则要在充分估计风险的基础上，按多方案报价法处理。即按原招标文件报一个价，然后再提出如果某条款作某些变动，报价可降低的额度。这样可以降低总价，吸引业主。

投标者这时应组织一批有经验的技术专家，对原招标文件的设计和施工方案仔细研究，提出更理想的方案以吸引业主，促使自己的方案中标。建议方案能够降低总造价或提前竣工或使工程运用更合理。但要注意的是对原招标方案一定也要报价，以供业主比较。

增加建议方案时，不要将方案写得太具体，要保留方案的技术关键，防止业主将此方案交给其他承包商。同时要强调的是，建议方案一定要比较成熟，或过去有这方面的实践经验。因为投标时间往往较短，如果仅为中标而匆忙提出一些没有把握的建议方案，可能引起很多后患。

但是，如有方案是不容许改动的规定，这个方法就不能用。

4. 突然降价法

报价是一件保密的工作，但是对手往往通过各种渠道、手段来刺探情报，因此在报价时可以采用迷惑对手的手法。即先按一般情况报价或表现出自己对该工程兴趣不大，到快要到投标截止时，再突然降价。如鲁布革水电站引水系统工程招标时，日本大成公司知道主要竞争对手是前田公司，因而在临近投标截止前突然把报价降低 8.04%，取得最低报价，为以后中标打下基础。

采用这种方法时，一定要在准备投标报价的过程中考虑好降价的幅度，在临近投标截止日期前，根据情报信息与分析判断，做出最后决策。

采用突然降价法而中标，因为开标只降总价，所以可以在签订合同后采用不平衡报价的办法调整工程量表内的各项单价或价格，以期取得更高的效益。

5. 先亏后盈法

对大型分期建设工程，在第一期工程投标时，可以将部分间接费分摊到第二期工程中去，少计算利润以争取中标。这样在第二期工程投标时，凭借第一期工程的经验以及创立的信誉，比较容易拿到第二期工程。若第二期工程遥遥无期时，则不可以这样考虑。

6. 许诺优惠条件

投标报价附带优惠条件是行之有效的一种手段。招标者评标时，除了主要考虑报价高低和技术方案外，还要分析别的条件，如工期、支付条件等。所以在投标时主动提出提前竣工、提供低息贷款、赠给施工设备、免费转让新技术或某种技术专利、免费技术协作、代为培训人员等许诺，均是吸引业主、利于中标的辅助手段。

7. 修改设计以降低造价取胜

投标人在编制投标文件的过程中，应仔细研究设计图纸。如果发现改进某些不合理的设计或利用某项新技术可以降低造价时，投标人除按原设计提出报价外，还可另附一个修改设计的比较方案及相应的低报价，这往往能得到业主的赏识而收到出奇制胜的效果。

第三节 施工计划管理

一、计划管理的特点与意义

工程项目管理的施工计划管理工作在整个项目管理中处于主导地位和作用。它的核心是实现项目管理任务目标；目的是为了指导施工；主要内容是筹划、安排各项工程项目管理内容；着眼点是谋求工程项目管理最大效益。

施工计划管理是对项目预期目标进行筹划、安排等一系列活动的概括。计划管理是以系统理论为基础，经济预测为起点、协调控制为过程、实现目标为核心、提高效益为目的的管理工作，是项目管理所有活动的指导纲领，它既明确任务目标，又针对工程项目特定条件的需求，利用技术手段在项目施工管理中实行全系统、全过程、全目标的计划与管理的一个系统过程，是实现预期目标、获得项目管理效益最大化的首要经济技术手段。

（一）计划管理的特点

（1）计划的被动性。工程施工计划管理工作是随着项目的确立而展开，由于诸多的外部因素直接影响着项目计划的编制，计划的被动性无疑加大了管理的难度。

（2）计划的多变性。在工程项目运行过程中，由于项目的复杂性，不可预见因素多，建筑施工点多、线长、面广，施工条件的变化以及设计或其他诸多不可预见因素，影响着计划管理。

（3）计划的波动性。项目极具单一性和施工的季节性，各项目之间难以组织均衡、连续施工。因此计划必须统筹安排，充分考虑各种主观和客观因素。

（二）计划管理的意义

（1）施工计划管理是对工程建设与施工预期目标的计划和管理。它的主要作用表现在：既为工程项目管理的决策提供论证和依据，同时也是项目管理的工作纲领，更是实现项目目标的一种首要经济技术手段。

（2）计划管理是工程施工项目管理组织进行指挥和协调的依据，是项目管理开展管理控制的基准，是降低不确定性的手段，是提高效率和效益的工具。在通常的工程项目管理中，应用科学、合理、有计划、有步骤的计划管理手段，对工程项目全过程、全系统、全目标进行高效率的组织、协调和控制，将确保工程项目预期目标的全面实现，同时也体现项目管理综合管理水平，因此做好计划管理工作具有非常重要的意义。

二、施工计划管理的任务

管理的基本职能活动包括决策、计划、指挥、协调、激励、控制等，因此，计划作为管理的一项基本职能在管理活动中有着重要的地位。它是根据对现状的认识，确定未来一段时间内应达到的目标，筹划实现目标的一切资源、条件、方案和时间安排等工作的总称。计划管理的目的是通过对计划的编制，组织计划的实施，进行计划的控制，并根据实施及控制的信息反馈，对计划进行适当的调整，使实际施工接近最佳施工计划状态。

施工企业必须进行全面计划管理，通过计划工作的周期活动，调控企业的工作，使企业全体成员的活动纳入计划轨道。所谓全面计划管理，就是全企业一切部门、单位和个人，在招揽任务、施工准备、施工到竣工验收后服务等活动中实行全企业、全过程、全员性的计划管理。

计划管理的任务是通过系统分析，合理地运用本企业的人力、物力、财力，把施工企业的施工生产和经营活动全面组织起来。要以生产、经营活动为主体，制订各项专业计划，经综合平衡，相互协调，综合成一个完整的综合计划。在执行中不断改善施工生产经营活动的各项技术经济指标，使其成为一个完善的综合计划。使施工活动各环节有计划地进行，做到均衡、连续、有节奏地施工。

三、施工计划管理体系

施工企业应根据所从事的施工生产经营活动，来编制各种计划，使各种活动纳入有计划的轨道，形成一个施工计划管理体系。

按管理计划期限不同，施工计划分为长期、中期、短期三种。长期计划是预测性的、方向性计划，它明确企业发展的方向和目标。中期计划是指导性计划，根据长远计划的目标要求，分析当前的形势，正确地规定计划期内的发展任务。年、季度计划是短期的实施计划。水利工程施工周期比较长，且受导流程序控制，所以必须考虑长期施工计划，充分发挥中、长期计划的指导和控制作用，以保证施工计划的连续性和稳定性。

按管理的内容不同，施工计划分为工程施工进度计划（如拟建或在建工程的建筑安装施工计划）、综合施工计划（如施工技术任务计划）、施工作业计划和专业计划（如质量计划、物资供应计划、运输计划、降低成本计划等）。企业各级管理部门编制的长、中期计划和年、季度计划，属综合施工计划，是指导各部门进行生产经营活动的指导性文件。施工基层组织所编制的月、旬计划，属施工作业计划，是具体组织施工生产活动的计划文件。

以上各种计划，构成了一个计划体系，有条不紊地指导企业的各项工作。

四、编制施工计划的方法

计划的编制不仅要按照一定的原则和步骤，而且还要采用一些科学的方法。在实际工作中，常用的计划编制方法有以下几种。

1. 定额法

定额法是运用经济、统计资料和技术手段测定完成一定任务的资源消耗标准，然后根据这一标准来制定计划的方法。采用定额法首先要确定一定的资源消耗可以完成多少任务，从而得到一个标准，即施工定额。然后按这一定额标准来编制企业的生产计划。定额法通常用于核算人力、物力、财力的需要量和设备、资源的利用率。

2. 比较法

比较法是对同类计划问题在不同时间、不同空间所呈现的不同结果进行比较分析，以便总结经验教训，掌握客观规律，指导现今计划制定的方法。这种方法常被用于进行计划分析和论证。制定计划既依据现状，又借鉴历史，通过比较分析，可以吸收成功的经验，取得事半功倍的效果。在运用比较法时要注意计划中诸多因素的可比性问题，切忌简单类比，或生搬硬套。

3. 整体综合法

整体综合法是在系统分析的基础上，对计划的各个构成部分、各个主要因素进行全面平衡，以求系统整体优化的一种方法。整体综合法把任何一项计划都看成是一个整体，它不追求片面局部和单项指标的最优化，而是追求整体功能的最佳发挥。为了使整体功能得到最佳发挥就要协调好计划各部分、各要素的关系，采用定性或定量分析的方法，科学确定计划中各部分、各要素的指标，使其前后一致、左右平衡、结构完整。运用整体综合方法，一定要经过严密的逻辑思维，平衡好各方面的关系，能够量化的指标要尽量量化（如建立便于计算的计划图解模型或数学模型，经济计量模型等）。在系统分析综合平衡的基础上制定的计划，才能保证取得整体优化的功效。

4. 滚动计划法

滚动计划法是根据计划的执行情况和客观环境的变化定期修订计划，使计划不断向前移动的方法。由于在前期制定计划时很难预测未来客观环境和计划各要素的发展变化，随着计划的延长，影响计划执行的不确定因素越来越多，计划的不确定性越来越大，计划暴露出不适应之处越来越多。如果不适应客观环境的变化，仍然执行原来的计划，就会影响计划目标的实现，造成一定的损失。因此，需要采用滚动计划法对计划不断进行修订。

滚动计划法的具体做法是：把计划执行分为几个阶段。在第一个阶段执行期结束时，根据该阶段计划执行的情况以及外部与内部因素的变化情况，对原计划进行修订，使计划向前滚动一个阶段。依据同样的做法，定期修订计划，使计划逐期滚动。滚动计划法适于任何类型的计划。

滚动计划法把计划的编制工作同客观环境的变化联系起来，使计划工作走向动态管理，不仅在计划执行前要编制计划，而且在计划执行的全过程中要不断修订和完善计划。滚动计划法虽然增加了计划编制工作的任务量，但是因其具有许多优点，在现代管理中被越来越多地采用。滚动计划法的突出优点为：①滚动计划法把计划执行期分为几个阶段，不断修订计划，相对来说缩短了计划的时期，加大了准确性，保证了计划的指导作用，提高了计划执行的质量，使计划更具有现实性和可行性；②滚动计划法大大增加了计划的弹性，使计划更符合现代社会急剧变化需要，从而也提高了组织的应变能力；③滚动计划法是在原有计划的基础上进行修订，不断向前滚动。这样就协调了不同计划阶段间的关系，保证了计划的前后衔接，使计划既有阶段性又有连续性。

五、施工计划的实施和控制

计划实施过程的管理，可以比照目标实施的管理。一方面，通过指挥协调，组织人力、物力、财力去实现计划目标；另一方面，当发现实际进程偏离计划目标时，要跟踪分析原因，进行平衡。为此，要及时掌握计划实施的反馈信息，绘出工程进度管理、材料供应管理、功效管理等管理曲线，以便对进度、材料、功效等进行适时控制。在下一节施工进度管理中会讲到施工进度管理曲线，可以对比计划进度和实际进度，从而实现对计划的跟踪追查、分析和及时的改进。

第四节　施工质量管理

"百年大计，质量第一"。水利工程一般规模较大，技术要求较高，涉及面较广，工程质量不仅涉及工程效益的发挥，而且关系到人民生命和财产的安全。工程项目的质量是决定工程建设成败的关键，也是监理单位进行三大控制目标（质量、进度、投资）的首要任务。因此，在工程建设中必须坚持全员、全过程、全方位的质量管理指导思想，贯彻预防为主的原则，建立健全建设（监理）单位的质量检查（控制）体系及勘测、设计和施工单位的质量保证体系，确保工程建设质量。

一、施工单位的全面质量保证体系

施工阶段是建设工程质量的形成阶段，是工程质量监督的重点，勘察、设计的思想和方案都要在这一阶段实现。因此，水利工程的施工承包商必须以对国家和人民高度负责的精神，严格按照设计文件和技术标准进行施工，严把质量关，认真做好施工过程中的各项质量控制和质量管理工作，切实担负起施工单位工程施工的质量责任。

施工单位的质量保证体系是建筑企业以控制、保证和提高工程质量为目标，运用系统的概念和方法，使企业各部门、各环节的质量管理职能组织起来，形成一个有明确任务、职责、权限，互相协调、互相促进的有机整体，使质量管理规范化、标准化。

施工单位建立全面质量保证体系应抓好以下环节：

（1）有明确的质量目标和质量保证工作计划。

（2）建立一个完整的信息传递和反馈系统。

（3）有一个可靠有效的计量系统。

（4）建立和健全质量管理组织机构，职责分工明确。

（5）组织开展质量管理小组活动。

（6）与协作单位建立质量的共同保证体系。

（7）努力实现管理业务规范化和管理流程程序化。

二、全面质量保证体系运转的基本方式

全面质量保证体系运转的基本方式，是按照计划（Plan）→执行（Do）→检查（Check）→处理（Action）的管理循环进行的。在处理阶段，要将本次循环合理的、行之有效的质量管理措施充实进质量标准，在下一循环里加以推行；对不合理的或尚需进一步解决的问题放到下一循环过程中，重复以上四个阶段来加以解决。这种方法称为PDCA循环工作法，它包括四个阶段、八个步骤、七种工具。

（一）四个阶段

（1）计划阶段。按使用者要求，根据具体生产技术条件，找到生产中存在的问题及原因，拟订生产对策和措施计划。

（2）执行阶段。按预定对策和生产措施计划，组织实施。

(3) 检查阶段。对生产产品进行必要的检查和测试，即把执行的工作结果与预定目标对比，检查执行过程中出现的情况和问题。

(4) 处理阶段。把经过检查发现的各种问题及用户意见进行处理，凡符合计划要求的给予肯定，成文标准化；对不符合计划要求和不能解决的问题，转入下一循环以便进一步研究解决。

（二）八个步骤

(1) 分析现状，找出问题。不能凭印象和表面作判断，结论要用数据表示。

(2) 分析各种影响因素。要把可能因素一一加以分析。

(3) 找出主要影响因素。要努力找到主要因素，进行剖析才能改进工作，提高产品质量。

(4) 研究对策。针对主要因素拟定措施，制定计划，确定目标。

以上四个步骤均属 P（Plan）阶段的工作内容。

(5) 执行措施。属 D（Do）阶段的工作内容。

(6) 检查工作结果。对执行情况进行检查，找出经验教训，属 C（Check）阶段的工作内容。

(7) 巩固措施，制定标准。把成熟的措施定成标准（规程、细则），形成制度。

(8) 遗留问题转入下一个循环。

以上 (7)、(8) 为 A（Action）阶段的工作内容。PDCA 管理循环的工作程序如图 8-5 所示。

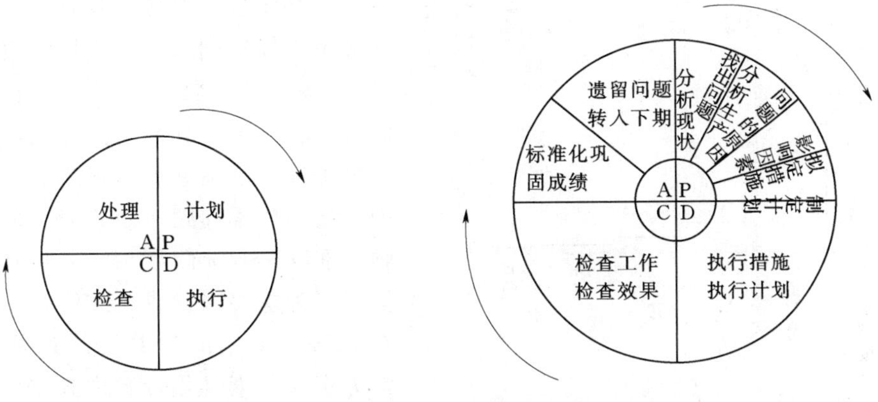

图 8-5　PDCA 管理循环的工作程序示意图

（三）PDCA 循环的特点

(1) 四个阶段缺一不可，先后次序不能颠倒。就好像一只转动的车轮，在解决质量问题中滚动前进，逐步使产品质量提高。

(2) 企业内部各部门都存在 PDCA 循环，整个企业是一个大循环，企业各部门又各自有自己的小循环，如图 8-6 所示。大循环是小循环的依据，小循环又是大循环的具体和逐级贯彻落实的体现。

(3) PDCA 循环不是在原地转动，而是在转动中前进，每个循环结束，质量就提高一步，如图 8-7 所示。每经过一次循环，就解决了一批问题，质量水平就有了新的提高。

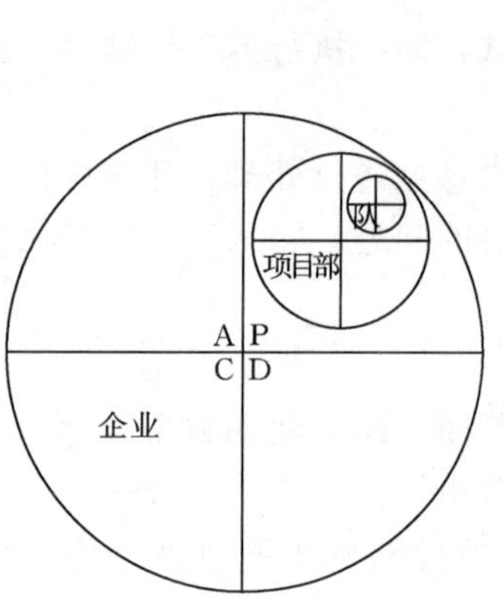

图 8-6　PDCA 循环运转示意图

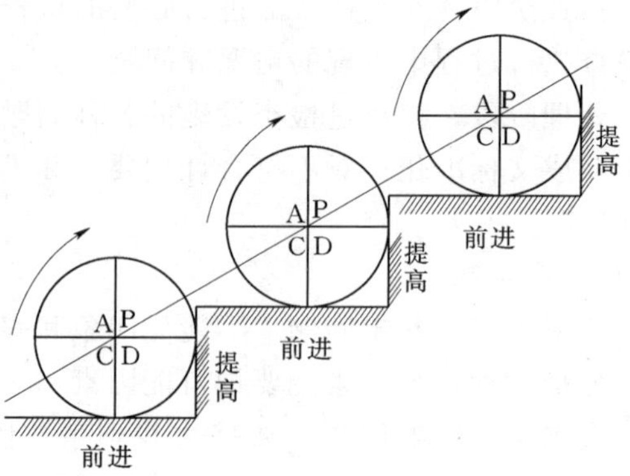

图 8-7　PDCA 循环上升示意图

(4) A 阶段是一个循环的关键，这一阶段的目的在于总结经验，巩固成果，找出偏差，纠正错误，以利于下一个管理循环。

三、工程质量数据的统计分析方法

(一) 工程质量数据的图形整理分析方法

1. 排列图

排列图又称巴雷特（Pareto）图、主次因素排列图法，是分析影响质量主要因素的有效方法。排列图由两个纵坐标、一个横坐标、几个长方形和一条曲线组成。左侧的纵坐标是频数或件数，右侧的纵坐标是累计频率，横轴则是影响质量的项目（或因素），按项目频数大小顺序在横轴上自左而右画长方形，其高度为频数，并根据右侧纵坐标，画出累计频率曲线。实际应用中，通常按累计频率划分为三个区，累计频率在 0～80%的为 A 区，其所对应的质量因素为主要因素或关键项目；累计频率在 80%～90%的为 B 区，其所对应的因素为次要因素；累计频率在 90%～100%的为 C 区，与之对应的影响因素为一般因素。例如，混凝土构件尺寸不合格点排列如图 8-8 所示。

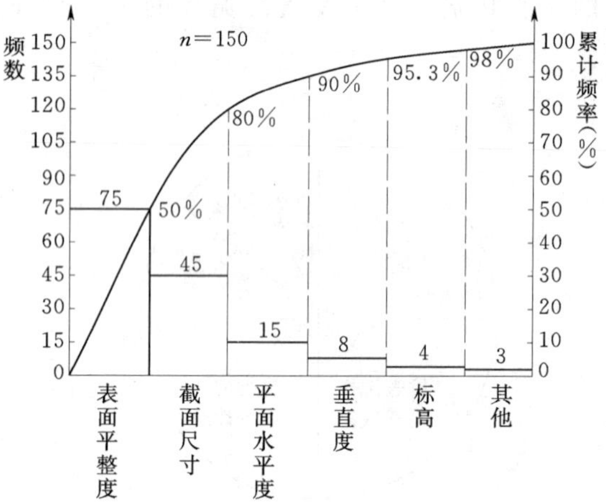

图 8-8　混凝土构件尺寸不合格点排列图

2. 因果分析图

因果分析图法是用因果分析图来整理分析质量问题（结果）与其产生原因之间关系的有效工具。因果分析图也称特性要因图，又因其形状常被称为树枝图或鱼刺图。例如混凝土强度不足的因果分析如图 8-9 所示。

因果分析图的绘制步骤与图中箭头方向恰恰相反，是从结果开始将原因逐层分解的。具体绘制步骤如下：

(1) 明确质量问题（结果）。画出质量特性的主干线。

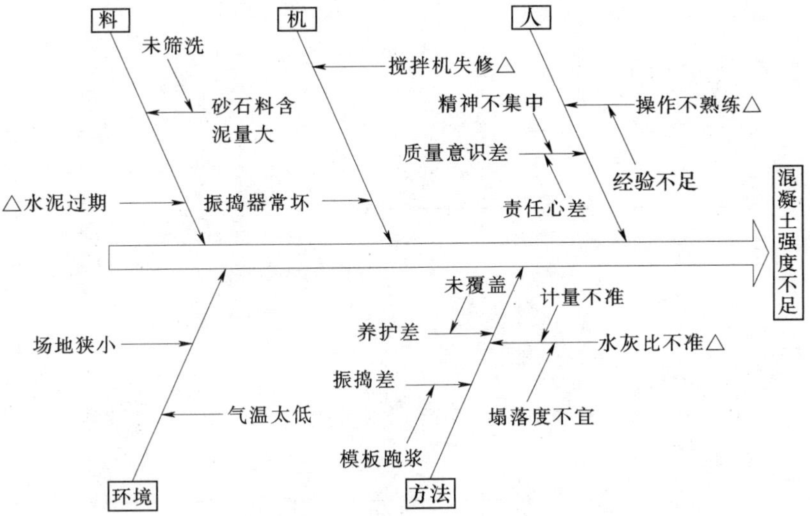

图 8－9　混凝土强度不足的因果分析图

（标△者为主要影响因素）

（2）确定影响质量特性大的方面的原因。一般来说，影响质量因素有五大因素，即人、机械、材料、工艺、环境等。另外还可以按产品生产工序进行分析。

（3）将每种大原因进一步分解为中原因、小原因等，直至分解的原因可以采取具体措施加以解决为止。

（4）检查图中所列原因是否齐全，可以对初步分析结果进行广泛征求意见，并做必要修改和补充。

（5）找出主要原因，并将其标出记号，作为质量改进的重点。

因果图可以单独应用，也可以与排列图配合，由排列图找主要原因，再由因果图找主要原因中的大、中、小原因。

3. 相关图

在一些情况下，两种特性数据之间往往存在着相互联系和相互制约的关系，如果将两个相关联因素的数据点绘在直角坐标图上，绘制成相关图，通过观察和分析图中点子的分布状况来判断两因素之间的关系，这种方法称为相关图法，也称散布图法。

在质量管理中，常常用相关图法分析下列情况：

（1）一种质量特性与另一种质量特性之间的关系，如混凝土强度与水灰比的关系。

（2）质量特性与成因之间或两种因素之间的因果关系，如建筑物裂缝与其沉降的关系。

（3）影响同一质量特性的两个因素之间的关系，如在土方工程中对土的压实度有影响的压实功能与碾压遍数之间的关系。

从两个变量之间关系的角度来说，相关图大致可以分为六种类型。图 8－10 就是这六种类型的典型图形。

4. 直方图

频数直方图（frequency histogram）是一种在数据频数整理的基础上，用一些高低不

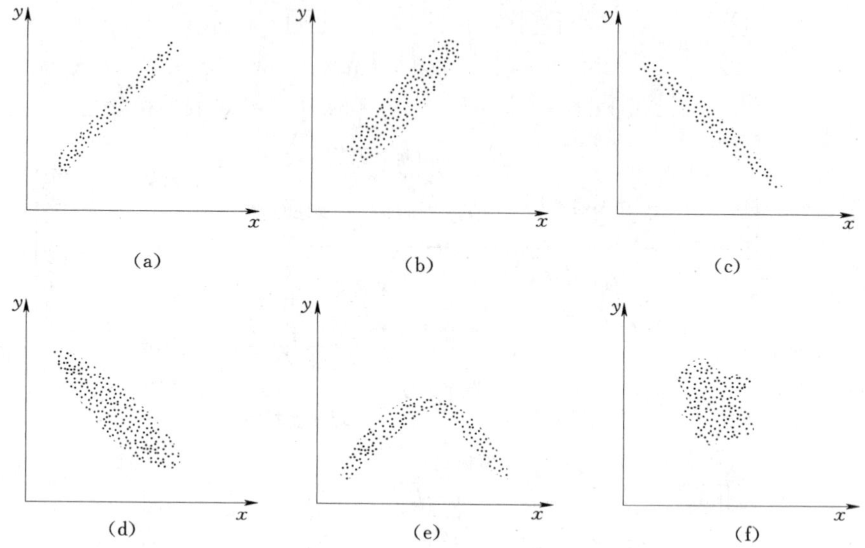

图 8-10　相关图的类型

(a) 强正相关；(b) 弱正相关；(c) 强负相关；(d) 弱负相关；(e) 非线性相关；(f) 不相关

等的直方图来描述数据分布状况的方法。它使得数据的频数分布状态更加直观，形象一目了然。同时还能表现数据的波动程度、偏离程度等，用途十分广泛。频数直方图也常简称为直方图。其分布形式主要有：对称型、左右缓坡型、锯齿型、孤岛型、绝壁型、双峰型和平峰型。典型的频数分布直方图如图 8-11 所示。

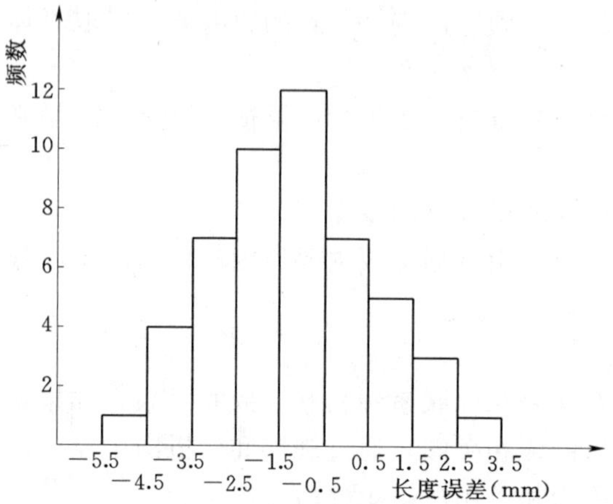

图 8-11　频数直方图

直方图的绘制方法如下：

(1) 搜集整理数据。用随机抽样的方法获得数据。

(2) 计算极差。极差只是数据中最大值和最小值之差。

(3) 对数据分组。包括确定组数、组距和组限。

确定组数的原则是分组的结果能正确地反映数据的分布规律。组数应根据数据多少来确定。组数过少，会掩盖数据的分布规律；组数过多，使数据过于零乱分散，也不能显示出质量分布状况。

确定组距。组距是组与组之间的间隔，即一个组的扩围。各组距应相等。

确定组限。每组的最大值为上限，最小值为下限，上、下限统称组限。确定组限时应注意使各组之间连续，即较低组上限应为相邻较高组下限，这样才能不致使有的数据被遗漏。对恰恰处于组限值上的数据，其解决的办法有：规定每组上（或下）组限不计在该组内，而应计入相邻较高（或较低）组内；将组限值较原始数据精度提高半个最小测量单位。

(4) 编制数据频数统计表。统计各组频数，可采用唱票形式进行，频数总和应等于全部数据个数。

(5) 绘制频数分布直方图。在频数分布直方图中，横坐标表示质量特性值，纵坐标表示频数。

5. 控制图

前面介绍的几种工具和方法，都是利用某一段时间内的数据，事后进行分析，拟定控制方法，这些工具和方法都是静态的。而控制图则是一种动态的方法，可动态地反映质量随时间的变化。借助于控制图提供的质量动态数据，可随时了解工序质量状态，发现问题，查明原因，采取措施，使生产处于稳定状态，从而使质量控制从事后检查转变为事先预防。控制图基本形式如图 8-12 所示。

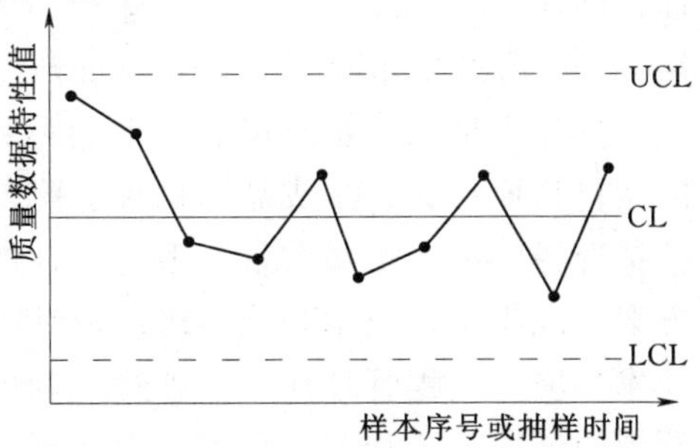

图 8-12 控制图基本形式

控制图一般有三条线，上控制线为控制上限，下控制线为控制下限，中心线为平均值。把被控制对象发出的反映质量动态的质量特性值用图中某一相应点来表示，将连续打出的点子顺次连接起来，形成质量波动的折线，即为控制图图形。

按工程或产品质量特性来分，控制图可以分为计量控制图与计数控制图。另外，控制图还可以分为分析用控制图和控制用控制图。前者用于分析生产过程是否处于统计控制状态，后者用于对工序质量进行控制。

控制界限是以正态分布为理论基础的，生产若处于稳定状态，对正态分布而言，质量数据落在 $\mu \pm 3\sigma$（μ 为总体均值，σ 为总体的标准偏差）范围内的概率为 99.73%，因此，用 $\mu \pm 3\sigma$ 作为控制界限，质量数据落在控制界限内，即可判断生产的稳定性。目前，国内外最常用的控制界限是 $\mu \pm 3\sigma$。

（二）工程质量数据的列表整理分析方法

1. 分层法

所谓分层法就是将收集来的数据，按不同情况和不同条件分组，每组就为一层，所以，分层法又称为分类法或分组法。数据分层法往往是调查分析质量问题的关键，它是质量管理中常用的手段之一。

分层的方法很多，可按班次、日期分类；按操作者、操作方法、检测方法分类；按设备型号、施工方法分类；按使用的材料规格、型号、供料单位分类等。

多种分层方法应根据需要灵活运用，有时用几种方法组合进行分层，以便找出问题的症结。

2. 调查表法

调查表法又称调查分析法、检查表法，是收集和整理数据用的统计表，利用这些统计表对数据进行整理，并可粗略地进行原因分析。按使用的目的不同，常用的检查表有：工序分布检查表、缺陷位置检查表、不良项目检查表、不良原因检查表等，检查表的形式繁多，也可根据收集分析数据的需要自行设计。

四、施工全过程的质量控制

施工阶段是形成工程质量最为关键的阶段，要将规划设计的各种意图变为现实。工程质量是在施工阶段创造的，而不是依靠检验手段检查出来的。为了贯彻“预防为主”的原则，必须加强施工阶段的质量控制。

（一）影响施工阶段质量的因素

工程施工是一种物质生产活动，因此，影响施工阶段工程质量的因素归纳起来有五个方面，即人（Man）的因素、材料（Material）因素、机械（Machine）因素、方法（Method）因素和环境（Environment）因素，简称4M1E质量因素。其中人的因素主要是施工操作人员的质量意识、技术能力和工艺水平，施工管理人员的经验和管理能力；材料因素包括原材料、半成品、构件、配件的品质和质量，工程设备的性能和效率；机械因素包括选择的施工机械数量、型式、性能参数和施工机械现场管理手段；方法因素包括施工方案、施工工艺技术和施工组织设计的合理性、可行性和先进性；环境因素主要是指工程技术环境、工程管理环境（如管理制度的健全与否，质量体系的完善与否、质量保证活动开展的情况等）和劳动环境。上述五方面因素都在不同程度上影响到工程的质量，所以施工阶段的质量控制，实质上就是对这五个方面的因素实施监督和控制的过程。

（二）施工阶段质量控制过程

工程项目是从施工准备开始，经过施工和安装，到竣工验收这样一个过程逐步形成的，所以施工阶段的质量控制，就是由前期（事前）质量控制或称施工准备质量控制，经过施工过程（事中）质量控制，到后期（事后）质量控制或竣工阶段质量控制，这样一个控制的过程。

1. 质量事前控制

（1）确定质量标准，明确质量要求。

（2）建立本项目的质量监督控制体系。

（3）施工场地质检验收。

（4）建立完善的质量保证体系。

（5）检查工程使用的原材料、半成品。

（6）施工机械的质量控制。

（7）审查施工组织设计或施工方案。

2. 质量事中控制

（1）施工工艺过程质量控制。现场检查、旁站、量测、试验。

（2）工序交接检查。坚持上道工序不经检查验收不准进行下道工序的原则，检验合格后签署认可才能进行下道工序。

（3）隐蔽工程检查验收。

（4）做好设计变更技术及技术核定的处理工作。

（5）工程质量事故处理。分析质量事故的原因、责任；审核、批准处理工程质量事故的技术措施或方案；检查处理措施的效果。

(6) 进行质量、技术鉴定。

(7) 建立质量检查日志。

(8) 组织现场质量协调会。

3. 质量事后控制

(1) 组织试车运转。

(2) 组织单位、单项工程竣工验收。

(3) 组织对工程项目进行质量评定。

(4) 审核竣工图及其他技术文件资料，搞好工程竣工验收。

(5) 整理工程技术文件资料并编目归档。

五、质量事故的处理

事故发生后，应立即组织调查，对发生事故的时间、地点、原因、伤亡性质、经过、责任者、目击者等进行详细登记，根据实际情况，及时作出严肃认真的处理。在调查处理过程中，要做到三"不放过"，即事故原因不清楚不放过；事故的责任者和职工未受教育不放过；防范措施不落实不放过。同时，把发生的事故作为质量教育的活教材，对全体职工进行教育，从中吸取教训，提高职工对质量管理的认识，对施工质量进行全面检查。

1. 施工质量事故处理程序

施工质量事故发生后，一般可以按以下程序进行处理，如图 8-13 所示。

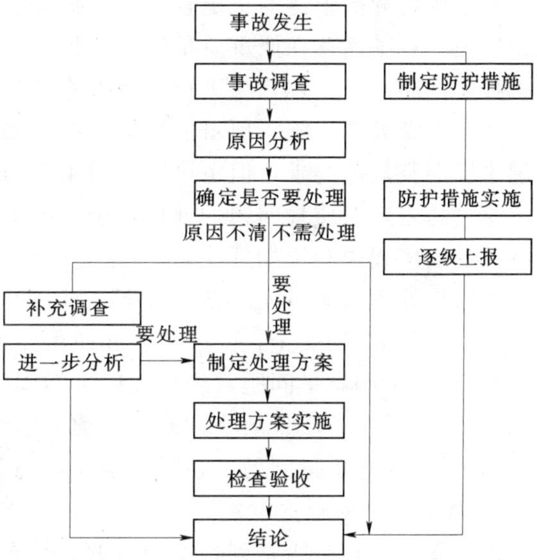

图 8-13　质量事故分析处理程序

(1) 当出现施工质量缺陷或事故后，应停止有质量缺陷部位及其有关部位及下道工序施工，需要时，还应采取适当的防护措施。同时，要及时上报主管部门。

(2) 进行质量事故调查，主要目的是要明确事故的范围、缺陷程度、性质、影响和原因，为事故的分析处理提供依据。调查力求全面、准确、客观。

(3) 在事故调查的基础上进行事故原因分析，正确判断事故原因。事故原因分析是确定事故处理措施方案的基础。正确的处理以对事故原因的正确判断为基础。只有对调查提供充分的调查资料、数据进行详细、深入的分析后，才能由表及里、去伪存真，找出造成事故的真正原因。

(4) 研究制订事故处理方案。事故处理方案的制订应以事故原因分析为基础。如对某些事故一时分析不清，而且事故一时不致产生严重的恶化，可以继续进行调查、观测，以便掌握更充分的资料数据，做进一步分析，找到原因，以利制订方案。

(5) 按确定的处理方案对质量事故进行处理。

(6) 在质量事故处理完毕后，应组织有关人员对处理结果进行严格的检查、鉴定和验收。

2. 事故处理方案的确定

尽管对质量事故的技术处理方案多种多样，但根据质量事故的情况可归纳为三种类型的处理方案。

（1）修补处理。这是最常用的一类处理方案。通常当工程的某个检验批、分项或分部的质量虽未达到规定的规范、标准或设计要求，存在一定缺陷，但通过修补或更换器具、设备后还可达到要求的标准，又不影响使用功能和外观要求，在此情况下，可以进行修补处理。

对较严重的质量问题，可能影响结构的安全性和使用功能，必须按一定的技术方案进行加固补强处理。这样往往会造成一些永久性缺陷，如改变结构外形尺寸，影响一些次要的使用功能等。

（2）返工处理。当工程质量未达到规定的标准和要求，存在的严重质量问题，对结构的使用和安全构成重大影响，且又无法通过修补处理的情况下，可对检验批、分项、分部甚至整个工程返工处理；例如，某防洪堤坝填筑压实后，其压实土的干密度未达到规定值，经核算将影响土体的稳定且不满足抗渗能力要求，可挖除不合格土，重新填筑，进行返工处理。对某些存在严重质量缺陷，且无法采用加固补强等修补处理或修补处理费用比原工程造价还高的工程，应进行整体拆除，全面返工。

（3）不做处理。施工项目的质量问题，并非都要处理，即使有些质量缺陷，虽已超出了国家标准及规范要求，但也可以针对工程的具体情况，经过分析、论证，作出勿需处理的结论。总之，对质量问题的处理，也要实事求是，既不能掩饰，也不能扩大，以免造成不必要的经济损失和工期延误。

勿需作处理的质量问题常有以下几种情况：

1）不影响结构安全，生产工艺和使用要求。

2）检验中的质量问题，经论证后可不作处理。

3）某些轻微的质量缺陷，通过后续工序可以弥补的，可不处理。

4）对出现的质量问题，经复核验算，仍能满足设计要求者，可不作处理。

3. 质量事故处理的鉴定

质量事故处理是否达到预期的目的，是否留有隐患，需要通过检查验收来作出结论。事故处理质量检查验收，必须严格按施工验收规范中有关规定进行；必要时，还要通过实测、实量、荷载试验、取样试压，仪表检测等方法来获取可靠的数据。这样，才可能对事故作出明确的处理结论。

事故处理结论的内容有以下几种：

（1）事故已排除，可以继续施工。

（2）隐患已经消除，结构安全可靠。

（3）经修补处理后，完全满足使用要求。

（4）基本满足使用要求，但附有限制条件，如限制使用荷载、限制使用条件等。

（5）对耐久性影响的结论。

（6）对建筑外观影响的结论。

（7）对事故责任的结论等。

此外，对一时难以作出结论的事故，还应进一步提出观测检查的要求。

第五节　施工成本管理

施工成本是项目施工过程中各种耗费的总和。施工成本管理是在保证满足工程质量、工期等合同要求的前提下，对施工实施过程中所发生的费用通过预测、计划、组织、控制和协调等活动实现预定的成本目标，并尽可能地降低成本费用的一种科学的管理活动，它主要通过技术（如施工方案的制定比选）、经济（如核算）和管理（如施工组织管理、各项规章制度等）活动达到预定目标，从而实现盈利的目的。施工成本是施工过程工作质量的综合性指标，反映着企业生产经营管理活动各个方面的工作成果。

一、施工成本的主要形式

为了更好地认识和掌握施工项目成本的特性，搞好施工项目成本管理，可根据不同的需要，将施工项目成本划分为不同的成本形式。

1. 按成本控制需要划分

按成本控制需要，以成本发生时间来划分，施工项目成本分为预算成本、计划成本和实际成本。

预算成本是根据施工图由全国统一的工程量计算规则计算出来的工程量、全国统一的建筑、安装工程基础定额和由各地区的市场劳务价格、材料价格信息及价差系数，并按有关取费的指导性费率进行计算的。它反映的是各地区建筑业项目成本的平均水平。

计划成本是指施工项目经理部在预算成本的基础上，根据计划期的有关资料，结合工程项目的技术特征、自然地理特征、劳动力素质、设备情况等，在实际成本发生前预先计算的成本。它是控制施工项目成本支出的标准，也是施工项目成本管理的目标。

实际成本是项目施工过程中实际发生的可以列入成本支出的费用总和，是项目施工活动中劳动耗费的综合反映。

把实际成本与计划成本比较，可反映施工项目成本的实际降低额，揭示项目成本的节约和超支状况，可以考核项目经理部施工技术水平及技术组织措施的贯彻执行情况和项目的经营效果。将计划成本与预算成本比较，可反映施工项目成本的计划降低额，明确施工项目成本管理的奋斗目标。实际成本与预算成本比较，可以反映项目盈亏情况。

2. 按成本核算需要划分

按成本核算需要，以生产费用计入成本的方法来划分，施工项目成本分为直接成本和间接成本。直接成本是指生产费用发生时，能直接计入某一成本计算对象的费用。它包括人工费、材料费、机械使用费和其他直接费。间接成本是指生产费用发生时，不能或不便于直接计入某一成本计算对象，而需先按发生地点或用途加以归集，待月终选择一定的分配方法进行分配后才计入有关成本计算对象的费用。主要包括项目经理部为施工准备、组织和管理施工生产所发生的全部施工间接费支出。

施工项目成本由直接成本和间接成本构成，施工项目成本的这种分类方式，便于考核各项生产费用使用的合理程度，便于找出降低项目成本的途径。

3. 按成本预测需要划分

按成本预测需要，以生产费用与工程量的关系来划分，施工项目成本分为变动成本和固定成本。

变动成本是指一定期间和一定的工程量范围内，其发生的成本额随着工程量的增减变动而成正比例变动的费用，如直接用于项目施工用的原材料，辅助材料、燃料和动力、计件工资制下的人工工资等。

固定成本是指在一定期间和一定的工程量范围内，其发生的成本额不随工程量增减变动的影响而相对固定的成本。但若就单位产品的固定成本而言，则与工程量的增减成反比例变动。如折旧费、大修理费、管理人员工资、办公费、差旅费等。

将施工项目成本划分为变动成本和固定成本，对于成本预测和决策具有重要作用，它是成本控制和管理的前提。

二、施工成本管理的内容

施工项目成本管理的内容包括施工项目成本预测、成本计划、成本控制、成本核算、成本分析和成本考核，每一环节是相互联系和相互作用的，通过这些环节的工作，促使项目内各种成本要素按一定的目标运行，将实际成本控制在预定的目标成本范围内。

（一）施工项目成本预测

施工项目成本预测的主要内容是通过施工项目的成本信息具体情况，运用一定的专门方法，对未来的成本水平及其可能发展趋势作出科学的估计，其实质就是工程项目在施工以前对成本进行核算。它是编制施工项目成本计划的依据。

现代预测方法种类很多，发展很迅速，但一般可分为两大类：定性预测方法和定量预测方法。定性预测方法是根据已掌握的信息资料和直观材料，依靠具有丰富经验和分析能力的内行专家，运用主观经验，对施工项目的成本及其要素进行判断或推测的一类预测方法。常用的定性预测方法有专家会议法和专家调查法。定量预测方法是根据已掌握的比较完备的历史统计数据，运用一定数学方法进行科学的加工整理，借以揭示有关变量之间的规律性联系，用于预测和推测未来发展变化的一类预测方法。定量预测方法有时间序列预测法和回归预测法。时间序列预测法是以一个指标本身历史数据的变化趋势，去寻找市场的演变规律，对未来进行预测的方法。常见的时间序列预测法有移动平均法和指数平滑法。回归预测法是利用事物内部因素间发展的因果关系来预测其发展变化的趋势。

1. 专家会议法

专家会议法又称之为集合意见法，是将有关人员召集起来，通过会议形式，针对预测的对象，交换意见预测工程成本。参加会议的人员，一般选择具有丰富经验，对经营和管理熟悉，并有一定专长的各方面专家。例如：对材料价格市场行情预测，可请材料设备采购人员、计划人员、经营人员等；对工料消耗分析，可请技术人员、施工管理人员、材料管理人员、劳资人员等；估计工程成本，可请预算人员、经营人员、施工管理人员等。

使用该方法，预测值经常出现较大的差异。在这种情况下，一般可采用预测值的平均值或加权平均值作为预测结果。

2. 专家调查法（特尔菲法）

依靠专家们的直接经验，采用系统的程序，互不见面和反复进行的方式，对某一未来问题进行判断的一种方法。首先，草拟调查提纲，提供背景资料，轮番征询不同专家的预测意见，再汇总调查结果。对于调查结果，要整理书面意见和报表。这种方法，具有匿名性，具体程序如下：

（1）组织领导。应用特尔菲法预测，需要成立一个预测领导小组。领导小组负责草拟预测主题，编制预测事件一览表，选择专家，对预测结果进行分析、整理、归纳和处理。

（2）专家的选择。选择专家是关键。专家一般指掌握某一特定领域知识和技能的人。人数不宜过多，一般10～20人为宜。可避免当面讨论时容易产生相互干扰，或者当面表达意见，可能受到约束等弊病。该方法以信函方式与专家直接联系，专家之间没有任何联系。

（3）预测内容。根据预测任务，制定专家应答的问题提纲，说明作出定量估计、进行预测的依据及其对判断的影响程度。

（4）预测程序。

1）提出要求，明确预测目标，用书面通知被选定的专家或专门人员。要求每位专家说明有什么特别资料可用来分析所预测事件以及这些资料的使用方法。同时，请专家提供有关资料，并请专家提出进一步需要哪些资料。

2）专家接到通知后，根据自己的知识和经验，对所预测事件的未来发展趋势提出自己的观点，并说明其依据和理由，以书面答复主持预测的单位。

3）预测领导小组，对专家预测的意见加以归纳整理，对不同的预测值分别说明其依据和理由（根据专家意见，但不注明哪个专家意见），然后再寄给各位专家。

4）专家们对各自归纳的各种预测的意见、依据和理由再进行分析，再次进行预测，提出自己修改的意见、依据和理由。如此反复往返征询、归纳、修改、直到意见基本一致为止。修改的次数，根据需要决定。一般进行4轮，预测意见基本能够统一。

3. 移动平均法

移动平均法是时间序列预测法中的一种基本方法，应用很广泛。所谓移动平均法就是对某个指标的原有历史统计数据从时间序列的第一项数值开始，按一定项数求序时平均数，逐项移动，边移动边平均。这样，就可以得出一个由移动平均数构成的新的时间序列的平均数。它把原有历史统计数据中的随机因素加以过滤，消除数据中的起伏波动情况，使不规则的线型大致上规则化，以显示出预测对象的发展方向和趋势。

移动平均法又可分为：简单移动平均法，加权移动平均法，趋势修正移动平均法和二次移动平均法。这里主要介绍简单移动平均法。

简单移动平均法，又称为一次移动平均法，是在算术平均法的基础上，通过逐项分段移动，求得下一项的预测值，其基本公式为

$$M_t=\frac{Y_{t-1}+Y_{t-2}+\cdots+Y_{t-n}}{n} \tag{8-1}$$

式中 M_t——第 t 期一次移动的平均值，即代表第 t 期的预测值；

Y_{ni}——第 i 期的实际数值（$i=t-1$，$t-2$，$\cdots$ $t-n$,）；

n——移动平均时的分段数据的项数。

4. 指数平滑法

指数平滑法，也称为指数修正法，该法认为时间最近的统计数据中包含着最反映未来

发展的信息，所以应当相对地比前期统计数据赋予更大的权数。即对最近期的统计数据应给予最大的权数，而对较远的统计数据给予递减的权数。所以该法可以弥补移动平均法的两个明显不足：①需要大量的历史统计数据的储备；②用同样的权数来简单地平均统计数据。所以说它是在移动平均法基础上发展起来的一种更科学的预测方法，也是一种简便易行的时间序列预测方法。

指数平滑法又分为：一次指数平滑法、二次指数平滑法和三次指数平滑法。这里主要介绍一次指数平滑法，其计算公式为

$$S_t=\alpha Y_t+(1-\alpha)S_{t-1} \tag{8-2}$$

式中 S_t——第 t 期的一次指数平滑值，作为第 $t+1$ 期的预测值；

Y_t——第 t 期（最近期）的实际的统计数据；

S_{t-1}——第 $t-1$ 期的一次指数平滑值，也就是第 t 期的预测值；

α——加权系数，$0\leqslant\alpha\leqslant1$。

从式（8-2）可见，加权系数 α 取值的大小直接影响平滑值的计算结果。α 越大，最近期的统计数据在 S_t 中所占的比重越高，所起的作用也越大。在实际应用中选取 α 值，应经过反复试算再确定。

5. 回归预测法

回归预测法是根据现象之间相关关系的形式，拟合成一定的直线或曲线函数，来代表现象间的数量变化关系。一般的回归预测方程为 $Y=f(x_1,x_2,\cdots,x_n)$。依据函数 $f(x_1,x_2,\cdots,x_n)$是线性或非线性形式，回归预测法分为线性回归预测和非线性回归预测；依据自变量 x_n 的个数等于 1 或大于 1，回归预测法又分为一元回归预测和多元回归预测。由此组合成四种不同的回归预测，它们是一元线性回归预测法、一元非线性回归预测法、多元线性回归预测法和多元非线性回归预测法。四种回归预测法其基本原理是一致的，所不同的是数学处理的难度不同。

一元线性回归法的基本公式为

$$\hat{Y}=a+bX \tag{8-3}$$

式中 X——自变量；

$\hat{Y}$——因变量；

a、b——回归系数，也称待定系数。

（二）施工项目成本计划

施工项目成本计划是以货币形式编制施工项目在计划期内的生产费用、成本水平、成本降低率以及为降低成本所采取的主要措施和规划的书面方案。它是建立施工项目成本管理责任制、开展成本控制和核算的基础。

（三）施工项目成本控制

施工项目成本控制是指项目在施工过程中，对影响施工项目成本的各种因素加强管理，并采取各种有效措施，将施工中实际发生的各种消耗和支出严格控制在成本计划范围内，随时揭示并及时反馈，严格审查各项费用是否符合标准，计算实际成本和计划成本之间的差异并进行分析，消除施工中的损失浪费现象，发现和总结先进经验。通过成本控制，使之最终实现甚至超过预期的成本目标。施工项目成本控制应贯穿在施工项目从招投

标阶段开始，直到项目保修期结束的全过程，它是企业全面成本管理的重要环节。由于项目管理是一次性行为，它的管理对象是一个具体的工程项目，并将随着项目建设的完成而结束其历史使命。所以在施工期间，项目成本能否降低，有无经济效益，得失在此一举，不可逆转，会有很大的风险性。为了确保项目成本必盈不亏，成本控制不仅必要，而且必须做好。

1. 施工项目成本控制的原则

（1）开源与节流相结合的原则降低项目成本，既要增加收入，又要节约支出。因此，在成本控制中，也应该坚持开源与节流相结合的原则。

（2）全面控制原则。全面控制就是对项目的全员、全面、全过程的控制，要将施工项目的每个部门、每个成员，在施工项目的施工准备阶段、工程施工直至竣工验收、保修期结束，都纳入成本控制的轨道，以防止人人有责又人人不管，而且要随着项目施工进展的各个阶段连续进行。

（3）中间控制原则。施工项目的成本控制包括施工准备阶段、施工阶段、竣工及保修期阶段的成本控制。施工准备阶段的成本控制，只是根据上级要求和施工组织设计的具体内容确定成本目标、编制成本计划、制订成本控制的方案，为今后的成本控制作好准备。而竣工及保修期阶段的成本控制，由于成本盈亏已经基本定局，即使发生了偏差，也无法在本项目上纠正。因此，把成本控制的重心放在施工阶段，是十分必要的，这就是施工项目成本控制的中间控制原则。

（4）目标管理原则。目标管理是贯彻执行计划的一种方法，它把计划的方针、任务、目的和措施等逐一加以分解，提出进一步的具体要求，并分别落实到执行计划的部门、单位甚至个人。

（5）节约原则。节约人力、物力、财力的消耗，是提高经济效益的核心，也是成本控制的一项最主要的基本原则。节约要从三方面入手：①严格执行成本开支范围、费用开支标准和有关财务制度，对各项成本费用的支出进行限制和监督；②提高施工项目的科学管理水平，优化施工方案，提高生产效率，节约人、财、物的消耗；③采取预防成本失控的技术组织措施，制止可能发生的浪费。

（6）例外管理原则。例外管理是西方国家现代管理常用的方法，它起源于决策科学中的“例外”原则，目前则被更多地用于成本指标的日常控制。

在工程项目建设过程的诸多活动中，有许多活动是例外的，如施工任务单和限额领料单的流转程序等，通常是通过制度来保证其顺利进行的。但也有一些不经常出现的问题，我们称之为“例外”问题。例如：在成本管理中常见的成本盈亏异常现象，即本来是可以控制的成本，突然发生了失控现象；某些暂时的节约，但有可能对今后的成本带来隐患，如由于平时机械维修费的节约，可能会造成未来的停工修理和更大的经济损失等，都应该为“例外”问题，这些“例外”问题，往往是关键性问题，对成本目标的顺利完成影响很大，必须予以高度重视。要进行重点检查，深入分析，并采取相应的措施加以纠正。

（7）责、权、利相结合的原则。要使成本控制真正发挥及时有效的作用，必须严格按照经济责任制的要求，贯彻责、权、利相结合的原则。

2. 施工项目成本控制的对象和内容

(1) 以施工项目成本形成的过程作为控制对象。根据对项目成本实行全面、全过程控制的要求，具体的控制内容包括：在工程投标阶段，应根据工程概况和招标文件，进行项目成本的预测，提出投标决策意见；中标之后，应根据项目的建设规模，组建与之相适应的项目经理部。

施工准备阶段，应结合设计图纸的自审、会审和其他资料（如地质勘探资料等），编制实施性施工组织设计，通过多方案的技术经济比较，从中选择经济合理、先进可行的施工方案，编制明细而具体的成本计划，对项目成本进行事前控制。

施工阶段，以施工图预算、施工预算、劳动定额、材料消耗定额和费用开支标准等，对实际发生的成本费用进行控制，并及时做好成本核算、分析工作。

竣工验收交付使用及保修期阶段，应做好竣工验收工作，并对竣工验收过程发生的费用和保修费用进行控制，做好成本考核工作。

(2) 以施工项目的职能部门、施工队和生产班组作为成本控制的对象。成本控制的具体内容是日常发生的各种费用和损失。这些费用和损失，都发生在各个部门，施工队和生产班组。因此，也应以部门、施工队和班组作为成本控制对象，接受项目经理和企业有关部门的指导、监督、检查和考评。与此同时，项目的职能部门、施工队和班组还应对自己承担的责任成本进行自我控制。

(3) 以分部分项工程作为项目成本的控制对象。为了把成本控制工作做得扎实、细致，落到实处，还应以分部分项工程作为项目成本的控制对象。在正常情况下，项目应该根据分部分项工作的实物量，参照施工预算定额，联系项目管理的技术素质、业务素质和技术组织措施的节约计划，编制包括工、料、机消耗数量，单价、金额在内的施工预算，作为对分部分项工程成本进行控制的依据。

对于边设计边施工的项目，不可能在开工以前一次编出整个项目的施工预算，但可根据出图情况，编制分阶段的施工预算。总的来说，不论是完整的施工预算，还是分阶段的施工预算，都是进行项目成本控制的必不可少的依据。

(4) 以对外经济合同作为成本控制对象。在社会主义市场经济体制下，施工项目的对外经济业务，都要以经济合同为纽带建立契约关系，以明确双方的权利和义务。在签订各种对外经济合同时，除了要根据业务要求规定时间、质量、结算方式和履（违）约奖罚等条款外，还必须强调要将合同的数量、单价、金额控制在预算收入以内。因为，合同金额超过预算收入，就意味着成本亏损；反之，就能降低成本。

3. 施工项目成本控制的一般方法

施工项目成本控制的方法很多，但一般来说有以下几种。

(1) 以施工图预算控制成本支出。即按施工图预算，实行“以收定支”。如假定预算定额规定人工费单价为 13.8 元，合同规定人工费补贴为 20 元/工日，两者相加，人工费的预算收入为 33.8 元/工时，这时项目经理部在与施工队签订劳务合同时，就应将人工费单价定为 30 元以下。这样，人工费就不会超支，还留有余地，其余费用的控制道理一样，以备关键工序的不时之用。

(2) 以施工预算控制各种资源的消耗。资源消耗的货币表现就是成本费用。因此，控制了资源消耗，也就等于控制了成本费用。这就可以根据施工预算给每个生产班组签发施工任务单和下达限额领料单，并为其建立资源消耗台账，实行资源消耗的中间控制。任务完成后，根据回收的施工任务单和限额领料单进行成本核算，并进行有效的成本分析。

（3）应用成本与进度同步跟踪的方法控制项目成本。施工项目成本与进度是息息相关的两个方面，两者应当对应，也就是说施工到什么阶段，就应该发生相应的成本费用。如两者不对应就应分析原因，进行纠正。为有效地进行成本与进度的同步跟踪控制，可借助横道图与网络计划图，以计划进度控制实际进度，以计划成本控制实际成本，并随着每道工序进度的提前或拖期，对每个分项工程的成本实行动态控制，以保证项目成本的控制。

（4）加强质量管理，控制质量成本。质量成本是指项目为保证和提高产品质量而支出的一切费用，以及未达到质量标准而产生的一切损失费用之和。质量成本包括两个主要方面：控制成本和故障成本。控制成本又包括预防成本和鉴定成本，故障成本又包括内部故障成本和外部故障成本。质量成本的构成如图 8－14 所示。

通过分析质量成本的构成，可以看出，项目成本与其产品质量水平存在着密切的相互依存关系。控制成本（即预防成本和鉴定成本）属于质量保证费用，与质量水平成正比，亦即，工程质量越高，鉴定成本和预防成本就越大。故障成本属于损失性费用，与质量水平成反比，即工程质量越高，故障成本就越低。它们之间的关系如图 8－15 所示。

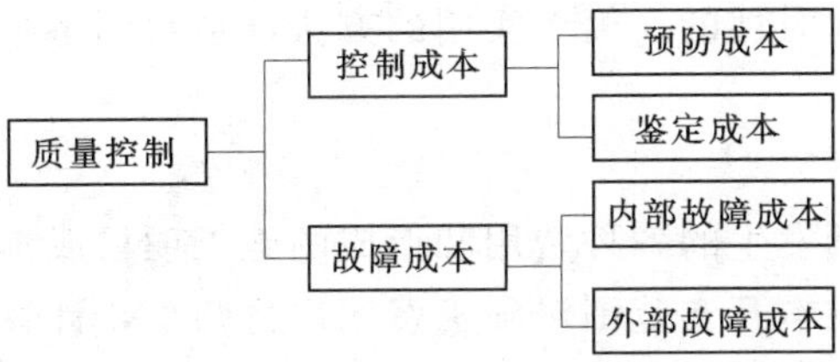

图 8－14　质量控制成本构成图

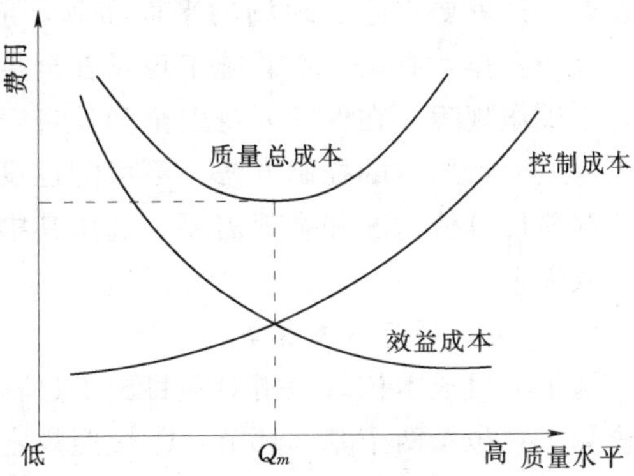

图 8－15　质量成本与质量的关系

从图 8－15 可以看出，对工程质量进行控制，并不是要求质量越高越好，质量越高，必然会导致成本费用的增加；反之，质量过低，也将会导致成本费用的增加。因此，从经济角度看，最佳的质量水平应是图 8－15 中的（水平坐标标识处）Q_m 点附近。当质量水平 $Q<Q_m$ 时，则应采取各种预防措施和保证工程质量措施，以提高产品质量，使之向 Q_m 靠近；当质量水平 $Q>Q_m$ 时，则应把工作的重点放在分析研究现行工作标准上，适当地放宽标准，使质量总成本降下来，从右边向 Q_m 靠近。换言之，按设计要求、规范和标准施工，就可使质量水平靠近 Q_m。

（5）加强合同管理，注意工程变更对项目成本的影响。工程变更一般是指施工条件和设计的变更。当发生工程变更时，常常对项目的投资和工程成本产生很大影响，如果不能正确、及时地将费用和费用承担者予以合理确定，势必影响项目双方的协作关系，直接影响项目的完成。无论是发生设计变更，还是施工条件发生变化，对项目承包方既定的施工方法、机械设备使用、材料供应、劳动力调配，甚至工期目标的顺利达成都有不同程度的影响，所以，当工程变更发生时，必须要适当处理，以明确工程项目双方的责任。对大的工程变更，如关于工程建筑物的构造、位置等重大变更时，需要先办理合同变更手续，然后再进行处理；对于小的变更，工程中时有发生，则可在监理工程师的同意下先变更内容，到一定时期再统一办理合理变更手续。以减少工程变更对施工企业的影响。

(6) 定期开展“三同步”检查，防止项目盈亏异常。项目经济核算的“三同步”，就是统计核算、业务核算、会计核算的“三同步”。统计核算即产值统计；业务核算即人力资源和物质资源的消耗统计；会计核算即成本会计核算。根据项目经济活动的规律，这三者之间有着必然的同步关系，即完成多少产值、消耗多少资源、发生多少成本，三者应该同步。项目成本控制中应定期开展“三同步”检查，一旦发现不同步，即意味着项目成本出现盈亏异常，应查明原因，及时采取纠正措施。

(7) 应用成本分析报表控制项目成本。施工项目成本控制的另一手段是应用成本分析报表，通过这些报表可了解实际完成工程量与成本相对应的情况，预算成本与计划成本的情况，本月成本水平与上月成本水平的情况，以发现问题和趋势，及时采取相应措施。常用的成本分析报表有月度成本分析表、年度成本分析表、竣工成本分析表。

(8) 坚持现场管理标准化，堵塞浪费漏洞。也就是说加强现场平面布置管理和安全生产管理。这就要求施工现场的平面布置，应根据工程特点和场地条件，以配合施工为前提，合理安排，有条不紊。施工现场安全生产管理要求现场的所有工作人员一定要遵守现场安全操作规程，在保护人身安全和设备安全的条件下，减少和避免不必要的损失。

以上项目成本的控制方法，不可能也没有必要在一个工程项目全部同时使用，可根据各工程项目具体情况和客观需要，选用其中有针对性的、简单实用的方法，会收到事半功倍的效果。

（四）施工项目成本核算

施工项目成本核算是指对项目施工过程中所发生的各种费用和形成的施工项目成本进行核算。它包括两个基本环节：①按照规定的成本开支范围对施工费用进行归集，计算出施工费用的实际发生额；②根据成本核算对象，采用适当的方法，计算出该施工项目的总成本和单位成本。施工项目成本核算所提供的各种成本信息，是成本预测、成本计划、成本控制、成本分析和成本考核等各个环节的依据。

（五）施工项目成本分析

施工项目成本分析是在成本形成过程中，对施工项目成本进行的对比评价和剖析总结的工作，它贯穿于施工项目成本管理的全过程，也就是说施工项目成本分析主要利用施工项目的成本核算资料，与计划成本、预算成本以及类似的施工项目的实际成本等进行比较，了解成本的变动情况，系统地研究成本变动的因素，检查成本计划的合理性，深入揭示成本变动的规律，寻找降低施工项目成本的途径，以便有效地进行成本控制。

（六）施工项目成本考核

施工项目成本考核是在施工项目完成后，对施工项目成本形成中的各责任者，按施工项目成本目标责任制的有关规定，将成本的实际指标与计划、定额、预算进行对比和考核，评定施工项目成本计划的完成情况和各责任者的业绩，并以此给以相应的奖励和处罚。通过成本考核，做到有奖有惩，赏罚分明。

综上所述，施工项目成本管理系统中各环节是相互联系和相互作用的。成本预测是成本计划的前提，成本计划是成本目标的具体化，也是成本控制的标准。成本控制则是对成本计划的实施进行监督，保证成本目标实现，而成本核算又是成本计划是否实现的最后检验，它所提供的成本信息又对下一个施工项目成本预测提供基础资料。成本考核是实现成本目标责任制的保证和实现成本目标的重要手段。

三、施工成本管理的基础性工作

施工项目成本管理的基础工作是施工项目成本预测、成本计划、成本控制、成本核算、成本分析与成本考核的前提，也是搞好施工项目成本管理的前提，应努力做好施工项目成本管理的基础工作。

1. 强化施工项目成本管理观念

长期以来，建筑施工企业成本管理的核算单位不在项目经理部，一般都以工区或工程处进行成本核算，施工项目（或单位工程）的成本很少有人过问。施工项目的盈亏说不清楚，也无人负责。建筑施工企业实行项目管理并以项目经理部作为核算单位，要求项目经理及经理班子和作业层全体人员都必须具有经济观念、效益观念和成本观念，对项目的盈亏负责，这是一项深化建筑业体制改革的重大措施。因此，要搞好施工项目成本管理，必须首先对企业和项目经理部人员加强成本管理教育并采取措施，让参与施工项目管理与实施的每个人员都意识到加强施工项目成本管理对施工项目的经济效益及个人收入所产生的重大影响，这样各项成本管理工作才能在施工项目管理中得到贯彻和实施。

2. 加强定额管理

定额是在一定的生产技术组织条件下，在经济活动中为达到一定目标而对人力、物力、财力的利用和消耗所规定的数量与质量标准。加强定额管理是企业或项目经理部降低成本的一项重要管理制度。为了有效加强施工项目成本管理，必须具有完善的定额资料。除了国家统一的建筑、安装工程基础定额以及市场的劳务、材料价格信息外，企业还应有施工定额，施工定额既是编制单位工程施工预算及成本计划的依据，又是衡量人工、材料、机械消耗的标准。有了科学合理的定额，接下来要做的工作就是严格按定额进行管理。

3. 建立和健全原始记录与统计工作

原始记录是生产经营活动的第一次直接记载，是反映生产经营活动的原始资料，是编制成本计划、制定各项定额的主要依据，也是统计和成本管理的基础。

工程项目的原始记录主要有以下几种。

(1) 有关施工生产的记录。如施工日志、施工任务单，专项质量检验单、停工单、交接班记录、事故报告单等，它主要记录有关进度、质量方面的情况。

(2) 有关劳动工资方面的记录。如职工的调出、调入、离职、出勤、缺勤，工时利用，加班等方面的记录。

(3) 有关材料物资方面的记录。如原材料、辅助材料、工具、半成品、零件等的收入（点验单、出厂证、合格证、质量检验单等）、发出情况，消耗情况，余料退库情况，废料利用情况，材料结存情况等方面的记录。

（4）有关能源方面的记录。如燃料、氧气等的购入、领用、消耗情况，压缩空气、电力的生产与消耗情况，水的消耗等方面的记录。

（5）有关设备方面的记录。如设备的购置、自制、调出、调入、使用、维修等方面的记录。

（6）有关工程款结算方面的记录。如验工计价、中间结算、竣工结算等方面的记录。

（7）有关合理化建议方面的记录。如合理化建议的内容及其实施过程和结果等方面的记录。

（8）有关财务方面的记录。如现金出纳、结算和支付工资方面的记录，有关各项费用开支。

建立和健全原始记录与统计工作，要做好如下工作：①及时、完整、准确的记录原始数据和资料；②原始记录应符合成本管理要求，记录格式、内容和计算方法要统一，填写、签署、报送、传递、保管和存档等制度要健全并有专人负责；③原始记录应有利于开展班组经济核算，力求简便易行、讲求实效，并根据实际使用情况，随时补充和修改，以充分发挥原始凭证的作用；④借助电子计算机进行信息的收集、加工和输出。

4. 加强计量及验收制度

计量是指用统一规定的计量仪器，按统一的计量单位，用科学的检测方法，对计量对象的量和数进行的数据采集及传递的工作。一般在项目施工中，物质产品、劳动对象、技术标准等需要计量工作，如表示外在数量的长度、体积、容积、面积、重量、弧度等；表示内在物理化学性能的强度、拉力、抗渗、耐水、导热等。如果没有计量工作，生产和经济交往就无法进行。

计量工作是对项目进行科学管理的必要条件。正确的计量不仅为项目施工的数量和质量及材料试验提供可靠的依据，而且，也是进行项目核算，保证核算准确无误的基础。在项目施工过程中，如果没有计量工作或计量工作不健全，或计量器具不准确，要搞好核算工作，有效地进行项目控制是不可能的。因此，在整个施工过程中，从材料进库、工程测量，到质量验收、验工计价、竣工移交等每个环节上都要加强计量工作及管理。

5. 建立和健全各项责任制度

对施工项目成本进行全过程的成本管理，不仅需要有周密的成本计划和目标，更重要的是为实现这种计划和目标的控制方法及项目施工中有关的各项责任制度。有关施工项目成本管理的各项责任制度包括：计量验收制度，考勤、考核制度，原始记录和统计制度，成本核算分析制度、奖惩制度以及完善的成本目标责任制体系。

四、降低施工项目成本的途径

降低施工项目成本的途径，应该是既开源又节流，或者说既增收又节支。具体途径如下：

（1）认真会审图纸，积极提出修改意见。施工单位应该在满足用户要求和保证工程质量的前提下，联系项目施工的主客观条件，对设计图纸进行认真的会审，并提出积极的修改意见。

（2）加强合同预算管理，增创工程预算收入。

首先，要深入研究招标文件、合同内容，正确编制施工图预算。在编制施工图预算的时候，要充分考虑可能发生的成本费用，包括合同规定的属于包干性质的各项定额外补贴，并将其全部列入施工图预算，然后通过工程款结算向甲方取得补偿。做到该收的点滴不漏，以保证项目的预算收入。

然后，把合同规定的“活”项目，作为增加预算收入的重要方面。例如：合同规定，待图纸出齐后，由甲乙双方共同商定加快工程进度、保证工程质量的技术措施，费用按实结算。按照这一规定，项目经理和工程技术人员应该联系工程特点，充分利用自己的技术优势，采用先进的新技术、新工艺和新材料，经甲方签证后实施。这些措施，应符合以下要求：既能为施工提供方便，有利于加快施工进度，又能提高工程质量，还能增加预算收入。最后，根据工程变更资料，及时办理增减账。

(3) 制订先进的、经济合理的施工方案。制订施工方案要以合同工期和上级要求为依据，结合项目的规模、性质、复杂程度、现场条件、装备情况、人员素质等因素综合考虑。可以同时制订几个施工方案，征求现场施工人员的意见，以便从中优选最合理、最经济的方案。

(4) 落实技术组织措施。为了保证技术组织措施计划的落实，并取得预期的效果，应在项目经理的领导下明确分工：由工程技术人员定措施；材料人员供材料；现场管理人员和生产班组负责执行，财务成本员结算节约效果；最后由项目经理根据措施执行情况和节约效果对有关人员进行奖励，形成落实技术组织措施的一条龙。

(5) 组织均衡施工，加快施工进度。凡是按时间计算的成本费用，如项目管理人员的工资和办公费，现场临时设施费和水电费，以及施工机械和周转设备的租赁费等，在加快施工进度、缩短施工周期的情况下，都会有明显的节约。除此之外，还可从用户那里得到一笔相当可观的提前竣工奖。因此，加快施工进度也是降低项目成本的有效途径之一。

为了加快施工进度，将会增加一定的成本支出。因为加快施工进度，资源的使用相对集中，往往会出现作业面太小，工作效率难以提高，以及物资供应脱节，造成施工间歇等现象。因此，在加快施工进度的同时，必须根据实际情况，组织均衡施工，切实做到快而不乱，以免发生不必要的损失。

(6) 降低材料成本。材料成本在整个项目成本中占的比重最大，一般可达70%左右，会有较大的节约潜力，往往在其他成本项目（如人工费、机械费等）出现亏损时，要靠材料成本的节约来弥补。因此，材料成本的节约，也是降低项目成本的关键。降低材料成本，关键是抓好材料的采购、保管、使用等各环节。

(7) 提高机械利用率。机械使用费占项目预算成本的比重并不大，一般在5%左右。但是，预算成本中的机械使用费，是按机械购建时的历史成本计算的，而且折旧率也偏低，以致实际支出超过预算收入的亏损现象相当普遍。为了改变这种状况，现行的财会制度已对机械折旧率和折旧方法作了适当的调整，工程预算定额也将对机械的取费作相应的修改。对项目管理来说，则应联系实际，从合理组织机械施工、提高机械利用率和完好率着手，努力节约机械使用费。

(8) 用好用活激励机制，调动职工增产节约的积极性。用好用活激励机制，应从项目施工的实际情况出发，灵活运用。采取各种途径，调动职工增产节约的积极性，如对关键工序施工的关键班组要实行重奖；对材料操作损耗特别大的工序，可由生产班组直接承包；实行钢模零件和脚手螺丝等的有偿回收等。

第六节　施工合同管理

一、施工合同

施工合同即建筑安装工程承包合同，是建设单位（发包方）和施工单位（承包方）为完成商定的建筑安装工程，明确相互之间权利、义务关系的合同。施工合同的当事人是建设单位（业主、发包方）和施工单位（承包方）。承包方双方签订施工合同，必须具备相应的资质条件和履行合同的能力。

（一）施工合同的特点

（1）合同的标的特殊性。施工合同的标的是各类建筑产品。建筑产品是不动产，其基础部分与大地相连，不能移动，决定了每个施工合同的标的都是特殊的，相互之间具有不可替代性。

（2）合同履行期限的长期性。建筑物的施工由于结构复杂、体积大、建筑材料类型多、工作量大，一般工期都较长。而合同履行期限肯定要长于施工工期，因为工程建设的施工应当在合同签订后才开始，且需加上合同签订后到正式开工前的施工准备时间和工程全部竣工验收后，办理竣工结算及保修期的时间。在工程的施工过程中，还可能因为不可抗力、工程变更、材料供应不及时等原因而导致工期拖延。所有这些情况，决定了施工合同的履行期限具有长期性。

（3）合同内容的多样性和复杂性。虽然施工合同的当事人只有两方，但其涉及到的主体较多。施工合同的内容多样而复杂，履行期限长，标的额大，设计的法律关系包括了劳动关系、保险关系、运输关系等，这就要求施工合同的条款应当尽量详尽。

（4）合同管理的严格性。施工合同的履约对国家、社会、公民产生较大和长期的影响，国家对施工合同的管理十分严格。

（二）施工合同的作用

（1）明确建设单位和施工企业在施工中的权利和义务。施工合同一经签订，即具有法律效应。建设单位和施工企业应认真履行各自的义务，任何一方无权随意变更或解除施工合同；任何一方违反合同规定的内容，都必须承担相应的法律责任。

（2）有利于对工程施工的管理。合同当事人对工程施工的管理应以合同为依据，同时有关的国家机关、金融机构对工程施工的监督和管理也以施工合同为重要依据。

（3）有利于建筑市场的培育和发展。在市场经济条件下，合同是维系市场运转的主要因素。因此培育和发展建筑市场，首先要培育合同意识，推行建设监理制度、试行招标投标制等，都以签订施工合同为基础。

（三）施工合同应遵守的原则

（1）遵守各国家法律、法规和计划的原则。《中华人民共和国招标投标法》规定：签订施工合同，必须按照招标文件和中标人的投标文件，明确约定合同条款。

（2）平等互利、协商一致的原则。签订施工合同的当事人，都具有平等的法律地位，任何一方都不得强迫对方接受不平等的合同条件。合同的内容应该是互利的，协商一致则要求施工合同必须是双方协商一致达成的协议，并且是当事人双方真实意思的表示。

二、施工合同的履行和管理

施工合同即建筑安装工程承包合同，是建设单位（发包方）和施工单位（承包方）未完成商定的建筑安装工程，明确相互之间权利、义务关系的合同。施工合同的当事人是建设单位（业主、发包方）和施工单位（承包方）。双方签订施工合同，必须具备相应的资质条件和履行合同的能力。

（一）施工合同的履行

施工合同的履行是指合同当事人根据合同规定的各项条款，实现各自权利、履行各自义务的行为。施工合同一旦生效，对双方当事人均有法律约束力，双方当事人应当严格履行。当事人不能以支付违约金来代替合同的履行。

施工合同的工程竣工、验收和竣工结算是合同履行的三个基本环节。

(1) 工程竣工必须在施工合同约定的期限条款、数量条款和质量条款相互结合的前提下进行。承包方必须同时严格遵守合同约定的时间、数量和质量等条款。

(2) 工程竣工后，应组织竣工工程验收。竣工工程应当根据施工合同规定的施工及验收规范和质量评定标准，由发包方组织验收，验收合格后由当事人双方签署工程验收证明。

(3) 竣工结算应根据施工合同规定在工程竣工验收后一定期限内，按照经办银行的结算办法进行。在工程价款未全部结算拨付前承包方不能交付工程，即可对工程实施留置。在全部结算并拨付工程款后，根据合同规定的期限，承包方向发包方交付工程，以完成施工合同履行的最后步骤。

（二）施工合同的管理

施工合同的管理是指各级工商行政管理机构、建设行政主管部门和金融机构以及工程发包单位、社会监理单位、承包企业等依据法律和行政法规、规章制度，采取法律的、行政的手段，对施工合同关系进行组织、指导、协调及监督，保护施工当事人的合法权益，处理施工合同界分，防止和制裁违法行为，保证施工合同法规的贯彻和实施等一系列活动。

(1) 施工合同的圈定管理。承包方中标后，在施工合同正式签订之前与发包方进行谈判，双方意见达成一致后，即可正式签订合同。

(2) 施工合同的履行管理。在合同的履行中，为确保合同各项要求的顺利实现，承包方需建立一套完整的施工合同管理制度，主要有：检查制度、奖惩制度和同期考核制度。

(3) 施工合同的档案与信息管理。施工企业在生产过程中产生大量的工程管理信息与文档，做好施工合同归档与信息管理工作对指导生产、安排计划，具有重要的作用。

三、施工索赔管理

（一）施工索赔

施工索赔是指在合同的实施过程中，合同一方因对方不履行或未能正确履行合同所规定的义务或未能保证承诺的合同条件实现而遭受损失后，向对方提出的补偿要求。索赔是相互的、双向的。承包人可以向发包人索赔，发包人也可以向承包人索赔。

在工程建设的各个阶段，都有可能发生索赔。但发生索赔最集中、处理难度最大、最复杂的情况常发生在施工阶段，因此人们常说的工程建设索赔主要是指工程施工的索赔。

索赔的性质属于经济补偿行为，而非惩罚。索赔的损失结果与被索赔人的行为并不一定存在法律上的因果关系。

（二）索赔的分类

按照索赔事件的性质可以分为：工期拖延索赔、工程加速施工索赔、工程变更索赔、工程终止索赔、意外风险和不可预见因素索赔和其他索赔等。其中，索赔与变更实际是有联系也有区别的两个概念。

变更是建设单位或者监理工程师提出变更要求后，主动与施工企业协商确定一个补偿额付给施工企业，而索赔则是施工企业根据法律和合同的规定，对他认为有权得到的权益，主动向建设单位提出的要求。

对索赔和变更的处理往往都是由于施工企业完成了工程量表中没有约定的工作，或者在施工过程中发生了意外事件，需要施工单位额外处理时，由建设单位或者监理工程师按照合同的有关规定给予施工企业一定的费用补偿或者批准展延工期。

（三）索赔的起因

索赔起因很多，主要有：①建设单位违约；②甲方代表指令或处置不当；③合同文件的缺陷；④合同变更；⑤不可抗力事件。

（四）索赔的程序和索赔报告

1. 索赔程序

（1）索赔意向通知。

（2）索赔资料的准备。

（3）索赔文件的提交。

（4）索赔文件的审核。

（5）业主审查。

（6）协商。

索赔文件的报告应该包括以下内容：总述部分、论证部分、索赔款项和论据部分。

2. 索赔申请报告

索赔申请报告的内容应包括：索赔事件的综合说明，索赔的依据，索赔要求补偿的款项和工期延长天数的详细计算，对其权益影响的证据资料，包括施工日志、会议记录、来往函件、工程照片、气候记录等有关资料。对于索赔报告，一般应文字简洁、事件真实、依据充分、责任明确、条例清楚、逻辑性强、计算准确、证据确凿充分。

思　考　题

1. 简述工程概算预算的费用构成和概算预算的编制程序。
2. 简述施工招标的过程和招标文件的主要内容。
3. 简述投标的过程和投标文件的主要内容。
4. 简述工程项目投标报价技巧。

5. 简述编制施工计划的方法。
6. 简述全面质量管理的 4 个阶段。
7. 简述 PDCA 循环的主要特点，开展 PDCA 循环的步骤是什么？
8. 简述全面质量管理的 7 种工具。
9. 简述施工成本的主要形式和施工项目成本预测的主要方法。
10. 简述施工合同管理的基本内容。

参 考 文 献

[1] 侍克斌．水利工程施工［M］．北京：中国农业出版社，2005.
[2] 颜宏亮，于雪峰．水利工程施工［M］．郑州：黄河水利出版社，2009.
[3] 袁光裕，胡志根．水利工程施工［M］5版．北京：中国水利水电出版社，2010.
[4] 李天科，侯庆国，黄明树．水利工程施工［M］．北京：中国水利水电出版社，2005.
[5] 毛建平，金文良．水利水电工程施工［M］．郑州：黄河水利出版社，2004.
[6] 钟汉华，冷涛．水利水电工程施工技术［M］．北京：中国水利水电出版社，2010.
[7] 周克己．水利水电工程施工组织与管理［M］．北京：中国水利水电出版社，1998.
[8] 长江三峡大江截流工程编委会．长江三峡大江截流工程［M］．北京：中国水利水电出版社，1999.
[9] 肖焕雄．施工水力学［M］．北京：水利电力出版社，1992.
[10] 中华人民共和国水利部标准．SL 303—2004 水利水电工程施工组织设计规范［S］．北京：中国水利水电出版社，2004.
[11] 成都科学技术大学．水利水电工程施工导流图集［M］．北京：中国水利水电出版社，1982.
[12] 夏明耀．过水土石围堰［M］．武汉：武汉水利电力学院，1985.
[13] 魏璇．水利水电工程施工组织设计手册（上、下册）［M］．北京：中国水利水电出版社，2000.
[14] 中国力学学会工程爆破专业委员会．爆破工程（上、下册）［M］．北京：冶金工业出版社，1992.
[15] 章仲虎．水利工程施工［M］．北京：中国水利水电出版社，1998.
[16] 水利水电工程施工手册：土石方工程［M］．北京：中国电力出版社，2002.
[17] 司兆乐．水利水电枢纽施工技术［M］．北京：中国水利水电出版社，2001.
[18] 张正宜．现代水利水电工程爆破［M］．北京：中国水利水电出版社，2003.
[19] 熊启钧．隧洞［M］．北京：中国水利水电出版社，2002.
[20] 魏旋．水利水电施工组织设计指南［M］．北京：中国水利水电出版社，1999.
[21] 王永鹏．严寒地区 RCD 碾压混凝土坝设计与施工［M］．北京：中国水利水电出版社，2002.
[22] 杜士斌，揣连成．开敞式 TBM 的应用［M］．北京：中国水利水电出版社，2011.
[23] 彭立前，孙忠．水利工程建设项目管理［M］．北京：中国水利水电出版社，2009.
[24] 徐存东．水利水电建设项目管理与评估［M］．北京：中国水利水电出版社，2006.
[25] 沈志娟．水利水电工程识图与工程量清单计价一本通［M］．北京：中国建材工业出版社，2009.
[26] 郑景秋，郑毅．施工计划管理的意义及对策［J］．施工技术，2010（S1）.
[27] 王火利，章润娣．水利水电工程建设项目管理［M］．北京：中国水利水电出版社，2005.
[28] 贾金生，袁玉兰，郑璀莹，马忠丽．中国水库大坝统计和技术进展及关注的问题简论［J］．水利发电，2010（01）.
[29] 沈崇刚．中国大坝建设现状及发展［J］．中国电力，1999（12）.
[30] 苗树英．中国高土石坝施工技术进步综述［J］．水利水电施工，2011（1）.
[31] 周建平．中国水力发电的发展及大坝建设［EB/OL］．http：//www．chinawater．net．cn/Journal/slxb/20009z/02．html.
[32] 朱伯芳．我国混凝土坝坝型的回顾与展望［J］．水利水电技术，2008（9）.